우리 유전자 안에 없다

| 생물학·이념·인간의 본성 |

[2판]

우리 유전자 안에 없다

Ⅰ 생물학·이념·인간의 본성 Ⅰ

Biology, Ideology, and Human Nature

Second Edition

R. C. 르윈틴 · 스티븐 로즈 · 리언 J. 카민 지음
이상원 옮김

N O T

I N O U R

G E N E S

한울
아카데미

사람은 어떤 때는 그들 운명의 주인:
친애하는 브루투스여,
우리가 졸개라는 결함은
우리 운명 안에 있는 것이 아니라,
우리 자신 속에 있는 것…

———————— 율리우스 카이사르 I, ii

차례

일러두기

1. 인명, 지명 등 고유어는 되도록 원발음에 가깝게 표시했다. 낯선 경우도 있을 것이다.
2. 초판의 용어는 되도록 최신화했으나, 과거 용어와 최근 용어가 혼용되는 경우 일부는 그대로 두었다. 예를 들어, 정신분열증은 최근에 조현병이라고 많이 칭하지만, 논의 맥락상 바꾸지 않았다.
3. 드물게 주 번호 순서가 다른 곳(9장 주 15)이 있다. 이는 번역하면서 생기는 일이다. 책 뒤의 주 내용을 보면 혼동은 없을 것이다.
4. 원문 2장 서두에 잭 도킨스의 엉터리 영어 표현이 나오는데, 그 표현을 우리말의 사투리와 유사하게 옮겼다.

2017년 판 옮긴이의 말

르원틴, 로즈, 카민이 쓴 이 고전의 원서 초판은 1984년에 나왔다. 초판 출판사는 미국 판테온 북스(Pantheon Books)였다. 같은 해 영국에서 우리에게도 잘 알려져 있는 펭귄 북스(Penguin Books)가 바로 보급형 축쇄판을 냈다. 쪽수가 동일하며 책 크기만 조금 작게 한 것이다. 휴대하기 편하고 값은 더 쌌다. 옮긴이는 이 펭귄 북스 판을 읽었다. 『우리 유전자 안에 없다』는 르원틴이 기획한 책이다. 그가 카민과 로즈를 합류하게 했다. 판테온 북스 판에는 르원틴이 제1 저자로 되어 있으나, 펭귄 북스 판에는 로즈가 제1 저자로 기재되어 있다. 영국에서 책을 내면서 로즈가 했던 일 처리를 고려한 것으로 보인다. 2017년에 저자들은 2판을 낸다. 무려 '33년' 만에 나온 개정판이다. 드문 일로 보인다. 원래대로 르원틴을 제1 저자로 해서 나왔다. 2판은 헤이마켓 북스(Haymarket Books)에서 나왔다. 헤이마켓 북스는 그 이름을 노동절의 기원을 이룬 사건인 미국 시카고의 1886년 '헤이마켓 사건(Haymarket Affair)'에서 따왔다고 밝히고 있다. 이 독립 출판사는 주로 미국에서 비판적 인사들이 신간이나 개정판을 내는 곳이다. 촘스키(Noam Chomsky), 진(Howard Zinn) 등과 같은 이들이 이 출판사에서 책을 낸 바 있다. 2판의 우리말 번역은 초판이 1993년에 나왔으므로 '30년' 만에 출간되는 것이다. 원서 초판에서 2판 출간까지 걸린 33년보다는 3년 빠르다.

1993년에 이 책은 상당한 사회적 반향을 얻었다. 일간지 몇 곳에서 비교적 긴 책 소개 기사가 나왔다. 대형 서점에서 책이 꽤 나갔던 것 같다. 지금은 생소하고 거의 사라졌지만, 그 무렵 대학가에는 인문사회과학 서점이라 불리는 곳이 있었다. 사회과학 서적, 인문학 서적 등을 주로 파는 서점을 의미했다. 이 인문사회과학 서점에서도 과학 관련 책으로 드물게 판매 상위에 올랐다는 말을 들은 기억이 있다. 당시는 인터넷이 도입되기 전이었다. 인터넷 이전에 이른바 PC 통신이 있었다. 당시 PC 통신은 그냥 새롭다기보다는 질적으로 새로운 의사소통 방식이었고, 채팅방 운영으로 큰 인기를 끌었다. 이 책은 이 PC 통신 일부에서도 소개되어 관심을 끌었다는 이야기를 들었다. 이렇게 초판은 1990년대에 꾸준히 나갔다. 인터넷의 등장으로 온라인 서점이 생긴 이후로는, 물론 거기서도 판매되었다. 2000년대 이후에는 판매가 좀 뜸해졌지만, 명맥은 이어졌고, 현재까지 나가고 있다.

이번 판을 내면서, 오자, 탈자를 주의해서 수정했다. 이에 더해, 일부 뜻이 명확하지 않게 보일 수 있는 문장을 다듬었다. 내용과 관련하여, 한국의 최근 상황에서 가장 큰 변화는 이른바 젠더 문제로 보인다. 초판이 나올 1993년 당시 여성주의(feminism)의 상황은 지금과 많이 달랐다. 젠더라는 말을 아는 독자는 드물었던 것 같다. 그래서 '성(sex)'과 '성(gender)'으로 구별해 써 주었다. 젠더라고 번역한 곳은 없었다. 2판에서는 그냥 젠더라고 간명하게 표현해 둔 곳이 대부분이다. 2022년 대통령 선거에서 젠더 문제가 특히 20대에서 큰 변수가 되었다. 노동이나 환경이 아닌 젠더가 정치의 강력한 요소로 등장했으며, 이는 앞으로 한국 사회에 더 영향력이 있을 것이다.

미국과 영국에서 초판이 판테온 북스와 펭귄 북스와 같은 대형 출판사에서 나왔고 베스트셀러가 되었으나, 이 책이 쉬운 것만은 아니다. 사회적 쟁

점을 다룬 정상급 과학자 3인이 쓴 논쟁서이며 연구서이기 때문이다. 뒤표지 글에 등장하는 한 서평의 일부에서 나오는 "가장 요구가 많은 전문가를 만족시키기에 충분할 정도로 그 분석을 꼼꼼하게 유지하고 있다"는 표현처럼, 이 책은 심도 있는 연구서이되, 가독성을 갖추어 일반 독자도 이해할 수 있도록 하기 위해 저자들이 열의를 가지고 노력한 책이다. 그럼에도 불구하고, 일반 독자가 읽고서 단번에 파악하기 어려운 부분이 있을 수 있다. 초판 번역서를 낸 후, 옮긴이가 접했던 몇몇 식자는 책 내용이 이해하기에 만만치 않다는 이야기를 해 주었다. 한편 이 책을 읽은 학생 중에는 난도가 낮지 않은 책임에도 재미있었고, 특히 IQ 유전 가능성을 논박하는 5장은 상대적으로 이해가 쉬웠다는 이야기를 해 주는 경우도 있었다. 이는 옮긴이의 주관적 경험일 뿐이겠으나, 독자 여러분께서도 이와 유사하게 초판 서문을 읽고, 2017년 판 서문을 읽고, 다음으로 5장부터 읽어 보는 것이 이 번역서에 접근하는 한 방법이 될 것 같다는 느낌이다.

저자들은 2판 서문을 새로 썼다. 책의 그 외 나머지는 초판의 내용을 거의 그대로 보존하고 있다. 오자, 탈자를 잡은 정도라 하겠다. 미세한 변화는 있으나 새로운 장의 추가와 같은 큰 손질은 없다. 원서 앞표지에 새로운 서문 대신에 '새로운 도입'이라는 표현이 나온다. 서문보다는 긴, 사실상 도입이라고 할 수 있다. 책 안으로 들어서서 세 사람은 이 2판 서문을 '2017년 판 서문'이라는 이름으로 제시한다. 초판 출간 이래 30여 년 동안 있었던 일과 책의 의의를 논의한다. 매우 주목할 만한 집필이다. 옮긴이는 2판이 나온다면 저자들이 새로운 서문의 내용을 좀 길게 쓰리라 짐작했는데, 이와는 반대로 압축적으로 쓰고 있다. 『우리 유전자 안에 없다』에서 여러 유형의 생물학적 결정론이 비판적으로 검토된다. 사회생물학은 그중 하나일 뿐이다.

2판 서문에서 다섯 가지 사항을 논의한다. 첫째, IQ는 유전으로 결정된다는 주장이 거짓임은 지나온 시간 속에서 달라지지 않았다고 밝힌다. 자신들의 IQ 검사에 대한 비판이 미국과 영국에서 IQ 검사가 이제는 유행에서

벗어난 일을 도왔을 수 있다고 언급하고 있다. 인간 유전체 계획(human ge-
nome project)의 진전에도 불구하고, 지능 유전자를 특정하지 못했으며, 생
물학에 기반을 둔 흑인과 백인의 인종 분류는 불가능하다고 이야기한다. 둘
째, 가부장제 지속성을 옹호해 줄 생물학적 기초는 여전히 분명치 않으며,
그간 나타난 젠더 관계(gender relations)의 커다란 변화는 이러한 생물학적
결정 요소를 더욱 의심케 한다고 지적하고 있다. 셋째, 정치적 저항 행동을
의학화하려는 노력에도 불구하고, 폭력성을 지배하는 뇌 영역은 최근의 뇌
이미지 처리 기법의 급속한 발전에도 불구하고 탐지되지 않고 있음을 언급
한다. 말 안 듣는 어린이의 행동과 관련하여, 극미 뇌 기능장애는 현재 주의
력 결핍 장애(ADHD)로 불리게 되었으나, 이것으로 진단된 이들의 뇌에 무
엇인가 잘못된 바가 있고 그 잘못된 바를 약물인 리탈린(Ritalin)으로 치료할
수 있다는 가정은 거짓이라고 말한다. 넷째, 생물학적 정신의학과 관련하
여, 대학 및 거대 약물 회사의 노력에도 불구하고, 우울증과 정신분열증을
일으키는 유전자와 생화학적 과정은 여전히 파악하기 힘든 상태라고 언급
한다. 다섯째, 사회생물학이 '진화심리학'이라는 새로운 상표를 단 일을 언
급한다. 신생대 플라이스토세에 인간의 본성이 생물학적으로 고정된 이후
에 인간 삶은 별 변화가 없다는 진화심리학의 주장을 비판하고 있다. 사회
생물학의 창시자 윌슨은 2000년대 후반부에 사회생물학의 핵심이 되는 '개
체 선택(individual selection)' 이론을 버리고 '집단 선택(group selection)' 이
론을 받아들였다. 집단 선택은 자연선택의 단위는 개체가 아니라 집단(예를
들면, 종)이라는 이론이다. 개체의 이기성에서 집단의 진화적 계승을 강조하
는 입장으로 옮겨 간 것이다. 이 사건으로 『이기적 유전자』의 저자 도킨스
가 윌슨을 강하게 비판하는 일이 벌어졌다. 비유하자면, 교주인 윌슨이 개
종하자 부흥사인 도킨스가 격분해 교주를 공격하는 판국이 발생했던 것이
다. 이 사건은 한국 지파로 불릴 만한 이들에게도 부정적 영향을 주었을 것
이다. 윌슨의 이 개종적 사건이 국내에서는 덜 알려진 것 같다. 하지만 세

명의 저자는 윌슨의 전향을 언급하지 않은 채 진화심리학을 비판하고 있다. 『우리 유전자 안에 없다』는 사회생물학만을 다루는 책이 아닐뿐더러, 저자들은 윌슨의 이 전향 사건을 대수롭지 않게 보고 있는 느낌이다. 윌슨의 전향으로 인한 사회생물학 혹은 진화심리학 관련 분위기 변화에 따라, 2판 번역으로 이 책에 대한 관심이 국내에서 다시 높아지길 기대한다.

『우리 유전자 안에 없다』의 초판은 미국에서 레이건과 영국에서 대처가 집권하던 중에 나왔다. 신자유주의 본격화 시기였다. 2판은 미국에서 트럼프와 일본에서 아베가 집권하던 중에 출간되었다. 극우적 성향의 정치가 펼쳐지던 중이었다. 2017년 이 책이 나온 그 해 말 저자들의 하나인 카민이 사망했다. 그는 1927년생이었다. 또 다른 저자인 르원틴은 2021년에 사망했다. 르원틴은 1929년생이었다. 그의 동갑내기 윌슨도 2021년에 사망했다. 2판은 카민과 르원틴 두 사람의 마지막 책이었다. 1938년생 로즈가 이번 2판 출간을 주도했으며, 그는 활동 중이다. 2017년 판 서문 맨 뒤에는, 로즈, 카민, 르원틴 순으로 이름이 적혀 있다. 이 고전의 논변은 현재에 오히려 더 유효하고 신선하다.

옮긴이의 말

저자들은 이 책『우리 유전자 안에 없다』에서 '생물학적 결정론'(생물학주의)에 대한 결정적인 비판을 시도한다. 생물학적 결정론은 극단적인 환원론적 주장을 담고 있다. 생물학적 결정론은 인간 사회에서 벌어지는 사회적 현상과 사회적 행동은 각 개인이 갖고 있는 생물학적 특성에 의해 결정된다고 규정한다. 예를 들면 계급, 성, 인종 간의 지위, 부, 권력에서의 불평등은 그들의 생물학적 특성에 의해 결정된다는 것이다. 또한 남성은 여성보다 능력에서 앞서고, 그것은 뇌와 생식기 구조의 차이와 같은 생물학적 특성에 의존한다고 주장하는데, 이러한 논의가 정당화될 수 있다면 역사를 통해 이어진 가부장제는 불가피한 것이 된다. 흑인은 백인보다 평균적으로 IQ가 낮아 무능한데다 게을러빠져서 못살 수밖에 없고, 따라서 사회의 밑바닥을 형성하게 되는데, 이것은 생물학적 특성 탓이며 불가피하다고 본다. 노동자는 자본가보다 생물학적으로 열등하기 때문에 착취당할 수밖에 없다는 것이다.

더 구체적인 예를 들면, 생물학적 결정론자들은 노동계급이 자본가에 대항하여 사회적으로 저항, 투쟁하는 것을 사회 안에 모순이 존재하고 그 모순을 극복하려는 노력이라고 보지 않는다. 노동계급의 그러한 행동은 정신이상 특히 뇌 구조의 이상 탓으로 빚어진 사회적 일탈일 뿐이라고 주장한다. 흑인들이 백인들에 대항하여 폭동을 일으키는 것도 마찬가지로 파악한다. 흑인들의 폭동은 백인의 흑인에 대한 인종차별에 저항하는 것이 아니라 폭동을 일으킨 흑인들의 뇌에 기능장애가 있거나 이상 생화학 물질의 분비 탓으로 돌려 버린다. 이러한 인식에 따르면 사회적 일탈의 치료는 강제입원이나 투옥, 약물투입, 뇌 피하 전극주입, 뇌 저미기 등을 통해 이루어져야 한다. 사회적 모순은 없는 것이며 모순이 존재한다면 그것은 저항하는 개인의 특정 뇌 부위에만 있게 된다. 생물학적 결정론은 더 나아가 인간이 취하는 사회적인 행동의 궁극적인 결정에 대한 정보는 각 개인이 갖는 유전자에 이미 부호화되어 있고, 따라서 이러한 결정은 자연에 의해 부여된 것이고 인간에게 불가피하다고 결론짓는다.

생물학적 결정론은 이렇듯 인간의 사회적 행동을 생물학적 특성으로 완전히 환원시켜 버리고 '인간의 본성'은 유전자에 의해 유일하게 결정된다고 주장한다. 이는 결국 현 사회질서는 불가피하며 정당하다는 정치적 주장을 노골적으로 함축하는 것이다. 이에 대해 이 책의 저자들은 이러한 일의적 결정 요소는 유전자 안에 들어 있지 않다고 비판한다. 독자들은 이 대목에서 저자들이 이 책의 제목을 '우리 유전자 안에 없다'라고 한 의미를 이해하리라 믿는다.

이 책은 크게 두 가지 논점을 갖고 있다. 첫째, 생물학적 결정론의 기원, 역사, 대중적 인기에 대해 비평하면서 나아가 생물학적 결정론의 거짓됨과 비과학성을 폭로한다. IQ 이론, 가부장제, 계급·성·인종 사이의 능력 차이, 정신병의 진단과 치료, 정치적 저항의 의학화, 생물학적 결정론의 현대적 종합인 '사회생물학'의 주장을 세밀하게 비판하고 있다. 또한 이 책은 생물학적 결정론에 입각한 주장이 대중들 사이에서 호소력을 갖게 되고 널리 퍼지게 된 이유, 진리탐구로 상징되는 대학교에서 이러한 인종주의적·가부장적 주장을 옹호하는 내용을 담은 문헌을 출판하고 관련 학문 분야(예를 들면 사회생물학)를 학제화하고 지원하는 이유, 국가에서 이를 묵인하는 이유, 특히 과학의 이름을 빌려 이러한 주장을 사회에 이식하는 과정과 그 저의를 폭로한다. 그리고 이러한 생물학적 결정론은 이념에 봉사하고 과학자는 이념의 생산자인 이데올로그와 같은 역할을 하게 됨을 보여 준다. 궁극적으로 과학성을 위장한 생물학적 결정론의 주장은 현 사회질서를 정당화함으로, 지배계급의 이익을 옹호하는 데 철저히 봉사하는 측면을 가짐을 드러내 준다. 이러한 생물학적 결정론적 주장의 양산은, 이를 통해 재미를 보는 집단이 사회 안에 필연적으로 존재함을 함축한다고 주장한다. 예를 들면 과거의 나치와 같은 극우 정권이나 1970년대 말, 1980년대 초 이래 영국과 미국에서 집권한 보수 정권은 생물학적 결정론 연구를 부추기고 지원하며, 그 연구 결과를 사회질서를 정당화하는 데 이용했다는 것이다. '해방적' 과학, '비판적' 과학은 이러한 거짓된 과학성을 위장하는 지배계급에 봉사하는 과학을 타파하고 보다 사회적으로 정의로운 사회 건설에 봉사하는 것이어야 한다고 강조한다.

저자들은 생물학적 결정론을 비판하면서 동시에 생물학적 결정론에 대극되는 결정론인 '문화 결정론'에 대해 비판을 가한다. 생물학적 결정론과는 반대로 문화 결정론은, 인간의 사회적 행동을 결정하는 데에 생물학적 특성이 미치는 영향력은 전혀 없는 것으로 본다. 따라서 인간은 백지상태로 태어나며 문화에 의해서만 일의적으로 결정된다고 본다. 이에 대해 저자들은 문화 결정론도 생물학적 결정론 못지않게 인간의 본성에 대한 올바른 이해를 왜곡한다고 비판한다. 결국 인간의 본성은 생물학적 특성과 문화 사이의 변증법적 상호작용을 통하는 관점으로 비로소 이해할 수 있다고 주장한다.

둘째, 위와 같은 논의를 통해 이 책은 '과학의 가치중립성 신화'에 도전한다. 생물학적 결정론, 예를 들면 인간 우생학, 사회생물학을 '나쁜' 과학으로 규정한다. 이러한 과학은 이념의 형성에 기여하고 이념을 정당화하며 그런 식으로 지지된 이념은 지배계급의 이익에 봉사한다는 것이다. 따라서 저자들은 그들의 서문에서 밝히듯이 이러한 나쁜 과학의 오류를 폭로하고 지배계급의 이익에 봉사하는 과학 대신 비판적인 또는 해방적인 과학의 가능성을 배제하지 않는다. 과학에 대해 '좋은' 또는 '나쁜' 혹은 '억압하는' 또는 '해방적인' 등과 같은 수식어를 붙이는 것이 정당하다면, 과학을 가치 배제적인 것으로 볼 수 없다. 즉, 과학은 가치중립적일 수 없다는 주장이다. 과학은 자연의 본성을 밝히는 객관적인 작업인 것만은 아니라는 것이다.

1960년대 이후 과학사, 과학철학, 과학사회학 연구를 통해 과학이 반드시 객관적이고 합리적인 측면만을 갖지는 않는다는 점은 비교적 널리 인식되어 왔다. 극단적인 예를 들면 과학사회학에서 에든버러 학파(Edinburgh School)로 대표되는 '사회구성주의(social constructivism)'와 같은 사회학적 상대주의(물론 그들 스스로는 자신들이 상대주의자가 아니라고 항변하지만)의 주장에 따르면 과학의 객관성과 합리성은 완전히 부정된다. 그들에게 있어 과학은 자연의 본성을 객관적으로 밝혀 주는 작업이 아니라 한낱 과학자 공동체의 이해와 합의 산물에 지나지 않는다. 이 책의 저자인 스티븐 로즈는 그의 아내 힐러리 로즈(Hilary Rose)와 함께 과학자 공동체보다는 사회구성체, 국가, 생산, 이념과 같은 더 큰 사회적 맥락에서 과학의 가치중립성의 신화에 도전하는 논의를 담고 있는 2권의 논문 모음집『과학의 정치경제학(The Political Economy of Science)』과『과학의 급진화(The Radicalization of Science)』(London; Macmillan, 1976)를 내어 열띤 반응과 논쟁을 불러일으킨 바 있다.『우리 유전자 안에 없다』는 이러한 가치중립성 신화에 대한 논박을 신경생물학, 우생학, 정신의학 등에서의 구체적 사례를 통해 세밀히 보여준다.

과학의 가치중립성 여부에 대한 논의는 오래 지속되어 온 과학사, 과학철학, 특히 과학사회학의 주요 토론과 논쟁 주제의 하나이다. 저자들은 현재의 과학이 부르주아(자본주의)적이고 동시에 또한 가부장적인 측면을 갖는다고 주장하면서 과학의 가치중립성을 부정한다. 한편 소련 등에서도 억압

통치에 반대하는 이들에 대한 정신병 진단과 투옥 강제치료 사례를 들면서 '나쁜' 과학의 출현은 자본주의에서만의 현상은 아니었다는 점도 지적한다 (이 책이 쓰였을 때는 소련의 붕괴 얼마 전이었는데, 저자들은 소련을 사회주의로 보지 않고 국가자본주의로 보고 있다).

이 책에서 다루는 내용이 국내에서 본격적으로 소개되기는 이번이 처음인 것으로 기억한다. 우리 문화 풍토에서는 거의 익숙지 않다고 할 수 있는 논의들이다. 논의의 범위도 과학사, 과학철학, 과학사회학과 같은 우리 학제에서는 비교적 새로운 분야, 그리고 생물학, 의학뿐 아니라 철학, 사회학, 심리학, 인류학 분야까지 폭넓게 걸쳐 있다. 대부분의 독자는 책 안에 있는 많은 부분에 대해 비교적 생경한 느낌을 받을 것이다. 저자들은 생물학적 결정론 저술의 아주 방대한 문헌을 인내심을 갖고 고찰하고 날카로운 비판을 가하고 있다. 이러한 비판과정에서 드러나는 생물학적 결정론 주장들의 일부는 독자들에게 때로 충격과 경악을 던져 주는 것도 있을 것이다. 생물학적 결정론은 한 사회(예를 들면 특히 미국과 같은 다인종 사회)의 성원이 정치적으로 무감각하거나 무력할 때, 사회정의에 대한 신념이 흔들릴 때, 사회가 점차 보수화하고 사회가 심각한 경제불황에 시달려서 나누어 가질 몫이 충분치 않을 때, 더욱 조장되고 기승을 부리게 된다. 독자들은 그러한 생물학적 결정론적 주장이 갖는 정도의 심각성에 적잖이 놀랄 것이다.

저자들은 특히 생물학적 결정론의 현대적 종합인 사회생물학 비판에 독립된 한 장을 바쳐 많은 노력을 투여한다. 주요 공격대상은 하버드 대학교 사회생물학자 E. O. 윌슨의 『사회생물학: 새로운 종합(Sociobiology: The New Synthesis)』(1976)이다. 이에 옥스퍼드 대학교 사회생물학자 리처드 도킨스(Richard Dawkins)의 『이기적 유전자(The Selfish Gene)』(1976)가 더해진다. 이 책을 번역하는 사이에 국내에서 윌슨의 책이 『사회생물학 I, II』(민음사, 1992)로(축약본 번역), 도킨스의 책이 『이기적인 유전자』(동아, 1992)로 번역, 출간(부분 번역)되었다. 자칫했으면 생물학적 결정론을 비판하는 이 책이 사회생물학 문헌보다 먼저 출판되는 우스꽝스러운 경우를 맞을 뻔했다. 또한 사회생물학의 직접적 선배라 할 수 있는 문헌들 가운데 콘라트 로렌츠(Konrad Lorenz)의 『공격성에 대하여(On Aggression)』(1966)가 『공격성에 관하여』(이화여대 출판부, 1986)로 그리고 데즈먼드 모리스(Desmond Morris)의 『털 없는 원숭이(The Naked Apes)』(1966)가 『털 없는 원숭이』(정신세계사, 1991)로 번역되어 있다. 양 진영의 대결은 학자들은 물론 일반 대중에게 관심과 흥미를 유발하기에 부족함이 없을 것이다. 이러한 논쟁서의 출판을 계기로 사회 속에서 과학의 본성과 역할에 대한 깊이 있는 토론이 활발해지기를 기대해 본다.

책 안에 나오는 전문용어를 옮기는 데 어려움이 있었다. 주로 학회 등에서 책임 편집한 사전과 용어집을 참조했다. 번역 원문으로는 Steven Rose, R. C. Lewontin and Leon J. Kamin, *Not In Our Genes: Biology, Ideology and Human Nature* (Harmondsworth, Middlesex, England; Penguin, 1988, 3rd reprinted)를 삼았다. 이 책은 1984년 처음 출판되어 1985, 1987, 1988년 재판을 거듭했고, 베스트셀러를 기록했다.

번역을 권해 주시고 관심을 보여 주신 서울대 자연대 물리학과와 대학원 과학사 및 과학철학 협동과정 겸임 교수 장회익 선생님과 같은 물리학과 교수 최무영 선생님께 감사드린다. 이름을 일일이 밝히지는 않겠지만 전문용어에 대한 번역어 선택에 도움을 주신 분들 그리고 번역 과정에서 관심을 보여 주시고 조언을 해 주신 몇몇 분들께도 고마움의 뜻을 전해 드리고 싶다.

2017년 판 서문

우리는 새로운 그리고 아마도 더 젊을 독자층이 『우리 유전자 안에 없다』를 이용할 수 있도록 해 준 헤이마켓 북스에 감사한다. 그렇지만, 이번 판은 건강 경보와 함께 나온다. 우리의 책은 1984년에 처음으로 출간되었고 그 당시 10년간 미국과 영국에서 우리―신경과학자, 심리학자, 유전학자―와 특히 유관된 쟁점들을 널리 참여시키는데, 그래서 그것들은 새로운 세대의 독자에게 첫눈에는 불가해한 것으로 보일 수도 있다. 그럼에도 불구하고, 우리는 『우리 유전자 안에 없다』에서 우리가 발전시키는 분석이 여러분에게 무언가를 생각나게 하기를 희망한다.

우리는 당시에 생명과학과 생의학(biomedicine) 속 이론과 실천이 20세기 후반 및 이제 21세기 초 자본주의의 지배적 이념(ideology)과 맞물리는 방식과 특히 연관되어 있었고, 지금도 여전히 그러하다. 2016년 시점에서 『우리 유전자 안에 없다』를 돌아보며, 우리는 얼마나 많이 변했는가에서, 그러나 얼마나 많이 똑같이 남아 있는가에서 충격을 받는다. 오늘날의 완전히 발달한 지구화된 신자유주의 경제는 우리가 『우리 유전자 안에 없다』에서 토의했던 방법론적 개체론(methodological individualism) 및 환원론(reductionism)과 이제껏 이상으로 결합하여 있는데, 그에 대한 비판이 책의 모든 장을 틀 지운다. 책의 출간 이래 개재된 30년 동안, 유전학 및 신경과학이라는 소규모 과학이 오늘날 육중한 테크노사이언스(technosciences)로 변환되었다. 이들 변환에도 불구하고 —혹은 아마도 그 때문에— 모든 현대 경제를 특징짓는 부, 지위, 권력의 육중하며 성장해 가는 불평등은 무정한 생물학적 법칙에 뿌리를 박고 있다는 결정론적 논변이 대중의 이해를 움켜쥔 상태를 유지하고 있다. 계급, 성, 인종의 진화적·유전적·신경학적으로 "정당화된" 위계는 극심하게 남아 있는데, 그럼에도 불구하고, 때로 현대적인, 더 개량적인 언어의 가면을 쓴다.

『우리 유전자 안에 없다』는 다음 주장에 대한 비판적 분석을 이룬다.

1. 개체 간 그리고 이른바 "인종" 간 지능 차이의 세습적 —즉, 유전적— 기초
2. 가부장제 및 여타 젠더 관계(gender relations)의 생물학화(biologization)
3. 다루기 힘든 행동의 의학화(medicalization)
4. 생물학적 정신의학의 발흥
5. 사회생물학의 포괄화되어 가는 가식

그리고 마지막으로, 비판은 더 나은 대안적 이론을 제공함이 없이는 불충분하므로, 생명 과정(living processes)의 새로운 이해에 관한 윤곽을 급진적으로 비결정론적인 것으로서, 그리고 어떻게 그러한지를 스케치해 내는데, 책의 마지막 단어들을 이용하자면, 우리를 자유롭게 하는 것은 우리의 생물학적 상태이다.

1980년대 이래 과학 속 발전이 이들 비판에 영향을 미친 방식을 여하튼 세부적으로 판독하는 일은 엄청나게 힘들겠으나, 줄이면 다음과 같다.

1. 지능—IQ—을 둘러싼 세습적 논변은, 첫째, 지능은 지능검사가 측정하

는 것이라는 명제에, 둘째, 지능은 주로 유전적으로 결정된다는 명제에, 셋째, "인종" 간 IQ 점수의 평균적 차이는 유전적 차이에 기초한다는 명제에 의존한다. 『우리 유전자 안에 없다』는 이들 명제 각각이 거짓임을 보여 준다. 그 개재된 기간에 일어났던 어떤 것도 우리의 결론을 변경하지 못한다.

i. 우리 및 다른 이들이 IQ 검사들에 관해서 했던 비판은 그것들의 쇠퇴를 재촉하는 것을 도왔을 수도 있다. 확실히 그것들은 오늘날 미국과 영국에서 유행에서 벗어났다. 그럼에도 불구하고, 평균적으로 가난하며 노동계급인 어린이가 IQ 검사에서 중간계급 그리고 상층계급 어린이보다 나쁘게 수행한다는 점은 미국과 영국 둘 다에서 항구적 하층계급의 존재를 또는 현행적으로 "정신 자본(mental capital)"이라고 용어화된 것을 결여하는, 프레카리아트(precariat)의 존재를 설명하고 정당화하기 위해 신자유주의 이론가에 의해 사용되어 왔다.

ii. 우리가 4장에서 분석하는 쌍둥이 연구에 1980년대에 주로 기초해 있던, 유전적 논변은 밀레니엄이 전환되면서 인간 유전체(human genome) 해독으로 이끌었던, 유전자 서열 판독(gene sequencing) 속 진전에 의해 추월되었다. 결정론자들은 그 유전체를 이루는 30억 개의 유전자 염기쌍에 관한 서열 판독이 어떤 개인의 운명이 적혀질 "생명의 책(book of life)"을 제공하리라고 주장했다. 사실상, 그 서열 판독이 보여 준 바는 각 개인의 유전체 안 22,000개의 유전체에 의해 결정되고 있는 우리의 삶과는 거리가 멀게도, 중요한 것은 발생 중 유전자들이 어떻게 읽히며 조절되느냐(후성유전학(epigenetics))인데—우리가 『우리 유전자 안에 없다』의 마지막 장에서 논의하듯이 말이다.

인간 유전체 계획(human genome project)을 가능하게 했던 1990년대 기술적 진전은 그 이래로 계속되었고, 그래서 한 개인의 전체 유전체는 100달러가 많이 넘지 않는 가격으로 일주일 안으로 서열 판독될 수 있다. 이것이 특정한 "지능 유전자"를 사냥하는 길을 열었다. 그 사냥은 두드러질 정도로 성공적이지 못해 왔다. 아무런 그런 유전자도 판정되어 오지 않았다. 연루되었을 수도 있었을 것들은 단지 작은 파편을 설명한다. 유전학자들은 "상실된 유전 가능성(lost heritability)"에 관해 이야기하기 시작했다. 다른 이들은 전체적인 유전적 패러다임이 깨졌다고 결론 내릴 수도 있다.

iii. 서열 판독의 진전과 더불어, 예를 들어, 생물학에 기반을 둔 흑인과 백인 사이의 전통적인 광범위한 인종 분류는 불가능하다는 인식—우리가 책에서 주장했던 것처럼, 그리고 새로운 유전학을 생물학을 "재인종화하기" 위해 사용하려는 몇몇 기도에도 불구하고—이 나왔다. 그렇지만, 개체군 집단 사이에 유전자 빈도 차이는 존재하며, 그래서 좀 번거로운 "생물지리적 선조(biogeographical ancestry)"라는 구절을 사용하는 것이 적절해진다.

2. 여성주의 생물학자와 사회학자에 의한 통렬하며 계속되는 비판에 놓였음에도 불구하고, 6장에서 토의된 친숙한 가부장적 논변은 거의 변치 않고 이어진다. 진화심리학(evolutionary psychology)의 발흥(아래 항목 5를 볼 것)이 예를 들면, 여자는 나이 들고, 지배적이며, 권력 있는 남자를 선호했던 한편, 남자는 다산성을 가리키는 몸매를 지닌 젊은 여자와 짝짓기를 선호했음을 보증하는, 플라이스토세(Pleistocene)의 젠더 관계의 "고정"에 관한 계속되는 환상들에 의해 수반되었다. 초기의 태아기 발생 중 호르몬 역할은 "뇌 조직화 이론(Brain Organization Theory)"으로 정식화되어 왔는데, 그 안에서 대략 임신 첫 3개월 동안 테스토스테론의 쇄도는 그렇지 않다면 여성적 뇌가 되었을 것을 남성화한다고 이야기되었는데, 이는 한 저명한 남성 저자가 "본질적 차이(essential difference)"라고 기술한 바를 생겨나게 하는 것이다. 여성주의 비판가가 자세히 설명해 내듯이, 그러한 생물결정론적 논변(biodeterminist arguments)은 지난 반세기의 기술적 변화와 사회적 변화가 초래했던 젠더 관계의 육중한 변화에 대해 귀가 먹거나 눈이 먼 것이다.

3. 다루기 힘든 행동의 의학화는 빠르게 계속되고 있다. 기능적 자기 이미지 처리(functional magnetic imaging)와 같은 뇌 이미지 처리 기법(brain imaging techniques)의 등장은 한 사람에게 정신병질(psychopathy)을, 사전에 성향을 부여하는 뇌 영역을 탐지하는 것을 가능케 한다는, 혹은 심지어 그들이 "테러리스트 사고"를 갖고 있는지의 여부를 탐지할 수 있다는 주장으로 이끌었다. 7장에서 토의하는 극미 뇌 기능장애(Minimal Brain Dysfunction)는 이제 주의력 결핍 과잉행동 장애(Attention Deficit Hyperactivity Disorder, ADHD)로 불리며, (미국 정신의학자 진단 편람 최근 버전 속에서) 적대적 반항 장애(Oppositional Defiant Disorder)와 품행 장애(Conduct Disorder)와 같은 여타 나쁜 행동 옆에 가입되고 있는데 ─이는 부정의와 국가 억압에 반대하는 시위자에게 교실 속 건방진 어린이로서 즉각적으로 적용될 수 있을 딱지이다. 한편 1980년대에 주로 미국의 질병이었던, ADHD는 지구를 가로질러 퍼져서, 아이슬란드에서 오스트레일리아까지 여러 나라에서 5~10퍼센트의 아이들이 진단되고 있으며, 주장된 증상을 치료하기 위해, 대부분 리탈린(Ritalin)인, 약물 처방률이 최근 5년간 2배가 되었다. 그러나 ADHD로 진단된 이들의 뇌에 잘못된 무언가가 존재한다는 그리고 리탈린이 특정하게 그들을 치료한다는 가정은 명백히 거짓인데─ 그리고 실제로 리탈린은 인터넷을 거쳐서 널리 구할 수가 있으며 시험 공부하는 "정상" 학생들의 수를 증가시킴으로써 집중력과 학습을 개선하기 위해 사용되었다.

4. 다루기 힘든 행동의 의학화가 확장되었던 것과 꼭 같이, 7장에서 토의했던, 생물학적 정신의학을 향한 주장도 그러했다. 세계보건기구는 우울증이라는 "전염병"이 지구를 휩쓴다고 묘사했다. 하지만 대학 및 거대 제약 회사(빅 파머(Big Pharma)) 속 모든 강도 있는 연구에 대해서 그리고 유전학 속 엄청난 진전에도 불구하고, 정신분열증과 우울증을 일으킨다고 믿긴 유전자 및 생화학은 파악하기 힘든 상태로 남아 있다. "상실된 유전 가능성"은 IQ에 대해서 그런 것만큼 여기에 대해서도 그렇다. 빅 파머에게 더 나쁘게

도, 이들 조건을 치료하기 위해 시야에 든 아무런 약물도 없다. 이제는 특허에서 벗어난 지 오래인, 1980년대 약물에 대한 아무런 개선도 존재하지 않는다. 약물 회사 다수가 그 분야에서 철수하고 있는 일도 아주 많은데, 암이라는 더 안전한 지반 위로 다시 떨어지고 있다.

5. 인간 말고 다른 것에 대해, 사회생물학(sociobiology)은 그토록 논쟁적으로 모두를 아우르는 일을 그쳐서, 동물행동학 문헌에서 사회적 행동과 짝짓기 전략을 설명하려는 다자 가운데 한 접근이 되어 가고 있는데, 그럼에도 불구하고 그것은 우리가 『우리 유전자 안에 없다』에서 비판하는 적응주의 관점(adaptationist perspective)에 의해 여전히 추동되고 있다. 인간 사회생물학이 그 이름을 바꾸었고, 그 자체를 진화심리학으로 재상표화하는 사이에, 그 지지자들은 이제 인간의 본성—우리가 그것으로 무엇을 의미하든지 간에—은 플라이스토세에 고정되었다고, 그리고 그 이래로 그것이 변화할 충분한 진화적 시간이 존재해 오질 않았다고 논의하고 있다. 그러므로 우리는 "인터넷 시대의 몸에 석기 시대의 정신을" 갖고 있다. 이 전이의 한 가지 벌충하는 특징은 사회생물학과 달리, 진화심리학은 인간적 보편자(human universals)를 강조하며, 그러므로 인종주의 유형론(racist typology)을 위한 공간을 갖지 않는다는 것이 되어 왔는데—그럼에도 불구하고, 그것은 여전히 성적 스테레오타이핑(sexual stereotyping)을 위한 여지를 갖고 있다.(위 항목 2를 볼 것) 매장 둔덕에서 발견되는, 뼈, 동굴 벽화, 몇 안 되는 인공물과 별도로, 우리는 우리의 플라이스토세 선조의 사회적 그리고 심리적 삶에 관한 아무런 실재적 관념을 갖고 있지 않다. 그러므로, 진화심리학자의 사변에는 그들의 이념적 성향 이외에, 아무런 한계가 없다. 그러나 그들은 진화적 변화의 속도에 관해 틀렸다. 수천 년 내 인간의 생리학적 특성 및 행동의 급격한 변화가 이제 잘 문서화되어 있으며, 불가능한 진화적 정체(evolutionary stasis)보다는 인간의 생물학적 특성과 문화의 공진화(co-evolution)에 관해 이야기하는 것이 더 적절하다.

결론적으로, 책의 닫는 말들을 확장하자면, 오늘날 점점 더 인간은 "그들 자신의 역사를 만들지만, 그들은 그들이 즐거운 대로 그것을 만들지 못한다. 그들은 스스로 선택한 상황 아래서 만드는 것이 아니라 이미 존재하는 상황 아래서 만든다"가 참인데—생물학적·역사적·기술적·문화적·사회적 상황 말이다.

스티븐 로즈, 리언 J. 카민, 리처드 C. 르원틴
2016년 8월

서문과 사사

『우리 유전자 안에 없다』의 저자들은 각각 진화유전학자, 신경생물학자, 심리학자이다. 우리는 지난 15년을 지내 오면서 서구 사회에서 계급, 성 (gender), 인종 사이에 존재하는 지위, 부, 권력 불평등의 원인을 인간의 본성에 대한 환원론적 이론 안에 위치시킬 수 있다는 엄청나게 과장된 주장을 담고 있는 생물학적 결정론 저술의 기세등등한 조류를 관심 있게 지켜보아 왔다. 이런 즈음에 우리 각자는 결정론 이념이 표현해 내는 억압적 형태에 반대하는 연구, 저술, 발언, 교육, 대중 정치 활동에 열심히 참여해 왔다. 우리는 사회적으로 더 정의로운 ―일종의 사회주의적인― 사회에 대한 전망에 전념하는 데 뜻을 같이하고 있다. 그리고 오늘날 많은 과학의 사회적 기능이 지배계급, 성, 인종의 이익을 보존하는 데 작용함으로써 보다 정의로운 사회의 창조를 방해한다고 우리가 믿는 것처럼, 우리는 비판적 과학이 그러한 사회를 창조하는 투쟁에 하나의 필수적 부분이라는 점을 인식하고 있다. 이 믿음은 ―비판적이고 해방적인 과학의 가능성에 대한― 서로 분리된 분야에서 정도를 달리하고 있었던 우리 각자가 1970년대와 1980년대를 지나오면서 미국과 영국에서, 급진과학운동으로 알려지게 되었던 것을 발전시키는

데 개입하게 된 까닭이다.

우리가 느꼈던 필요는 생물학적 결정론의 학문적이고 사회적인 뿌리에 관한 체계적 연구, 생물학적 결정론이 갖는 현재의 사회적 기능의 분석, 그 것의 과학적 위장에 대한 폭로였다. 하지만 더 나아가 어떤 생물학과 심리 학이 대안적인 것으로서 '인간의 본성의 본성(nature of human nature)'에 대 한 해방적 관점을 제공할 수 있느냐에 대한 전망을 제공하는 일 역시 없어 서는 안 될 것이었다. 그래서 『우리 유전자 안에 없다』를 낸 것이다.

이 책을 만드는 데는 몇 년이 걸렸다. 이 책은 부분적으로 수천 마일이나 떨어진 채로 일했던 노력의 결과이지만, 일련의 분리된 장들보다는 오히려 집적되고, 일관성 있는 설명을 해낼 것을 의도했다. 더욱이 이 책을 낳기까 지의 긴 배태 기간은, 우리의 착상을 초기의 비판적 작업으로부터 마지막 장의 더욱 종합적인 언명으로 발전시킬 수 있게 해 주었다. 이 과정은 실천 안에서, 논쟁 안에서, 반론 안에서 우리의 착상을 계속 검증했던 데에서, 이 책이 나오기까지 계속되었던 캠페인 안에서 결정적으로 도움을 받았던 것 이다. 우리 가운데 한 사람(스티븐 로즈)이 1980년 4월에 이탈리아 브레사노 네에서 열렸던 생물학의 변증법 회의에 참가했던 주목할 만한 경험은 이러 한 노력에 매우 유익했다. 저술작업 대부분은 우리 가운데 한 사람(이번에도 스티븐 로즈)이 하버드의 비교동물학 박물관에 방문연구자로 있던 기간 동 안 그리고 버몬트 주와 메인 주에 있는 저술가들과의 강도 있는 시간을 가 졌을 때, 그리고 저자 모두가 영국의 워프데일에 있게 되었던 기간을 통해 이루어졌다.

우리 각각은 연인, 동료, 선생님, 학생에게 지적인 그리고 마음의 빚을 지 고 있다. 불가피하지만 이 빚은 여기서 이름을 언급하거나 책 끝에 참고문 헌을 인용해 놓은 데서 부분적으로만 인정될 것이다. 그리고 불가피하게, 우리도 우리가 언급한 이들도, 우리가 그들과 함께 가졌던 그들의 착상 및 그 토론이 우리의 사고를 형성하는 데 도움을 주었던 정도와 방식을 항상

의식하게 되는 것은 아닐 수도 있다.

그러나 우리는 특별히 언급하고 싶다. 생물학의 변증법 그룹 그리고 인종주의·I.Q.·계급사회에 저항하는 캠페인의 회원들, 마틴 바커(Martin Barker), 마이크 쿨리(Mike Cooley), 스티븐 굴드(Stephen Gould), 아그네스 헬러(Agnes Heller), 루스 허버드(Ruth Hubbard), 필립 키처(Phillip Kitcher), 리처드 레빈스(Richard Levins), 메리 제인 르원틴(Mary Jane Lewontin), 일라이 메싱어(Eli Messinger), 다이언 폴(Diane Paul), 벤저민 로즈(Benjamin Rose), 힐러리 로즈, 미셸 시프(Michel Schiff), 피터 세즈윅(Peter Sedgwick), 에설 토버크(Ethel Tobach) 등이 그들이다. 말할 필요도 없지만 그들은 단지 덕행의 어떤 것에만 책임이 있고 따라올지도 모를 악덕의 어떤 것에도 책임이 없다.

끝없는 원고들은 개방대학교 제인 빗굿(Jane Bidgood)과 비벌리 사이먼(Beverly Simon), 하버드의 베키 조운스(Becky Jones), 프린스턴의 일레인 뷰식(Elaine Bucsik)에 의해 정리, 작성되었다. 개방대학교 도서관 로리 멜튼(Laurie Melton)은 헤아릴 수 없이 많은 모호한 참고문헌들을 확인해 주었다.

마지막으로 우리 출판사들—판테온, 펭귄, 몬다도리(Mondadori)—의 끈덕진 인내에 감사드린다.

1장

신우익과 낡은 결정론

신우익과 낡은 생물학적 결정론

1980년대 십 년의 시작은 영국과 미국에서 새로운 보수 정부가 권력을 잡게 되는 것으로 상징된다. 영국의 마거릿 대처(Margaret Thatcher)와 미국의 로널드 레이건(Ronald Reagan)의 보수주의는, 두 나라에서 지난 이십 년 또는 그 이상 두 정부를 특징지었던 자유주의적 보수주의에 대한 정치적 동의와 여러 가지 측면에서 결정적 단절을 보여 준다. 이러한 보수주의는 종종 신우익(New Right)으로 표현되는 새로운 일관되고 노골적인 보수주의 이념(*ideology*)*을 대표한다.[1]

---

* 우리는 여기서 그리고 책 전체를 통해 이념이라는 용어에 대해 정확한 의미로서 그 사용을 명확히 해야 한다. 이념은 어떤 특수한 시기에 어떤 특수한 사회에서 지배적인 관념이다. 이러한 이념은 존재하는 어떠한 사회질서의 '자연성(naturalness)'을 표현하며 그 사회질서를 유지하는 것을 돕는다.

신우익 이념은 유럽과 북미에서 지난 십 년 동안 사회적 위기 및 경제적 위기가 축적되는 데 대한 대응으로 발전해 왔다. 밖으로는 아프리카, 아시아, 라틴아메리카에서 정치적 그리고 경제적 착취와 식민주의 굴레를 벗어던지기 위하여 국가권력에 맞서는 투쟁이 있어 왔다. 안으로는 점증하는 실업, 상대적 경기침체, 새로운 그리고 소용돌이치는 사회운동이 존재해 왔다. 1960년대와 1970년대 초기 유럽과 북미는 새로운 운동의 고조를 경험했는데, 이들 중 일부는 꽤 혁명적인 것이었다. 예를 들면 실력주의적 지배 엘리트에 대한 현장 노동자의 투쟁, 백인의 인종주의에 대한 흑인의 투쟁, 가부장제에 대한 여성의 투쟁, 교육의 권위주의에 대한 학생의 투쟁, 복지 관료에 대한 복지 의뢰인의 투쟁 등등이 그것이다. 신우익은 이러한 도전에 대한 지난 수십 년간의 자유주의적 응답을, 국가 개입의 착실한 증가를, 개인이 그 자신에 대한 통제를 상실하게 만드는 커다란 공공단체들의 성장을, 그리고 신우익이 빅토리아 시대의 자유방임 경제로 여기는 자립이라는 전통적 가치의 부식을 비판한다. 이러한 움직임은 1970년대 후반과 1980년대 초반에 자유주의가 자인하는 혼란으로 떨어지면서 이념적 투쟁의 장이 상대적으로 신우익에 남겨지게 된 현실에 의해 강화되어 왔던 것이다.

자신들의 제도에 도전하는 데 대한 대다수 자유주의적 의견의 반응은 항상 똑같았다. 사회적 개량에 개입하는 프로그램의 증진, 즉 교육에 대한, 주거에 대한, 도시 내 쇄신 기획에 대한 개입 프로그램의 증진이 그것이다. 이와 대조적으로 신우익은, 이 자유주의적 의학을 자본주의 산업사회의 초기

지배계급의 관념은 모든 시기에서 지배적인 관념이다. 즉 사회를 지배하는 실질적 힘인 계급은 동시에 그 사회의 지배적인 지적 힘이다. 마음대로 자유롭게 통제할 수 있는 물질적 생산력을 가진 계급은 동시에 정신적 생산도 통제한다. 그러므로 일반적으로 말해서 정신적 생산을 결핍하고 있는 사람들의 관념은 물질적 생산력을 가진 계급에 복속된다. 지배적 관념은 지배적 물질적 관계의 관념적 표현에 다름 아니다.[2]

위상을 특징지었던 '자연적' 가치들을 점진적으로 마모시킴으로써 단지 환자에게 부가하는 것이라고 진단한다. 보수주의 이론가인 로버트 니스벳(Robert Nisbet)의 말을 빌리면 그것은 오늘날의 "혈족 관계, 지방색, 문화, 언어, 학파, 여타 사회조직의 요소에서 전통적 권위의 마모"[3]에 대한 반응이다.

그러나 신우익 이념은 단순한 보수주의에서 훨씬 더 나아가며 그 구성원이 상호 책임을 갖는 유기적 사회라는 개념과 결정적 단절을 이루어 낸다. 국가권력의 성장과 권위의 쇠퇴에 관한 ─심지어 밀튼 프리드먼(Milton Friedman)의 통화주의(monetarism)의 밑바닥에 깔려 있는─ 신우익의 **열렬한 외침**(*cri de coeur*) 아래 깔려 있는 것은 개체론(individualism)이라는 철학적 전통이며, 이러한 전통은 집단보다 개체의 우선성에 강조점을 둔다. 이러한 우선성은 도덕적 측면, 즉 개체의 권리가 집단의 권리보다 절대 우선권을 갖는 ─예를 들면 즉각적 이익의 최대화를 위해 완전한 벌목으로 숲을 없애 버리는 권리와 같은─ 측면과 존재론적 측면, 즉 집단이라는 것은 그 집단을 구성하는 개체들의 합 이상의 아무것도 아니라는 측면을 갖는다. 그리고 이러한 방법론적 개체론의 근원은 이 책에서 도전하고자 하는 주요한 목표인 인간의 본성에 대한 한 가지 견해 위에 놓여 있다.

철학적으로 볼 때, 이러한 견해는 아주 오래된 것이다. 이 견해는 17세기 부르주아 사회의 출현과 경쟁성, 상호 간 공포, 영화(榮華)에 대한 희구를 표현해 주는 인간관계의 한 상태로 인도하는 **만인의 만인에 대한 투쟁**(*bellum omnium contra omnes*)과 같은 인간의 존재에 대한 홉스(Hobbes)의 견해에까지 거슬러 올라간다. 홉스에 따르면 사회조직의 목적은 이러한 인간 상태의 피할 수 없는 특징들을 조절하는 데 지나지 않는다는 이야기가 나온다.[4] 그리고 인간의 상태에 대한 홉스의 견해는 인간의 생물학적 특성에 대한 그의 이해로부터 유도되었다. 인간이 어떠한 상태에 있도록 만드는 것은 생물학적 불가피성이라는 것이다. 이러한 믿음은 이 책에서 따져 볼, 그리고 앞으로 나올 쪽들에서 다시금 돌아가게 될 한 쌍의 철학적 태도를 캡슐로 싸서 보관하고 있다.

첫 번째는 **환원론**(*reductionism*)인데―이 이름은 물질적 대상 세계와 인간 사회 모두에 대한 일반적 방법과 설명 양식의 한 집합에 주어진 것이다. 넓게 보아 환원론자들은 복잡한 전체―말하자면 분자나 사회와 같은―의 성질을 그러한 분자나 사회를 구성하는 단위들로 설명하려 시도한다. 예를 들면, 이들은 하나의 단백질 분자의 성질은 그 분자를 구성하고 있는 원자 내의 전자와 양성자의 성질에 의해 유일하게 결정되고 예측될 수 있다고 논의한다. 그리고 환원론자들은 어떤 인간 사회의 성질은 위와 유사하게 그 사회를 구성하고 있는 개별 인간의 개별적 행동과 경향의 총합 이상은 아니라고 논변한다. 사회는 그 사회를 구성하는 개인들이 '공격적'이기 때문에 '공격적'인 것이다. 형식 언어로 표현하면 환원론은 어떤 전체를 구성하는 단위들이 그 단위들을 포함하는 전체보다 존재론적으로 우선한다는 주장이다. 즉, 단위들과 그들의 성질은 전체에 **앞서** 존재하고, 단위들로부터 전체에 다다르는 인과작용의 사슬이 존재한다는 것이다.[5]

두 번째 태도는 첫 번째와 연관이 있다. 실제로 이것은 어떤 의미에서는 환원론의 특수한 경우이다. 그것은 **생물학적 결정론**(生物學的 決定論: *biological determinism*)이라는 경우이다. 생물학적 결정론자들은 본질적으로, 왜 개체들은 그들이 존재하는 것으로서 그들인가?(Why are individuals as they are?) 왜 그들은 그들이 하는 것을 하는가?(Why do they do what they do?)라고 묻는다. 그리고 그들은, 인간의 삶과 활동은 개인을 만드는 세포들의 생화학적 성질에 의한 피할 수 없는 결과라고 답한다. 그리고 이들 특성은 다시 각 개인이 소유한 유전자를 이루고 있는 구성물에 의해 유일하게 결정된다고 답한다. 궁극적으로 모든 인간 행동―따라서 모든 인간 사회는―은 유전자로부터 개인으로, 모든 개인의 행동의 총합까지 다다르는 결정 요소의 사슬에 의해 지배된다는 것이다. 결정론자들은 그다음으로 인간의 본성은 우리 유전자에 의해 고정되었다는 견해를 갖게 된다. 좋은 사회는, 그 이념이 불평

등과 경쟁성이라는 인간의 본성의 근본적 특성들에 대해 특권화된 접근을
주장하는 그러한 인간의 본성에 일치하는 것이거나, 그렇지 않다면 그것은
인간의 본성이 육체적 본성에 대한 사실에 관한 참고 없이 유도된 선(善)에
대한 임의적 의미와 깰 수 없는 모순 상태에 있기 때문에 획득할 수 없는 유
토피아이다. 따라서 사회적 현상의 원인은, 우리가 1981년 영국의 많은 도
시에서 청년들이 일으켰던 폭동의 원인을 "가정, 학교, 환경, 유전적 계승에
의해 창조된 열망과 기대의 결여"6에서 구해야 한다는 정보를 받게 되는 때
처럼, 사회적 무대에서 개별 연기자의 생물학적 특성(biology)에 위치하게
된다.

  게다가 생물학적 특성, 또는 '유전적 계승'은 항상 불가피성(inevitability)
의 한 표현으로써 호소된다. 생물학적인 것은 자연에 의해 주어지고 과학에
의해 입증된다는 것이다. 생물학적 특성은 변화될 수 없는 것이기 때문에
생물학적 특성과 함께하는 논의는 더 이상 존재할 수가 없는데, 이는 영국
사회봉사부 장관인 패트릭 젠킨(Patrick Jenkin)이 일하는 어머니들에 대해
1980년에 행한 텔레비전 인터뷰에서 뚜렷이 예시되는 입장이다.

  아주 솔직하게 이야기해서, 나는 어머니들이 아버지들처럼 똑같이 일할 권리를
  갖는다고 생각지 않습니다. 만일 신이 우리가 똑같이 일할 권리를 갖게 하려고
  의도했다면, 신은 남자와 여자를 창조하지 않았을 것입니다. 이것들은 생물학적
  사실이고, 어린아이들은 그들의 어머니들에 의지하는 것이지요.

과학과 신에 의한 이중적 정당화의 이용이 기묘하지만 이는 신우익 이념의
이상한 특징은 아니다. 이는 인간의 본성에 관한 권위의 가장 깊은 근원들
에 긴급 통화를 요구하는 것이다.
  우리가 앞으로 연구하고 비판하게 될 환원론자와 생물학적 결정론자의
명제들은 다음과 같다.

- 사회적 현상은 **개체들의** 행동의 총합이다.
- 이들의 행동을 대상으로서 다룰 수 있다. 즉, 특수한 개체들의 뇌 속에 위치하는 성질들로서 **물상화될** 수 있다.
- 물상화된 성질들은 어떤 종류의 척도로 측정될 수 있고, 따라서 개체들은 그들이 소유한 양에 따라서 서열이 매겨질 수 있다.
- 성질들에 대해 개체군의 기준이 수립될 수 있다. 표준으로부터의 어떤 개인의 편차는 그 개인이 치료받아야 할 의학적 문제를 반영할 수 있는 이상(異常: abnormalities)들이다.
- 물상화되고 의학화된 성질들은 개인 뇌 속 사건에 의해 **일으켜진다**—이 사건들은 해부학적 국재화(局在化: localization)에 의해 주어질 수 있고 특수한 생화학 물질의 변화량과 관련된다.
- 이들 생화학 물질의 변화된 농도는 유전적 원인과 환경적 원인 사이에서 구분된다. 따라서 차이들의 '유전의 정도' 또는 **유전 가능성**(heritability)은 측정될 수 있다.
- 물상화된 성질들의 이상 양들에 대한 치료는 바람직하지 않은 유전자를 제거하거나(우생학, 유전공학 등등) 바람직하지 않은 행동의 소재를 제거하기 위해 생화학적 이상들을 고치거나 뇌의 특수 부위를 자극 또는 운동시키기 위한 특이한 약물들('마법 탄환')을 찾아내는 것이다. 어떤 입에 발린 말은 보조적으로 환경을 개입시키는 데 소요될 수도 있겠지만, 일차적 처방은 '생물학화된다.'

현장 과학자들은 우리가 이 용어를 사용하는 의미에서, 그들 스스로가 제 몫을 하는 결정론자라고 느끼지 않고도 이러한 명제들을 믿거나 이 명제들에 기초하여 실험을 행할 수가 있다. 그럼에도 불구하고, 이러한 일반적 분석 방법에 대한 집착은 결정론적 방법론을 특징짓는다.

생물학적 결정론(**생물학주의**: biologism)은 현대 산업자본주의 사회에서 관찰되는 지위, 부, 권력의 불평등을 설명하고, 행동이라는 인간적 '보편자들(human 'universals')'을 그 사회의 자연적 특징으로서 정의하는 강력한 양식이 되어 왔다. 그러한 것으로서, 생물학적 결정론은 신우익에 의해 정치적 정당화물로서 기꺼이 받아들여졌고, 신우익은 자연에 산뜻하게 비쳐진 사회적 특효약을 발견한다. 왜냐하면 이러한 불평등이 생물학적으로 결정된다면, 이 불평등은 불가피하고 변화 불가능한 것이기 때문이다. 더 심한 것은, 자유주의자들, 개혁주의자들, 혁명주의자들의 처방처럼 사회적 방법으로 이들 불평등을 고치려는 기도는 '자연에 대해 거슬러 가는 것'이 된다. 영국국민전선(Britain's National Front)이 우리에게 이야기하기로, 인종주의는 우리의 '이기적 유전자'[7]의 산물이다. 이러한 정치적 선언이 이데올로그들에 한정되는 것은 아니다. 그들의 과학이 '단순한 인간 정치학 이상'의(옥스퍼드 대학교 사회생물학자 리처드 도킨스(Richard Dawkins)에서 따온 것)[8] 것이라는 그들의 공공연한 믿음에도 불구하고, 생물학적 결정론자들은 되풀이하여 그들 스스로를 사회적·정치적 판단으로 내몬다. 이를 충분히 보여 줄 만한 하나의 예를 들고자 한다. 도킨스 스스로가, 진화에 대한 유전적 기초에 관한 업적의 하나로 가정되고 미국의 대학에서 행동의 진화에 관한 연구 과정에서 교재로 쓰이는 그의 책 『이기적 유전자(The Selfish Gene)』에서 '비자연적' 복지국가를 다음과 같이 비판한다.

우리는 경제적 자급자족의 단위로서 가족을 폐지했고 국가로 이를 대치했다. 그러나 어린이들에 대한 보장된 원조라는 특권이 오용되어서는 안 된다. …부양할 수 있는 이상으로 아이들을 갖고 있는 개별 인간은 아마도 대부분의 경우 의식적으로 악의적인 착취를 하는 것으로 비난받게 될 정도로 너무나 무지하다. 그들이 그렇게 하도록 의식적으로 용기를 주는 강력한 제도들과 지도자들은 나에게는 의혹받는 것으로부터 그다지 자유롭지 못한 것으로 보인다.[9]

요점은 단지 생물학적 결정론자들이 종종 다소 순진한 정치철학자들이고 사회철학자들인 것은 아니라는 점이다. 우리가 파악해 내야 할 주제들의 하나는 과학이 중립적이고 객관적이라는 빈번한 주장에도 불구하고, 과학은 '단지' 인간 정치학 이상의 것이 아니고 이상일 수도 없다는 것이다. 과학이론의 진화와 사회질서 사이의 복잡한 상호작용은, 과학연구가 과학이론이 설명하고자 하는 인간 및 자연 세계에 대해 질문하는 방법이 사회적·문화적·정치적 편향들에 의해 깊이 채색된다는 것을 의미한다.[10]

우리의 책은 이중의 과제를 갖고 있다. 우리는 첫째로 일반적으로 이야기할 때의 생물학적 결정론의 기원과 사회적 기능을 설명하는 것과 관련하고 ―앞으로 나올 두 장의 임무인― 둘째로 평등, 계급, 인종, 성, '정신병'의 관점에서 인간 사회의 본성과 한계에 관한 주장이 갖는 공허함을 체계적으로 연구하고 폭로하는 것과 관련한다. 우리는 특수한 주제들에 관한 연구를 통해 이를 설명하게 될 것이다. IQ 이론, 성과 인종 사이에서 '능력'의 차이에 대해 가정된 기초, 정치적 저항의 의학화, 최종적으로 사회생물학의 현대적 형태 안에서 사회생물학에 의해 제공되는 진화적 설명과 적응적 설명이라는 전반적인 개념적 전략이 그러한 주제들이다. 이는 무엇보다도 생물학적 결정론의 '인간의 본성의 본성'에 관한 주장들에 대한 연구를 의미한다.

이 주장들을 연구하면서 그리고 생물학적 결정론의 사이비 과학적, 이념적, 종종 아주 단순히 방법론적으로 부적절한 발견들을 폭로하면서, 우리 자신이 취하는 입장을 명백히 하는 것이 우리를 위해서 그리고 독자들을 위해서 중요하다.

생물학적 결정론을 비판하는 이들은 생물학적 결정론으로부터 흘러나오는 것으로 보이는 인간의 상태에 관한, 외견상으로 과학적인 결론에 의해 행해지는 이념적 역할들에 빈번히 주목하게 된다. 즉, 생물학적 결정론자들의 위장에도 불구하고, 그들이 인간 사회에 대한 정치적이고 도덕적인 명제들을 만들어 내는 데 참여하고 있다는 점, 그리고 그들의 저술이 이념적 정당화물로 파악된다는 점이, 그것 자체로, 그들 주장의 과학적 장점에 대해 아무것도 이야기해 주지 않는다.[11] 생물학적 결정론을 반대하는 비판가들은 흔히 그들의 정치적 결론만을 싫어하는 것으로 비난된다. 우리는 우리가 이들 결론을 싫어한다는 데에 주저하지 않고 동의한다. 우리는 현재 우리가 살고 있는 사회보다 더 나은 사회를 창조하는 것이 가능하다고 믿는다. 부, 권력, 지위의 불평등은 '자연스러운' 것이 아니고 모두의 이익을 위해서 한 사회 모든 시민의 창조적 잠재력이 쓰이는 그러한 사회를 건설하는 데 대한 사회적으로 부과된 장애라고 믿는다.

우리는 가치와, 적어도 이러한 사회에서 과학을 행하는 필수적 부분으로서의 지식 사이에 연결이 있다고 보는데, 결정론자들은 그러한 연관이 존재한다는 것을 부정하는 경향이 있거나—연결이 존재하더라도 그들은 제거되어야 할 예외적 병리라고 주장한다. 우리에게 가치로부터 사실을, 이론으로부터 실천을, '사회'로부터 '과학'을 분리하는 그러한 언명은 그것 자체가 환원론자들의 사고가 지지하는 그리고 '과학의 진보'에 대한 지난 세기의 신화의 일부가 되어 왔던(3장과 4장을 보라) 지식 분열의 일부이다. 하지만, 여기서 우리 과제들의 최소한은 생물학적 결정론의 광범한 주장이 지지될 수 있었던 것처럼, 생물학적 결정론의 사회적 함의를 비판하는 것이다. 좀 더 정확히 말해 우리의 주요한 목표는, 세계는 생물학적 결정론이 세계를 어떤 것으로 간주한 것처럼 이해되는 것이 아니며, 세계에 대한 설명 방식으로서 생물학적 결정론은 근본적으로 결함을 갖고 있음을 보이는 것이다.

생물학적 결정론에 대한 비판이 인간 사회에 대한 그것의 결론에만 적용된다는 다른 오해 때문에 우리가 '세계'라고 말할 때 유의해야 하는데, 반면 그것이 인간 아닌 동물 세계에 관해 이야기하는 바는 다소간 타당하다는 것이다. 이러한 견해가 흔히 표현되는바—예를 들면 윌슨(E. O. Wilson)의 책 『사회생물학: 새로운 종합(Sociobiology: The New Synthesis)』[12]에 대해 그러한데, 이 책에 대해서는 9장에서 길게 토의한다. 이러한 견해를 갖는 자유주의적 비판가들은 『사회생물학』이 갖는 문제는 첫 장과 마지막 장에만 존재한다고 주장하는데, 거기서 윌슨은 인간 사회생물학에 대해 토의한다. 중간에 있는 장들은 참이라는 것이다. 우리의 견해에서는 그렇지가 않다. 생물학적 결정론이 인간 사회에 관해 말해야 하는 것은 생물학의 다른 측면에 대해 그것이 말하고 있는 것보다 더 틀렸고 잘못된 진술이 훨씬 많다. 그러나 이것은 생물학적 결정론이 비인간 동물들에게만 적용 가능한 이론을 발전시켰기 때문인 것은 아니다. 그 방법과 이론은 오늘날의 영국과 미국에 적용하든 사바나 지역에 사는 비비(狒狒: baboons) 또는 태국버들붕어(Siamese fighting fish)에 적용되든 근본적으로 결함이 있다.

인간 사회를 형성하는 힘과 여타 유기체를 형성하는 힘 사이에 신비적이고 다리를 놓을 수 없는 큰 간격은 없다. 생물학적 특성의 관련성의 형태와 범위는 생물학적 결정론이 함축하는 주장보다 훨씬 덜 명백함에도 불구하고, 생물학적 특성은 인간의 조건과 실제로 관련이 있다. 생물학적 결정론에 대해 흔히 제시되는 대립물은 생물학적 특성은 날 때부터 멈추고, 그때부터 문화가 잇달아 수반된다는 것이다. 이 대립물은 우리가 거부해야 할 문화 결정론의 한 유형인데, 왜냐하면 문화 결정론자들은 환원론자들처럼 사회 안에서 협소한 (그리고 배타적인) 인과적 사슬을 파악하기 때문이다. 인간성은 그것이 갖는 고유의 생물학적 특성으로부터 떨어져서 정처 없이 표류하는 것도 아니지만 그렇다고 해서 그것에 의해 사슬에 묶이는 것도 아니다.

실제로, 어떤 이는 생물학적 결정론의 그리고 신우익의 글의 몇몇 호소 안에서 지난 십 년 혁명운동의 몇몇 유토피아적 저술과 희망을 특징지었던 생물학적 특성에 대한 바로 그 부정에 반대하는 '명백한' 것의 재언명을 볼 수가 있다. 영국과 미국에서 1968년 이후의 신좌익(New Left)은 인간의 본성을 거의 무한히 변형 가능한 것으로 보고, 생물학적 특성을 부정하고 사회적 구성(social construction)만을 인정하는 경향을 보여 왔다. 아이들의 무원감(無援感: helplessness), 광기의 존재적 고통, 노년의 약함은 모두 권력의 불균형을 반영하는 딱지로 변형되었다.[13] 그러나 생물학적 특성에 대한 이러한 부정은 실제로 살았던 경험과 너무나 반대가 되어서 사람들이 다시금 나타나는 생물학적 결정론의 '상식적 호소'에 이념적으로 훨씬 취약하게 만들었다. 실제로 우리는 3장에서 그러한 문화 결정론은 생물학적 결정론처럼 우리가 살고 있는 세계의 복잡성에 관한 진정한 지식을 혼란시킬 정도로 억압적인 것이 될 수 있다는 데 대해 논의한다. 우리는 이 책에서 확실한 것에 대한 청사진이나 목록을 제공하지는 않는다. 우리가 바라보는 과제는 생물학적인 것과 사회적인 것 사이의 관계에 대한 통합된 이해를 향하는 길을 가리키는 것이다.

환원론자와 대조적으로, 우리는 그러한 이해를 변증법적(dialectical)인 것으로 기술한다. 환원론자의 설명은 부분의 본질적 성질로부터 전체의 성질을 유도하려 하는데, 부분에서 분리되어 그리고 부분에 앞서 존재하는 성질이 조립되어 복잡한 구조가 된다. 상이한 부분적 원인에 상대적 비중을 할당하고 단일한 요소를 변화시킬 때 모든 다른 것은 변하지 않는 것으로 둠으로써 각 원인의 중요성을 평가하려 시도하는 것이 환원론의 특성이다. 이와 대조적으로, 변증법적 설명은 부분의 추상적 성질을 그들 전체와의 연합과 분리시켜서 추상화하지 않고 부분의 성질은 그들의 연합으로부터 발생하는 것으로 본다. 즉, 변증법적 견해에 따르면, 부분과 전체의 성질은 서로 공결정한다(codetermine). 개별 인간의 성질은 고립되어 존재하지 않고 사회적 삶의 결과로서 나타나고, 그러한 사회적 삶의 본질은 우리 존재하는 인간의 결과이다. 즉, 식물의 결과가 아닌 것이다. 따라서 변증법적 설명은 세계를 서로 아주 다르고 겹치지 않는 방식으로 설명되는 상이한 두 가지 현상 유형―문화와 생물학적 특성, 정신과 육체―으로 분리하는 문화적 혹은 이중적 설명 양식과 대비된다.

변증법적 설명(dialectical explanations)은 물질세계에 대한 일관되고, 통합적이며, 비환원론적인 설명을 시도한다. 변증법에서 우주는 통합적이나 항상 변화 중에 있다. 우리가 어떤 순간에 보는 현상은 과정들의 일부분으로 볼 수 있는데, 그 과정들은 역사와 미래를 가지며 그들의 경로는 그들의 구성 단위에 의해 일의적으로 결정되는 것이 아니다. 전체는 성질을 기술할 수 있는 부분들에 의해 구성되지만, 전체를 구성할 때 이 단위들의 상호작용은 구성하는 부분들과 질적으로 다른 산물을 내는 복잡함을 발생시킨다. 예를 들어 케이크 굽는 일을 생각해 보자. 생산물의 맛은 높은 온도에서 다양한 시간 동안 노출시킨 구성 요소—버터, 설탕, 밀가루와 같은—의 복잡한 상호작용의 결과이다. 비록 각각의 그리고 모든 구성 요소(그리고 높은 온도에서 시간이 지나면서 나타나는 그들의 변화)는 최종 산물을 만드는 데 기여했음에도 불구하고, 이 산물이 이러저러한 비율의 밀가루나 버터로 분리되지는 않는다. 그러한 복잡하게 발전하는 상호작용들이 항상 나타나는 세계 안에서, 역사는 최고의 중요성을 갖는 것으로 된다. 어디서 그리고 어떻게 하나의 유기체가 현재처럼 되었느냐는, 단지 현시점에서의 그것의 구성 요소에 의존하는 것이 아니라 그 구성 요소 상호작용의 현재와 미래에 우연성을 부과하는 과거에도 의존하는 것이다.

이러한 세계관은 환원론과 이원론(dualism)이라는 대립물을 폐절시킨다. 천성/환경요인(nature/nurture)의 또는 유전/환경(heredity/environment)의 이원론, 구성 요소들이 고정되고 제한적인 방법으로 상호 작용하는, 실제로 그 세계 안에서 변화는 고정되고 이미 정의된 경로들을 따라서만 변화하는 정지 상태의 세계에 대한 이원론이라는 대립물 말이다. 앞으로 나올 장들에서 이 입장의 명료화는 생물학적 결정론에 대한 우리의 반대가 발전되는 과정에서 나타날 것인데—예를 들면 유전형(genotype)과 표현형(phenotype)의 관계(5장에서), 그리고 정신과 뇌의 관계에 대한 분석에서 그러하다.

여기서 유기체와 그 유기체를 둘러싼 환경의 관계라는 예를 취해 보도록 하자. 생물학적 결정론은, 유기체는 인간이든 비인간이든, 그들의 환경에 대해 진화적 과정에 의해 적응된 것으로, 즉 유전적 다시 섞기(genetic reshuffling), 돌연변이, 그들이 태어나고 성장하는 환경 속에서 생식적 성공을 극대화하기 위한 자연선택에 의해 고정된 것으로 본다. 더 나아가 유기체의 —특히 인간의— 의심할 수 없는 유연성을, 유기체가 노출되어 있고 적응해야 하고 소멸해야만 하는 '환경'의 타격에 의해 본질적으로 수동적인, 받아들이는 데 익숙한 대상에 부과된 일련의 변경에 의해 발생하는 것으로 본다. 우리는 이에 대항하여 서로 절연되거나 일방적으로만 영향을 받는 유기체와 환경이 아닌, 오히려 유기체와 환경의 계속적이고 활동적인 상호 침투라는 반대 입장을 취한다. 유기체는 단지 주어진 환경을 접수하는 것이 아니고 적극적으로 다른 대안을 추구하거나 그들이 발견하는 것을 변화시킨다.

박테리아가 포함된 접시 위에 설탕 용액을 떨어뜨리자. 그러면 박테리아는 최적의 농도를 이루고 있는 곳에 도착할 때까지 활발하게 움직일 것이고, 따라서 설탕이 많은 환경에 대해 낮은 설탕 함유량을 갖고 있는 부분을 변화시키게 된다. 그들은 이어서 설탕 분자에 활발히 작용할 것이고, 그 분자들을 다른 구성 요소로 변화시킬 것이며, 그들은 구성 요소의 몇몇을 흡수할 것이고, 다른 것을 환경 속에 내보낼 것이고, 그것에 의해 환경을 수정하게 되며, 예를 들어 종종 그런 방식으로 환경은 더욱 산성으로 된다. 이런 일이 생길 때, 박테리아들은 높은 산성을 띠는 부분으로부터 낮은 산성을 띠는 부분으로 이동한다. 여기서, 미시적으로, 우리는 하나의 유기체가 선호하는 환경을 '선택하고', 거기에 적극적으로 작용해서 그것을 변화시키고, 그리하여 다른 대안을 '선택하는' 사례를 보게 된다.

또는 둥지를 만드는 새를 생각해 보자. 새가 둥지를 지으려고 짚을 열심히 찾지 않는 한 짚은 새의 환경의 일부가 아니다. 그렇게 함으로써 새는 환경을 변화시키며, 실제로 다른 유기체의 환경도 마찬가지이다. '환경' 자체는 그것 안에 있는 모든 유기체의 활동에 의해 계속적으로 수정되는 것이다. 그리고 어떤 유기체에 대해, 모든 다른 것은 그 유기체를 둘러싼 '환경'

—포식자, 피식자, 그것이 들어가 살고 있는 풍경을 단지 변화시키는 것들—의 일부를 형성한다.[14]

그리고 인간이 아닌 것들에 대해서조차, 유기체와 환경의 상호작용은 생물학적 결정론자들에 의해 제공되는 단순한 모형과는 거리가 아주 멀다. 그리고 우리 인간에 있어서는 더욱 그러하다. 모든 유기체는 그들이 죽을 때 그들의 후손에게 약간 변화된 환경을 남겨 준다. 인간은 무엇보다도 그러한 방식으로 계속적으로 그리고 심오하게 그들의 환경을 바꾸어 나가기에, 각 세대는 아주 새로이 설명해야 할 문제와 해야 할 선택을 증정받게 된다. 우리는 우리 자신의 역사를 만들지만, 그럼에도 불구하고 우리 자신의 선택은 아닌 상황 속에서 그러하다.

'인간의 본성'의 개념에 관한 그러한 심오한 어려움이 존재한다는 것은 정확히 이것 때문이다. 생물학적 결정론자에게 '당신은 인간의 본성을 바꿀 수 없다'라는 오래된 신조는 인간의 조건을 설명하는 알파요 오메가다. 우리는 '인간의 본성'이 **있다**는 것을 부정하는 일과 관계하지는 않을 것이데, 인간의 본성은 비록 그것이 고정시키기에는 특별히 파악하기 어려운 개념임을 발견하게 되더라도 생물학적으로 그리고 사회적으로, 동시적으로 구성된다. 9장의 사회생물학에 대한 토론에서 우리는 사회생물학의 주역들이 제시할 수 있었던 인간적 '보편자들'에 대한 최상의 목록을 분석한다.

물론 어떤 의미에서도 하찮지 않은 인간적 보편자들이 **있다**. 인간은 두 발로 다닌다. 그들은 민감한 조작을 할 수 있고 물건을 구성할 수 있는 능력 때문에 동물 사이에서 두드러져 보이게 하는 손을 가지고 있다. 그들은 말하는 능력을 갖고 있다. 키의 경우 인간 성인의 거의 모두가 1m보다는 크고 2m보다는 작다는 사실은 그들이 어떻게 지각하고 환경과 상호 작용하는가에 대해 심오한 효과를 갖는다. 만일 인간이 개미 크기였다면, 우리는 우리 세계를 구성하는 대상과 전적으로 다른 관계의 집합을 갖게 되었을 것이다. 이와 유사하게 만일 우리가 어떤 곤충이 가지고 있는 눈처럼 자외선 파장에 민감한 눈을 가졌더라면, 혹은 어떤 물고기처럼 전기장에 민감한 기관을 가졌더라면 서로 간의 혹은 다른 유기체와의 상호작용 범위는 의심할 바 없이 매우 달랐을 것이다.

이러한 의미에서 인간 유기체가 추구하는 환경과 그들이 창조하는 환경은 그들의 본성과 일치한다. 그러나 바로 이것이 의미하는 바는 무엇인가? 인간의 염색체는 표현형 발생 속에서, 자외선 시각, 또는 전기장 감지, 또는 날개와 관계되는 유전자를 아마도 포함하지 않을 것이다. 실제로 마지막 사례에서 왜 인간의 무게에 해당하는 유기체가 자신을 날게 하기에 충분할 정도로 크거나 강력한 날개를 발전시킬 수 없었느냐에 대해서는 유전적인 것과 아주 독립된 구조적 이유가 있다. 그리고 실제로 인간사의 상당 부분이 이러한 것 가운데 어떤 것을 할 수 있도록 하기 위해 인간의 본성에 거슬리는 방향으로 가 버렸다. 하지만 명백히, 현재 우리 사회에서 우리는 이것 모두를 할 수 있다. 자외선 안에서 보고, 전기장을 탐지할 수 있다. 기계, 바람, 혹은 심지어 페달의 힘에 의해 날 수도 있다. 우리의 환경을 바꾸어서 이러한 모든 활동이 우리의 능력 범위 안에서 (따라서 우리의 유전형 안에서) 잘 이루어지는 것은 명백히 인간의 본성 '안에' 있는 것이다.

심지어 우리가 환경에 대해 수행하는 행위들이 생물학적으로 동등하게 보일지라도, 그 행위가 반드시 사회적으로 동등한 것은 아니다. 굶주림은 굶주림이다(인류학자 레비-스트로스(Lévi-Strauss)는 이것을 복잡한 인간 구조 유형학의 기초에 주어진 것으로 보았다). 그러나 손과 손가락으로 날고기를 먹음으로써 만족된 굶주림과 나이프와 포크로 요리된 고기를 먹음으로써 만족된 그것은 아주 다르다. 모든 인간은 태어나고, 대부분 자손을 보고, 모두 죽는다. 그러나 이들 행위의 어떤 것에 투여된 사회적 의미는 문화마다, 그리고 하나의 문화 속에서는 맥락에 따라 심오하게 변화한다.

이것은 왜 인간의 본성에 관해 이야기할 수 있는 유일하게 현명한 것은, 그 자신의 역사를 그 본성 '안에서' 구성한다는 점이냐의 이유이다. 그러한 역사 구성의 귀결은, 인간의 본성에 대한 한 세대의 한계는 다음 세대의 한계와 무관하게 된다는 것이다. 지능 개념을 취해 보자. 앞서 살았던 세대에게, 복잡하고 긴 곱하기나 나누기를 할 수 있는 능력은 학교를 다닐 수 있을 정도로 행운이 있었던 아이들이 힘들여 습득하는 것이었다. 많은 이는 절대로 그것을 성취하지 못했다. 그들은 어떤 이유에서든, 계산하는 능력을 결핍한 채 성장했다. 오늘날에는 극소의 훈련만으로 그러한 계산 능력과 그 이상의 상당한 능력을 계산기 버튼을 누를 줄만 알면 되는 어떤 다섯 살 먹은 아이가 감당할 수 있게 되었다. 한 인간 세대의 지능과 창조성의 산물은 잇따른 세대의 처분에 놓이게 되고, 따라서 인간 성취의 지평은 확장되어 왔다. 오늘날 학동의 지능은 그 용어에 대한 어떤 합리적 이해 안에서도 빅토리아 시대 어린이 또는 중세 영주 혹은 희랍의 노예 소유주의 지능과 꽤 차이가 나고, 여러 가지 면에서 훨씬 더 크다. 지능의 척도는 그것 자체가 역사적으로 조건부적인 것이다.

그렇게 우리 자신의 역사를 구성하는 것은 인간의 본성 안에 있기 때문에 그리고 우리 역사의 구성은 인공물만큼 많은 관념과 단어들로서 만들어지기 때문에, 생물학적 결정론의 관념에 대한 옹호와 그들에 반대하는 논의는 그 자체가 그 역사의 일부인 것이다. IQ 검사의 기초자인 알프레드 비네(Alfred Binet)는 어떤 어린이의 IQ 득점을 그 어린이의 능력의 척도로서 고정된 것으로 여겼던 '잔인한 비관주의'에 저항했는데, 아이를 그렇게 고정된 것으로 보는 것은 그 아이가 그렇게 남게 됨을 확신시키는 것을 돕는다고 옳게 파악했다. 생물학적 결정론의 관념은 우리 사회의 불평등을 보존하고, 그들이 지니고 있는 심상에 따라 인간의 본성을 형성하려는 기도 가운데 하나다. 그러한 관념의 오류와 정치적 내용의 폭로는 그러한 불평등을 제거하고 우리 사회를 변화시키는 투쟁의 일부이다. 그 투쟁 안에서 우리는 우리 자신의 본성을 변화시키는 것이다.

생물학적 결정론의 정치학

올리버 트위스트(Oliver Twist)가 런던으로 가는 도중 "교묘하게 속임수를
잘 쓰는 친구"인 나이 어린 잭 도킨스(Jack Dawkins)를 처음으로 만날 때,
육체와 영혼의 주목할 만한 대비가 이루어진다. 속임수를 잘 쓰는 친구는
"들창코에, 못생긴 이마에, 아주 평범한 얼굴의 소년이었고… 약간 안짱다
리에다가 조금 날카롭게 째진 추한 눈"을 가졌다. 그리고 이러한 표본에 대
해 기대했을 것처럼, 그의 영어는 최상의 것이 아니었다. 그는 올리버에게
말한다. "'나는 오늘 밤 런던에 있게 될 거야.' 그리고 나는 '거기 사는 존경
할 만한 나이든 신사를 아는데, 그 사람은 하숙을 네게 거저 안 줄끼야…'"
우리는 가족도 없고, 교육도 못 받고, 그리고 런던 **룸펜프롤레타리아**의 가장
밑바닥 인생 범죄자들을 제외하고는 친구도 없는 열 살 먹은 소년에게 더
이상의 것을 좀처럼 기대할 수 없다. 혹은 우리가 기대할 수 있을까? 올리
버의 태도는 품위가 있고 그의 말은 완벽하다. 올리버가 말한다. "'나는 매
우 배고프고 지쳤어.' 그가 말할 때 눈물이 고여 있다. '나는 먼 길을 걸어왔
어. 7일간이나 걸었어.'" 그는 "창백하고, 여윈 아이"였지만, "그의 가슴속에

는 훌륭하고 강건한 정신"이 있었다. 그러나 올리버는 19세기 영국의 제도
들 가운데 가장 기울은 소교구 구빈원에서 날 때부터 어머니 없이, 교육도
못 받고 양육되었다. 그가 산 처음 9년 동안 빈민구제법에 대항한 20명 혹
은 30명의 다른 어린이 초범자는 음식이 너무 많다거나 옷이 너무 많아서
느끼는 불편함은 전혀 없이 종일 마룻바닥에서 구르기만 했다." 뱃밥을 고
르는 사이에 올리버는 어디서 그의 섬세한 체격의 보완물인 영혼의 감수성
과 영문법의 완전함을 비축했을까? 신기함을 자극하는 이 중요한 수수께끼
를 푸는 답은 그가 음식물이라고는 죽밖에 못 먹고 컸음에도 불구하고 올리
버의 혈통이 중상계급이었다는 것이다. 올리버의 아버지는 유복하고 사회
적으로 야심이 있던 가문의 후손이었다. 그의 어머니는 해군 장교의 딸이었
다. 올리버의 삶은 환경요인보다 우월한 천성의 힘에 대한 계속되는 확증이
다. 이것은 어린이들은 심지어 태어나자마자 고아원에서 자라더라도 기질
적 또는 인지적 속성에서 그들의 생물학적 부모와 닮는다는 것을 보여 주는
현대 적응연구의 19세기 판이다. 피는 구별된다고 보는 것이다.

올리버와 교묘히 속임수를 쓰는 친구의 대조에 대한 디킨스(Dickens)의
설명은 개인의 몸가짐과 지적 성질이 유전된다는 것을 넘어서 모든 것을 포
함하는 이론으로 지난 150년 동안 발전해 온 생물학적 결정론의 일반적 이
념의 한 형태이다. 이것은 사실상 인간의 사회적 존재에 대한 총체적 설명
체계를 시도하는 것인데, 이는 인간의 사회현상은 개인들 행동의 직접적 귀
결이고, 개인의 행동은 타고난 육체적 특성의 직접적 귀결이라는 두 가지
원리에 기초하고 있다. 따라서 생물학적 결정론은 인과관계의 화살이 유전
자로부터 인간으로 그리고 인간으로부터 인간성으로 달려간다는 인간의 삶
에 대한 환원론적 설명이다. 그러나 이것은 단순한 설명을 넘어선다. 이것
은 정치학이다. 왜냐하면 지위, 부, 권력의 불평등을 포함하는 인간 사회조
직이 우리의 생물학적 특성의 직접적 결과라면, 몇몇 거대한 유전공학 프로
그램을 제외하고는, 사회구조 또는 그 구조 안에 살고 있는 개인과 집단의

위치에 중요한 변화를 가져다줄 어떠한 실천도 존재할 수 없게 되기 때문이다. 현재 우리가 지금의 상태에 있는 것은 자연적인 것이고 따라서 고정불변의 것이다. 우리는 투쟁할 수 있고, 법을 바꿀 수 있고, 혁명을 할 수 있지만, 우리는 헛되이 그렇게 하는 것일 뿐이다. 인간 행동의 생물학적 보편자들의 배경에 대항했던 개인 간 그리고 집단 간 자연적 차이는 결국 사회를 재구성하려는 우리의 무지한 노력을 패배시킬 것이다. 우리는 모든 **상상 가능한** 세계 가운데 최선의 것 안에 살 수는 없지만, 모든 **가능한** 세계 가운데 최선의 것 안에 살고 있는 것이다.

우리가 이야기했듯이 지난 15년 동안 미국과 영국에서 그리고 더욱 최근에는 서유럽 다른 곳에서 생물학적 결정론 이론들은 정치적 투쟁과 사회적 투쟁의 주요 요소가 되었다. 사회현상을 생물학적으로 설명하는 가장 최근 물결의 시작은 백인과 흑인의 IQ 검사 성취에서 나타나는 대부분의 차이는 유전적이라고 논한 1969년 ≪하버드 교육 비평(Harvard Educational Review)≫에 실렸던 아더 젠슨(Arthur Jensen)의 논문이었다.[1] 사회적 행동에 대한 결론은 어떠한 교육도 흑인과 백인의 사회적 지위를 균등하게 할 수 없고, 흑인들은 그들의 유전자가 기계적 과업에 기울어 있는 만큼 보다 더 기계적인 일을 수행할 수 있도록 교육이 이루어지는 것이 훨씬 바람직하다는 것이었다. 흑인의 유전적 열등성에 대한 주장은 노동계급 사이에 일반화되어 꽤 빠르게 퍼져 나가게 되었고, 하버드 대학교의 다른 심리학 교수인 리처드 헌스타인(Richard Herrnstein)에 의해 광범하게 대중적으로 유행하게 되었다.[2] 결정론자의 주장은 곧 대중 정책에 관한 토론과 연합되었다. 빈자에 대한 미국 정부 내 '상냥한 무시'의 옹호자였던 대니얼 P. 모이니핸(Daniel P. Moynihan)은 워싱턴을 통해 불어오는 젠슨주의(Jensenism)의 바람을 느낄 수 있었다. 전쟁과 교육 비용 대폭 삭감의 정당화에 골몰하던 닉슨 행정부는 유전학적 논의가 특히 유용하다는 것을 발견하게 되었다.

영국에서, 아직 삼류의 관학적(官學的) 심리학자였던 한스 아이젠크(Hans

Eysench)에 의해 추진된 인종 간 IQ의 생물학적 차이에 대한 주장은 아시아계와 흑인 이민자에 반대하는 캠페인의 핵심적 부분이었다.[3] 이민들의 알려진 지적 열등성은 동시에 높은 실업률과 공공복지기구에 대한 그들의 요구를 설명하는 것이었고, 더 많은 그들의 이민을 제한하는 것을 정당화했다. 게다가 이것은 파시스트국민전선(facist National Front)의 인종주의를 정당화하는데, 파시스트국민전선은 선전 속에서 현대 생물학이 아시아인, 아프리카인, 유대인이 유전적으로 열등함을 입증했다고 논한다.

직접적인 정치적 결론을 갖고 있는 생물학적 결정론 논거의 두 번째 방향은 남성의 여성 지배에 대한 설명이다. 지난 10년간 기질, 인지적 능력, '천성적인' 사회적 역할에서 성 간에 존재한다는 근본적인 생물학적 차이에 대한 주장은 여성주의의 정치적 요구에 맞서는 투쟁에서 주요한 역할을 담당했다. 미국 의회에 제출된 동등권 수정조항의 승인을 막기 위한 성공적 캠페인은 남성 사회의 우월성은 불변이라는 사회생물학자들의 주장을 광범위하게 사용했다. 동등권 수정조항에 대한 투쟁의 정점에서, 미국에서 가장 광범하게 읽히는 신문과 잡지는 하버드 대학교의 윌슨과 같은 관학적 생물학자들의 견해를 돌출시켰는데, 윌슨은 독자에게 "심지어 미래의 가장 자유롭고 가장 평등한 사회에서도 남성은 정치적 생활, 사업, 과학에서 불균등한 역할을 계속 수행하게 될 것이다"[4]라고 단언했다.

생물학적 결정론은 보편적 인간 행동의 특성 혹은 좀 더 큰 집단 사이에 존재하는 사회적 지위 차이의 불변성을 주장하면서, 또한 때로 일어나는 일탈(sporadic deviance)에 대해서도 생물학적 치료라는 처방을 내린다. 만일 유전자가 행동의 원인이 된다면, 나쁜 유전자는 나쁜 행동을 일으킬 것이고, 사회적 병리에 대한 치료는 결함이 있는 유전자를 결정하는 데 있게 된다. 따라서 생물학적 결정론의 세 번째 정치적 방향은 '사회적 일탈', 특히 폭력에 대한 설명 양식이 되어 왔다. 미국 도시에서 일어나는 흑인의 폭동, 죄수의 조직화된 그리고 개별적 반항, 빈도가 늘어난다고 이야기되는 개인에 대한 폭력 범죄 모두는 '법과 질서'라는 형태의 방어와 이러한 방어를 정당화하는 데 특이하게 충분한 인과적 통로를 인용하는 설명을 필요로 하는 폭력 의식에 기여한다. 생물학적 결정론은 결함을 개인의 뇌 속에 위치시킨다. 일탈 행동은 행동에 대한 어떤 일탈된 기관의 결과로 보인다. 적절한 치료는 약물이나 수술용 칼을 쓰는 것이다. 범죄자의 많은 숫자가 약물 복용과 동물심리학적 조건 지우기 방법에 의해 그들의 사회적 일탈을 '치유받아' 왔다. 게다가 정신외과술(psycosurgery)과 정신약리학(psycopharmaceutics)의 일반적 적용은 폭력의 일반적 발생에 대한 추천되는 응답이 되었다. 따라서, 정신외과의 마크(Mark)와 어빈(Ervin)은 그들의 책 『폭력과 뇌(Violence and the Brain)』[5]에서 1960년대와 1970년대 미국 내 흑인 거주지 수많은 폭동에 **몇몇** 흑인만이 참여했기 때문에, **모두**에게 노출된 사회적 조건이 그들의 폭력의 조건이 될 수는 없다고 논변했다. 폭력 사례들은 병든 뇌와 함께하는 것이었고 그렇게 다루어야 했다.

그러나 공공연한 폭력은 단지 결정론자들이 생물학적 설명과 치료를 제공하는 병든 뇌에 대한 표현뿐인 것만은 아니다. 학계가 지루함과 참을성 없는 안절부절함 혹은 산만함만을 이끌어 내는 그러한 아이들은 '활동 항진(亢進)(hyperactive)'이거나 '극미 뇌 기능장애(MBD)'를 겪는다. 병든 뇌는 다시금 개인과 사회조직 간의 수용 불가능한 상호작용의 원인으로 보인다. 정치적 결론은, 사회제도는 결코 문제가 되지 않기 때문에, 따라서 그 제도 속의 어떠한 변화도 생각할 필요가 없다는 것이다. 개인은 제도에 부합되도록 변화되어야 하거나, 그들의 결함 있는 생물학적 상태의 결과로부터 떨어져 있을 수 있도록 격리되어야 한다.

가장 최근에 병든 뇌로부터 결함이 있는 몸으로 확장이 있었다. 어떤 일의 위험―예를 들어 유독한 화학물질, 높은 소음 수준, 전자기 방사―은 상당한 정도로 영구 호흡기 질환, 신경 질환, 암을 포함하는 만성적 질병의 원인이 된다는 점은 현재 명백하다. 이러한 지식에 대한 첫 번째 명백한 반응은 노동자를 위해 작업 조건을 바꾸는 것인데, 현재 노동자가 고용되기 전에 오염물질에 대한 민감도가 어느 정도인지를 가려내야 한다는 것이 심각히 제안되고 있는 중이다. '지나치게' 민감한 이들은 고용이 거부된다.[6]

생물학적 결정론의 최근의 이러한 정치적 표명 모두는, 권력이 없는 이들의 정치적 요구와 사회적 요구에 직접적으로 반대한다는 점에서 공통적이다. 영국과 미국에서 전후 기간, 특히 지난 25년은 과거에는 긴급한 요구를 거의 하지 않았던 집단의 일부에 대한 점증하는 교전 상태로 특징지어져 왔다. 이러한 교전 상태는 부분적으로 2차 세계대전에 의해 산출된 경제적 그리고 사회적 변화였다. 영국에서 심각한 노동 부족을 줄이려는 목적 때문에 새로운 영연방의 아시아인과 아프리카인의 이민이 장려되었다. 미국에서는 수많은 흑인과 여자가 산업노동력과 군대에 편입되었다. 그러나 전후 경제 붐은 짧았고, 영국에서 1950년대 후반에 이르러 그리고 미국에서는 1960년대 초반에 이르러, 경제적 어려움이 시작되었다. 과거에는 영국인에게 외국의 복속 인종으로 여겨졌던 아시아인과 아프리카인이 이제는 긴축경제에서 일자리와 사회적 복지를 요구하는 가시적 이민이 되었다. 미국에서 흑인의 교전 상태는 경기가 침체하면서 한층 더 성장했다. 두 나라에서 궁지에 몰린 다수가 불안정한 소수로부터 계속적 포위 상태에 있었던 것은 중요한 의미가 있었다. 미국에서 흑인의 교전 상태는 예상하지 않았던 집단―예를 들면 죄수―을 급진화했고 현존하는 질서에 내재하는 선―또는 수위(primacy)―에 관한 근본적 가정에 위협적으로 도전했다. 맬컴 X(Malcolm X)와 같은 급진적 흑인 지식인은 범죄와 투옥에 대한 해석을 개인적인 사회적 병리로부터 정치적 투쟁의 형식으로 변화시켰다. 만일 '모든 재산이 도둑맞는다면', 장물은 재산의 재분배 형태일 뿐인데, 1981년 영국의 여름 폭동에서 이 견해가 다시 울려 퍼졌다. 독립적 노동 교전 상태는 영국과 미국에서 흑인에 의해 회사들 안에서 선동되었고, 이 노동 교전 상태는 고용주와, 흑인을 맨 마지막으로 고용되고 가장 먼저 해고되도록 공모한 전통적 노동조합운동

양자에 모두 적대적이었다.

심오한 변화 가능성은 새로운 선동의 중심과 함께 비전통적 영역들로 옮겨 갔다. 여자의 집단 교전 상태는 1960년대에 고용주, 노동조합, 국가에 심각한 압력을 가하기 시작했다. 쇠퇴하는 영국 경공업에서의 현장 운동, 병원 안 서비스 노동자의 조직화, 미국에서 공공복지권 조직의 결성은 주로 여자의 일—그리고 후자의 경우에서 흑인 여자의 일이었다.7 공공복지권 운동은 여자와 그에 딸린 어린이들에 대한 원조 지급으로 말없이 수령되던 원호품을 큰 목소리로 요구하는 권리로 변화시켰다.

일반적으로 1960년대는 과거에 받아들여졌던 합의의 붕괴와 사회적 투쟁의 증가로 특징지어졌다. 체포된 사람은 억압적이고 폭력적으로 보였던 경찰과 교도관들에게 대항하는 권리를 점점 더 요구했다. 학생들은 대학과 학교의 정당성에 도전했으며, 미국 청년 대중은 그들을 징집하는 국가의 권리와 권력을 부정했다. 소비자와 환경단체는 공공복지와 관련 없이 생산을 조직하는 개인 자본의 권리에 도전했고 생산과정에 대한 국가의 규제를 요구했다.

1950년대 영국과 1960년대 미국에서 시작되었던 쇠퇴해 가는 상대적 번영은 이민, 흑인, 여자가 요구하는 경제적 압력에 동의하는 것을 점점 더 어렵게 했다. 번영과 상관없이, 개인 자본이든 주로 그 이익의 반영물인 국가든 실질적 권력을 포기하고 생존을 포기할 수는 없다. 결국 자본 소유자는 생산과정을 통제해야만 했다. 국가는 경찰과 법정을 통제해야 했다. 학교와 대학은 교육과정과 학생들을 통제해야 했다.

1970년대 초 생물학적 결정론적 사고 및 논의의 성장은 정확히, 점점 더 만족되기 어려웠던 호전적 요구에 대한 응답이었다. 그것은 요구들의 정당성을 부정함으로써 그들의 압력이 갖는 힘을 비껴가게 하려는 시도였다. 동등한 경제적 보상과 사회적 지위에 대한 흑인의 요구는, 그들이 많은 보수를 가져다주는 높은 추상적 개념을 다루는 능력에서 생물학적으로 적은 능력을 갖기 때문에 정당하지 않다. 평등에 대한 여자의 요구는 남성 지배가 여러 세대의 진화에 의해 세워진 것이기 때문에 보장되지 않는다. 그들의 문맹 어린이를 교육하는 학교의 재구조를 요구하는 학부모의 요구는 그 어린이들이 기능장애가 있는 뇌를 갖고 있기 때문에 충족될 수 없다. 지주와 상인의 재산에 대항하는 흑인의 폭력은 재산을 소유하지 못한 이들의 무원감의 결과가 아니라 뇌 장애의 귀결이다. 각각의 교전 상태에 대해 그것의 정당성을 박탈하는 고유하게 재단된 생물학적 설명이 존재한다. 생물학적 결정론은 강력하고 유연성 있게 '희생물을 비난하는'8 형식이다. 이처럼 우리는 요구를 수용하는 가능성이 위축되는 한편 희생시키려는 의도가 성장하면, 생물학적 결정론은 점점 더 두드러지고 다양화된다는 것을 예상해야 한다.

한편 교전 상태가 식어도 생물학적 결정론은 완전히 후퇴하지는 않는다. 이 책이 출간되기 앞서 바로 십 년은 지나간 수십 년간 유럽과 북미에서 있었던 사회적 불안정이 약간 감소되는 것을 보여 주었다. IQ, 유전학, 인종에 대한 관심의 재생, 인간의 본성에 대한 사회생물학 이론의 발명, 사회적 폭력과 뇌 질환의 명백한 연결 모두는 더 앞서 있던, 더 뒤엉켜 있던 시기에 속하지만, 결정론 이론의 생산은 현재까지 계속되어 왔다. 이것은 관념의 생산이 그것 고유의 생명력을 갖고, 사회적 사건에 의해 자극받으며, 지적 생활의 사회적 조직화에 의해 주어지는 과정을 통해 펼쳐진다는 사실을 부분적으로 반영한다. 흑인은 인지적 능력에서 백인보다 유전적으로 열등하다는 이론이 제안되면서, 젠슨과 아이젠크는 비판에 대응하고 그들의 공적 인물됨과 그들의 성공이 요구하는 정당화의 추구를 위해 이 주장을 더욱 발전시켰다. 일단 윌슨이 인간의 본성에 대한 그의 사회생물학 이론을 진수(進水)시키자, 이 이론의 명백한 호소의 이용을 추구하는 다른 저자가 쓴 저작의 일련의 출판은 피할 수 없는 일이 되었다.

하지만, 사회적 투쟁의 즉각적 강도와 상관없이 생물학적 결정론 이론의 계속적 생산과 인기는 부분적으로 혁명을 계속 필요로 하는 우리 사회 안의 오랜 기간에 걸친 모순의 결과인 것이다. 사회를 특징짓는 지위, 부, 권력의 명백한 불평등은 그 사회질서를 정당화하는 자유, 평등, 형제애의 신화에 명백히 모순된다. 생물학적 결정론은 직접적으로 이러한 불평등을 변호하고, 그것을 자연스럽거나 공정하거나 양자 모두에 속한다고 정당화한다. 생물학적 결정론의 뿌리들에 대해 어떠한 이해를 하려면 부르주아 사회의 뿌리들로 돌아가야만 한다.

문학적 허구 그리고 과학적 허구

생물학적 결정론은 새로운 과학성을 주장함에도 불구하고, 오랜 역사를 갖고 있다. 19세기 이래로 그것은 비록 적지 않게 허구적이었지만, 문학적·과학적 유행을 유지하고 있었다. 에밀 졸라(Emile Sola)의 루공-마캬르(Rougon-Macquart) 소설은 일정한 과학적 사실의 불가피한 결과를 보여 주려는 의도를 가졌던 '실험적 소설'이었다. 특히 '사실'은 어떤 개인의 생활이 유전적 소인(素因: predisposition)의 발현 결과이고, 비록 환경이 그것의 개체발생 과정을 임시적으로 수정한다 할지라도, 종국에는 유전성이 승리한다는 것이었다. 『선술집(L'Assommoir)』에 나오는 세탁부 제르베즈(Gervaise)는 자신의 노력으로 스스로를 가난에서 끌어냈고 번창하는 사업의 소유주가 되었으나, 과거 어느 날 그녀가 더러운 세탁물에 손을 담그고 앉아 있을 때, "그녀의 얼굴은 빨래 다발 위로 굽어 있었고, 나른함이 그녀를 잡고 있었는데… 마치 그녀는 빨래에서 나는 고약한 인간의 냄새에 취해 있는 것 같았고 희미하게 미소를 띠고 있었으며 눈은 흐릿했다. 그녀 주위의 공기를 더럽히는 더러운 리넨의 질식할 것 같은 냄새 속에서 그녀의 첫 번째 나태가 일어나는 것 같아 보였다." 그녀는 술에 취한 부랑자인 아버지 앙투안 마캬르(Antoine Macquart)로부터 피를 전해 받은 타락과 불결에 가까운 유형으로 되돌아간 것이다. 그녀의 딸은 나나(Nana)였는데, 다섯 살의 나이에 벌써 음탕하고 부도덕한 놀이에 끼어들었고, 성장해서는 창녀가 되었다. 나나의 아버지 쿠포(Coupeau)가 알코올 중독으로 병원 신세를 지고 있을 때 담당 의사로부터 "당신 아버지는 술을 마셨습니까?"라는 질문을 가장 먼저 받았다. 루공가 사람과 마캬르가 사람들은 한 여자에게서 난 가족의 두 반쪽인데 그녀의 첫 번째 남편은 합법적으로 결혼했던 엄격한 농부 루공이었고, 두 번째 남편은 그녀의 정부였는데, 폭력적이고 불안정한 범죄자 마캬르였다. 이들 두 부부 사이에서 잘 흥분하고, 야심적이고, 성공하게 되는 루공 혈통과 타락하고, 알코올 중독에 걸린 범죄자 마캬르가 사람들이 나왔는데, 이들 가운데 제르베즈와 나나가 포함된다. 졸라는 소설의 서문에서, "유전은 중력이 법칙을 갖듯이 자신의 법칙을 갖는다"[9]라고 이야기한다.

첫눈에 보아도 불일치가 있는 것처럼 보인다. 자신의 노력으로 그의 조상과 맺어 주는 사회적 유대를 파괴할 수 있는 스스로를 만드는 인간이라는 주제는 우리가 18세기 부르주아 혁명 및 19세기 자유주의적 개혁과 연합시킬 주제이다. 확실하게 그러한 혁명이 무언가를 의미했다면, 그것은 장점은 유전된다는 원리를 거부한 것이고, 자유롭게 경쟁적으로 각 세대에서 새로이 행복 추구를 시작하는 것이라는 관념들에 의한 그것의 대체였다. 졸라는 사회주의자였고 공화주의자였으며, 유전된 특권에 대한 격렬한 반대자였다. 그는 소문날 정도로 반교권주의적이었고, 유명한 그의 드레퓌스(Dreyfus)에 대한 옹호는 군주제주의적·특권적 장교 집단을 표적으로 삼았다. 졸라의 경우 문학적 불일치에 대해서는 질문이 있을 수 없다. '감정, 욕구, 정열, 모든 인간의 표현들'의 유전적 결정에 대한 그의 인정은 3공화국의 반귀족정치적·반교권적·급진적 부르주아를 특징지었던 세계관의 필수적 부분이었다. 4장에서 자세히 논의하겠지만 이것은 불평등한 계급제도적 사회를 자유와 평등이라는 이념과 화해시키려는 기도였고, 부르주아 혁명

이래로 과학의 특성이 되어 왔던 세계에 관한 환원론적 사고 양식의 논리적 결과물이었던 것이다.

졸라의 루공-마카르 소설은 유전된 육체적 특징은 정신적 특성 및 도덕적 특성을 결정한다는 롬브로소(Lombroso)와 브로카(Broca)의 과학적 주장에 기초해 있었다. 루공-마카르가 사람은 차례로 선한 그리고 사악한 캘리캑가(家)(Kallikaks)[10]—그들의 유전된 악덕과 미덕의 역사가 금세기 대부분 동안 대학의 심리학 교재를 장식했던 발명된 가족—의 문학적 원형인 것으로 보인다. 현재 현대 과학의 단순한 객관적 사실은, 생물학적인 것은 운명적이라는 결론을 내리도록 우리에게 강요한다는 이 인상은 현대 생물학적 결정론자들이 준 것이다. 똑같은 주장이 19세기에 롬브로소의 범죄인류학에서도 있었다. 지금 아무도 어떤 남자 또는 여자의 머리 모양을 보고서 살인자를 구별할 수 있다는 롬브로소의 생각을 심각히 고려하지는 않겠지만,[11] 어떤 남자 또는 여자의 염색체를 보고 그렇게 할 수 있다고 현재 이야기된다. 1876년의 범죄인류학으로부터 1975년의 세포유전학까지 중단되지 않은 과학의 노선이 존재하지만,[12] 현재의 결정론적 주장에 대한 근거나 논변은 100년 전의 그들 모습보다 약한 상태이다. 진보주의 유전론 견해의 '과학적' 분파는 사회다윈주의(social Darwinism)와 함께 노동계급의 과도한 번식에 의한 '국가적 혈통'의 저열화라는 망상적 공포로 흘러들어 갔다. 프랜시스 골턴(Francis Galton)과 그의 부하 칼 피어슨(Karl Pearson)은 19세기 후반과 20세기 초반 영국에서 우생학(eugenics) 운동을 시작했고, 이 운동은 금세기 처음 30년을 거치면서 선택적 육종을 원기 왕성하게 주장했다. 능력 차이는 정량화될 수 있고 구획된다는 그들의 믿음과 일치하게 그들은 피어슨 시절 이후로 생물계측학(biometry)으로 알려진 유전학 연구 영역의 초석이 되는 수많은 다인성 통계 기법을 발전시켰다.[13]

영국과 미국의 우생학사에서 때로 진보주의적 운동이 생물학적 결정론을 지지했다는 점을 이해하는 것은 중요하다. 20세기 초반 영국의 쇼(G. B.

Show)와 웹주의자들(Webbs)을 포함한 페이비언(Fabian) 사회주의자들 또한 백인의 우월성과 지구를 총괄하는 영국 '인종'의 명백한 운명을 믿었던 사회주의적 제국주의자들이었다.

영국인들이 생물학은 자기들 편에 있고 앵글로-색슨족이 모든 다른 '인종'에 비해 유전적 우월성을 보여 주었다고 확신한 이래, 사회주의자 집단 밖에서의 주요한 관심은 사회 계급에 대한 생물학에 있었다. 피어슨의 제자였던 시릴 버트(Cyril Burt)의 손에서 IQ 검사로 인간의 차이를 정량화하는 수단과 IQ 차이는 주로 유전적(그러한 주장을 밑받침하려는 '근거'를 발명하려는 그의 성벽은 말할 것도 없고, 5장을 볼 것)이라는 버트의 확신은 특수한 계급적 이익 —예를 들면, 노동계급의 아이들이 실질적으로 대학에 갈 수 없도록 그들을 열등한 학교로 보내어 분리시키는 '11세 시험(eleven-plus)'의 창조와 같은— 안에서 교육체계를 개조하는 강력한 무기가 되었다.

미국에서 우생학자들의 관심은 압도적으로 인종차별에 있었다. 사회다원주의 자체가 무제한적 자본주의의 정당화물로서 영국에서보다 훨씬 더 광범히 이용되었다는 것은 사실이다. 사회다원주의 이데올로그인 허버트 스펜서(Herbert Spencer)는 미국에서 훨씬 더 영향력이 있었고, 아마 누구도 존 D. 록펠러(John D. Rockefeller)보다 더욱 명백히 사회다원주의 정신을 파악하지는 못했을 것인데, 그는 사업상의 저녁 식사에서, "커다란 사업의 성장은 단지 적자생존에 지나지 않는다. …이것은 사업에서 사악한 경향은 아니다. 이는 자연의 법칙을 완수하는 것일 뿐이다."[14] 그럼에도 불구하고 커다란 새로운 이민 인구가 미국에 퍼지게 되면서 사회다원주의자와 우생학 이데올로그들에게 중대했던 것은 인종적 차원이었고, 심리학이 답할 결정적 질문은 성취에서 개인적 또는 집단적 차이와 관계된다는 그들의 환원론적 확신과 더불어 행동과학이 1920년 이후로 취했던 방향성을 깊이 있게 형성시키게 된 심리학자들의 한 세대가 그들 속에 포함되었다.

1924년 미국 의회는 동유럽인과 남유럽인에 대처하여 미래의 미국으로

올 이민에게 무거운 조치를 취하게 될 이민 제한 조례를 통과시켰다. 슬라브인, 유대인, 이탈리아인, 여타 사람은 정신적으로 둔하고 그들의 둔함은 인종적이거나 적어도 타고나는 것이라는 결과에 대해 미국 정신검사 운동(mental testing movement) 지도자들이 의회에서 행한 증언은 제정된 법에 과학적 정당성을 부여했다.[15] 10년 후 똑같은 논의가 정신적으로 그리고 도덕적으로 바람직하지 않은 이에 대한 단종(斷種: sterilization)으로 시작하여 아우슈비츠에서 끝난 독일의 인종적이고 우생학적인 법률의 기초가 되었다. 과학적 존경스러움(scientific respectability)에 대한 생물학적 결정론자들과 우생학자들의 주장은 '최후의 해답(Final Solution)'이었던 가스실에서 극심한 타격을 받게 되었다. 그러나 버트 이후 40년 그리고 1939~1945 전쟁 발발 이후 30년이 지나 아더 젠슨은 계급에 대한 영국의 관심 및 인종에 대한 미국의 강박관념을 결합시키면서 유전적 논의를 소생시켰다. 현재 영국 국민전선과 프랑스의 신우익(Nouvelle Droite)[16]은 인종주의와 반유대주의는 자연스러운 것이고 제거될 수 없는 것이라고 논의하며, 그들의 권위자인 하버드 대학교의 E. O. 윌슨을 인용하는데, 윌슨은 세력권제(territoriality), 부족주의, 외국인 공포증(xenophobia)은 수백만 년의 진화에 의해 세워진 인간의 유전적 구성의 진정한 일부라고 주장한다.

생물학적 결정론자들은 그들의 교조들에 따르는 위험한 정치적 결과가 존재할 수 있는가의 여부는 자연에 관한 객관적 문제와 관계가 없다고 역사적으로 논의했다. 19세기 하버드 대학교 동물학 교수였고 미국에서 가장 저명한 동물학자였던 루이 아가시(Louis Agassiz)는 "우리는 인간의 육체적 관련으로부터 나오는 질문을 단지 과학적 질문으로서 고려할, 그리고 그 문제를 정치나 종교와 관계없이 탐구할 권리를 갖는다"[17]고 썼다. 이 의견은 1975년 하버드의 다른 교수였고 생물학적 결정론자였던 버너드 데이비스(Bernard Davis)에 의해 공명되었는데, 데이비스는 "종교적 정열이나 혹은 정치적 정열도 자연의 법칙을 마음대로 할 수 없다"[18]고 우리에게 확언했다. 그러나 실제로 정치적 열정은 명백히 하버드의 교수들이 **말하는** 것을 좌지우지할 수 있는데, 저명한 동물학자인 아가시는 "니그로의 뇌는 백인의 자궁 안에 있는 일곱 달 된 태아의 불완전한 뇌와 같다"[19]고 그리고 흑인 아기의 두개골 봉합선은 백인의 그것보다 일찍 닫히고, 따라서 흑인의 뇌는 그들의 두개골의 제한된 용량을 넘어서 성장할 수 없기 때문에 흑인 아이들에게 아주 많은 것을 가르치는 것은 불가능하다고 주장했던 것이다.

결정론 논의들로부터 반복적으로 흘러나오는 모순적 결과들이 그 논의들의 객관적 진리를 판단하는 표준은 확실히 아니다. 우리는 '사실'로부터 '당위'를 유도할 수 없고, 또한 시도하지도 않을 것이다.(예를 들어 "유전적으로 정확하고 따라서 윤리에 대해 완전히 공정한 부호"[20]에 대한 윌슨의 요구처럼, 결정론자들은 반복적으로 그렇게 함에도 불구하고.) 세계에 대한 생물학적 결정론자의 설명이 갖는 오류들은 이러한 오류들이 쓰이는 정치적 이용과 관계없이 명료화될 수 있고 이해될 수 있다. 이 책에 나오는 많은 부분은 이 오류들을 명백히 한다. 하지만, 정치적 사건에 대한 참조 없이 이해할 수 없는 것은 어떻게 이들 오류가 생기고, 왜 이들이 특수한 기간에 대중적이고 과학적 의식을 특징짓게 하는지, 왜 우리는 우선적으로 이들에 대해 유의해야 하는가이다. 우리는 아가시가 미국에 처음 도착하면서 연유하게 된 최근까지 감추어졌던 흑인에 대한 전적인 반감과 질색에 관한 그의 비망록의 일부를 읽기 전까지는, 사실로서 알려지지 않은 것을 사실로 주장하는 루이 아가시의 이상한 지적 부정직함을 이해할 수 없다. 그가 흑인에게 처음으로 눈길을 던졌을 때, 그들이 원숭이보다 별로 나을 게 없다는 것을 '알았다'.

생물학적 결정론자들은 그것이 두 길을 갖도록 시도한다. 그들은 그들의 이론을 정당화하기 위해 정치적 사건과의 어떠한 연관도 부정하는데, 그들의 이론은 사회적 관련과 절연된 과학 속 내적 발전의 성과라는 인상을 준다. 그리고 나서 그들은 정치 배우가 되는데, 신문과 대중 잡지에 기고하고, 입법에 앞서 증언을 하며, 그들의 객관적 과학으로부터 흘러나와야만 하는 정치적 결과와 사회적 결과를 명백히 하려고 텔레비전에 유명 인사로서 나타난다. 그들은 과학적인 데로부터 정치적인 데로 변신하고 그리고 기회가 요구하면 되돌아가는데, 과학으로부터 정당성을 취하고 정치와 관련한다. 결정론의 진리를 그 결정론의 정치적 역할과 연결하는 논리적 필연성이 존재하지 않음에도 불구하고, 과학적 권위로서 그들 자신의 정당성은 정치적으로 공평무사한 당파로서 그들의 외적 모양새에 의존한다는 점을 그들은 이해한다. 이러한 의미에서 생물학적 결정론자들은 그들과 그들의 관학적 선배가 저질렀던 사회적 관련으로부터 과학의 분리라는 바로 그 신화의 희생물인 것이다.

과학자들의 역할

정치 이념으로서 생물학적 결정론의 중요한 특징은 그 주장이 과학적이라는 점이다. 말하자면 사회의 본성에 관해 어떤 선험적인 것의 상식적인 논리적 적용으로부터 유도되는 주장을 한 플라톤의 정치철학과 달리, 생물학적 결정론은 인간종의 물질적 본성에 대한 현대적인 과학적 탐구라고 주장한다. 이는 디드로(Diderot)와 달랑베르(d'Alembert)의 『백과전서(Encyclopedia)』의 정신 속에 있는데, 그들에게 과학적 합리성은 모든 지식의 기초였기 때문이다. 1장에서 이야기했듯이, 정치철학에서 그것의 가장 가까운 조상은 홉스인데, 그 까닭은 그가 인간의 본성에 대한 경쟁적 모형을 채택했을 뿐만 아니라 또한 사회 안에 있는 개인들에 대한 그의 원자론적 개념에 관한 언명으로부터 그의 정치철학을 이끌어 낸 아주 강고한 기계적 유물론자였기 때문이다. 졸라는 비록 이례적으로 인류학을 명백히 참조했고 '실험적' 소설을 의도적으로 창조했지만, 졸라의 것과 같은 결정론의 문학적 표현들조차 그들의 영감을 과학의 발견으로부터 명백히 끌어왔던 것이다.

혁명 이전의 자연철학에 반하는 것으로서 과학이 갖는 특징은, 특수한 집단의 자기 타당성을 입증하는 전문가들인 과학자들의 활동이라는 점이다. '과학자(scientist)'라는 말 자체는 1840년까지 언어가 되지 못했다. 정당성을 얻기 위한 '과학적인' 것에의 호소 그리고 궁극적 권위자로서의 과학자에 대한 호소는 본질적으로 현대적인 것이다. 과학 안에서 형성되는 사회적 관계의 객관화는 객관성, 공평무사, 과학자들의 열정(그들의 '진리'에 대한 열정은 제외하고) 결여로 바뀐다. 이제는 과학이 이념을 정당화하는 원천이 된 만큼, 과학자들은 대중의 의식 속으로 들어가는 구체적 형식을 발생시키는 사람이 된다. 20세기에 개발(development)에 반하는 것으로서의 연구 과학(research science)이 주로 대학 그리고 대학과 연계된 단체에서 행해진 이래, 대학은 생물학적 결정론을 창조해 내는 주요한 제도가 되어 왔다. 그러나 물론 대학이 연구 단체인 것만은 아니다. 대학은 공과대학, 연구 프로그램이 없는 고등교육 연구소, 지역 대학에서 가르칠 사람을 교육시킨다. 대학은 중등학교와 초등학교 교사의 일부를 직접 양성하고, 혹은 그 밖의 교사를 훈련시키는 단체에 소속되는 직원을 훈련시킨다. 그리고 대학은 직접적으로 중간계급의 상위 집단을 교육한다. 신문, 잡지, 텔레비전은 모두가 대학을 전문적 지식의 원천으로 그리고 '박식한 견해'의 원천으로 바라본다. 따라서 대학은 생물학적 결정론 이념의 창조자, 선전자, 정당화물로서 봉사하는 것이다. 만일 생물학적 결정론이 계급들 사이에 벌어지는 투쟁의 무기라면, 대학은 무기 공장이고, 대학에서 교육과 연구를 담당하는 이들은 기사, 디자이너, 생산노동자이다. 우리는 이 책에서 그 일을 계속 반복하여 분석할 것이며 우리의 가장 저명한, 성공한, 존경받는 과학자와 교수 사이에서 나온 결론을 인용할 것이다. 그들이 말하는 것 가운데 어떤 것은 우습기도 하고 어떤 것은 엄청나게 충격적이다. 생물학적 결정론은 그것의 가장 난잡하고 나쁜 형태 안에서라도 머리가 돈 사람과 통속적인 대중적 인기 영합자의 피상적 지식의 산물이 아니라, 대학과 과학자 사회의 핵심적 성원의 일부가 만든 산물이라는 점을 이해하는 것이 중요하다. 노벨상 수상자인 콘라트 로렌츠(Konrad Lorenz)는 나치의 근절 캠페인이 벌어지고 있던 1940년 독일에서 동물의 행동에 관한 과학 논문에서 다음과 같이 이야기했다.

> 강인함, 영웅주의, 사회적 유용성의 선택(selection)은… 만일 선택 요소들을 결핍하고 있는 인간이 길들이기에 의해 유도되는 퇴화에 의해 파멸되지 않는다면 몇몇 인간 제도에 의해 성취되어야 한다. 국가의 기초로서 인종적 관념은 이미 이런 관점에서 많은 성과가 있었다.[21]

그는 단지 우생학의 시조인 프랜시스 골턴경의 견해를 적용하고 있었는데, 골턴경은 60년 전에 "열등한 인종의 점차적 소멸에 반대하는 대부분 아주 비합리적인 감상(感傷)이 존재한다"[22]고 의아해했다. 골턴에게는 점차적 과정이었던 것이 로렌츠의 유능한 친구에 의해 훨씬 더 빨라졌다. 앞으로 보겠지만, 골턴과 로렌츠가 이상한 사람들은 아니다.

생물학적 결정론과 '나쁜 과학'

생물학적 결정론에 반대하는 몇몇 비판가는 단지 그것을 나쁜 과학(bad science)으로서 제거하려고 시도한다. 그리고 만일 이미 주장된 확신에 부합되도록 하기 위한 자료의 조작, 알려진 사실의 고의적 은폐, 단순한 비논리적 명제의 사용, 존재하지 않는 실험들로부터 사기적 자료의 창조가, 인정된 과학의 울타리 밖에 존재한다는 점에 보편적으로 동의가 이루어진다면, 생물학적 결정론을 지지하는 많은 '나쁜 과학'이 있어 온 것이다. 그럼에도 불구하고, 문제는 훨씬 더 복잡하다.

'과학'은 때로 과학자들의 신병 그리고 그들이 참여하는 사회적 제도의 집합, 학술지, 책, 실험실, 전문가 사회, 개인들과 그들의 작업이 유통되고 정당성을 부여받는 학회를 의미한다. 어떤 때는 '과학'은 과학자들에 의해 세계 안에 있는 것 사이의 관계를 탐구하는 수단으로 이용되는 방법의 집합, 그리고 과학자들의 결론에 신뢰성을 부여하는 것으로 받아들여지는 근거의 규준들을 상징한다. 그 위에 '과학'에 주어진 세 번째 의미는 사실, 법칙, 이론, '과학'의 방법을 이용하는 '과학'의 사회적 제도가 참이라고 주장하는 실제 현상과 연관된 관계의 몸체이다.

우리가 과학의 방법을 사용하는 과학의 사회적 제도가 현상세계에 관해 무엇을 **이야기해** 주느냐 하는 것과 현상 자체의 실제 세계를 구별하는 것은 지극히 중요하다. 왜냐하면 단지 이들 사회적 제도와 이들 방법의 사용이 아주 종종 세계에 관해 참된 것을 이야기했기 때문에, 우리는 '과학'의 이름을 빌려 이야기하는 자들의 주장이 때로 쓰레기라는 사실을 잊고 마는 위험에 처하게 되는 것이다.

그러면 왜 그 주장들은 그러한 심각한 주의를 부여받는 것일까? 그것은 현재 서구 사회에서 제도로서 과학이 과거에는 교회에 주어졌던 권위와 일치하게 되었기 때문이다. '과학'이 이야기할 때 —혹은 오히려 과학의 대표자들 (그리고 그들은 일반적으로 남성이다)이 과학의 이름으로 이야기할 때— 어떤 개도 짖지 말게 하자. '과학'은 부르주아 이념의 궁극적 정당화물이다. '과학'에 반대하는 것, 사실보다 가치를 선호하는 것은 단지 인간의 법칙을 넘어서는 것이 아니라 자연의 법칙에서 벗어나게 되는 것이다.

과학과 과학의 주장에 대해 우리가 주장하고 있는 것이 무엇인지를 명백히 해 보자. 우리는 특수한 과학적 주장을 하는 대표자들의 정치철학이나 사회적 지위를 이야기하는 것이 그러한 주장을 증발시키거나 무력하게 하기에 충분하다고 논의하고 있는 것이 **아니다**. 그 주장의 기원을 설명하는 것이 주장 자체를 설명해 내는 것은 아니다. (이것이 철학자들이 이야기하는 '발생론적 오류'이다.) 우리는 우리를 둘러싼 세계 안에 나타나는 사건, 현상, 과정에 관해 제공되는 어떠한 기술(記述) 또는 설명에 대해 물을 수 있는 두 가지 뚜렷한 질문이 있음을 논의하고 **있다.**

첫 번째는 내적 논리와 물음에 관한 것이다. 기술은 정확하고 설명은 참인가? 즉, 그들은 실제 세계* 안의 현상, 사건, 과정의 실재와 일치하는가? 대부분의 서구 과학철학자가 과학은 모든 것에 관한 것이라고 믿었거나, 믿기를 요구하는 것은 과학의 내적 논리에 관한 이러한 질문 유형이다. 대부분의 과학자가 교육받은 과학적 진보의 모형은 주로 칼 포퍼(Karl Popper)와 그의 조수들과 같은 철학자의 저술에 기초해 있으며, 과학을 이론 만들기와 시험하기, 추측과 논박의 잇따른 연쇄에 의한 추상적 방식에 따라 진보하는 것으로 본다. 더욱 최신의, 그 모델의 쿤적 변형(Kuhnian version) 안에서 '정상'과학의 추측과 논박은 그 추측과 논박이 구성되는 전체적 구조('패러다임')가 마치 자료의 똑같은 부분을 아주 새로운 패턴으로 재위치시키는 만화경(萬華鏡: kaleidoscope)처럼 가끔 흔들리는 '혁명'과학의 시기에 의해 심한 진동을 받게 되는데, 그럼에도 불구하고 이론 만들기 전 과정은 과학이 실행되는 사회적 틀과 관계없이 자율적으로 발생한다고 믿는다.[23]

그러나 기술과 설명에 관해 묻게 되는 두 번째 질문은 과학이 끼어 있는 사회적 기반에 관한 것이다. 그리고 이것은 동등한 중요성을 갖는 질문이다. 19세기에 마르크스(Marx)와 엥엘스(Engels)에 의해 암시되었고, 1930년

---

* 이 질문을 하는 것은, 진리 개념을 둘러싼 그리고 적어도 우리가 과학 안에서 진리에 관한 언명들을 평가하는 데 적절한 본질적인 조작적 정의를 제공함으로써 피할 수 있는 철학적 지뢰밭에 들어가는 것이다. 이 정의 안에서, 실제 물질세계 속의 사건, 현상, 혹은 과정에 관한 참된 언명은 (a) 상이한 관찰자들에 의해 독립적으로 검증될 수 있어야 하고, (b) 내적으로 자기 일관적이어야 하고, (c) 관계되는 사건들, 현상들, 과정들에 대한 다른 언명들과 모순되지 않아야 하고, (d) 만일 그 정의가 일정한 방식으로 작동되었을 때—만일 우리가 그것을 작용시키면 그 사건, 현상, 과정에 무엇이 일어날지 에 관한 검증 가능한 예측들 또는 가설들을 만들어 낼 수 있어야 한다.

대 마르크스주의 학자의 한 세대에 의해 발전되었으며, 지금은 수많은 사회학자에 의해 반성되고, 굴절되고, 표절된 과학의 성장에 관한 이론들에 대한 통찰은 과학의 성장이 진공 속에서 진행되지 않는다는 것이다. 과학자들이 묻는 질문, 타당한 것으로 받아들여지는 설명 유형, 틀 잡힌 패러다임, 근거의 무게를 다는 표준은 모두 역사적으로 상대적이다. 마치 과학자들이 사랑하지도, 먹지도, 적을 만들지도, 정치적 견해를 내지도 못하는 프로그램할 줄 아는 컴퓨터가 아닌 것처럼, 이들은 자연 세계에 대한 약간의 추상적 사색으로부터 유래하는 것이 아니다.[24]

이 시각에서 볼 때, 과학 지식의 자율성에 대한 내적·실증주의적 전통은 그것 자체가 봉건사회로부터 근대 자본주의 사회로의 이행에 수반된 사회적 관계의 일반적 객관화의 일부라고 이해할 수 있다. 그 객관화는 대상들과의 남자 또는 여자의 관계에 의해 사회 안에서 결정되는 한 개인의 지위와 역할로 귀결되는데, 개인이 다른 사람을 대하는 방식은 이들 관계의 우연적 산물로 보인다. 특히 과학자들은 서로에 대해, 국가에 대해, 그들의 후원자에 대해, 부와 생산물의 소유자에 대해 특수한 관계를 갖고 있는 사람들이라기보다는 우리 밖에 있고 객관적 자연과 맞선, 자연의 비밀을 뽑아내려 자연과 씨름하는 개인들로 보인다. 따라서 과학이 과학자가 하는 것으로서 정의되기보다 과학자가 과학을 하는 사람으로서 정의된다. 그러나 과학자들은 단순히 사회의 일반적 객관화에 참여하는 것 이상을 했다. 그들은 그러한 객관화를 '과학적 객관성'으로 불리는 절대적 선의 지위에 올려놓았다. 사회의 객관화가 자본주의의 거대한 생산력을 일반적으로 풀어놓은 것처럼, 과학적 객관성은 특히 세계에 대한 참된 지식을 얻는 데로 향하는 진보적 발걸음이었다. 우리 모두가 인식하고 있는 것처럼, 그러한 객관성은 인간의 목적을 위해 세계를 조작할 수 있는 힘의 막대한 증가 원인이 되어 왔다. 그러나 객관성에 대한 강조는 과학자 상호 간의 그리고 과학자와 사회 나머지와의 참된 사회적 관계를 가려 버렸다. 이들 관계를 부정함으로써, 과학자들은 가면이 미끄러져 떨어지고 사회적 실재가 폭로될 때 그들 자신을 신뢰성과 정당성의 손상에 취약하게 만들어 버린 것이다.

따라서, 어떤 역사적 순간에, 수용 가능한 역사적 설명으로서 통과되는 것은 사회적 결정 요소와 사회적 기능 둘 다를 갖는다. 과학의 진보는 실제 물질세계와의 일치와 실제 물질세계에 대한 진리를 공언하는 지식을 습득하는 방법이라는 내적 논리와 이들 사회적 결정 요소와 기능이라는 외적 논리 사이의 끊임없는 연속적 긴장의 산물이다. 후자를 부정하는 보수적 철학자, 그리고 전자를 전적으로 분해시키기를 희망하는 훨씬 더 최근의 시류를 타는 몇몇 사회학자는 똑같이 이 긴장의 힘과 역할을 이해하는 데 실패하는데, 이 긴장은 과학의 궁극적 시험들이 언제나 이중적인 그것의 본질적 동력을 형성한다. 진리의 시험 및 사회적 기능의 시험 말이다.

'나쁜 과학' 분야에서 가장 일류의, 기금을 제일 잘 받는, 가장 명예 있는, 지위를 가장 많이 등에 업은 몇몇 과학자에 의해 생산된 과학을 소환하는 것은, 우리로 하여금 과학적 작업의 성질들이 과학의 실천에서가 아니라 추상적 철학으로부터 유래하는 과학적 작업에 대한 몇몇 이상(ideal)을 세우도록 요구한다는 결론에 이르게 된다. 50년을 넘어서는 기간 동안 서구 심리학 연구의 한 영역에 대한 주요한 강조는 각 개인의 본질적 성질로 여겨지는 인지적 능력을 측정하기 위한 검사의 창안으로 이어졌다. 인간유전학 연구의 많은 부분은 개인의 염색체적 기초를 포함한 기질적이고 정신적인 특성의 유전 가능성에 대한 연구였다. 생물학적 결정론의 가장 최근 형태인 사회생물학은 '사회생물학자들'을 위한 수십 개의 새로운 학문적 자리의 창조와 함께, 분리된 연구 분야로서 그리고 그 주제에 바쳐진 아주 새로운 학술지의 출판으로 정당화되어 왔다. 광범하게 기금이 적립되어 있고, 학술지 심사위원의 엄격함과 학문적 선별 위원회에 복속되는, 과학의 실행자들은 작위, 왕립학회 펠로우십, 과학 국민훈장을 받게 되는 과학은, 과학의 다양한 의미 가운데 한 의미에서 단순히 '과학'일 뿐이다.

만일 확립된 학술지에 기고하는 수학자들 사이에서 1+1=3이라고 논의 되었다면, 그것은 그들이 '수학'으로 —'나쁜 수학'이 아닌— 의미한 것이 될 것인데, 물론 비록 지각 있는 사람이라면 아무도 집을 짓는 데 그러한 규칙을 사용하지 않겠지만 말이다. 사기의 문제가 발생할 때 생물학적 결정론의 어떤 내용이 개입된다 하더라도, 생물학적 결정론을 이해하는 문제는 단지 '좋은 과학'으로부터 '나쁜 과학'을 분류해 내는 것이 아니라, 오히려 어떤 '정상과학'의 대부분을 차지하는 방법론, 개념화, 수사학이, 밝혀내고자 하는 객관적 관계를 갖는 실제 세계와 어떻게 그처럼 빈약하게 대응할 수 있는 것인가에 대해 묻는 것이다. 왜 생물학적 결정론자들은 발생유전학이 그들에게 분리 불가능하다고 오래전에 보여 주었던 천성과 환경요인의 개념을 분리된 원인으로서 사용하는 것일까? 왜 그들은 그 개념들을 발명한 이들에 의해 유효하지 않다고 보여진 노선 속에서, 통계적 방법론을 쓰는 것일까? 왜 그들은 어떠한 통제 없이 실험을 하는 것일까? 왜 그들은 그들의 논리에서, 원인을 효과로, 상관관계(correlations)를 인과작용(causations)으로, 상수를 변수로 여기는 것일까?

계속 논의할 수 있는데, 만일 생물학적 결정론이 '나쁜 과학'이 아니라면, 그것은 적어도 '후퇴적 과학(backward science)', '무비판적 과학(uncritical science)', 또는 물리학과 분자생물학과 같은 '하드 사이언스(hard science)'에 반하는 것으로 '소프트 사이언스(soft science)'이다. 생물학적 결정론은 과학이 제공해야 하는 최상의 것은 아니고, 생물학적 결정론의 실행자들은 계속적 비판과 교육에 의해 훨씬 더 엄격한 태도 주위에 놓이게 될 것으로 희망한다. 한편으로 그 논의 안에는 약간의 진리가 존재한다. 생물학적 결정론의 몇몇 주장은 '나쁜 과학'임이 폭로되어 무용지물이 되었던 것처럼, 의도적 사기와 조작, 나머지 많은 것은 실험과 추론 논리에 대한 더욱 엄격한 접근에 의해 무능화될 수 있고 그렇게 되고 있는 중이다.

우리가 매우 자세히 보게 되겠지만, 인간행동유전학, 사회생물학, 인간생물심리학 안으로 받아들여지게 될 증명 규준 또는 심지어 합리적 의심의 규준은 밀접히 연합된 분야 속에서 작동하는 것보다 명백히 덜 엄격하다. 대단히 적은 자료, 통제되지 않은 실험, 이질적 자료에 대한 절묘한 분석, 측정을 대신한 지지가 되지 않은 추측은 모두 생물학적 결정론 문헌의 공통적 특징이다. 예를 들면 인간 지능의 유전 가능성에 대한 연구는 생물계측유전학의 특수 분야이다. 게다가 인간유전학과 행동유전학에 관한 일류 인간유전학자들이 편집하고 조회한 주요 학술지에 출판된 논문마다 실험 고안과 분석에서 가장 기본적인 오류를 범하고 있는데, 이는 말하자면, ≪농학 학술지(Agronomy Journal)≫ 또는 ≪동물과학(Animal Science)≫에서는 결코 묶인될 수 없는 것이다. 인간에 대해 쓰는 일은 어떤 이에게 옥수수 연구까지 확장되지는 않는 허가장을 준다. **제우스에게 좋은 것이 소에게도 좋은 것은 아니다!**(*Quod licet Jovi non licet bovi!*).

그러나 생물학적 결정론에 대한 우리의 비판은 훨씬 근본적인 수준에 있다. 인간의 사회적 행동에 관한 연구를 특징짓는 '나쁜 과학'과 '소프트 사이언스'는 결정론자들이 질문할 문제로 여기고 있는 것에서 나오는 불가피한 결과이다. 결정론자들은 개인이 사회에 우선하며, 개인의 특징은 그들의 생물학적 상태의 결과라는 견해를 위임하고 있다. 우리가 보이게 될 것처럼, 우선성에 대한 그러한 위임의 근거는 압도적이다. 결정론자들에게 개방된 질문은, 질문이 있는 한에서, 다양한 특성에 대한 결정의 정도이고, 이 특성이 어떻게 그들의 생물학적 상태에 의해 그리고 그들의 생물학적 상태에도 불구하고 조작될 수 있느냐 하는 것이다. 아주 많은 숫자의 결정론자에게, 심지어 정도의 문제는 논쟁점이 되지 않았고, 그들의 관심은 단지 그들의 결정론적 확신을 밑받침하는 증거를 발생시키는 것으로 나타났다. 두 경우에서 '소프트 사이언스' 혹은 심지어 '나쁜 과학'은 목적에 대한 수단이 된다. '의혹의 의도적 미결정' 과정에 의해 비판성의 적절한 수준에 대한 무언의 동의가 이해관계가 있는 당파 사이에서 생기고, 과학 지식을 담은 문헌은 그 동의의 창조자들에 의해 만들어지고, 타당성을 부여받게 되고, 정당화된다. 따라서 산물을 비판하는 것으로 충분하지가 않다. 우리는 다음 장에서 보게 될 것처럼, 17세기에 유럽의 봉건주의로부터 출현한 부르주아 사회의 중심적 측면이 되었고, 그 이후로 지배하게 된 그 산물이 반영하는 이념의 근원을 찾아야 한다.

3장

부르주아 이념과 결정론의 기원

유럽 초기 봉건사회에서 일차적 사회관계가 사람과 사물 사이보다는 사람과 사람 사이에 놓여 있던 정도를 오늘날에 깨닫기는 쉽지 않다. 국왕과 봉신(封臣), 영주와 농노의 관계는 공평한 교환에 의존하지는 않았지만 각 당파에게 따로따로 절대적이었던 상호 의무를 수반했다. 물질적인 것—부, 토지, 도구, 생산물, 노동의무, 이동의 자유, 사고파는 자유를 포함하는 각 개인의 사회적 활동의 범위에 대한—에 대한 관계는 지위 관계라는 유일한 사실에 의해서 각 개인에 대해 결정된 분해할 수 없는 전체였다. 농노는 토지에 묶여 있었으나, 그들의 사회적 지위로부터 흘러나오는 토지에 대한 연결 때문에 영주는 그들을 쫓아낼 수 없었다. 봉토에 대한 권리는 일단 국왕과 봉신이 죽더라도 재개될 수 있었기에, 점차로 세습되었고 그들이 명령했던 배치는 피할 수 없는 것이 되었다.

이러한 사회적 관계 밑에 놓여 있으며 그 관계를 정당화하는 것은 은총(grace)이라는 그리고, 나중에는 신성한 권리(divine right)라는 이념이었다. 사람들은 신의 은총의 수여 또는 거부 결과로서 사회 위계질서 안에서 그들의 지위를 유지했다. 왕은 똑같은 기초 위에서 그의 절대적 통치권을 요구했다. 은총은 피를 통해서 이어받는 것이었으므로 혈통의 원조에 대한 은총의 수여는 생물학적 상속자(다만 적출일 때만 그러하지만)에 대한 은총을 보장하는 것이고 세대 속 그리고 세대 사이의 안정적인 사회적이고 경제적인 관계를 확실히 해 주는 충분한 **주동력**(*primum mobilum*)이었다. 루이 두트르-메르(Louis d'Outre-Mer)의 석궁 사수로부터 발생했던 노르만 귀족 벨렘(Bellême) 가문과 같은, 사회 위계질서 안 위치 변화는 은총이 부여되거나 철회된 결과로 설명되었다. 찰스 I세는 **신의 은총으로**(*Dei gratia*) 왕이었고, 크롬웰(Cromwell)은 그의 절단된 머리에서 근거가 제시되듯, 찌푸린 그의 얼굴에서 은총이 그로부터 제거되어 버렸음이 관찰된다.

신에 의해 정당화된 사회관계의 이러한 정적인 세계는 그 자체가 정적인 자연 세계에 대한 지배적 견해를 반영했고, 그것에 의해 반영되었다. 본질적으로 진보적이고 변화하는 세계에 대한 더 근대적인 견해와 달리, 중세적 우주는 중앙에 우리 지구가 위치하는 일련의 수정 천구에 고정되어 밝은 각 광처럼 도는 해, 달, 별을 갖는, 매일 회전하고 계절적인 춤을 추는 것으로 유지되는 존재로 생각되었는데, 그 위에서 인간 스스로는 신의 창조의 중심적 부분이었다. 자연과 인류는 신과 세속적이고 영적인 왕인 지구 위의 신의 대표자에게 봉사하기 위해 존재했다.

그러한 세계 안에서 사회적 변화와 자연적 변화는 똑같이 억제당하는 것이었다. 천구가 고정되었듯이 사회적 질서도 그러했다. 사람들은 그들의 위치를 알았고, 태어났으며 그 질서 안에서 살았다. 이는 자연 그 자체처럼 자연스러웠으며, 세속적이고 평범한 수준에서 계속 변화하는 것이었으나 보다 큰 설계 안에서는 여전히 기본적으로 변경 불가능했다. 이런 선 자본주의 세계 속에서 기계에 의한 비유(모든 현상은 기계를 구성하는 톱니바퀴와 활차로 환원되고, 원인과 결과의 일차적 사슬로 연결되는)는 아직 지배적이지 않았는데, 이것은 외견상 모순되거나 중첩되는 설명을 훨씬 더 관대하게 받아들여지도록 할 수 있었다. 사건의 원인은 상호 간에 일관적일 필요가 없었다. 통증은 스스로의 권리 속에서 그리고 하나님으로부터의 방문 속에서 자연스러운 현상임이 틀림없었다. 대상들은 개별적이지, 원자적이지, 분리되지 않았지만, 유동적이고, 변화하며, 하나가 다른 것으로 변환될 수가 있었다. 사람은 늑대가 될 수 있었고, 납은 금으로 변화될 수 있었고, 공정함은 반칙이 그리고 반칙은 공정함이 될 수 있었다. 한 동일한 시각에서 생명 형태는 각각 성서적 신화에 따라 분리되어 창조되었고 그러한 **에덴** 시절 이후로 변하지 않고 존재해 왔다고 믿는 것, **그리고** 개별자는 변화 가능했다고 믿는 것 모두가 가능했다. 신화에는 반마, 반인의 잡종 동물이 많고, 임신 기간의 어떤 사건에 의해 고착된 인상의 결과로서 괴물을 낳는 여자가 많다.

자연에 대한 인류의 관계는 지배 관계가 아니었고 ―왜냐하면 적절한 지배의 기계장치가 없었기 때문에― 오히려 공존의 관계였는데, 공존은 인간의 삶이 끼어 있는 자연에 대한 존경과 통합을 요구했다. 이러한 자연은 종국적으로는 안정적이고 짧게는 변덕스러운 것이었고, 그렇다면 자연에 대한 어떠한 이해는 결국 계속적 조작과 변환, 적극적 과학 실험 기법에 기초할 수가 없었으며, 소극적 평가로서 표현되어야 했다. 설명은 따라서 성서적이거나 희랍 고대 저술의 권위에 대한 호소 안에서 표현되었고, 경험적 자료 위에 있지 않았다.

부르주아 사회의 발흥

중세 사회가 성장하는 상인, 수송업자, 궁극적으로 자본주의 체계에 잘 부합하지 못했던 것은 명확하다. 첫째, 사회적이고 경제적인 생활은 분해되어야 했고 따라서 각 개인은 많은 상이한 역할을 수행할 수 있었는데, 어떤 때는 구매자로서 어떤 때는 판매자로서 다른 이를 대했고, 어떤 때는 생산자로서 어떤 때는 소비자로서, 어떤 때는 소유자로서, 어떤 때는 사용자로서 대했다. 수행한 특수한 역할은 생산과 교환의 대상과의 순간적 관계에 의존하게 되었고, 평생의 사회적 관계에 의존하지는 않았다.

둘째, 개인은 '자유롭게' 되어야 했는데, 단지 특수한 의미에서만 그러했다. 특수한 장소나 사람에 대한 속박은 제거되어야 했는데, 공장제 수공업 노동자가 되도록 하기 위해 그리고 통상 속에서 돌아다니게 하기 위해 일꾼을 자유롭게 하여 그들이 땅과 영주로부터 떠나게 했다. 역으로, 지주는 토지를 양도하는 데 자유로워야 했고, 비효율적이고 비생산적인 생산 체계를 제거했다. 영국에서 일찍이 13세기에 시작되고 17세기 후반과 18세기에 절정에 달한 엔클로저(enclosure) 조례는 토지의 큰 구역을 집중적으로 개간되고 방목하는 재산으로 집중시키도록 고안되었다. 소작인을 축출한 결과는 자라나는 산업을 위한 전망 있는, 커다란 동원 가능한 임금노동자 떼의 창조였다. 자유 역시 자신의 몸의 소유권에 대한 것으로 파악되었는데, 이는 맥퍼슨(Mcpherson)이 '소유 개인주의(possessive individualism)'[1]라고 부른 것이다. 대규모 산업 생산은 자본의 소유자에게 노동력을 파는 임금노동자에 의해 수행되었다. 그러한 노동 체계에 대해, 노동자는 그들 자신의 노동력을 소유해야 했다. 그들은 그들 스스로를 소유해야 했고 다른 이의 소유여서는 안 되었다.

하지만 그러한 노동자는 현저히 남성이었다. 새로운 조건 아래서 효율적으로 일하기 위해서는, 남성과 여성 사이의 오래된 노동 분화의 증강을 필요로 했다. 남성은 생산 노동자로서 집 밖에서 일했고, 여성은 재생산 노동자로서 집 안에서 일했다. 그들의 임무는 다음 세대 젊은 노동자를 기르는 것은 물론, 남성 노동자를 위해 요구된 그의 노동조건의 개선, 재창조를 계속적으로 공급하는 것이었다. 다만 때로 여성은 그들의 재생산 노동에 부가적으로 생산 임금노동자로서 직접적으로 기능할 수 있을 뿐이었다. 19세기가 지나면서, 이러한 노동 분화는 착실히 강화되었다. 중세 사회와 대조해 볼 때, 남성은 더는 다른 사람의 소유물이 아니었다. 그러나 그들이 그 밖에 아무것도 소유하지 않았다면, 그들은 그들의 여자를 소유했다. 사회적 질서는 자본주의적이었을 뿐만 아니라 동시에 가부장적이었다.

발전하는 경제 관계에 대한 세 번째 요구사항은 성장하는 부르주아에 대한 추정적 평등이었다. 기업가는 부동산과 개인 재산의 습득과 처분을 필요로 했는데, 이는 그들이 귀족에 대항하는 시정(是正)과 무엇보다도 정치권력에의 근접을 보장하는 법률 체계를 필요로 했다. 실제로 이것은 대중 의회의 패권에 의해 성취되었다.

발전 도상의 17세기 자본주의를 나타내 주던 변화하는 생산양식은 전적으로 새로운 범위의 기술적 문제에 관한 답을 요구했다. 상인 사회와 거래 사회는 상인의 선박을 위한 새롭고 더욱 정밀한 항해 기법, 원료를 추출하는 새로운 방법, 추출할 때 이러한 원료를 다루는 새로운 방법을 필요로 했다. 이들 문제에 대한 답을 발생시키는 기법, 그리고 그 문제를 푸는 결과로 축적된 지식의 몸체는, 인류 역사에서 근본적 이행 가운데 하나인 놀랍게도 정확히 17세기 북서 유럽으로 거슬러 올라갈 수 있는 근대과학의 출현을 나타냈다.

지식의 선 자본주의적 형태들과는 달리 새로운 과학 지식은 수동적이지 않았고 적극적이었다. 과거 철학자들은 우주를 관조했으나, 뉴턴 이후 세계의 과학에서 이론의 검증은 프랜시스 베이컨(Francis Bacon)의 저술에 의해 주어진 이념적 신조인, 실천이었다. 세계에 관한 사실의 착실한 획득과 그러한 사실의 견지에서 그 획득의 실험적 조작은 새로운 이론으로 집적되었다. 고대인의 권위를 인용만 하는 것은 더는 충분하지가 않았다. 그리고 만일 예지에 대한 고대의 말씀이 오늘날의 관찰과 일치하지 않는다면, 그들은 버려져야 했다. 새로운 과학은 새로운 자본주의처럼 중세적 농노의 신분과 인간의 무지라는 질곡으로부터 인간 해방의 일부였다(그 고리들은 브레히트(Brecht)의 『갈릴레오(Galileo)』에 훌륭히 표현되어 있다). 심지어 뉴턴의 운동 법칙과 같은 물리학의 가장 추상적인 선언도 신생하는 계급의 사회적 필요로부터 일어나는 것으로 볼 수가 있었던 것이다.[2] 따라서 과학은 자본의 중요 동력의 일부였는데, 그들 사이의 더 완전한 연결이 형성되어 발전하는 데는 또 다른 200년이 있어야 했지만 말이다.[3]

부르주아 과학 이념의 명료화

과학의 사회적 결정 요소를 알아보는 것과 지배계급에 의해 감지되는 사회적 필요를 표현하는 것으로서 특수한 문제를 앞세우고 다른 것을 뒤로 하게 하는 힘을 보이는 것은 비교적 쉽다. 하지만 덜 명백한 것은 어떻게 과학적 지식의 본성 자체가 사회 세계에 의해 조직화되느냐 하는 것이다. 그리고 언젠가는 그러한 몇몇 대응이 존재해야만 한다. 우주를 보는 것과 현상과 과정의 풍부한 혼동으로부터 설명하는 원리와 통일하는 가설을 뽑아내기 위해서는 사회 세계에 대한 경험과 자연 세계를 연구하는 동료 학도의 경험으로부터 유도되는 체계화 수단을 체계화하고 이용해야 한다.

정확히 이 점에서, 이념의 개념은, 인간의 이해(理解)는 그 이해가 발전해 나가는 사회질서 속에서, 그 사회질서에 의해 굴절되는 길을 명료하게 해주는 데서 최고의 중요성을 갖는 것이 된다. 부르주아 과학의 설명 관심 및 양식을 이해하기 위해서는 부르주아 이념의 토대를 이해해야 한다.

부르주아 경제의 발흥을 표시하던 사회적 관계의 급격한 재조직화는 수반물로 이들 새로운 관계에 대한 이념적 표현물의 발흥을 가져왔다. 오늘날에 지배적인 이 이념은 세워지고 있던 사회질서의 자연 세계로의 반영이었고, 새로운 질서가 항구적 원리로부터 따라 나오는 것으로 보이게 할 수 있었던 정당화하는 정치철학이었다. 부르주아 질서의 최종적 승리를 표시했던 17세기와 18세기의 혁명과 대역죄의 전진에서 오랫동안 지식인과 정치적 팸플릿을 작성한 필자들은 이들 혁명이 정당화와 설명을 찾아냈던 철학을 창조하고 있었던 것이다.

그렇다면 계몽철학자들에 의해 공표된 철학적 원리가 부르주아적 사회관계의 요구와 상응했던 바로 그 원리로 판명되어야 했다는 것은 그다지 놀라운 일이 못 된다. 자유와 평등이라는 쌍둥이 개념에 대한 새로운 부르주아 질서의 강조는 교회와 귀족정치의 지배를 내던져 버리는 새로운 계급투쟁의 혁명적 수사학을 제공했다. 그것은 해방적 수사학이었고, 아직 최종적이지는 않았지만 일단 부르주아 계급의 승리가 확실하게 된 후 그 승리 자체에 오늘날 부르주아 질서가 처한 모순을 포함해야 했던 수사학이었다.

부르주아 질서와 과학적 합리성이라는 부르주아 질서의 이념 사이의 18세기의 일치는 비밀리에 출판된 프랑스의 『백과전서』에 의해 전형화되었다. 그 책의 편집자는 물리학자이고 수학자였던 달랑베르였고, 책 전체를 통한 강조는 물리 세계와 인간 제도 양자에 걸친 비종교적이고, 합리적인 분석이었다. 신앙심에 관한 종교적 주제, 초자연적인 것, 전통에 반하는 것으로서 과학적 합리성이라는 중심 사상은 명백히 새로운 기술적 발견 위에 기초한 생산력 발전을 위한 일차적 필요물이었다. 노동 역시 생산 활동이 관습적 관계에 기초하는 것이 아닌, 효율과 이윤 계산에 기초하는 일터에서 재조직화되고 재위치되어야만 했다. 우주에 대한 기계적 모형은 지적 헤게모니를 얻었고, 단지 비유로서 여겨지는 것을 끝냈고, 대신에 세계를 어떻게 볼 것인가에 대한 '자명한' 진리가 되었다.

자연에 대한 부르주아적 견해

그리하여 자연에 대한 부르주아적 견해는 어떤 일정한 기본적인 환원론적 원리를 따라 발전, 조직된 과학에 의해 모양을 갖추었고 갖추어졌다. 처음에는 갈릴레오와 그다음으로 특히 뉴턴과 함께했던 근대 물리학의 발흥은 자연 세계를 질서화했고 원자화했다. 표면 세계 속 색깔, 조직, 변화 있고 일시적인 대상의 모든 무한한 변화 속에서 새로운 과학은 시계 장치처럼 규칙적인 불변의 법칙에 따라 서로 상호 작용하는 절대적 덩어리로 이루어진 다른 세계를 발견했다. 인과적 관계가 낙체, 투사체의 운동, 조수, 별을 연결시켰다. 신과 영혼은 폐지되거나 단지 전체 시계 장치를 맞추는 '최종 원인'으로 좌천되었다. (실질적으로 뉴턴 자신은 그의 생애를 통해 종교적이고 신비적인 상태에 남아 있었으나, 그것은 개인 역사의 몇 안 되는 기행의 하나였다. 뉴턴 사상의 영향은 뉴턴 개인의 철학과 정반대였다.) 중세적 세계의 우주는 따라서 탈신비화되었고, 어떤 의미로는 동시에 미몽에서 깨어나게 되었다.

이 변화는 발흥하는 세계관이 반대했던 이해관계에 대항하는 투쟁 없이 발생한 것이 아니다. 코페르니쿠스(Copernicus)와 갈릴레오 같은 천문학자가 태양 중심적 모형으로 지구 중심적 천체 운동 모형을 대체하려고 추구했을 때, 교회에 대한 위협은 우주론에 관한 것만이 아니었는데, 왜냐하면 교회는 이러한 추구를 위에 있는 하늘을 반영했던 지구 위의 교회 중심적 세계 질서에 대한 도전으로 인식했기 때문이었다. 새로운 자본주의 정신 속에서 천문학자는 동시에 천상계와 지상계의 이해에 도전했는데, 이는 왜 그러한 도전을 가장 명백히 했던 브루노(Bruno)가 화형당했고, 갈릴레오는 신념을 철회하는 것만을 인허받았고, 코페르니쿠스는 태양 중심설은 단지 계산을 쉽게 하기 위해 만들어진 그리고 실재와 혼동되어서는 안 되는 이론이라는 조그만 단서를 붙여 출판하게 되었던가에 대한 이유이다.

뉴턴 이후에 나타났던 새로운 세계 안에서 천상계와 지상계의 질서는 다시 한번 표면상의 조화 상태에 있었다. 새로운 물리학은 동적이었고 정적이지 않았는데, 마치 새로운 거래와 교환 관계가 그랬던 것과 같다. 원자적이고 변하지 않는 덩어리 사이의 일련의 추상적 힘이 물체 사이의 모든 상호 작용의 기초가 되었던 일단의 새로운 추상적 개념은 낡은 세계관을 대체했다. 피사의 사탑으로부터 1파운드의 납과 1파운드의 깃털을 떨어뜨린다고 가정하자. 그러면 깃털이 기압, 마찰력 등등에 의해 더 지체되기 때문에 납이 먼저 지면에 도착하게 될 것이다. 그러나 갈릴레오와 뉴턴의 방정식 안에서 납의 추상적 파운드 및 깃털의 파운드는 운동 법칙의 이론적 방정식 안으로 삽입되는 동등한 변하지 않는 질량이기 때문에 같은 파운드의 납과 깃털은 동시에 도달한다.

존-레텔(Sohn-Rethel)[4]은 어떻게 이들 추상적 개념이 새로운 자본주의의 상품 교환 세계와 필적했던가를 지적했다. 각 대상에 동등하거나 또는 동등한 크기의 가치를 갖는 대상에 대해 교환될 수 있는 성질, 크기, 가치가 부착되었다. 상품 교환은 영구적이며, 실제 세계의 마찰에 의해 수정되는 것이 아니었다. 예를 들면, 주화는 교환 과정에서 약간 손상을 받거나 닳을 수는 있을지라도 한 사람 손에서 다른 사람 손으로 전달됨에 의해 가치가 바뀌지는 않는다. 오히려 주화는 특수한 교환가치의 추상적 상징이었다. 이 견해는 19세기가 되어서야 완전히 지배적인 것이 될 수 있었다. 에너지와 열, 전자기, 화학반응의 모든 형태는 열의 단순하고 일정한 역학적 등가물에 의해 상호 교환 가능하고 연관된다는 줄(Joule)에 의한 증명(그리고 더 뒤의 물질과 에너지의 등가성에 대한 아인슈타인의 증명)은 모든 인간 행위가 파운드, 쉴링, 펜스라는 등가물로 평가될 수 있었던 경제적 환원론에 상응했다. *

---

* 어떠한 의혹이 없는 한 우리는 과학적 절차를 이해하는 데 대한 두 가지 유형의 표준이 존재한다는 것을 다시 한번 강조해야 한다. 우리가 세계에 대한 특수한 견해의 사회적 결정 요소를 그리고, 어떻게 그리고 왜 그 특수한 견해가 출현하는가를 보일 수 있다는 것이, 진리 주장 또는 그 이외의 과학적 언명에 관해 아무것도 말해 주지는 않는다. 줄의 열의 역학적 등가물 혹은 아인슈타인의 물질/에너지 등가성이 그것들이 받아들여지는 데 특수하게 도움을 주는 사회적 틀 안에서 발전했다는 것이, 그것들은 그렇기 때문에 정의에 의해 그 사회적 틀에 대해 참 또는 거짓이라고 결론 내리는 권리를 부여하지는 않는다. 줄 또는 아인슈타인의 주장의 진리를 판단하는 표준은 과학과 실제 세계 사이에 놓여

인간은 구제받을 영혼을 갖고 있는 개인이 되기를 스스로 그만두었고 단지 하루에 아주 많은 노동시간을 투여할 수 있는 일꾼이 되었는데, 그들은 그들의 노동으로부터 최대 잉여가치가 추출될 수 있기 위해서 주어진 양의 음식을 급히 먹어 치울 필요가 있었다. 디킨스는 19세기의 발흥하는 자본주의의 축도인, 코우크타운의 토머스 그래드그라인드(Thomas Gradgrind of Coketown)를 다음과 같은 사람으로 묘사했다.

"자와 한 쌍의 천칭, 곱셈표를 항상 주머니에 넣고 있는 이 선생은 인간의 본성의 어떤 꾸러미도 달고 잴, 그리고 그것이 정확히 얼마가 될 것이라고 말할 준비가 되어 있다. 이것은 단순한 숫자의 문제, 단순한 산술의 문제이다. …제조업자에게 시간 그 자체는 제조업자 고유의 기계장치가 된다. 아주 많은 재료가 가공되고, 아주 많은 음식이 소비되고, 아주 많은 능력이 소모되며, 많은 돈이 만들어지는."[5]

부르주아 사회에 대해, 자연과 인류 자체는 추출될 원료 공급원이, 지배하는 새로운 계급 이해 안에서 통제할, 길들일, 이용할, 성질이 다른 힘이 되었다. 자연에 대한 선 자본주의 세계로부터의 이 이행은 더 완전할 수는 없었다.[6]

지금까지 우리는 과학에 대해 일반적으로, 또는 오히려 물리학이 과학의 전부인 것처럼 토론해 왔다. 그러나 어떻게 물리학자의 새로운 기계적이고 시계 장치적 시각이 살아 있는 유기체의 지위에 영향을 주게 되었을까? 근대 물리학이 뉴턴과 더불어 출발한 것처럼, 근대 생물학은 데카르트

있지, 과학과 사회질서 사이에 놓여 있지 않다. 우리는 '발생론적 오류'를 범하고 있는 것이 아니다.

(Descartes)—철학자, 수학자, 생물학 이론가—와 함께 시작되어야 했다.

1637년 『방법서설(Discourse)』의 V부에서 데카르트는 세계를, 살아 있는 그리고 죽은, 기계(**동물 기계** [*bête machine*])로 비유했다. 개인에 관한 것이든 또는 그들이 끼어 있는 '굳은 기계'에 관한 것이든, 이것은 과학을 지배하고 부르주아 세계관을 정당화하는 기초적 은유로서 작용하게 된 이러한 데카르트적 기계 심상이었다. 기계가 살아 있는 유기체에 대한 모형으로 취해졌다는 점 그리고 그 역이 아니라는 점은 결정적 중요성을 갖는다. '신병의 사회적인 면'이 중세 사회에 관한 것이었던 것처럼 기계는 부르주아 생산 관계의 커다란 특징적 상징이었다. 몸은 그들이 조각으로 나뉘었을 때 그들의 본질적 성질을 잃는 분해 가능한 전체가 아니다.

> 네가 절개하는 생명체를 통한 생명을 잇는 생명,
>
> 너는 그것을 탐지하는 순간에 그것을 잃는다.[7]

반대로 기계는 분리해 이해할 수 있고 그러고 나서 다시 조립할 수 있다. 각 부분은 분리 가능한 그리고 분석 가능한 기능으로 봉사하며, 전체는 서로에게 영향을 주는 그것의 분리된 부분의 작용에 의해 기술될 수 있는 규칙적이고 법칙과 같은 방식으로 작용한다.

데카르트의 기계 모형은 곧 비인간으로부터 인간 유기체로 확장되었다. 많은 —실제로는 대부분의— 인간의 기능은 동물의 기능과 유사했고 따라서 역시 역학(mechanics)으로 환원 가능했다. 그러나 인간은 의식, 자기의식, 정신을 가졌다. 구교도인 데카르트에게 정신은 영혼(soul)이었다. 그리고 정의에 의해 하나님의 호흡에 의해 만져지는 영혼은 단지 기계 작용일 수 없었다. 따라서 자연에는 두 종류의 재료가 있어야 했다. 물리학의 역학적 법칙에 종속되는 물질 그리고 남자 또는 여자의 불멸적 부분인 개인의 의식이었던 비물질적 재료인 영혼 혹은 정신이 그것이다. 어떻게 정신과 물질은 상호 작용했을까? 데카르트는 뇌의 특수 영역을 지나는 송과선(松果腺: pineal gland)을 생각했는데, 정신/영혼은 연합되었을 때 그 선 안에 존재했고, 그것으로부터 정신/영혼은 손잡이를 돌릴 수 있었고, 열쇠를 풀 수 있었고, 육체 기계의 펌프를 활성화할 수 있었다.

이렇게 해서 데카르트와 그의 계승자들의 경우에서 '이원론'으로 알려진 불가피하고 운명적인 서양 과학사상의 기능 장애가 발전했다. 우리가 보게 될 것처럼, 몇몇 종류의 이원론은 결국에는 인간은 '단지' 그들을 구성하는 분자의 운동이라는 것을 받아들이기를 희망하지 않는 어떤 종류의 환원론적 유물론의 불가피한 결과이다. 이원론은 종교와 환원론적 과학이 다른 2세기 동안 이념적 패권에 관한 그들의 불가피한 최종적 논쟁을 아사시키게 할 수 있었던 기계론의 역설에 대한 하나의 답이었다. 그것은 주중의 일 속에서 인간을 단지 물리적 기제로서 다룰 수 있게 했고, 모순 없이 객관화되고 착취할 수 있게 했으며, 한편 일요일에는 신체가 복속되는 일상 세계의 외상(外傷)에 의해 영향받지 않고 구속되지 않는 비물질적 영혼의 불멸성과 자유의지에 대한 확언에 의해 이념적 통제를 강요할 수 있었기 때문에, 이원론은 당시의 자본주의 질서와 일치하는 답이었다. 물론 오늘날에도 이원론은 가장 불모의 기계적 유물론의 유해로부터 집요하고 다양한 방식으로 계속 다시 출현하고 있다.

유물론적 생물학의 발전

18세기와 19세기의 자신만만하고 발전하는 과학에 대해, 이원론은 바로 더욱 철저히 진행되던 기계적 유물론의 디딤돌이었다. 비록 물리 과학이 진보하면서 유추는 변화했고 훨씬 복잡해졌지만 ―시계 장치와 수력에 의한 것으로부터 전기적이고 자기적인 것으로, 계속해서 전화 교환국과 컴퓨터로― 주요한 추진력은 환원론적인 데 남아 있었다. 18세기 진보적 합리주의자에게 과학은 세계의 상태를 목록화하는 데 관한 것이었다. 만일 어떤 주어진 시각에 모든 입자에 대한 완전한 명세화가 성취될 수 있다면, 모든 것은 예측 가능하게 된다. 우주는 확정적이었고, 운동의 법칙은 원자로부터 별까지 변화하는 척도를 가로질러 정확하게 적용되었다. 살아 있는 유기체는 이들 법칙에 감염되지 않았다. 호흡 과정과 살아 있는 에너지의 근원은 석탄불이 타는 것과 정확히 닮았다는 ―몸의 조직 안 음식물의 산화― 라부아지에(Lavoisier)의 설명은 아마도 이러한 접근의 가장 두드러진 옹호였을 것이다. 생명은 분자로 환원될 수 있다는 프로그램에 따른 언명이 실천될 수 있었던 것은 이것이 최초였다.

그러나 생체의 화학물질을 파악하는 데서 진보는 느렸다. 살아 있는 유기체를 구성하고 있는 물질은 복잡함에도 불구하고, '보통의' 화학물질이라는 설명은 19세기 초에 나타났다. 거대 생물학적 분자―단백질, 지방질, 핵산―를 유용한 분석 수단으로 다루기가 힘들다는 점이 장애물로 남아 있었다. 기계론자는 생명이 어떻게 화학으로 환원되었는가에 대한 프로그램을 갖는 명제를 만들 수 있었으나, 이들 명제는 주로 실험의 결과였다. 최초의 단순한 생체 화학물질의 무기적 합성 이후 1세기가 지나서야 거대분자의 분자적 특성과 구조가 풀리기 시작했다(그리고 실제로 1950년대까지 매우 빠른 진보는 없었다). 이 분자 사이에 작용하는 보다 작은, 비생명 물질과 그들을 절대적으로 구별해 주는 어떤 특수한 '생명력'이 존재할 것이라는 마지막 남아 있던 신념은 1920년대까지 지루하게 계속 이어졌다.[8]

그럼에도 불구하고 철저한 환원론적 프로그램은 19세기의 많은 지도적 생리학자와 생물학적 화학자의 언명을 특징지었다. 1845년에 네 명의 떠오르는 생리학자―헬름홀츠(Helmholtz), 루트비히(Ludwig), 뒤 브와 레이몽(Du Bois Reymond), 브뤼케(Brucke)―는 모든 신체 과정을 물리화학적 용어로 설명한다고 서로 맹세했다.[9] 다른 이들이 이들을 뒤따랐다. 예를 들어, 인간은 자신이 먹는 것과 같고, 타고난 재주는 인(燐)의 문제이며, 뇌는 신장이 오줌을 배설하듯이 사고를 배설한다고 주장한 철저한 기계적 유물론자들인 몰레쇼트(Moleschott)와 포크트(Vogt)가 있다. 그리고 피르호(Virchow)*가 있는데, 그는 세포 이론의 발전에서 지도적 인물 가운데 한 사람이었고 또한 사회적 과정은 인간 신체의 작용과의 유추에 의해 기술될 수 있다고 논의했던 사회사상의 긴 전통의 일부를 차지했다.

이 사람들의 혁명적 의도를 이해하는 것이 중요하다. 그들은 정통적 종교와 미신에 대항하는 투쟁의 무기로서 기계론에 대한 그들의 철학적 위임을 인정했다. 그들 중 몇몇은 또한 호전적 무신론자, 사회 개혁가, 또는 심지어 사회주의자였다. 과학은 가난한 자의 비참함을 덜어 주고 자본가에 대항하여 국가권력을 강화하는―그리고 심지어 어떤 척도에서는 사회의 민주화를 돕는 것이었다. 그들의 주장은 부르주아 사회의 지배적 이념으로서의 패권을 장악하려는 19세기 과학과 종교 사이의 커다란 투쟁의 일부였고, 이는 싸움의 결과는 불가피했고 최종적 전장은 생리학적 환원론이 아니라 다원적 자연선택이었던 그러한 싸움이었다. 이 집단에서 가장 잘 알려진 철학자는 포이에르바흐(Feuerbach)였고, 마르크스는 기계적 유물론에 대한 포이에르바흐의 의견에 대항하여 그의 유명한 테제들을 진수시켰다.[10]

포이에르바흐에 관한 이 테제들은 마르크스 자신―그리고 더욱 명백히 엥엘스―의 세계와 그 안에서 인간의 위치에 대한 유물론적이지만 비환원적인

---

* 피르호의 논의는 두 가지 방식으로 작용했다. '신체 정치(body politic)'에 대한 그의 강조는 또한 개인의 질병은 예를 들어 세균에 의해 일어나기보다는 오히려 본질적으로 사회적으로 일어난다는 논의를 함축했다. 사회의학(social medicine)에 대한 피르호의 강조는 사회의학의 진보적이고 비환원적인 함축과 함께, 19세기의 이러한 생리학적 사고의 많은 급진적인 사회적 의도 및 그것의 궁극적으로 억압적인 이념 사이의 모순의 일부이다.

원리들을 공식화함으로써 기계적 유물론을 초월하려는 장기적 시도를 향한 출발점임을 증명했다. 그러나 서양 전통 속 지배적인 생물학 관점 안에서, 몰레쇼트의 기계적 유물론은 승리를 얻어 내게 되어 있었고, 그것의 천년의 목표를 빼앗아 버렸고, 20세기 후반에 이르러 지배 이념임을 노출시켰다. 오늘날 생화학자가 "잘못된 분자가 병든 정신을 생산한다"[11]고 주장하거나, 심리학자가 도심 폭력은 소수민족 빈민가에 있는 호전적인 사람들의 뇌 부위를 잘라 냄으로써 치료할 수 있다고 논변할 때, 이들은 정확히 이러한 몰레쇼트적 전통 속에서 이야기하고 있는 것이다.

그러나 기계적 유물론의 세계상을 완성하기 위해서는, 더 나아간 결정적 발걸음이 요구되었다. 자연과 생명 그 자체의 기원에 대한 질문이 그것이다. 살아 있는 것과 비생명의 관계의 신비는 초기 기계론자에게 역설을 증정했다. 살아 있는 존재가 '단지' 화학물질이라면, 적당한 물리-화학적 혼합체로부터 생명을 재창조하는 것이 가능해야 했다. 하지만 그 세기의 생물학적 승리 가운데 하나는 생명은 오직 생명으로부터 나타난다는 파스퇴르(Pasteur)의 엄격한 증명이었다. 동시 발생은 일어나지 않았다. 이러한 외견적 역설―화학 환원론자와 그들에 계속 반대했던 생물학적 생기론자의 잔여 학파 사이의 많은 혼동된 논쟁을 이끌었던―의 해결은 다윈 종합(Darwinian synthesis)을 고대했는데, 다윈 종합은 생명은 서로 다른 살아 있는 유기체로부터 나타나고 동시적으로 발생할 수 없음에도 불구하고, 살아 있는 유기체는 자연선택 과정의 결과로 변화했고, 진화했다는 것을 보일 수 있었다.

진화론과 함께 생명 과정을 이해하는 데 결정적으로 작용하는 새로운 요소가 나타났다. 그것은 시간의 차원이다.[12] 종은 태곳적부터 고정된 것은 아니었으나 앞서 있던 '더 단순한' 혹은 더욱 '원시적인' 형태로부터 유도되었다. 생명의 진화 기원을 추적하여 거슬러 올라가면 결정적 화학반응이 일어날 수 있었던 최초의 따뜻한 화학 수프를 상상할 수 있다. 생명 형태는 선생물 혼합물(prebiotic mix)로부터 합체될 수 있었다. 다윈은 그러한 기원들에 대해 숙고했으나, 결정적인 이론적 전진은 1920년대 생화학자 오파린(Oparin)과 생화학유전학자 홀데인(Haldane)에 의존했다(양자는 우연히도 변증법적이고 비기계론적 틀 속 연구를 의식적으로 시도하고 있었다). 실험은 1950년대 이후로 이론을 따라잡기 위해 시작되었을 뿐이다.

한 가지 의미에서, 진화론 그 자체가 부르주아 세계관의 신격화를 나타내는데, 마치 진화론의 잇따른 발전이 그 세계관 안에 존재하는 모순을 반영하는 것처럼 말이다. 낡고 정적인 중세 질서의 붕괴와 계속적으로 변화하고 발전하는 자본주의에 의한 그것의 대체는 생물학 안으로 가변성(mutability) 개념을 도입하는 것을 도왔다. 오랜 일상적이고 계절적인 리듬과, 태어나고 성숙을 통해 죽음에 이르기까지 생명의 '단순한' 운동은 중세를 특징지어 왔으나, 이제 각 세대는 그 전의 것과는 질적으로 다른 세계를 경험했다. 이 변화는 발흥하는 18세기의 부르주아에게 진보적인 것이었다. 시간의 화살은 비가역적으로 앞쪽을 가리켰다. 시간은 그것 자체를 뒤돌아보지 않았다. 지구와 그 위에 존재하는 생명 양자에 대한 이해는 변형되었다. 지질학은 지구가 진화해 왔고, 강과 바다가 움직였으며, 암층은 다른 층 위에 시간의 순서대로 놓여 왔다는 —창조와 홍수에 대한 성서적 신화와 일치하지 않고 수천 또는 수만 년을 통한 꾸준하고 일정한 이어짐 내에서— 점을 인식하게 해 주었다. 라이얼(Lyell)과 같은 19세기 초 지질학자들이 만든 동일과정설(同一過程說: uniformitarianism)의 원리는 기원전 4004년 지구가 창조되었다는 성서적 연대를 파괴해 버렸다.

그리고 생명 자체에는 무슨 일이 벌어졌는가? 실질적으로 하나의 다른 것 안으로의 명백한 점진적 변화인 종의 유사점과 차이점은 단순한 일치 이상의 것을 함축하는 것으로 보였다. 연대를 측정할 수 있는 암층 속 화석 발견은 과거 한때에 존재했던 어떤 종은 더는 존재하지 않으며, 새로운 것이 출현했다는 것을 함축했다. 진화론의 원리는 불가피성이 되어 버렸다. 최초에, 라마르크(Lamarck)와 에라스무스 다윈(Erasmus Darwin)과 같은 18세기와 19세기 초반의 동물학적 철학자의 손 안에서, 진화 자체는 진보주의적인 것이었으나, 신의 고도의 설계와 불일치하는 것은 아니었다. 라마르크에게, 종은 투쟁에 의해 환경적 요구에 부합하도록 그들의 성질을 바꾸고 이렇게 바꾼 성질을 자식에게 전함으로써 그들 자신을 완성했는데, 이는 마치 인간이 장소에 더 이상 '고정되어' 있지는 않지만 그들 자신의 노력—자유주의적 신화 속에서—으로 사회적 위계질서에서 위로 올라갈 수 있었던 것과 같다. 연장의 다윈에게 진화는 앞쪽으로 그리고 위로 향하는, 더 완전하고 조화로운 미래로 항상 착실하게 향하는 변화였다.

자연선택에 의한 진화적 변화 기제의 틀을 형성한 것은 찰스 다윈 (Charles Darwin)이었고 19세기 중엽의 더욱 음울한 정황이었다. 다윈은 맬서스(Malthus)가 인간적 맥락 안에서 더 일찍이 표현했던 관념을 끌어들이면서, 개체가 생존해 남는 것보다 더 많은 자식을 생산했고, 환경에 더 잘 적응하는 것이 다시 자식을 낳고, 진화적 변화에 대한 원동력을 제공하기에 충분할 정도로 오래 생존하는 경향이 있음을 이해했다. 게다가 자연선택에 의한 다윈의 진화론은 비인간종에만 적용된 것이 아니었고, 또한 동시에 인간에게도 적용된다는 점이 곧 명백해졌다. 종교와 과학 사이의 최후 투쟁의 무대를 설치한 것은 바로 이러한 관찰이었는데, 그럼에도 불구하고 양측의 많은 이는 그 투쟁 안으로 빨려 들어가는 논쟁을 내키지 않아했다. 왜냐하면 생리학적 기계론자의 프로그램적 언명 훨씬 이상으로, 다윈의 이론은 서양 사회의 지배적 이념으로서 기독교의 잔여적 장악에 대한 직접적 도전이었고 친구이자 적으로 보였기 때문이었다.

뉴턴 이후 퇴각하던, 정통 기독교는 자연 세계의 최초 원인이고 아직도 생활에서 일상—그리고 특히 인간의 운명에 대한—의 통제자로 남아 있는 하나님에 대한 믿음으로 전락했다. 다윈주의는 인간사에 대한 하나님의 최종적 장악을 그의 이제는 무력한 손으로부터 그리고 좌천된 신성으로부터 기껏해야 그의 의지가 더 이상 인간의 행위를 결정할 수 없는 어떤 흐릿한 근원적 원리로 비틀어 버렸다.

결과는 부르주아 사회를 정당화하는 이념의 형식을 궁극적으로 바꾸어 버린 것이다. 모든 것을 밝고 아름답게 만들었고 남자 또는 여자에게 각각의 재산—성채의 부유한 지배자 혹은 성문의 가난한 농민—을 할당해 준 신성의 신화에 더 이상 의존할 수 없게 되자 지배계급은 하나님을 끌어내리고 과학으로 그를 대체했다. 사회질서는 여전히 인간성 밖에 존재하는 힘들에 의해 고정되는 것으로 보였으나, 이제 이들 힘은 이신론적이기보다는 자연스러운 것이었다. 어느 편인가 하면 사회질서에 대한 이 새로운 정당화물은 그것이 대체한 것보다 훨씬 가공할 만한 것이었다. 물론 이 정당화물은 그 이후로 우리와 함께 해 왔다.

자연선택 이론과 생리학적 환원론은 하나의 이념—하나님의—을 다른 것인 기계론적·유물론적 과학으로 대체하는 원인이 되기에 충분한 폭발적이고 강력한 연구 프로그램 언명들이었다. 하지만 이 언명은 기껏해야 단지 프로그램적인 것이어서 그들이 아직은 추적할 수 없었던 노선을 지적하고 있었다. 예를 들면 유전자 이론을 결여한 다윈주의는 이론이 작동하는 데 본질적이었던 유전된 변이의 유지를 설명할 수 없었다. 해답은 1860년 멘델(Mendel)이 수행한 실험의 재발견과 함께하는 20세기로의 전환기에서 유전학 이론의 발전을 기다려야 했다. 이것은 다시 1930년대 신 다윈 종합(neo-Darwinian Synthesis)과 생물학적 현상을 낱낱의 그리고 본질적으로 부가적인, 유전적이고 환경적인 원인으로 묶어 내려는 되풀이되는 시도를 생산해 냈다. 그것은 생물계측과학(the science of biometry)이다.

행동의 정량화

신장이 오줌을 분비하듯이 뇌가 사고를 분비한다는 몰레쇼트의 주장은 아마도 가장 극단적인 19세기의 유물론적 주장이었겠지만, 그것은 동시에 철학의 궁극적 목표를 표현해 준다. 자, 저울, 화학로의 유효범위 안으로 가져다 놓여야 했던 것은 단지 생명이 아니라, 의식과 인간의 본성 자체였다. 그러한 목표를 성취하기 위해서는 먼저 행동에 대한 이론을 갖는 것이 필요했는데, 행동은 더는 영혼 혹은 자유의지 또는 인간 성격의 변덕—과학자보다는 소설가의 재료가 되는—의 요구로부터 일어나는 인간 행위의 연속적이고 단지 부분적으로 예측 가능한 흐름으로 보이지 않았다. 그 대신에 행동들—이제는 복수형인—은 낱낱으로 갈라져 있는 그리고 분리 가능한 단위들의 연쇄로 보아야만 했는데, 그들의 각각은 구별될 수 있고 분석될 수 있었다. 뇌의 역할은 행동을 조작하고 통제하는 데서 연구 관심의 중심이 되었다.

한 학파에게, 뇌는 그것의 성질이 어떤 점에서는 전체 조직 덩어리의 전일적 기능이었던 중요한 기관이었다. 다른 학파에게, 이 기능은 상이한 영역 속에서 원자화되었고 국재화되었다. 후자는 본질적으로 18세기 말 독일과 프랑스에서 시작된 갈(Gall)과 슈푸르츠하임(Spurzheim) 골상학파(骨相學派: phrenological school)에 의해 만들어진 주장이었다. 그들은 모든 인간의 기능들은 낱낱이 쪼개어져 존재하는 단위—수학을 하는 같은 능력들 또는 음악을 혹은 아이 낳는 일을 사랑하는 것(다산)과 같은 성향[13]—로 깨뜨릴 수 있다고 주장했다. 게다가, 이들 능력과 성향은 상이한 뇌 영역 안에 놓여 있고, 그들의 정도는 개인의 머리나 두개골 모양을 봄으로써 외부에서 평가할 수 있었다. 대단한 유행 기간에도 불구하고, 골상학의 경험적 주장은 19세기 중반의 정통적 과학에 의한 재판에서 웃음거리가 되었지만 결정적인 일련의 주장은 손상되지 않았다. 이 주장은 특수한 뇌 영역에 국재화할 수 있는 낱낱으로 측정 가능한 특성의 존재와 관련된 것이었다. 19세기 말에 이르러 신경심리학(neuropsychology)의 국재화 학파(localization school)는 상이한 뇌 영역은 서로 다른 기능들을 통제한다는 점을 확신했다. 죽기 전에 무능력함에 대해 연구되어 왔던 환자의 뇌에 대한 사후 검사의 결과로, 보불전쟁 전쟁터에서 뇌가 손상당해 죽어 가는 군인들의 행동에 대한 약간 소름 끼치는 조사로, 동물을 재료로 한 실험으로 확신했던 것이다. 그리고 감각, 운동, 연상 기능들과 관련된 말하기, 기억, 정서와 관련된 뇌 영역이 존재했다. 개인 간 행동 차이는 상이한 뇌 영역의 구조 차이로 설명할 수가 있다는 주장이 뒤를 이었다. 살아 있을 때 머리통 둘레를 측정함으로써 얻어진, 혹은 죽은 후에 직접 무게를 달아 측정한 뇌 크기가 지능이나 성취와 관련될 수 있는가 ─조심스럽게 동료를 조사해 보고, 후대에 의한 분석을 위해 그들 자신의 뇌를 남겼던 저명한 수많은 19세기 신경해부학자의 강박관념인─ 그렇지 않은가에 대해 많은 논쟁이 있었다. 남성과 여성 사이의 뇌 크기 차이가 생물학적으로 유의미하다는 것, 혹은 흑인은 백인보다 작은 뇌를 가졌다는 것을 입증하려는 시도 속에서 19세기 해부학자와 인류학자가 했던 증거에 대한 체계적 왜곡은 스티븐 J. 굴드(Stephen J. Gould)의 세밀한 재평가 속에서 통렬하게 폭로되어 왔다.[14]

뇌 크기에 대한 강박관념은 20세기에도 만족스럽게 계속되었다. 레닌 (Lenin)과 아인슈타인의 뇌 모두에 대해 사후에 연구를 위한 조치가 있었다. 레닌의 뇌는 그것의 연구를 위해 설립된 뇌 연구를 위한 연구소를 설립하게 했다. 수년 동안의 연구는 뇌에 관한 아무런 이상한 점도 발견하지 못했으나, 그 연구소는 여전히 주요 연구센터로 남아 있다. 요점은 신경 해부가 아주 뛰어난 과학자나 정치가의 죽은 뇌에 이야기해 줄 수 있는 어떤 지각 있는 문제도 존재하지 않는다는 것이다. * 실제로 사후에 측정된 개인의 뇌 크기 혹은 뇌 구조와 살아 있는 동안에 측정된 그 뇌의 소유자 자신의 지적인

---

* 정자를 뿌려 수정시켜서 '높은 IQ'의 아이가 될 가망이 있는 이를 만드는 데 이용될 수 있는 캘리포니아의 '유전적 저장 용기'에 자기 자식을 기증하려는 윌리엄 쇼클리(William Shockley) 박사의 열망에도 불구하고, 70대 노벨상 수상자의 정자에 대해 물을 더 이상의 유용한 질문은 없었다.

성취의 어떤 측면 사이에 관찰 가능한 관계는 없다. 예외가 존재한다. 반례가 존재함에도 불구하고, 질병, 상해, 혹은 종양에 기인하는 특수한 뇌 손상, 또는 고령 치매(高齡 癡呆: senile demantia), 혹은 알코올 중독에 의한 뇌 수축의 경우가 존재한다.[15] 그러나 일반적으로 일단 키, 나이 등등이 주어졌다면, 뇌 무게는 신체의 크기와 관계된다. 개인 간의 성취 차이의 소재에 대한 탐색은 뇌 구조에 대한 간단한 탐구를 넘어 이동해 가야 한다.

이것에도 불구하고 커다란 머리와 지식인과 지능 사이에 어떤 관계가 존재한다는 가정, 19세기 후반의 이탈리아 사람 체자레 롬브로소(Cesare Lombroso)가 만든 유형 범죄 이론(criminological theory of types)의 기초가 되었던 가정이 남아 있다. 롬브로소에 따르면 19세기 초기 골상학적 이론화의 확장 속에서, 일정한 기본적인 골상학적 특징으로 범죄자의 신원을 확인할 수 있었다.

천성적으로 범죄자는 빈약한 두개골 용량, 무겁고 발전된 턱, 돌출된 [눈]두덩, 비정상적이고 비대칭적인 두개골… 돌출된 귀, 빈번히 굽거나 평평한 코를 갖는다. 범죄자는 [색깔을 구별 못 한다.] 왼손잡이가 통상적이다. 그들의 근육 힘은 약하다. …그들의 도덕적 타락은 그들의 육체적인 몇몇과 일치하고, 그들의 범죄적 경향은 유년 시대에 [자위행위], 잔인성, 도벽, 과도한 자만심, 충동적 성격으로 표현된다. 범죄자들은 천성적으로 게으르고 주색에 빠져 있고, 비겁하고, 양심의 가책에 민감하지 못하고, 앞을 내다볼 줄도 모르며, 그의 필체는 별나고…그의 속어는 이리저리 장황하다. …일반적인 것은… 열등한 인종 유형의 영속…[16]

롬브로소와 그의 추종자들은 반사회적 행동에 참여하려는 소인을 육체적 특징에 기초해서 예견할 수 있는 체계를 세우려 했다. 그는 감옥에서 행해진 조사로부터 다른 것 가운데 살인자들은 "차갑고, 흐릿한, 핏발이 선 눈과, 똘똘 말리고 숱이 많은 머리, 강한 턱, 길쭉한 눈, 얇은 입술"을 갖는다고 결론 내렸다. 위조범들은 "창백하고 붙임성 있고, 작은 눈이 있고 코가 길다. 그들은 일찍 대머리가 되고 일찍 머리가 센다." 성범죄자들은 "반짝거리는 눈, 강한 턱, 두꺼운 입술, 머리카락이 많고 돌출한 눈"을 가지고 있다고 결론지었던 것이다.[17]

따라서 합리 범죄학(rational criminology)은 가능하게 되었는데, 이는 오늘날의 범죄자 염색체에 대한 믿음의 명백한 선구였던 범죄자의 얼굴에 관한 이론이었다. 롬브로소 유형학의 힘은 범죄자에 대해 유포되고 있는 신화들을 끌어왔고 그 신화들에게 외견상의 과학적 밑받침을 해 주었다는 점이다. 이 신화들은 대중문화 속에서 상례적으로 그들의 노선을 발견했는데, 예를 들어 애거사 크리스티(Agatha Christie)처럼 말이다. 어느 초기 책에서, 우리는 크리스티가 만들어 낸 영국 상층계급의 깨끗한 젊은 남자 주인공이 회합 장소에서 공산주의 노동조합원의 도착을 비밀스럽게 관찰하고 있는 것을 발견한다. "부드러운 발걸음으로 계단을 올라온 그 사람은 토미(Tommy)에게 별로 알려지지 않았던 이였다. 그는 명백히 사회의 찌꺼기 같은 사람이었다. 그는 런던 경시청 사람이면 첫눈에 인식할 수 있는 유형이었음에도 불구하고, 불쑥 나온 못생긴 이마, 범죄적인 턱, 전체 용모의 수성(獸性)은 그 젊은이에게 새로웠다."[18] 롬브로소 역시 그를 알아보았을 것이다.

그러한 범죄학 속에는 개인 행동은 키나 머리 색깔과 같이 특징적인 것으로서, 개인의 고정된 성질로 파악될 수 있다는 믿음이 함축되어 있다. 또한 그러한 환원론적 생물학적 결정론이 주장하는 연구 프로그램 안에는 서로 다른 개인의 행동은 몇몇 적절한 척도에 의해 비교가 가능할 것이라는 주장이 함축되어 있는 것이다. 행동은 전부 혹은 전무인 것은 아니다. 키와 같이, 행동은 다양한 것으로서 연속적으로 분포한다. A라는 개인은 개인 B보다 더 공격적이거나, 개인 C보다 덜 공격적이다. 만일 어떤 이가 키를 재는 자와 같은 적당한 척도를 고안할 수 있다면, 그 사람은 공격성, 범죄성, 혹은 그 무엇에 대한 척도에 대해 전체적인 모집단 분포를 구성해 볼 수 있을 것이다. 그러한 분포에 대한 신뢰는 지능의 척도로서 IQ 검사에 관한 사고에 이론적 근거를 제공한다. 이에 대해서는 5장에서 논의한다. 만일 한 개체군 안에 있는 모든 개인이 어떤 특수한 특성에 대해 1차 분포를 보일 수 있다면, 유명한 종 모양 '정규'곡선이 만들어진다. 이 분포의 다수 부분에서 떨어져서 존재하는 개인은 비정상적이거나 상궤를 일탈한 것이 된다.

우리가 상궤에서의 일탈 개념을 받아들이기 때문에, 그 개념이 아주 '자연스럽게' 보이기 때문에, 그 개념이 부르주아 사회의 역사에서 얼마나 최근에 나타났던가를 기억하는 것이 중요하다. 범죄성, 광기, 실제의 병 자체 -격리, 투옥, 고아원, 입원에 의한 그것의 치료-에 대한 개념은 17세기부터 천천히 그리고 19세기를 통하면서 가속되는 보조로 발전되었다.[19] 부르주아 혁명에 앞서 인간의 본성에 대한 이론이 없었던 것은 아니다. 유형 이론(typological theory)은 인간의 기질이 네 가지 기본적 유형-무기력한(phlematic), 성미가 급한(bilious), 화를 잘 내는(choleric), 쾌활한(sanguine)-의 어떠한 종류의 적정(適定: titration)에 의해 고정된다고 논했다. 인간의 사악함과 원죄의 고정성에 대한 관념은 신앙이나 선행을 통한 속죄 가능성과 상치되었다. 광기나 병이 그런 것처럼, 범죄의 암호는 확실히 존재했다. 그러나 중세 및 초기 자본주의 사회는 후에 받아들여지게 될 더 큰 범위의 인간 변이를 묵인했다. 행상인, 부랑자, 사기꾼, 괴짜는 삶의 계단의 일부였다. 브뢰헐(Breughel) 또는 호가스(Hogarth)의 그림 혹은 19세기의 건달소설 속의 인물을 생각해 보라. 19세기의 환원론적 유물론은 이러한 변이의 통제, 조정, 제한을 추구했다. 또는 디킨스의 초기 소설 『픽웍 기록(Pickwick Papers)』 속의 인물이 갖는 아주 많은 풍부함과 『돔비와 아들(Dombey and Son)』 또는 『어려운 시절(Hard Times)』에 그려진 새로운 부르주아의 순응에 대한 후기의 설명 사이의 추이를 생각해 보라. 산업사회의 사회제도는 상궤에서의 일탈을 감소적으로 관용할 수 있었는데, 일탈은 사람들이 일탈되었다고 논의할 수 있는 표준(norm)인, 평균의 개념이 있을 때만 의미 있는 개념이 되었다.*

행동의 기원

그렇다면 환원론적 시각에서 행동은 정량화될 수 있고, 표준과의 관계 속에서 분포되고 혹은 어떤 방식으로 '뇌 안에' 위치시킬 수 있게 된다. 그러나 어떻게 그것들이 일어나는 것일까? 이는 또한 19세기 이론화의 중요한 관심이었다. 우리는 행동의 유전, 인간의 본성의 유전이 어떻게 디즈레일리(Disraeli)로부터 디킨스와 졸라까지의 빅토리아 시대 소설가의 주요한 주제를 형성했던가를 보았다. 행동은 비록 하찮은 것일지라도 습득되기보다는 유전된다는 이론은 찰스 다윈에 의해 그의 책 『인간과 동물의 감정 표현(The Expression of Emotion in Man and Animals)』에서 명확하게 표명되었다. 그는 그 책 속에서 예를 들면 다음과 같이 주목했다.

상당한 지위에 있는 신사가 특수한 성벽을 갖고 있음을 그의 아내가 발견하게 되었다. 그는 침대에 드러누워 금세 잠에 곯아떨어지자, 얼굴의 정면에서 이마까지 그의 오른팔을 천천히 들어 올리더니 급히 팔을 떨어뜨렸는데, 그래서 손목이 콧마루 위로 묵직하게 떨어졌다. …그가 죽은 후 여러 해가 지나서 그의 아들은 그

---

* 실제로 우리는 이 책을 쓰면서 표준을 어떻게 보는가에 대해, 서로 다른 문화 사이의 차이가 여전히 존재함을 깨닫게 되었다. 미국 교육체계는 우리에게 나타나기로 '표준 범위 안에' 존재하는 것으로서 혹은 그것이 아니라면 표준으로부터 일탈한 것으로서 교육체계를 통과해 지나가는 아이들을 범주화하는 일에 훨씬 관심이 있다. 미국의 부모는 그들의 아이들이 영국에서보다 '표준 바깥으로' 떨어진다는 이야기를 듣는 경향이 있다. 영국에서는 아마도 아이들의 더 큰 행동 범위가 당연한 것으로 여겨지고 있고 혹은 아이들에게 더 적은 기대가 주어질 것이다.

가족의 일에 대해 결코 들어 본 적이 없던 숙녀와 결혼했다. 하지만 그녀는 남편에게서 똑같은 특성을 정확하게 관찰하게 되었다. 그러나 특수하게 돌출해 있지 않았던 그의 코는 아직은 타격을 당해 본 적이 결코 없었다. …그의 아이 중 하나인 한 소녀는 똑같은 성벽을 유전받았다.[20]*

다윈이 일화를 수집하고 있던 사이에, 골턴은 측정하고, 정량화하고, 그러한 행동을 선조로부터 유전받는 법칙을 정의하려 시도하고 있었다. 다윈이 기록하는 그러한 다른 결점들의 유전적 계승 또는 그 밖에 다른 것들은 물론 중심적 문제는 아니었다. 다윈 시절부터 현재까지의 유전학적 연구 속에서, 인간의 행동으로 향한 대부분의 주의는 두 가지 주요한 주제와 관련되어 왔다. 그것은 지능의 유전 및 정신병 또는 범죄성의 유전이다. 정신계측학적 근거를 수집하려는 주요한 목적 가운데 하나는 (5장에서 IQ와 관련하여 논의될) 어떤 주어진 행동이 환경적으로 형성되기보다는 유전되는 정도를 측정하려는 것이었다. 천성과 환경요인에 대한 가짜의 양분은 여기서 시작된다.

『유전성 천재(Hereditary Genius)』[21]에서 이용된 기법은 조잡했지만, 제기된 질문과 그 후 곧 발전된 방법론은 다윈과 골턴을 현대적 세대의 생물학적 결정론자들과 분리시키는 그 세기 동안 변하지 않고 사실상 남아 있게 되었다. 범죄성과 퇴폐의 생물학적 결정의 철과 같은 본성을 주장한 우생학

---

* **우리가** 이 일화를 어떻게 설명해야 할까? 우리에게는, 오늘날 인기가 있는 격리된 쌍둥이 사이의 놀라운 일치점에 관한 몇몇 이야기—또는 ESP, UFO, 그리고 굽어진 숟가락에 대한 설명에 관한 연구—와 유사하다. 우리는 그 현상에 대해 회의를 해 보는 것으로 시작했다. 그리고 우리는 과학적 연구와 설명은 오랫동안 격리되었던 쌍둥이의 행동의 외견적 일치처럼, 좀 더 세밀한 분석에 의해 단순히 사라져 버리는 많은 예외나 요행수가 아니라, 무엇보다도 규칙 바른 것과 반복적 현상에 대한 이해와 관련되어 있다고 지적한다.

운동, 단종법, 나치 독일의 인종 과학으로 인도되었던 이 세기의 슬픈 역사가 빈번히 이야기되어 왔다.[22] 그러한 역사를 여기서 되돌아보는 것이 우리의 목적은 아니다. 오히려 우리는 환원론의 철학, 그리고 환원론과 생물학적 결정론과의 밀접한 결합이 사회생물학과 분자생물학이라는 현대적 종합으로 발전하게 되었던 노선과 관계할 것이다.

중심 교조: 기계론적 프로그램의 핵심

생리학의 화학화에 대한 19세기의 주제들, 행동의 정량화, 진화에 대한 유전 이론은 지나간 30년간의 생물학 이론과 방법의 폭발적 성장을 담지 않은 채 프로그램적 통찰로만 남아 있게 되었을 것이다. 그들을 실증하는 것은 선전 문구와 수학 이상의 것을 요구했다. 필요했던 것은 거대분자의 구조를 결정하기 위한, 세포의 현미경적 내부 구조를 관찰하기 위한, 그리고 무엇보다도 세포 속의 개별 분자의 동적 상호작용을 연구하기 위한 새로운 기계와 기법이었다. 1950년대에 이르러 개별적 신체 기관—근육, 간, 신장 등등—의 움직임을 기계론적 의미에서 개별 분자의 성질과 상호작용으로 기술하고 설명하는 것이 가능하기 시작했다. 이는 기계론자의 꿈이었다.

유전학자의 관심과 기계론적 생리학자의 관심 사이의 대통합은 1950년대에 이루어졌다. 그것은 20세기 생물학의 '최고의 승리'인, 유전부호의 명시이다. 이는 기계론적 프로그램에 대한 이론적 부가를 확실히 요구했다. 이제까지의 기계론적 프로그램은 생물학의 영역과 인간의 상태에 대한 완전한 설명이 **조성**(*composition*)—유기체가 포함하는 분자들; **구조**(*structure*)—이 분자가 공간에서 정렬되는 방법; **동학**(*dynamics*)—분자 사이의 화학적 상호작용이라는 삼자에 대한 이해에 의해 가능하다고 주장하는 것으로 충분한 것이었다. 이에 대해 이제는 **정보**(*information*)라는 네 번째 개념의 부가를 필요로 했다.

정보 개념 자체는 흥미로운 역사를 가졌는데, 2차 세계대전 동안 유도미사일 체계를 고안하려는 시도로부터 그리고 1950년대와 1960년대를 통해 컴퓨터와 전자공학 산업을 위한 이론적 하부구조가 놓이게 되면서 발생했다. 체계와 그 체계의 움직임을 단지 물질과 에너지의 흐름이 아니라 정보의 교환—분자구조가 하나의 다른 것에 대한 명령과 정보를 나를 수 있었던—으로 볼 수 있다는 이해는 이론적 만화경을 뒤흔들었고, 어떤 의미에서 DNA의 이중나선 구조는 세대를 가로질러 유전적 명령을 운반할 수 있다는 크릭(Crick), 왓슨(Watson), 윌킨스(Wilkins)의 인식을 가능하게 해 주었다. 분자, 그리고 그들 사이의 원기 왕성한 상호작용, 그들이 운반한 정보는 크릭이 새로운 분자생물학의 '중심 교조(central dogma)'라고 부른 그의 의도적 공식화 속에서 표현된 기계론자의 최종적 승리를 제공했다. 그 공식은 'DNA →RNA→ 단백질'이다.[23]* 달리 이야기하면, 이들 분자 사이에는 일방적 정보의 흐름, 유전되는 분자에게 역사적이고 그리고 존재론적인 우선성을 주는 흐름이 있다는 것이다. 결국 유기체는 다른 DNA 분자를 만드는 DNA의 방법일 뿐이라는 사회생물학자들의 '이기적 유전자'에 대한 논의를 받쳐주고 있는 것이 이것이다. 수 세기를 통한 환원론의 사슬처럼 뻗어 가는 전성설적 의미에서 모든 것은 유전자 안에 있다는 것이다.

DNA를 단백질로 전사하는 기제 유형에 대한 공식화가 이행하는 이념적 조직화 기능을 지나치게 강조하는 것은 곤란하다. 크릭 훨씬 이전에, 세포에 대한 생화학적 심상은 공장의 심상이 되어 왔는데, 공장에서 기능은 특수한 생산물 속에서 에너지가 보존되도록 특화되었고 공장은 전체로서 그

---

* 크릭은 "일단 정보가 단백질 안으로 전달되면 다시 나올 수 없다"고 했다. 모노(Monod)는 "전체 유기체를 유전적 메시지 자체의 궁극적인 후성설적 표현으로 간주해야 한다"[24]고 했다.

유기적 조직체의 경제 안에서 역할을 하는 그것 자체의 부분을 가졌다. 크릭이 공식화하기 몇십 년 전에, 신체 속에서 에너지 교환에 관계하는 중요한 분자 가운데 하나인 ATP를 발견한 프리츠 리프먼(Fritz Lipman)은 거의 선 케인스적 경제 용어 속에서 그의 중심적 은유를 정식화했다. ATP는 신체의 에너지 통화였다. 특수한 세포 영역에서 생산된 ATP는 '경상 계정'과 '예금 계정'의 두 가지 형태로 유지되는 '에너지 은행'에 위치되었다. 궁극적으로 세포와 신체의 에너지 장부는 화폐와 재정 방침의 적당한 혼합으로 균형을 잡아야 한다.[25]

크릭의 은유는 생산에 대한 고려가 생산의 통제와 관리에 대한 고려와 감소적으로 관계되었던 1960년대의 복잡한 경제에 훨씬 적절했다. 정보 이론이 그것의 조절 주기, 피드백과 피드포워드(feedforward) 고리, 규칙적 기제와 함께 아주 적절했던 것은 이러한 새로운 세계에 대해서였다. 그리고 분자생물학자들이 세포—DNA 청사진이 해석되고 원료가 일련의 조절된 요구에 응답하는 단백질 최종생성물을 내도록 짜 맞추어지는 일관 작업열 공장—를 떠올리는 것은 이러한 새로운 노선 안에서이다. 새로운 분자생물학에 관한 어떤 개설적 교과서를 읽어 보라, 그러면 여러분은 세포에 대한 기술(記述)의 중심적 부분으로서 해석된 이들 은유를 발견하게 될 것이다. 단백질 합성 경로 자체에 대한 그림조차 '일관 작업열' 양식 속에 종종 의도적으로 놓인다. 그리고 이 은유는 단지 새로운 생물학의 가르침을 지배하지만은 않는다. 비유와 그 비유로부터 유도된 언어는 분자생물학자 스스로가 그들 자신의 실험 프로그램을 상상하고 기술하는 방법의 중요한 특징이다.

그리고 분자생물학자들만 그런 것은 아니다. 이중나선을 포함하는 정보 이론이 제공한 생리학과 유전학의 종합은 개체로부터 집단으로 그리고 그들의 기원으로 착실하게 확장되었다. 윌슨(『사회생물학: 새로운 종합』) 혹은 리처드 도킨스의 책(『이기적 유전자』)과 같은 생물학적 결정론 저술에 의해 표현된 통합된 환원론적 세계관은 명백히 유전자가 개인보다 그리고 개인이 사회보다* 존재론적으로 우선한다는 주장에 대한 그들의 위임을 정의하기 위해 분자생물학의 중심 교조를 그리고 1960년대와 1970년대의 점점 더 복잡한 자본주의 사회의 관리 속에서 발전된 일군의 이송된 경제적 개념을 끌어 왔다. 비용수익 분석, 투자 기회비용, 게임 이론, 체계 공학과 통신 등등이 모두 태연히 자연의 영역으로 옮겨졌다.

인간의 사회질서에 대한 점검으로부터 이끌어 온, 그 개념들은 사회생물학의 세계관을 정의하고, 그리고 우리가 기대해야 하듯이 그리고 다윈주의와 함께 더 일찍 발생했듯이, 그들은 그리고 나서 역으로 그 사회질서—예를 들면, 경제학자들이 인간성의 생물학적 조건과 일치하는 것으로서 화폐 이론을 기술하는 것처럼—에 대한 정당화물로서 반영되었다.[26] 우리는 앞으로 이어질 장들에서 풍부하게 예화가 된 이 과정을 보게 될 것이다. 이제 우리는 '중심 교조'에 대한 크릭의 공식의 바로 그 투명함과 명료함, 그리고 그 중심 교조를 던져 넣을 준종교적 언어 선택이 어떻게 기계적 전통에 대한 본질적인 이념적 관심사를 파악하고 다시 말하는가를 강조하기를 원할 뿐이다.

기계적 유물론자들에게 데카르트에 의해 시작된 이 거대한 프로그램은 이제는 그것의 광범한 윤곽을 완성하게 되었다. 남은 모든 것은 세부적인 것을 채우는 것이다. 심지어 인간의 뇌와 의식과 같은 아주 복잡한 체계에 대해서도 그 끝이 보인다. 뇌의 화학조성과 세포 구조, 그것의 개별적 단위의 전기적 성질, 실로 조화롭게 기능하는 뇌 조직이라는 커다란 덩어리에 관한 막대한 내용이 알려져 있다. 우리는 시각 체계의 분석 세포들 또는 전기적 충격을 받은 민달팽이류(slug)의 위축 반사가 어떻게 전기통신처럼 될 수 있는지를 알며, 그리고 분노, 공포, 배고픔, 성욕, 또는 잠과 관계하는 기

---

* 자크 모노(Jacques Monod)는 다음과 같이 이야기했다. "여러분은 이들 둘 —가족과 세포— 사이에서 정확한 논리적 동치를 얻을 수 있다. 이 효과는 그것 자체가 DNA에 적히는 단백질 구조에 전적으로 쓰여진다."[27]

능을 갖는 뇌 영역에 관해서 안다. 여기서 기계론자들의 주장은 명백하다. 다윈의 지지자인 헉슬리(T. H. Huxley)는 19세기에 마음을 다름 아닌 증기 열차의 기적과 같은, 생리학적 기능의 부적절한 파생물로서 제거해 버렸다. 파블로프(Pavlov)는 조건반사를 발견하면서 심리학을 생리학으로 환원시키는 열쇠를 갖게 되었다고 믿었으며, 환원론의 한 줄기가 그의 선도를 계승했다. 이 전통 속에서 분자와 세포 활동은 행동의 원인이 되었고, 유전자가 분자의 원인이 되면 특수한 이상 유전자로부터 바로 범죄적 폭력과 정신분열증까지 달리는 사슬은 깨어지지 않는다.

이 책에서 따라 나올 많은 내용은 인간의 상태에 관한 생물학적 결정론의 견해를 옹호하는 주장의 이념적 역할에 대한 분석은 물론, 이론적 및 경험적 기반 양자 위에서 이들 인과적 사슬을 옹호하는 주장이 갖는 부적절성에 대한 설명이 될 것이다. 그렇게 함으로써만 우리는 어떻게 이들 환원론 모형이 실재 및 물질 세계의 복잡성과 더욱 완전하게 일치하는 생물학에 의해 초월되는가를 보이는 데로 옮겨 갈 수 있다. 그러나 그에 앞서, 우리는 부르주아 이념의 또 다른 쌍둥이 지지물이 갖는 모순들을 검토해야만 한다. 그것은 자유의 필연성과 사회 영역에서의 평등이라는 모순이다. 이를 위해서 우리는 봉건주의로부터 부르주아 사회가 출현하기까지의 우리의 발걸음을 다시 추적해야 한다.

4장

불평등의 정당화

중세에서 부르주아 사회로의 변화 과정은 계속적 충돌과 투쟁으로 표시되었는데, 14세기의 그 과정의 시작으로부터 그러했고 17세기가 지난 후에는 점증하는 강도를 보여 주었다. 로마 및 중세 사회가 스파르타쿠스(Spartacus)와 냇 터너(Nat Turner)의 노예 반란 혹은 독일과 러시아 농민 폭동과 같은 노예 봉기에 의해 반복하여 전복되었던 것처럼, 부르주아 사회는 19세기 영국에서 스윙 수령(Captain Swing)의 짚가리 태우기와 기계 파괴하기, 그리고 주기적 마녀사냥의 에피소드에 의해 강화된 가부장제와 같은 사변에 의해 특징지어져 왔다. 이런 식으로 또한 막 지나간 수십 년도 반란으로 점철된 특징을 보여 왔다. 미국에서 흑인의, 폴란드에서 노동자의, 영국에서 실직한 청년의 반란이 그것이다. 각각의 경우에 그 형태가 유사하다. 그것은 모든 시대에 돈이나 재물 취득과 더 밀접한 사람에 대항하는 가지지 못한 이들의 폭력이었고, 폭력이 분출할 때 그 폭력은 국가의 조직화된 경찰 폭력에 직면하게 된다. 그러나 권력을 가진 이들이 폭력을 폭력으로 대처해야 하는 일에는 명백한 불이익이 존재한다. 폭력적 대결의 결과가 항상 확실한 것만은 아니다. 그 결과는 확장될 수 있다. 재산과 부는 파괴된다. 생산은 붕괴된다. 그리고 재산의 성과를 즐길 수 있는 소유자의 평온함은 교란된다. 만일 그 투쟁이 제도적 수준—법정, 의회 과정, 협상 테이블—으로 이동될 수 있다면 명백히 더 좋을 것이다. 이 제도 자체가 사회 권력의 소유자 손에 놓이게 된 이래, 결과는 더욱 확실히 보장받았고, 만일 계속적 붕괴의 공포 때문에 양보가 있어야만 한다면, 그 양보는 작고, 느리며, 심지어 미혹적인 것일 수가 있다. 가능하다면 권력을 가진 이들은 투쟁을 전적으로 피해야만 하거나, 적어도 그 투쟁을 그들이 통제하는 제도 안에 수용될 수 있는 한계 내로 유지시켜야 한다. 둘 중 하나는 이념이라는 무기를 필요로 한다. 권력을 소유하고 있는 이들과 그 대표자는 군림하고 있는 사회조직의 정당성과 불가피성을 확신시킴으로써 그들에 대해 투쟁하고자 하는 이들을 가장 효과적으로 무장 해제시킬 수 있다. 만일 존재하는 것이 옳다면, 그것을 반대할 수 없다. 만일 존재하는 것이 불가피하게 존재한다면, 그것에 결코 성공적으로 반대할 수가 없는 것이다.

17세기에 이르기까지 정당성과 불가피성의 주요 선전자는 교회였고, 은총과 신성한 권리를 통해 그렇게 했다. 심지어 종교적 모반자인 루터 (Luther)조차 농민이 그들의 영주들에게 봉사하라고 명령했다. 게다가 그는 질서를 명백히 옹호했다. "평화는 정의보다 더욱 중요하다. 그리고 평화는 정의를 위해서 만들어진 것이 아니지만, 정의는 평화를 위한 것이다."[1] 이 념적 무기가 현재의 사회적 배치의 정당함과 불가피성을 사람들에게 확신 시키는 데 성공해 왔던 정도로, 사회에서 혁명을 일으키려는 어떠한 기도는 구질서의 정당성을 박탈해 버리는 이념적 대항 무기를 사용해야 하고 동시에 새로운 질서에 대한 사례를 제시해야 한다.

모순들

부르주아 혁명으로 초래된 사회관계의 변화는 합리성과 과학에 대한 단순한 위임 이상의 것을 요구했다. 개인의 자유와 평등의 필요는 ─지리적으로 움직이는 것, 그들 자신의 노동력을 소유하는 것, 다양한 경제적 관계로 진입하는 것 ─ 절대적인, 신에 의해서 부여받은 권리로서 개인의 자유와 평등에 대한 위임에 의해 적어도 남자에게는 지지되었다. 프랑스의 『백과전서』는 합리주의자의 기술적 업적이었던 것만은 아니다. 디드로, 볼테르(Voltaire), 몽테스키외(Montesquieu) 및 여타 기고가는 『백과전서』를 그것의 과학적 합리성과 부합하는 정치적 자유주의의 선언이 되게 했다. 영국혁명을 정당화했던 로크의 『시민 정부에 대한 두 논고(Two Treatises on Civil Government)』로부터 프랑스 혁명을 정당화했던 페인(Paine)의 『인간의 권리(Rights of Man)』까지의 백 년은 도전받을 수 없는 것으로 주장된 자유와 평등 이념을 발명하고 정교화한 시기였다. 미국독립선언 작성자들은 "우리는 모든 사람이 평등하게 창조되었고, 일정하게 양도할 수 없는 권리를 조물주에 의해 부여받았으며, 삶, 자유, 행복(즉, 부)의 추구가 이 권리 가운데 존재한다는 진리를 자명한 것으로 주장한다"고 썼다.

하지만 독립선언의 기초자들이 "모든 사람은(all men) 평등하게 창조되었다"라고 썼을 때, 그들은 아주 문자 그대로 '남자(men)'를 의미했는데, 왜냐하면 모든 여자는 확실히 새로운 공화국에서 이 권리를 향유하지 못했기 때문이다. 그럼에도 불구하고 미국과 프랑스 혁명 양자 이후에도 흑인 노예제도가 계속되었기 때문에 그들은 문자 그대로 '모든 사람(all men)'을 의미하지는 않았던 것이다. 혁명적 부르주아의 선언이 기초했던 보편적이고 초월적인 용어에도 불구하고, 세워지던 사회는 훨씬 더 제한적이었다. 요구되었던 것은 상인, 수공업자, 법률가, 앞서 존재하던 특권화된 귀족과 함께 조세징수 청부인의 평등이었지, 모든 사람의 평등은 아니었다. 필요했던 자유는 투자할 수 있는, 상품과 노동 양자를 사고팔 수 있는, 상업과 노동에 대한 중세적 제한들의 훼방 없이 어떤 장소와 어떤 시간에도 상점을 낼 수 있는, 그리고 여자를 재생산 노동으로서 소유할 수 있는 자유였다. 필요하지 않았던 것은 행복을 추구하는 모든 인간의 자유였다. 오웰(Orwell)의 『동물농장 (Animal Farm)』에서처럼, 모두가 평등했으나 어떤 이는 다른 이보다 더 평등했다.

이념적 정당화를 창조해 내는 데서 문제는 그 원리가 실천이 요구하는 것보다 좀 더 포괄적임이 드러날 수도 있다는 것이다. 자유주의적 민주주의의 기초자들은 계급과 가부장제를 제거할 이념보다는 다른 계급에 대한 한 계급의, 견고히 지켜진 귀족정치에 대한 부르주아의 승리를 옳다고 변호하고 정당화하는 이념을 필요로 했다. 하지만 그들은 그들의 투쟁에서 또한 **하층민**(*menu people*), 자작농(yeoman farmers), 농민의 지지를 필요로 했다. "몇몇을 위한 자유와 정의!" 같은 투쟁 구호로 혁명을 한다는 것은 좀처럼 생각할 수가 없다. 따라서 그 이념은 실재를 능가한다. 부르주아 혁명의 팸플릿 작성자들은 부득이 그리고 의심할 바 없이 부분적으로는 확신을 갖고, 그들이 세우고자 의도했던 사회적 실재와 모순되는 일군의 철학적 원리를 창조했던 것이다.

구질서에 대한 부르주아의 최종적 승리는 혁명적 계급의 파괴적 무기가 되어 왔던 자유와 평등의 관념이 이제는 권력을 잡은 계급을 정당화하는 이념이 되었음을 의미했다. 문제는 그 혁명에 의해 창조된 사회가 그 혁명이 권리에 대한 주장을 이끌어 냈던 이념과 명백히 대조된다는 것이었고 지금도 여전히 그렇다. 노예제도는 1801년 성공적 노예 폭동이 있기까지 마르티니크 섬에서 계속되었고 프랑스령 성 도미니크 섬에서 그보다 30년 이상 계속되었다. 노예제도는 영국 지배 지역에서는 단지 1833년에 폐지되었을 뿐이고 미국에서는 1863년이 되어서야 폐지되었다. 심지어 자유민 사이에서도 투표권은 크게 제한되어 있었다. 영국에서 1832년의 선거법 개정 법안 제정 이후에 성인 인구의 약 10%만이 참정권을 부여받았을 뿐이고, 1918년까지 보통 성년 남자 선거권이 확립되지 못했다. 여자 투표권은 미국에서는 1920년, 영국에서는 1928년, 벨기에에서는 1946년, 스위스에서는 1981년에 가서야 이루어졌던 것이다. 여자가 재산을 소유하는 권리 그리고 남자와 동등하게 선택한 어떤 직업을 갖는 권리는 전장으로 남아 있었고 지금도 여전히 그렇다.

더욱 근본적으로 경제적 권력 및 사회 권력은 극단적으로 불평등하게 분배된 채로 남아 있으며 효과적으로 재분배되는 아무런 표시도 보여 주지 않는다. 평등의 관념에도 불구하고, 어떤 사람들은 그들 자신의 삶에 대해 그리고 다른 이들의 삶에 대해 권력을 갖지만 대부분의 이들은 갖지 못한다. 부유한 사람과 가난한 사람, 생산수단을 소유하고 통제하는 고용주와 그들 자신의 노동조건조차 통제할 수 없는 고용자가 존재한다. 전반적으로 남자는 여자보다 더 권력을 갖고 백인은 흑인보다 더 권력을 갖는다. 미국과 영국에서 수입 분포는 명백히 불평등한데, 수입의 약 20%가 가장 상류인 가족의 5%에 붙고 단지 수입의 5%가 가장 적게 보수를 받는 20%에 붙는 결과를 보인다. 부의 분포는 훨씬 더 왜곡되어 있다. 미국에서 가장 잘사는 5%가 모든 부의 50%를 가지고 있으며, 만일 사람들이 살고 있는 집, 그들이 운전하는 차, 그들이 입는 옷가지를 줄잡아 생각해 본다면, 거의 모든 부는 가장 부유한 5%에게 속해 있다.[2]*

지나간 300년 동안 경제적 평등이 극적으로 증가되었다는 사례를 만들 수도 없다. 가정 세금에 대해 1688년에 그레고리 킹(Gregory King)이 수집한 인정된 거친 수치를 이용하면,[3] 명예혁명 시기에 가족 가운데 가장 가난

---

* 예를 들면 1%가 모든 주식의 60%를 소유하고, 가장 부유한 5%가 주식의 83%를 소유하고 있다.

한 20%가 수입의 4%를, 그리고 가장 부유한 5%가 수입의 32%를 받았다는 것을 어림잡을 수 있다. 수입 분포는 지난 100년 동안 다소나마 좀 더 평등해졌으나, 이 수치는 화폐 수입에 기초한 것이다. 예를 들면 미국에서, 농업 노동력의 비율은 40%에서 4%로 떨어졌는데, 따라서 가장 가난한 집단이 생계 방편으로 하는 농업을 그만둠으로써 생긴 참 수입의 손실을 어떤 설명도 이야기해 주지 않는다. 한편 빈민구제법과 부를 재분배시키는 효과를 가졌던 복지 지출의 주기적 확장이 있어 왔지만, 이 확장에는 상당한 변동이 있었다. 1840년대 차티스트(Chartist) 운동의 고조기에 산업 노동을 하던 가난한 이들이 튜더(Tuder) 시의 그들의 시골 선조보다 더 잘살았음을 보이기는 어려울 것이고, 가난한 이들이 대단히 비참했음을 보여 주었던 상당한 증거가 19세기 초기에 존재한다.[4] 심지어 지난 100년 동안 나타났던 수입의 재분배는 평등 사회를 창조하는 데 그다지 영향을 끼치지 못했다. 미국에서 흑인 사이의 유아사망률은 백인의 1.8배이고 평균수명은 10%나 더 낮았다.[5] 영국에서 출생 전후 사망률은 지적 직업에 종사하는 가족에서 태어난 아이보다 노동계급 가족에서 태어난 유아가 2배 이상 높았다.[6]

정치 이념은 혈통, 도덕성, 경제적 및 사회적 불평등의 미래에 관한 질문들에 대해 사람들을 분리할 수 있겠지만, 누구도 그 정치 이념의 존재에 대해 문제를 제기할 수 없다. 부르주아 사회는 그것이 대체한 귀족정 중세 사회처럼 지위, 부, 권력의 엄청난 차이로 특징된다. 시간이 지나면서 경제에서 성장이 있어 왔다는, 즉 모든 세대 안에서 ―적어도 현재까지― 아이들은 그들의 부모보다 더 잘산다는, 그리고 노동력에서 커다란 변화가 있어 왔다는 ―예를 들면, 생산으로부터 봉사 경제― 사실은 이들 차이를 가리는 데 봉사할 뿐이다.

권력을 소유한 이들과 그 권력의 지배를 받는 이들 사이의 영구적 투쟁은 중세 시대에 적용할 수 없었던 이념과 실재 사이의 모순에 의해 부르주아 사회에서 한층 격화되었다. 자유의 정치 이념과 특히, 귀족정치의 전복을 정당화한 평등의 정치 이념은, 만일 심각하게 받아들여진다면, 평등의 관념이 여전히 그전처럼 파괴적으로 작용하는 사회를 생산하는 데 도움을 주었다. 1871년 파리 코뮌, 1968년의 학생/노동자 봉기, 영국과 미국 내 도시에서 흑인의 봉기는 평등의 이름으로 그리고 불의의 종식이라는 이름으로 발생했던 것이다. 명백히, 만일 가진 자와 못 가진 자 양자 모두에게 우리가 살고 있는 사회가 정당하게 보인다면, 사회적 삶의 실재를 도덕적 명령과 합동시키는 자유와 평등에 대한 몇몇 상이한 이해가 요구될 것이다. 이는 정확하게 자기 정당화의 필요를 충족시키는 것이고, 생물학적 결정론 이념이 발전시켜 온 사회적 무질서를 막는 것이다.

모순의 취급: 생물학적 결정론의 세 가지 주장

평등의 이념은 불평등의 원인을 사회구조로부터 개인의 본성으로 재위치시킴으로써 불평등 사회에 대항하는 무기라기보다는 오히려 그 사회의 지지를 위한 무기로 변질되었다. 첫째, 사회 안의 불평등은 개인 사이의 본질적 장점과 능력의 차이에서 오는 직접적이고 불가피한 결과라고 확언된다. 어떤 이는 성공할 수 있고, 정상에 오른다. 그러나 어떤 이가 그렇게 하는가 못하는가는 의지 혹은 성격이 갖는 내재적 강점 또는 약점의 결과이다. 둘째, 환경과 교육을 강조하는 자유주의적 이념이 문화 결정론을 따른 것이라면, 생물학적 결정론은 그러한 의지와 성격의 성공과 실패를 개인의 유전자 안에 대부분 부호화된 것으로서 파악한다. 장점과 능력은 가족 안에서 세대에서 세대로 전달될 것이다. 마지막으로, 개인 사이의 그러한 생물학적 차이의 출현은 그 출현이 지위, 부, 권력의 위계를 형성하는 생물학적으로 결정된 인간의 본성의 일부이기 때문에 필연적으로 위계질서적 사회의 창조로 인도한다고 주장한다. 세 가지 요소는 모두 현재의 사회적 배치의 완전한 정당화에 필수적인 것이다.

근대 부르주아 사회 구조를 만들어 내는 데 개인적 차이의 결정적 역할은 아주 명백한 것이었다. 19세기 미국 사회학에서 주요한 인물인 레스터 프랭크 워드(Lester Frank Ward)는 다음과 같이 썼다.

교육은 위계질서의 모든 종을 전복시키도록 운명지어진 힘이다. 그것이 모든 인위적 불평등을 제거하고 자연적 불평등으로 하여금 그들의 참된 수준을 발견하게끔 놔두도록 운명지어져 있다. 새로 태어난 유아의 참된 가치는… 할 수 있는 능력을 습득하는 적나라한 수용력에 있다.[7]

영국의 사회학자 마이클 영(Micheal Young)은 그 개념을 1960년대 풍자물 『영재교육제도의 발흥(The Rise of Meritocracy)』에서 현대적 형태로 제시했다.[8] 이 영재교육제도는 곧 생물학적 토대를 부여받게 되었다. 1969년까지 캘리포니아 대학교의 아더 젠슨은 IQ와 성취에 관한 그의 논문에서 다음과 같이 주장했다.

우리는 그것에 직면해야 하고, 개인을 직업적 역할로 분류하는 것은 단순히 어떤 절대적 의미에서 '공정하지' 않은 것은 아니다. 우리가 희망할 수 있는 최선은 평등한 기회의 부여라는 진정한 장점이 천성적 조화 능력에 대한 기초로 작용한다는 것이다.[9]

이 천성적 불평등의 정치적 귀결들이 우리에게서 벗어나지 않는 한, 몇몇 결정론자는 아주 명백히 그들을 이끌어 낸다. 영재교육제도의 가장 적극적인 이데올로그 가운데 한 사람인 하버드의 리처드 헌스타인(Richard Herrnstein)은 다음과 같이 설명한다.

과거의 특권계급은 아마도 학대받는 이들보다 생물학적으로 훨씬 우월했을 것인데, 이는 왜 혁명이 공정한 성공의 기회를 가졌던가 하는 점이다. 계급 사이의 인위적 장벽을 제거함으로써, 사회는 생물학적 장벽의 창조를 격려했다. 사람들이 사회에서 그들의 천성적 수준을 취할 수 있을 때, 높은 계급은 정의(定義)에 의해 낮은 계급보다 더 큰 능력을 갖게 될 것이다.[10]

여기서 설명 구도는 가장 명백한 형태로 설계된다. **구체제**(ancien régime)는 사회운동에 대한 인위적 장벽으로 특징된다. 부르주아 혁명이 했던 것은 그 임의적 구별을 파괴하는 것이었고 그 자체를 단언하는 천성적 차이를 인정하는 것이었다. 그렇다면 평등은 기회의 평등이었지 능력이나 결과의 평등이 아니었다. 삶은 도보 경주와 같은 것이다. 나빴던 옛 시절에 귀족은 선두로 출발했지만(혹은 그들은 법령에 의해 승리자로 선언되었지만), 이제 모든 이는 함께 출발하고 그리하여 가장 최상의 사람이 이기는데—최상은 생물학적으로 결정된다. 이 구도에서 사회는 사회의 원자들이 인위적인 사회적 관습에 의해 장애를 받지 않는 자유로이 움직이는 개인들로 구성된 것으로 보이는데, 개인들은 그들의 욕구와 내적 능력에 일치하는 사회 위계 조직에서 흥하거나 쇠한다. 사회적 이동성은 완전히 열려 있고 공정하거나, 기껏해야 사회를 그렇게 되도록 만드는 간혹의 조절하는 입법 행위인 작은 조정을 요구할 수 있다. 그러한 사회는 자연적으로 가능한 대로 많은 평등을 제시해 왔다. 남아 있는 어떤 차이는 참된 장점의 천성적 차이에 의해 발생되는, 불평등의 환원 불가능한 최소값을 구성한다. 부르주아 혁명은 인위적 장벽들을 다만 깨뜨리고 있었기 때문에 성공했으나, 우리는 천성적 장벽을 제거할 수 없기 때문에 새로운 혁명은 쓸모가 없다. 어떤 생물학 원리가, 생물학적으로 '열등한' 집단이 생물학적으로 '우월한' 집단으로부터 권력을 빼앗을 수 없다는 것을 보장해 주는가의 여부가 아주 명백하지는 않지만, 안정성의 몇몇 일반적 속성이 '천성적' 위계질서를 수반한다는 것은 명백히 함축된다.

평등의 이념에 대해 이 주해를 얹어 놓음으로써, 생물학적 결정론은 평등의 이념을 전복적인 것으로부터 사회적 통제의 이상과 수단을 정당화하는 것으로 변화시킨다. 사회 안에서 차이는 그 차이가 천성적인 것이기 때문에 공정하고도 불가피하다. 따라서, 어떤 철저한 방식으로 주어진 현 상태(status qua)를 바꾸는 것은 전혀 불가능하며, 그렇게 하려 시도하는 것은 도덕적으로 잘못이다.

사회에 대한 이러한 견해가 갖는 당연한 정치적 결과는 국가 활동에 대한 규정이다. 국가에 대한 사회적 프로그램은 사회적 조건의 '비자연적' 평등화를 향해서는 안 되는데, 그 평등화는 어떤 경우라도 그러한 평등화의 '인위성' 때문에 불가능하게 될 것이며, 오히려 국가는 개인의 내재적 본성이 그들에게 미리 소인을 준 위치들 개인의 이동을 쉽게 하고 촉진하는 윤활유를 제공해야 한다. 평등한 기회를 촉진하는 법은 격려될 것이나, 말하자면 몇몇 산업에서 모든 일의 10%를 흑인에게 보장해 주는 인위적 몫은 그 몫의 불평등을 불평등의 '자연적' 수준 밑으로 환원시키려 기도하려는 것이기 때문에 잘못이다. 같은 방식으로 학교는 흑인과 백인에게 또는 노동계급의 아이들과 중상계급의 아이들에게 똑같은 교육을 하기보다는 오히려 IQ 검사나 그들 본유의 '자연적' 교육 환경에 대한 '11세 시험' 연구로 그들을 분류해 내야 한다. 실제로 교육은 타고난 능력에 따라 사회적 분류를 촉진하는 주요한 제도가 된다. "위계 조직의 모든 종을 전복시키도록 운명지워진 힘"은 "보편 교육"11이다.

사회적 불평등은 본질적으로 개인적 차이에 기초한다는 주장을 따르는 생물학적 결정론의 이념을 건설하는 결정적인 두 번째 단계는 **유전적인 것**(*genetic*)과 함께하는 **내재적인 것**(*intrinsic*)의 방정식이다. 원리적으로 개인 사이의 차이가 생물학적으로 유전 가능하지는 않지만, 차이를 갖고 태어나는 것은 가능하다. 실제로, 의지나 성격에서의 개인적 성공이나 낙제에 기초하는 불평등에 대한 설명은 종종 더는 설명해 내지 못할 것을 추구한다. 사실상 생물학적 조망으로부터, 실험동물에서 개체 사이의 미묘한 생리학적 그리고 형태학적 변이의 상당한 비율이 유전되지 않는 발생 사건의 결과임을 보일 수 있다. 혹은 타고난 차이에 대한 일상적 이해가 그 차이를 유전되는 내용과 필연적으로 똑같게끔 하지는 않는다. 본질적 성질과 유전된 성질을 융합시키는 것은 생물학적 결정론의 구조를 건설하는 뚜렷한 단계이다.

본질적 장점을 보상해 주는 사회에서 우리가 살고 있다는 이론은 하나의 중요한 점에서 일반적 관찰과 일치하지 않는다. 부모가 어떤 방법으로든 그들의 사회 권력을 자녀에게 전달하는 것은 명백하다. 석유왕의 아들은 은행가가 되는 경향이 있고, 한편 석유 노동자의 아이는 은행 채무자가 되는 경향이 있다.* 록펠러 형제 중에 어떤 이가 스탠더드 오일(Standard Oil) 자동차 수리소에서 일하면서 생활했을 확률은 아주 낮다. 확실히 상당한 사회적 이동이 존재하지만, 부모와 아이의 사회적 지위 사이의 상관관계는 높다. 종종 인용되는 미국 직업 구조에 대한 블라우(Blau)와 덩컨(Duncan)의 연구는, 예를 들어 화이트칼라 노동자의 아들 가운데 71%가 화이트칼라 노동자였고, 한편 블루칼라 노동자의 아들 가운데 62%는 블루칼라 범주에 남아 있었다고 보여 주었다.[12] 영국 수치도 다르지 않다. 하지만, 그러한 수치는 사회 계급의 고정성 정도를 엄청나게 과소 평가한 것인데, 왜냐하면 화이트

---

* 이 상호관계는 인간의 성취가 갖는 측면의 정량화에 관한 일군의 인류학적 기법을 만든 발명가인 프랜시스 골턴에 의해 19세기 후반에 처음으로 지적되었다. 골턴은 지능 측정 기법과 지능의 유전적 본성에 대한 이론을 만든 원조이다. 1869년 그의 책 『유전성 천재』에서 그는 수많은 유명한 빅토리아 시대의 주교, 판사, 과학자 등등의 가계도를 추적했으며 그들의 아버지와 할아버지 역시 주교, 판사, 과학자 등등이었던 경향이 있었음을 보임으로써, 천재는 유전되며 상류계급 남자 사이에 불균형적으로 집중되어 있다고 위안이 되도록 결론을 내렸다. 영국에서 다른 계급과 유럽에서 다른 민족은 더 적은 수의 천재를 가졌고, 유색'인종'은 최소의 천재를 가졌다.

칼라와 블루칼라 범주 사이의 대부분의 이동은 수입, 지위, 노동조건에 대한 통제, 안전에 대해 수평적이기 때문이다. 특수한 직업의 본성은 세대 사이에서 변화한다. 오늘날 일차 생산에는 얼마 안 되는 노동자들이 존재하고 서비스 산업들에는 더 많다. 하지만 점원들은 적잖이 프롤레타리아적인데, 왜냐하면 그들은 작업대에 서 있기보다 책상에 앉아 있기 때문이다. 그리고 '화이트칼라 노동자'의 다수 그룹 가운데 하나인, 판매원은 가장 적게 보수를 받는 이들 가운데 속해 있고 모든 직업 집단에서 최소한으로 안전할 뿐이다. 부모는 영재교육제도 과정에 대한 옹호 속에서 그들의 사회적 지위를 그들의 아이들에게 전달할 수 있을까? 부르주아 사회가 그것의 귀족정 선조처럼 인위적인 계승된 특권을 갖고 있지 않다면, 양친으로부터 아이들로의 사회 권력의 통행은 자연적인 것이 되어야 한다. 장점의 차이는 본질적일 뿐만 아니라 생물학적으로 유전된다. 그 차이는 유전자 안에 있다는 것이다.

계승의 두 가지 의미—사회적인 것과 생물학적인 것—의 수렴은 세대에서 세대로의 사회 권력의 통로를 정당화한다. 장점은 유전자 안에서 운반된다고 이해한다면, 장점에 따라 사회적 눈금 안에서 올라가거나 떨어지는 각 개인이 존재하는 동등 기회 사회(equal opportunity society)를 갖는다고 우리는 여전히 단언할 수 있다. 19세기 문헌에 그런 식으로 퍼져 있는 인간 행동의 계승의 의미와 그다음으로 사회적 위치의 계승의 의미는 따라서 부르주아 세계 속 귀족정의 관념으로 되돌아가기인 지적 환원 유전(intellectual atavism)으로서가 아니라, 그 반대로 부르주아 사회 안의 사실을 설명하려는 입장을 일관되게 완수해 낸 것으로서 이해될 수 있다.

개인 사이의 장점과 능력의 유전된 차이를 옹호하는 주장이 부르주아 사회 안의 배치가 갖는 정의(正義)와 불가피성에 대한 논의를 완전하게 해 주지는 않는다. 결정론자가 대처해야 하는 논리적 어려움이 남아 있다. 첫째, '사실'로부터 '당위'를 이끌어 내는 자연주의적 오류가 있다. 개인 사이의 생물학적 차이가 존재하느냐 그렇지 않으냐가 그 자체로 '공정한' 것은 무엇이냐에 대한 토대를 제공하지는 않는다. 물론 어떤 이가 천성적인 것이 좋은 것이라는 ―예를 들면 어떤 이가 트라코마(trachoma)에 의해 유아들이 맹인화되는 것은 '정당'하다는 것을 기꺼이 받아들인다고 가정하는― 어떤 선천적인 것을 들고 나와 시작할 수 있을지라도, 정의의 관념은 자연의 사실로부터 유도될 수 없다. 둘째, '변화 불가능한 것'과 함께하는 '본유적인 것'의 방정식이 존재하는데, 이는 자연적인 것의 인위적인 것에 대한 어떠한 지배를 함축한다고 보는 것이다. 그러나 인간종의 역사는 정확히 자연에 대한 사회적 승리의, 이동된 산의, 합쳐진 바다의, 퇴치된 병의, 심지어 인간의 목적을 위해 만들어진 종의 역사였다. 이들 모두가 '자연법칙과 일치하여' 행해진 것이라고 말하는 것은 우리가 일정한 구속 요소와 함께 물질세계에 산다는 것을 말하는 것에 지나지 않는다. 그러나 그 구속 요소가 무엇인가는 각 경우 안에서 결정되어서는 안 된다. '자연적인 것'은 '고정된 것'이 아니다. 자연은 자연에 따라 변화될 수 있다.

이들이 결정론에 대한 형식적 반대인 것만은 아니다. 그것들은 정치적인 힘을 갖고 있다. 사회적 기능을 수행하는 능력에서, 개인 사이의 본질적 차이가 필연적으로 계급제도 사회로 이끈다고 항상 여겨져 왔던 것만은 아니다. 마르크스는 「고타 강령 비판(Critique of the Gotha Programme)」에서 공산주의 사회에 대한 그의 시각을 "각자의 능력에 따르는 것으로부터, 각자의 필요에 따르는 것까지(From each according to his abilities, to each according to his need)"로 요약했다. 1930년대 영국 공산당 당원이었고 ≪일간 노동자(Daily Worker)≫의 칼럼니스트였던 홀데인(J. B. S. Haldane) 같은 유전학자, 그리고 볼셰비키 혁명 이후 소련에서 일했던 그리고 그때 자신을 마르크스주의자로 파악하고 있었던 밀러(H. J. Miller)는 (우리가 추구하지 않을 노선을 따라서) 인간 행동의 중요한 측면은 유전자에 의해 영향받는다고 논의했다.[13] 그러나 두 사람은 사회적 관계에 혁명을 일으킬 수 있고 계급은 개인의 본질적 차이들에도 불구하고 폐지될 수 있다고 믿었다. 20세기 주

도적 진화론자의 한 사람인 테오도시우스 도브잔스키(Theodosius Dobzhansky)
는 『유전적 다양성과 인간의 평등(Genetic Diversity and Human Equality)』[14]
에서, 우리는 화가와 가옥 칠장이, 이발사와 외과 의사가 동등한 정신적·물
질적 보상들을 받을 수 있는 사회를 세울 수 있다고 논의했는데, 그가 그들
이 서로 유전적으로 다르다고 믿었음에도 불구하고 말이다.

개인 사이에서 능력의 유전된 차이가 존재한다는 간단한 단언은 계급제
도 사회의 영속을 정당화하는 데 불충분했던 것으로 보인다. 그 유전 가능
한 차이는 필연적으로 그리고 틀림없이 차별적 권력과 보상의 사회로 인도
한다고 더 강하게 주장되어야 한다. 이는 인간의 본성 이론에 의해 수행된
역할이고, 생물학적 결정론자들의 주장에 대한 세 번째 구성 요소이다. 개
인 혹은 집단 사이에 존재한다고 이야기되는 생물학적 차이에 부가하여, 모
든 인간에 의해 그리고 그들이 속해 있는 사회에 의해 분배된 생물학적 '경
향'이 존재한다고, 그리고 이 경향은 개인이 그들의 역할 부문에 할당된 제한
된 자원을 놓고 경쟁하는 사회에서 위계적으로 조직된 결과라고 가정된다.

> 역할 행위자 가운데 최상의 그리고 가장 기업가적인 이들은 보통 불균형적 보상
> 몫을 얻으며, 한편 가장 성공하지 못한 이들은 다른 이들로 교체되어 덜 희망적
> 인 위치로 가게 된다.[15]

개인과 집단 사이에서 유전된 차이가 지위, 부, 권력의 위계질서로 번역될
것이라는 점을 '인간의 본성'이 보장한다는 주장은, 생물학적 결정론의 총체
적 이념을 완성한다. 권력에 대한 그들의 원초적 상승을 정당화하기 위해,
새로운 중간계급은 '본질적 장점'이 보상받을 수 있는 사회를 요구해야 했
다. 그들의 위치를 유지하기 위해 그들은 이제 본질적 장점은, 일단 자기 주
장을 하는 데 자유로우면, 보상받게 **될 것**이라고 주장하는데, 왜냐하면 권
력과 보상의 위계 구조를 형성하는 것은 '인간의 본성'이기 때문이다.

인간의 본성에 대하여

'인간의 본성'에 대한 호소는 모든 정치철학의 특징이 되어 왔다. 홉스는 자연 상태는 '만인의 만인에 대한 투쟁'이라고 주장했으며, 반대로 로크는 관용과 이성을 인간의 자연 상태로 보았다. 사회다윈주의는 '이와 발톱으로 붉게 물든 자연'을 인간의 근원적 상태로 여겼고, 한편 크로폿킨(Kropotkin)은 협동과 상호 원조가 인간의 본성에 기초가 된다고 주장했다. 심지어 마르크스는 인간종의 기본적 본성을 그것이 갖는 고유의 필요를 만족시키기 위해 세계를 변화시키는 것으로 이해했다. 그의 역사적 유물론과 변증법적 유물론은 인간의 본성의 고정성에 대해 적대적이다. 마르크스에 대해 말하자면, 어떤 이는 노동 속에서 그의 인간성을 인식했다.

우리가 기술해 왔듯이, 생물학적 결정론은 인간의 본성 이념을 주로 홉스와 사회다윈주의로부터 끌어오는데, 그 까닭은 이들이 부르주아 정치경제학이 기초해 있는 원리들이기 때문이다. 생물학적 결정론의 가장 현대적 화신인 사회생물학에서, 홉스적 이념은 이 이념이 인간 사회조직의 명백한 특징으로 인식하는 협동과 이타성(altruism)조차도 어떤 바닥에 깔려 있는 경쟁적 기제로부터 유도한다. 다윈의 자연선택으로부터 원리를 직접 이끌어내는 사회생물학은 부족주의, 기업 활동, 외국인 혐오증, 남성 지배, 사회계층화는 진화 과정 동안 형성된 것으로서 인간의 유전형에 의해 명령된다고 주장한다. 사회생물학은 불가피성과 정의라는 두 가지 단언을 하는데, 불가피성과 정의는 사회생물학이 사회질서의 정당화와 항구화로서 봉사하려면 요구되는 것이다. 따라서 윌슨은 『사회생물학』에서 다음과 같이 쓰고 있다.

만일 계획 사회(the planned society)가 ―앞으로 다가올 세기에 불가피한 것으로 보이는 창조― 그 사회 성원이 과거에 그들의 다원적 가장자리에 파괴적 표현형을 주었던 압박과 충돌을 의도적으로 겪게 하는 것이라면, 다른 표현형은 그들과 함께 차츰 줄어들 것이다. 이러한 궁극적인 유전적 의미에서 사회적 통제는 인간으로부터 그의 인간성을 박탈할 것이다.[16]

그렇다면 사회를 계획하려 시도하기 전에, 우리는 인간의 유전형에 대한 가장 명확한 지식을 기다려야 한다. 게다가 "유전적으로 정확하고 따라서 [원문 그대로] 완전하게 공정한 윤리의 부호를 또한 기다려야 한다."[17]

문화 환원론?

생물학적 결정론자의 입장에 반대하는 비판가들은 종종 그들이 신봉하는 대안에 관해 도전받는다. 우리는 그러한 대안을 취하는 것이 어떤 논의에서 오류를 노출시키게 되는 것은 아니라는 점을 강조해야 하지만, 그럼에도 불구하고 우리는 여기서 그 도전을 받아들이고 싶다. 그러나 우리는 그 도전을 받아들이는 틀을 명확히 해야 한다. 생물학적 결정론자들이 그들에 대한 비판가들에 대해 토론할 때, 그들은 비판가들을 '철저한 환경주의자'라고 딱지를 붙이는 경향이 있는데, 즉 그들은 인간의 상태와 인간의 차이들에 대한 이해를 생물학적 특성으로부터 전적으로 격리시킬 수 있다고 주장함으로써 생물학적 결정론을 반대한다는 것이다. 실제로 이런 식으로 논의해 왔던 학파들이 존재한다. 우리는 그들 가운데 있지 않다. 우리는 인간의 상태에 대한 완전한 이해는 생물학적인 것과 사회적인 것의 통합을 요구한다고 주장해야 한다. 이 통합 안에서, 둘 중 어느 하나가 다른 것에 대한 일차성이나 존재론적 우선성을 부여받지 않고 변증법적 방식으로 관련되는 것으로 보인다. 이 변증법적 방식은 개인적인 것과 관련되는 설명 수준과 사회적인 것과 관계되는 설명 수준을, 하나를 다른 것으로 붕괴시키거나 다른 것의 존재를 거부함이 없이 인식론적으로 구별하는 방식이다. 그럼에도 불구하고, 우리는 간략하게 문화 환원론적인 주요 사고 양식과 그 양식 밑에 놓여 있는 몇몇 오류를 보아야 한다. 그들은 두 유형으로 나뉠 수 있을 것이다. 첫 번째는 개인적인 것보다 사회적인 것에 존재론적 우선성을 부여하는 것이고, 따라서 생물학적 결정론에 완전히 정반대이다. 두 번째는, 사회적인 것에 반대하여 개인적인 것을 복귀시키는 데, 개인적인 것이 전혀 생물학적 특성을 갖지 않는 것처럼 그렇게 한다.

문화 환원론(cultural reductionism)의 첫 번째 유형은 '속류' 마르크스주의에서, 사회학적 상대주의에서, 반정신의학(antipsychiatry)과 일탈 이론 속 일정한 경향으로 예시된다. 속류 마르크스주의는 인간 의식의 모든 형태, 지식, 문화적 표현을 경제적 생산 그리고 이 생산이 발생시키는 사회관계에 의해 결정되는 것으로서 파악하는 경제 환원론(economic reductionism)이다. 그렇다면 자연 세계에 대한 지식은 개인의 계급적 위치를 생산수단에 관련시켜 표현하는 이념에 다름 아니고, 그 이념은 경제 질서가 변화하면 변하게 되는 것이다. 개인은 궁극적으로 그들의 사회적 환경에 의해 단지 가장 사소한 방식으로 형성된다. 경제사의 강철 같은 법칙은 역사적으로 무한히 유연한 '인간의 본성'을 결정하고 인간의 행동을 기계적으로 일으킨다는 것이다. 병, 건강치 못한 상태, 우울증, 일상생활의 고통은 다름 아닌 자본주의와 가부장적 사회질서의 불가피한 결과이다. 유일한 '과학'은 경제학일 뿐이다. 인간의 의식을 경제의 단순한 부수 현상으로 저하시키는 이러한 환원론 유형은 물론 사회다윈주의와 밀접히 관련이 있는 이상한 노선 속에 있다. 이 유형의 환원론이 카우츠키(Kautsky)로부터 좌파로는 현대의 몇몇 트로츠키주의 이론가(예를 들면, 에르네스트 만델[18](Ernest Mandel))까지를 포괄하는 사회적 저술과 정치적 저술의 선상에서 표현되고 있음을 발견하게 된다.

모든 인간 행동 밑에 놓여 있는 설명 원리로서 이 경제 환원론에 대항하여, 우리는 게오르크 루카치(Georg Lukacs)[19] 그리고 아그네스 헬러(Agnes Heller)[20]와 같은 마르크스주의 철학자의 이해를, 그리고 세계를 해석하고 변화시키는 두 가지 모두에서 인간 의식의 힘에 대한, 두 개의 구별되는 영역으로서가 아닌, 혹은 행위의 분리된 성분으로서가 아닌 존재론적으로 공통의 경계를 갖는 것으로서 생물학적인 것과 사회적인 것의 본질적인 변증법적 통일성에 대한 이해에 기초하는 힘에 대한 마오 처퉁(Mao Tse-tung)[21]과 같은 혁명적 실천가와 이론가의 이해를 대립 위치에 놓으려 한다.

경제 환원론의 부르주아적 표현은 모든 인간의 행위와 믿음의 형태는 '이해(interest)'에 의해 결정된다고 표현하는 문화 다원론(cultural pluralism) 형식을 취한다. 자연 세계의 '실재성'은 이해에 대한 믿음에 종속되고, 따라서 과학자의 한 집단에 의해 만들어진 진리에 대한 주장과 다른 집단에 의해 만들어진 주장 사이를 조정하는 어떤 길도 존재하지 않는다. 윌슨, 도킨스, 트리버스(Trivers)가 사회생물학에 대해 쓴 것은 그들 자신의 사회적 입장을 높이려는 그들의 이해를 반영한다. 우리가 쓰는 것은 우리를 반영하는 것이다. 우리와 그들은, 이상하게 '진리'에 관련되는 자신들의 입장은 영향받지 않는 것으로 보는 지식사회학자들의 인류학적 탐구의 대상이 될 수 있는데, 거기서 그들이 이들 '이해'의 표사(漂沙: quicksands) 사이에서 어떤 바위에 서야 할지가 명확해 보이지 않음을 발견함에도 불구하고 말이다. 이러한 '사회적 관계로서 과학(science as social relations)' 논의에 대한 가장 명백한 공식화는 예를 들면, 에든버러 과학사학자, 과학사회학자, 과학철학자—반스(Barnes), 블루어(Bloor), 셰이핀(Shapin)—의 저술 속에서 발견할 수 있다.[22]

어떻게 이런 종류의 이론적 입장이 실제에서 작용하는지는 지나간 마지막 20년이 지나오면서 일탈에 대한 그리고 반정신의학에 대한 사회학 이론의 강력한 발전 속에서 보일 수도 있을 것이다. 이들 문화 환원론자에 대해 말해 보면, 개인 행동은 사회적 딱지 붙이기(social labeling)의 결과로서만 존재한다. 생물학적 결정론자는 학교에서 어떤 어린이의 고분고분하지 않은 행동을 그의 또는 그녀의 유전자에 의하여 명령받는 것으로, 소수민족 빈민가 폭력은 '주모자'의 뇌 안의 비정상적 분자에 의해 발생하는 것으로 보고, 일탈 이론은 그러한 모든 현상을 단지 딱지로 해소한다. 어린이는 '어리석은' 것으로 딱지가 붙으며, 정신분열증 환자는 사회는 희생 염소를 창조할 것을 필요로 하기 때문에 '미친' 것으로 딱지가 붙는다.23 그렇다면 치료는 단지 그 아이를, 또는 그 정신분열증 환자를 다시 딱지 붙이는 것이며, 쾌적함과 밝음이 흐르게 될 것이다. 교사에게 그 아이들은 '지각 성장인'이라고 알려 줌으로써 어린이들의 IQ 득점이 개선되었던 어린이 다시 딱지 붙이기(relabeling)에 대한 유명한 설명인, '교실 속 피그말리온'24과 정신분열증의 해석에 대한 랭적 접근(Laingian approach) 양자는 그러한 관점으로부터 흘러나오는 것이다. 개인들은 다시 무한히 순응성이 있고, 단지 그들이 속한 사회의 기대 산물로서 정의되고, 아무런 분리된 존재성도 갖지 않는다. 그들 자신의 존재론적 지위와 그들 자신의 생물학적 본성은 용해되어 사라져 왔다. 사회적 상호작용을 그리고 개인 자신에 대한 개인의 정의(定義)의 형성을 돕는 것으로서 딱지 붙이기의 중요성을 어떤 방식에서 부정하길 희망하지 않고, 다시 우리는 교실에서 어린이의 행동은 단지 그의 또는 그녀의 교사가 생각하는 바의 결과는 아니라는 것을 주장하고자 한다. 정신분열증이 있는 사람의 존재적 절망과 비합리적 행동은 단지 그의 또는 그녀의 가족 혹은 의사에 의해 미쳤다고 딱지가 붙여진 결과인 것은 아니다.

우리가 언급하고자 희망하는 두 번째 종류의 문화 환원론은 행동에 대한 설명을 여전히 개인의 수준에서 구한다. 그러나 여기서 개인은 그럼에도 불구하고 생물학적으로 텅 빈 것으로, 초기 경험이 그것이 마음에 드는 것을 표시할 수 있는 그리고 생물학적 특성이 아무런 영향을 주지 않는 일종의 문화적 **백지상태**(*tabula rasa*)로 여겨진다. 개인의 그러한 나중의 발전은 그렇다면 주로 그러한 초기 경험에 의해 결정되는 것으로 보이게 된다. 생물학적 결정론처럼, 이 종류의 환원론은 희생자를 비난함으로써 끝나지만, 이제 희생자는 생물학적 특성보다는 문화에 의해 만들어진다.

이 접근의 일부는 개체심리학에 중심을 두고 있고, 일부는 문화인류학 및 문화사회학에 중심을 두고 있다. 심리학에서 그 접근은 정신계측학을 통하는데, 이는 질문서에 대한 사람들의 응답 측정 그리고 간단한 과업 수행 그리고 통계적 절차에 대한 정교한 정리에 비중 있게 의존하는 절차이다. 인간의 행위 자체는 머리의 암흑 상자 속에서 객관화된 개인의 물상화된 덩어리들로 환원된다. 스피어먼(Spearman), 버트(Burt), 아이젠크와 더불어, 예를 들면, 지능은 단일한 덩어리라는 논의가 달려간다. 길퍼드(Guilford)와 더불어, 논의에서 그것은 120개의 상이한 요소로 깨뜨려질 수 있다. 양자에서 그 절차들은 유사하다. 이해하기 어려운 인간의 활동, 목적, 의도, 상호 관계의 동학은 수학적 우아함과 생물학적 텅 빔의 다중적 상호관계로 못 박히게 된다. 이 암흑 상자에 대한 측정은 1930년대부터 1960년대까지 미국 심리학을 지배했던 학파인 행동주의(behaviorism)에 의해 특화된 입력이 특화된 출력과 연결되고, 행동을 적응이 되도록 바꿀 수 있는, 즉 강화의, 보상과 처벌의 우발 사건들에 반응하여 학습할 수 있는 어떤 체계로 이론화되었다. 왓슨(Watson)과 후에는 스키너(B. F. Skinner)를 둘러싸고 발전한 이 학파의 명백한 극단적 환경주의는 인간성에 대한 빈곤화된 개념과 개별 인간의 통제에 대한 조작적 접근을 숨기는 데 단지 봉사할 뿐이다. 이 환경주의는 아이 또는 죄수의 행동에 대한 통제와 조작에 대한 스키너의 관심에 의해, 가치에서 자유로운 흰 코트를 걸친 신처럼 숭앙받는 사람이라는 우월한 간부에 의해 명시되었다. 그들은 그들의 희생자에게 강요할 수 있는 적당한 행동을 결정하게 되어 있다.[25] 소설이자 영화 『시계태엽 오렌지(A Clockwork Orange)』는 인간에 대해 사고하고 다루는 이러한 양식의 가능한 하나의 결과를 극적으로 묘사했다. 전 미국을 통해 수많은 교정 단체에서, 영국 형무소에서의 악명 높은 행동 통제 단위에서, '교육적으로 정상 이하인' 사람들에 대한 제도 속에서, 그 이론의 설명에 대해 훈련된 많은 학교 선생의 사고 속에서 목격된 실재는 여전히 그러한 허구에 접근할 수가 있다.

문화사회학 및 문화인류학에서, 세대를 가로질러 순수한 문화적 연결에 의해 전파된 민족적 그리고 계급적 하부 문화를 가정하는 이론 사이에 문화 환원론이 끼어 있으며, 이 문화환원론은 그 문화의 성원에게 상이한 성공과 실패의 유형을 제공한다. '빈곤의 문화'가 하나의 예이다. 가난한 이들은 즉 각적 만족에 대한 요구, 단기적 계획, 폭력, 불안정한 가족 구조로 특징된 다. 그들은 부르주아 사회에서 순응성이 없기 때문에, 이 특성들은 가난한 사람들을 계속하여 빈곤 속에 있도록 운명 지운다. 그리고 가난한 이의 아 이들은 그렇게 문화에 이입되기에, 그 순환으로부터 벗어날 수 없다. 박탈 순환 이론(theory of the cycle of deprivation)은 영국 대처 정부의 핵심적 이 데올로그 가운데 한 사람인, 키스 조지프 경(Sir Keith Joseph)에 의해 명명히 지지되었다. * 그의 우생학적 관심은 가난한 이들에 대해 손쉬운 피임약 이 용을 추천하는 정책을 지지하기 위해 유전적 논의보다 문화적 논의를 사용 하게 했다. (유사한 결론이 1930년대에 영국 복지성 계획자인 베버리지 경(Lord Beveridge)에 의해 더욱 유전적인 관점으로부터 나타났는데, 그는 만일 빈곤이 유 전자 속에서 달려가는 것이라면, 노동자에게 의연품을 끊어 버리는 것은 빈곤 제거 를 도울 것이라고 논의했다.)

결정론자들은 '문화적으로 박탈된' 이들로부터 성공적으로 상부로 이동 가능한 이들로 그들의 영역을 확장하면서, 미국에서 전문 직업인과 특히 학 문에 종사하는 이들 사이에서 유대인의 어울리지 않는 표출을 반유태주의 의 경제적 결과에 대항하는 울타리로서 직업적 전문 지식이라는 기초의 필 요성은 물론, 박학을 강조하는 문화적 전통을 지적함으로써 설명한다. 최근

---

* 키스 경의 이론이 올바르다는 것을 '입증'할 수 있었을 위임 연구에서 영국 사회과학연구 협의회의 실패는 대처의 교육 장관으로서 그의 재임 기간 동안에 그 협의회를 폐지하려 는 그의 시도들을 향한 하나의 이유로서 널리 여겨지고 있다.

의 전문 직업인 가운데 존재하는 수많은 일본인과 중국인의 진출 현상에 대해서도 유사한 설명이 주어진다.

그들은 문화적 계승에 대한 기계적 기초로서 육체적 원리에 호소할 수 없기 때문에, 문화 환원론자들은 '부드러운' 과학 또는 심지어 인문주의적 사색을 표현한다고 생각되거나, 그들의 정당성은 '단단한' 생물학적 결정론자들로부터 (물론, 그들 스스로는 자연과학적 직조물 잣대의 '부드러운' 끝에 있는) 공격받고 있다. 그러나 이러한 종류의 문화 환원론은, 정치 행위에 대한 토대로서 더욱 손상을 주는 또 다른 부드러움(softness)으로부터 어려움을 겪는다. 만일 유전된 사회적 불평등이 불가피한 생물학적 차이의 결과라면, 불평등의 제거는 우리가 사람들의 유전자를 변화시킬 것을 필요로 한다. 한편 그러한 개인에 기초해 있는, 자유주의적 문화 환원론은 우리가 그들의 머리를 변화시키거나 다른 이들이 그들에 관해 생각하는 방식을 변화시킬 것을 필요로 할 뿐이다. 따라서 다른 이들이 정치 구조에서 변화를 구하는 곳에서 그러한 개인에 기초한 자유주의적 문화 환원론은 종종 일반적인 그리고 통일된 교육에 그것의 믿음을 위치시킨다.

그러나 불행히도 이 믿음에 대해 말해 보면, 지난 80년이 지나면서 나타났던 엄청난 교육의 평등화가 사회의 커다란 평등화와는 들어맞지 않았다. 1900년에, 미국 17세 인구의 단지 6.3%가 고등학교를 졸업했을 뿐이고, 한편 현재는 75%가 졸업하는 형편이지만, 아직도 부와 사회 권력의 불평등한 분포는 남아 있다.* 실제로 문화 결정론자들은 계급 구조를 파괴시키기 위한 공공 교육의 명백한 전적인 실패에 대해 직접적 공격에 놓여 있다. 생물

---

* 유명한 한 프랑스 사회학자가 행한 세미나가 '왜 더 많이 교육받은 프랑스가 그 전과 같이 불평등한가?'라는 주목할 만한 제목으로 열렸다. 이는 생물학적 결정론자들이 아니라 문화 결정론자들에게 중요한 문제이며, 그들은 그 문제를 그들의 견해에 대한 근거로서 주장하고 싶어 한다.

학적 결정론의 다시 새로워진 큰 파도의 신호가 되었던 1969년 《하버드 교육 비평》에 실린 아더 젠슨의 IQ에 관한 논문의 동기 부여는 그 논문의 개시 문장에서 제공되었다. "보조 교육은 시도되어 왔고 실패했다." 보조 교육이 실제로 시도되었든 그렇지 않았든 그리고, 그것이 실패했든 그렇지 않았든, 만일 서구 세계에서 모든 이가 칸트의 『순수 이성 비판』을 읽고 이해할 수 있었을지라도 실업자의 대열은 사실상 감소되지 않았을 것으로 ― 비록 그들이 더욱 박식했다고 하더라도― 보인다.

이러한 개인적 종류의 문화 환원론은 사회에서 주어진 역할 속에 있는 그리고 주어진 지위를 갖고 있는 사람의 비율이 재능과 능력의 이용도에 의해 결정된다는 가정을 생물학적 결정론자들과 공유한다. 즉, 말하자면 의사에 대한 수요는 무한적이고, 이 역할을 채우는 데 쓸모가 있는 재능의 결핍만이 내과 의사의 숫자를 통제하는 것이다. 사실상 그 반대도 참인 것으로 보인다. 특별한 직업을 채우는 사람의 숫자는 잠재적 '공급'과는 거의 독립해 있는 구조적 관계에 의해 결정된다. 만일 은행가만이 아이들을 갖고 있다면, 생물학적 결정론 및 문화 결정론 양자가 그 역을 예상할지라도, 은행가의 숫자에는 아무런 변화가 없을 것이다.

우리는 부르주아 사회의 성장이 심각한 모순과 그 모순에 대처하는 양식 둘 다를 발생시켜 왔음을 논의해 왔다. 모순은 자유와 평등의 이념과 무권력과 불평등을 발생시키는 실질적인 사회적 동학 사이에 존재한다. 그 모순에 대처하는 양식은 사회적 실재에 대해 근본적으로 결함을 갖는 설명을 제공하는, 사회적 또는 생물학적 인과관계를 갖는 단순한 설명 모형을 발전시키는 환원론적 자연과학이다.

모순은 다양한 맥락에서 나타난다. 사회 계급 간, 인종 간, 성 간, 사회적 일탈의 출현 사이의 불평등에서 모순이 나타난다. 각 경우에서 환원론적·생물학적 결정론 이론의 변종이 특정한 문젯거리를 자세히 다루기 위해 구성되어 왔다. 일단 설명 양식이 수립되면 ―'그것에 대해 유전자가 존재한다'―연구 프로그램과 이론은 자폐성(autism)으로부터 '영합 사회(zero-sum society)'까지의 전적인 범위의 개인적 현상과 사회적 현상을 추적한다. 앞으로 이어질 내용 속에서, 우리는 그들 모순의 형식과 현재적이고 정치적으로 생생한 그 모순을 해결하려는 시도를 자세히 연구할 것이다. 그 연구는 초점의 대상이 되는 사례들의 특수한 오류를 폭로하는 것뿐만 아니라, 생물학적 결정론 논의들이 처하게 될 불가피한 미래의 이용을 탈신비화하는 모형을 제공하는 것을 의미한다.

5장

IQ: 세계의 등급 질서화

IQ 검사의 근원

사회 권력은 가족 안에서 전해진다. 한 아이가 장차 가장 높은 수입을 올리는 상위 10%에 속하는 성인으로 자랄 확률은 그들의 부모가 과거에 가장 적게 버는 10%에 속했던 아이들보다 상위 10%에 속했던 경우에 열 배나 더 컸다.[1] 프랑스에서 노동계급 아이들의 학교 낙제율은 전문직에 종사하는 계급의 아이들에 비해 네 배나 된다.[2] 우리는 18세기에 유전적 특권을 폐지했어야 했다고 주장하는 어떤 사회 안에 나타나는 유전적 차이를 어떻게 설명해야 할까? 하나의 설명—유전적 특권은 부르주아 사회에 필수적이고, 유전적 특권은 실제의 평등으로 구조적으로 전도되지 않는다는—은 너무나 불온하고 위협적이다. 그것은 무질서와 불만을 낳는다. 그것은 워츠와 브릭스턴에서와 같은 도시 폭동으로 이끈다. 대안은 성공한 이들은 본질적 장점, 피를 통해 전해지는 장점을 갖고 있다고 가정하는 것이다. 유전적 특권은 단순히 유전된 능력의 불가피한 결과일 뿐이다. 이것은 정신검사 운동에 의해 제공되는 설명이며, 이 운동의 기본적 논의는 전체적으로 보아 사회적 불평등에 대해 그럴듯한 논리적 설명을 형성하는 여섯 가지 명제로 구성된 집합으로 요약될 수 있다. 명제들은 다음과 같다.

1. 지위, 부, 권력에는 차이가 존재한다.
2. 이 차이는 상이한 본질적 능력, 특히 상이한 '지능'의 결과이다.
3. IQ 검사는 이 본질적 능력을 측정하는 수단이다.
4. 지능 차이는 주로 개인 사이의 유전적 차이의 결과이다.
5. 지능 차이는 유전적 차이의 결과이기 때문에, 능력 차이는 고정된 것이고 변화 불가능하다.
6. 개인 사이의 대부분의 능력 차이는 유전적인 것이기 때문에, 인종과 계급 사이의 차이는 또한 유전적이고 변화 불가능하다.

그 논의는 설명이 요구되는 의심할 바 없는 진리와 함께 시작하는데, 그 나머지는 사실적 오류와 기초 생물학에 대한 개념적 오해의 혼합체이다.

1905년 최초로 지능검사에 대한 저술을 출판한 알프레드 비네의 목적은 전적으로 양호했던 것으로 보인다. 비네 스스로가 착수한 실제적 문제는 당시 문제가 되었던 파리에서 정규 공공 교육을 통해 도움을 얻을 수 없었던 아이들을 확인하는 것을 돕는 데 이용할 수 있는 간단한 검사 절차를 고안하는 것이었다. 비네가 추론한, 그러한 아이들이 갖는 문제는 그들의 '지능'이 적절히 발달하는 데 실패했다는 점이었다. 지능검사는 진단 수단으로 이용되는 것이었다. 그 검사가 결핍된 지능을 갖고 있는 아이에게 행해졌을 때, 그다음 단계는 그 아이의 지능을 증가시키는 일이었다. 그것은 비네 견해에서는 '정신 정형외과학(mental orthopedics)' 내 적절한 과정과 함께 행할 수 있음이 틀림없다. 중요한 점은, 비네가 그의 검사는 그 아이의 몇몇 '고정된' 또는 '타고난' 특성의 척도라고 어느 한때라도 제안한 바 없다는 점이다. 한 개인의 지능은 논의할 수 없는 고정된 양이라고 단언한 이들에게, 비네의 응답은 명백하다. "우리는 이러한 잔인한 비관주의에 대해 항의하고 반대해야 한다."[3]

비네 검사의 기본적 원리는 이상하리만큼 단순하다. 검사를 받을 아이들이 모두 유사한 문화적 배경을 공유하고 있다는 가정과 함께 비네는 나이를 더 먹은 아이들은 더 어린 아이들이 할 수 없는 정신적 과업을 수행할 수 있다고 논의했다. 문제를 아주 단순하게 보면, 우리는 평균 세 살 먹은 이들이 달 이름을 암송할 수 있으리라고 기대하지는 않지만, 열 살 먹은 정상적인 이는 그렇게 할 수 있다고 기대한다. 따라서, 달을 암송할 수 없는 열 살 먹은 이는 아마도 그다지 영리하지는 못한 것이고, 한편 그렇게 할 수 있는 세 살 먹은 이는 아마도 매우 총명한 것이 될 것이다. 아주 단순히 말해서 비네가 했던 것은 아이들의 각 나이에 맞는 적절한 지적 과업의 집합을 짜 맞추는 것이었다. 예를 들면, 평균 여덟 살 먹은 이가 통과할 수 있는 그러나 평균 일곱 살 먹은 이에게는 너무 어렵고 평균 아홉 살 된 이에게는 너무나 쉬운 어떤 과업들이 있었다. 그들 과업은 8년의 '정신연령'을 정의했다. 한 아이의 지능은 그의 또는 그녀의 정신연령과 생활연령이 서로에 대해 지니게 되는 관계에 의존한다. 정신연령이 그의 또는 그녀의 생활연령보다 높은 아이는 '총명'했거나 속도가 빨랐고, 생활연령보다 정신연령이 낮은 아이는 '우둔'하거나 지체되었다. 물론 대부분의 아이에게 정신연령과 생활연령은 똑같다. 비네에게 만족스러웠던 것은 그의 검사로 측정한 학급에서 아이들의 정신연령이 어떤 아이들은 다소 '영리'했다는 교사의 판단과 상응하는 경향이 있다는 것이었다. 그것은 그다지 놀라운 것이 아닌데, 왜냐하면 대부분의 비네 검사는 학교 체계 안에서 강조된 재료 및 방법과 유사한 재료와 방법을 개입시켰기 때문이다. 한 아이가 그의 동년배보다 정신연령에서 두 살이나 처져 있을 때, 치료의 개재가 요구된다는 것은 비네에게 명백해 보였다. 두 사람의 벨기에 연구자가 연구 대상으로 삼았던 아이들이 비네에 의해 연구되었던 파리의 아이들보다 정신연령이 훨씬 높다고 보고했을 때, 비네는 벨기에 아이들이 사립학교를 다녔고 상층사회 계급 출신이었다는 점에 주목했다. 비네의 견해에서는 사립학교의 조그만 학급 규모, 이에 더하여 '교양 있는' 가정에서 주어진 교육의 종류로 벨기에 어린이들의 높은 지능을 설명할 수 있었다.

미국과 영국 두 나라에서 비네 검사의 번역자와 수입자는 하나의 공통된 이념, 비네의 것과는 극적으로 모순되는 한 이념을 공유하는 경향이 있었다. 그들은 지능검사가 유전적 계승에 의해 고정된 천성적인 그리고 변화 불가능한 양을 측정한다고 단언했다. 비네가 1911년 너무 일찍 죽었을 때, 골턴주의 우생학자들은 영어권 나라에서 정신검사 운동을 뚜렷이 통제하게 되었고 그들의 결정론적 원리들을 더 심하게 실행했다. 개인 사이에서뿐만 아니라 사회 계급 그리고 인종 사이에서 측정된 지능 차이는 이제 유전적 기원을 갖는다고 확언되었다. 즉, 검사는 교육자에게 도움을 주는 진단 수단으로 더 이상 여겨지지 않았고, 유전적으로(그리고 치료 불가능한) 결함이 있는 이들을, 그들의 통제되지 않은 번식이 "국가의 사회적·경제적·도덕적 안녕에 대한… 위협"4을 일으키는 이들을 판정할 수 있었다. 미국에서 루이스 터먼(Lewis Terman)이 1916년에 스탠퍼드-비네(Stanford-Binet) 검사를 도입했을 때 그는 다음과 같이 썼다.

낮은 지능 수준은 남서부의 스페인-인디언계 그리고 멕시코계 가족 사이에서 또한 흑인 사이에서 아주 일반적이다. 그들의 우둔함은 인종적인 것으로, 또는 적어도 그들의 우둔함이 발생되는 가족 혈통에 내재하는 것으로 보인다. …필자는… 일반 지능에서 엄청난 의미 있는 인종적 차이, 정신문화의 어떠한 구도에 의해서도 닦아 낼 수 없는 차이가 발견될 것이라고 예상한다.

이 집단의 아이들은 특수한 계급으로 분리되어야 한다. …그들은 추상적인 것을 익힐 수 없고, 종종 능력 있는 노동자가 될 수도 없다. …그들은 자식을 보통 많이 낳기 때문에 우생학적 관점에서 볼 때 중대한 문제를 만들고 있음에도 불구하고, 현재와 같은 설득력 있는 사회에서 그들이 생식하는 것을 허용하지 않을 가능성은 없다.[5]

터먼의 스탠퍼드-비네 검사는 기본적으로 프랑스에서 있었던 비네 검사의 항목을 번역한 것이었지만, 두 가지의 중요한 수정 내용을 담았다. 첫째, 성인의 지능을 측정한다고 이야기되는 일군의 항목은 상이한 연령의 아이를 측정하기 위한 항목도 담고 있었다. 둘째, 정신연령과 생활연령 사이의 비율인 '지능지수' 혹은 IQ가 이제는 정신연령에 대한 단순 진술을 대체하는 것으로 계산되었다. 명백한 함의는 유전자에 의해 고정된 IQ는 개인의 삶을 관철하여 변하지 않는다는 것이었다. '정신 수준의 고정된 특성'은 왜 어떤 사람은 부유하고 다른 이는 가난한가, 어떤 이는 고용되고 다른 이는 고용되지 않는가에 대한 이유로 비네 검사의 또 다른 번역자인 헨리 고더드(Henry Goddard)에 의해 1919년 프린스턴 대학교 강의에서 인용되었다. "이렇게 광범한 범위의 정신 용량을 갖고 있는데 사회적 평등 같은 것이 존재할 수 있는가? …세계의 부의 평등한 분배에 대해 말하자면, 그것도 똑같이 어리석은 일이다."[6]

영국에서 비네 검사의 번역자는 시릴 버트였는데, 그와 골턴주의 우생학과의 연결은 미국 번역자들보다 훨씬 더 심원했다. 버트의 아버지는 골턴을 치료했던 의사였고, 골턴의 강력한 천거는 버트가 영어권 세계 최초의 학교 심리학자로 임용되도록 촉진했다. 일찍이 1909년 버트는 옥스퍼드 읍에서 두 개의 아주 소규모 학동 집단에 대해 몇몇 조잡한 검사를 감독했다. 한 학교의 아이들은 왕립학회 펠로우 등과 같은 옥스퍼드 명사들의 아들들이었고 다른 학교의 아이들은 마을 보통 사람의 아들들이었다. 버트는 상류계급 출신이 다니는 학교 아이들은 검사를 더 잘 받았고 이는 지능이 유전된 것임을 증명하는 것이라고 주장했다. 1909년 ≪영국 심리학 회지(British

Journal of Psychology)》[7]에 실린 과학적으로 진술된 이 결론은 6년 전 그의 옥스퍼드 학부 시절 노트에 손으로 쓴 기재 사항에서 예견될 수 있는 것이었다. "가난한 이들—고질적 빈곤의 문제: 사회의 파멸을 강제적으로 억지하거나 그 밖에 그들 종의 전파를 막는 것 없이 사회문제의 해결 전망은 별로 없음."

버트는 1971년 그가 사망할 때까지 IQ 유전에 대한 우생학 연구를 계속했고, 왕으로부터 작위를 받았으며 미국심리학연합에서 수여하는 메달도 받았다. 그가 출판한 다량의 자료는 영국에서 '11세 시험' 제도를 수립하는 데 도움을 주었고, 전후 선별 교육체계와 연결되었다. 버트는 1947년 "지능은 학교에 있는 동안 그리고 그 이후로도 아이가 말하고 생각하고 일하거나 시도하는 모든 것에 개입된다. …만일 지능이 천성적인 것이라면 아이의 지능의 정도는 영구히 제한된다"고 썼다. 게다가 "용량은 명백히 내용을 제한해야 한다. 1파인트(pint) 물병이 1파인트 이상의 우유를 담는 것은 불가능하다. 그리고 한 아이가 그의 교육 용량이 허용하는 이상으로 더 높이 교육적 학식을 올리려는 것도 똑같이 불가능하다"[8]고 했다. 골턴주의자들의 손에서 비네 검사에 어떤 일이 벌어졌는가에 대해 더 이상 명백한 진술이 있어야 할 필요는 없다. 특수한 교육적 치료에 개입하려는 의도로 교육자들에게 경보하기 위해 고안된 검사가 이제는 '교육 가능 용량'을 측정하는 것으로 이야기되었다. 어떤 아이가 학교에서 공부를 잘 못하거나 어떤 성인이 고용되지 않았을 때, 그것은 유전적으로 열등하고 항상 그런 상태로 남아 있기 때문인 것이다.

실제로 IQ 검사는 미국과 영국에서 엄청난 숫자의 노동계급과 소수민족 아이들을 열등하고 막다른 교육적 진로로 따돌려 버리기 위해 이용되어 왔다.* 그러나 검사의 반동적 충격은 교실을 넘어서서 훨씬 확대되었다. 검사 운동은 미국에서 1907년에 시작되는 유전적으로 열등한 '타락자'를 목표로 하는 강제적 단종 법안의 가결과 명백히 연결되었다. 상이한 국가에서 범죄자·백치·저능자·간질 환자·강간범·정신이상자·상습 만취자·마약광·매독 환자·도덕적 및 성적 도착자·'병들고 타락한 사람'이 세분된 범주에 포함되었다. 1927년 미국 대법원에서 합법적으로 터놓고 선포된 단종 법안은 생물학적 결정론의 핵심 주장을 법률적 사실로서 수립한 것이다. 이 모든 퇴행적 특성은 유전자를 통해 전달된다. 1차 세계대전 동안 미국 육군 IQ 검사 프로그램이 남유럽과 동유럽에서 온 이민 사이에서 낮은 검사치를 나타냈을 때, 이는 '알프스 지방 사람(Alpines)'과 '지중해 지방 사람(Mediterraneans)'이 '북유럽 지방 사람(Nordics)'보다 유전적으로 열등함을 입증하는 것이라고 이야기되었다. 육군 IQ 자료는 대중에게 두드러진 것으로 보였고 1924년의 이민 조례에 대한 의회의 논란을 불러일으키게 했다. 이 공공연한 인종주의적 조례는 미국 이민정책의 특징으로 '국가 기원 할당' 체계를 수립한 것이다. 할당의 목적은 유전적으로 열등한 남유럽과 동유럽 사람들을 가능한 한 많이 명백히 배제하고 북유럽과 서유럽의 '북유럽 지방 사람' 이민을 장려하기 위한 것이었다. 이 이야기는 다른 문헌에서도 자세히 서술되어 왔다.[9]

오늘날 많은 (대부분은 아니라도) 심리학자가 다양한 인종 그리고/또는 종족 집단 사이의 IQ는 유전적 기초를 갖는 것으로 해석될 수 없다고 인식하고 있다. 인종과 인구 집단은 그들의 문화적 환경과 경험에서 유전자 풀(pool) 이상으로 다르다는 것은 명백한 사실이다. 따라서 집단들 사이의 평균값의 차이를 유전적 요소 탓으로 돌릴 이유는 없다. 특히 IQ 검사자가 물은 질문에 답하는 능력은 어떤 사람의 과거 경험에 크게 의존하는 것이 명백한 실정이기 때문이다. 그래서 1차 세계대전 동안 육군 알파검사는 폴란

---

* 미국 교육 체계 속의 '진로 만들기(tracking)'는 영국의 '흘러보내기(streaming)'와 다소 간 동의어라 하겠다.

드인·이탈리아인·유대인에게 스미드와 웨슨사가 만든 생산품을 판별하고 프로야구단의 별명을 알아맞히도록 물었던 것이다. 이민들은 영어를 할 줄 몰랐기 때문에 육군 베타검사는 '천성적 지능'의 '비언어적' 척도로 고안되었다. 그 검사는 이민들이 일군의 그림 각각에서 빠진 것이 무엇인지를 지적하라고 질문했다. 그림 집합은 네트가 없는 테니스 경기장 그림을 포함하고 있었다. 그러한 질문에 답하지 못했던 이민은 따라서 성인을 위한 그러한 검사를 고안한 테니스를 칠 줄 아는 심리학자들에게 유전적으로 열등한 것으로 보였다.

IQ 검사는 무엇을 측정하는가

우리는 IQ 검사가 '지능'을 측정한다는 것을 어떻게 알 수 있을까? 검사가 창조되었을 때 어쨌든 검사 결과가 비교될 수 있는 그 결과에 앞서 있는 표준이 존재해야 한다. 일반적으로 '머리가 좋다고' 생각되는 사람은 높이 평가되어야 하고 명백히 '머리가 나쁜' 사람은 나쁘게 평가되거나 검사 결과가 거부될 것이다. 비네의 원래 검사 및 그것이 미국에서 응용된 검사는 교사와 심리학자가 앞서 가지고 있던 지능 관념에 대응하기 위해 구성되었다. 특히 터먼과 버트에 의해 검사들은 수선되었고 표준화되어 학업 성취에 대한 일관된 예측 수단이 되었다. 예를 들어 소년과 소녀에 따라 구분된 검사 항목들은 검사가 그러한 구분을 한다는 것을 의미하지는 않았기 때문에 제거되었다. 그러나 사회 계급, 종족 집단 또는 인종 사이의 차이는 없앨 수가 없었는데, 왜냐하면 정확히 말해 검사들이 측정에서 의미를 갖는 것은 그 차이이기 때문이다.

현재 IQ 검사들은 형태와 내용에서 상당히 다양하며 그들 모두는 그들보다 더 오래된 표준들과 얼마나 잘 일치하느냐에 따라 유효성이 판단된다.

하나의 IQ 검사가 상품 품목으로 출판사에 의해 출판되고 배포되면 수십만 종의 복사판이 팔리게 된다는 점을 기억해야 한다. 광고에서 표현되는 것처럼, 그러한 검사가 팔리는 주요한 효용은 스탠퍼드-비네 검사 결과와 아주 훌륭히 일치한다는 점이다. 대부분 검사는 어휘·수리 추론·유비 추론·형태 인식을 결합한 것이다. 어떤 것은 특수하고 공공연한 문화적 대상으로 채워져 있다. 아이들은 영어 문헌에 나오는 인물을 판별할 것을 질문받는다("윌킨스 미코버는 누구였나?"). 집단 판단도 질문받는다("아래의 다섯 사람 가운데 목수·배관공·벽돌공과 가장 유사한 이는? 1) 우체부 2) 변호사 3) 화물차 운전기사 4) 의사 5) 화가"). 사회적으로 수용 가능한 행동에 대해 판단하라고 질문받는다("당신이 학교에 지각할 것임을 알았을 때 어떻게 해야 하는가?"). 사회적 인습에 대해 판단 내릴 것도 질문받는다(약간 흑인 같은 특징을 지닌 아가씨와 인형처럼 생긴 유럽 아가씨 사이에서 선택하게 되었을 때 "어느 쪽이 더 예쁜가?") 애매한 단어(땀나게 하는(sudorific), 극미인(極微人: homunculus), 일반 관중석(parterre))를 정의하는 것도 질문받는다. 물론 그러한 질문들에 대한 '올바른' 답은 학업 성취에 대한 훌륭한 예측자가 된다.

다른 검사는 '비언어적'이고 그림 설명이나 기하학적 형태 인식으로 구성되어 있다. 모든 것―그리고 대부분의 가장 특수하게 비언어적인 검사―은 권위에 의한 감독 아래서, 그리고 어떤 본성에 대한 모든 검사를 수반하는 보상이나 처벌을 함축하는 위협 아래서 내용 없고 맥락 없는 정신적 실행에 참여할 능력을 긴 시기에 걸쳐 배운, 검사받은 사람에 의존한다. 다시 말해 그 검사들은 학교 일의 내용과 환경을 모방하기 때문에 학업 성취를 필연적으로 예측한다는 것이다.

그렇다면 IQ 검사는 지능에 대한 어떠한 일반 이론의 원리로부터 고안된 것이 아니며 이어 사회적 성공에 대한 독자적 예측자임이 보여진 것도 아니다. 이와 반대로 IQ 검사는 학업 성취와 상호 관련시키기 위해 경험적으로 페어 맞추고 표준화한 것이며, 그 검사가 '지능'을 측정한다는 관념은 그 검사들을 타당케 하는 독립적 정당화와 관계가 없다. 진실로 우리는 불가사의한 성질인 '지능'이 무엇인지 모른다. 적어도 심리학자 보링(E. G. Boring)은 지능을 "지능검사가 측정하는 것"[10]으로 정의한 바 있다. 학교에서 어린이들이 어떻게 학업을 합리적으로 잘 수행할 것인지를 예측할 검사가 존재한다는 것은 경험적 사실이다. 이 검사들 자체가 '지능'의 척도라고 광고된다는 점이 우리로 하여금 그 검사들이 갖고 있는 더 많은 의미를 탐구하는 것을 현혹시켜서는 안 될 것이다.

행동 물상화하기

행동 측정 가능성은 바닥에 깔린 어떤 기본적 가정에 의존하는데, 이 가정들은 이제 명료화되어야 한다. 첫째, 측정할 어떤 특수한 '성질'을 절대적으로 또는 조작적으로 정의하는 것이 가능하다고 가정한다. 키와 같은 몇몇 성질은 그다지 문제가 되지 않는다. "당신의 키는 얼마나 됩니까?"라는 질문에 센티미터·피트·인치 등으로 답하는 것은 쉬운 일이다. 그러나 "당신은 얼마나 화가 났습니까?"와 같은 질문에 그렇게 쉽게 답하는 것은 불가능하다. 예를 들면 화는 주어진 검사 상황에서 실험자에 의해 질문받은 개인이 그의 코를 얻어맞았을 때 얼마나 자주 반응하느냐 하는 것으로 조작적으로 정의되어야 한다. 이것은 경박한 예가 아니다. 쥐의 '공격성'은 우리 속에 생쥐를 넣고 쥐가 생쥐를 죽이는 행동과 시간을 관찰함으로써 측정된다. 이는 문헌에서 때때로 '뮤리사이드적(muricidal)' 행동이라는 이름으로 기술되기도 하는데, 이는 아마도 실험자들이 진정으로 과학적인 어떤 것을 측정하는 일을 더욱 즐겁게 할 것이다. 이런 영역에서 연구는 보링의 순환성(Boring's circularity)을 강요받게 된다. 지능은 지능검사가 측정하는 것'이다'.

그러면 그 '성질'은 광범하게 상이한 상황 속에서 변화하는 개인 행동의 측면을 단지 반영하는 바닥에 놓여 있는 대상으로 취해진다. 따라서 '공격성'은 어떤 남자가 그의 아내를 때릴 때, 파업 반대자가 파업을 파괴할 때, 십 대들이 축구 경기가 끝나고 난동을 부릴 때, 검은 아프리카인이 그들의 식민 지배자에 대항해 싸울 때, 장군이 열핵(thermonuclear) 전쟁을 시작하는 버튼을 누를 때, 미국과 소련이 올림픽 경기에서 경쟁하거나 우주 경쟁을 할 때 개인이 표현하는 것이다. 바닥에 놓여 있는 성질은 쥐들의 뮤리사이드(muricide) 밑에 놓여 있는 것과 동일하다.

둘째, 그 성질을 개인에 고정되어 있는 속성으로 가정한다. 공격성과 지능은 어떤 상황에서 발생하는 그리고 그 상황의 관계들의 일부로서가 아니라 우리 각자의 내부에서 커지거나 꺼지는, 정의된 각각의 양의 저장체로서 존재한다. 생물학적 결정론자들은 도심의 저소득층 지역에서 발생하는 폭동을 개인들과 그들의 사회적 환경 및 경제적 환경과의 상호작용으로서 그리고 집단적 행동의 표현—따라서 사회현상으로—으로 보는 것 대신 도심 폭력을 공격성의 개인적 단위들의 단순한 합일 뿐인 것으로 정의한다. 마크와 어빈 같은 신경외과의들은 도심 빈민가 폭동을 일으키는 육체적 장애를 발견하고 치료하기 위한 연구 프로그램을 주장한다(7장을 볼 것).

따라서 동사가 명사로서 정의된다. 상호작용 과정은 개인의 내부에서 물상화되고 위치지어진다. 게다가 공격성과 같은 물상화된 동사는 재생적으로 측정될 수 없는 굳어진, 고정된 것으로 가정된다. 마치 키처럼 그 물상화된 동사는 날마다 많이 변하지는 않을 것이다. 실제로 그 물상화된 동사를 측정하기 위해 고안된 검사가 그러한 변화를 보여 준다면 그것은 형편없는 검사로 여겨지게 된다. 측정될 '성질'이 불안정하다는 것이 아니라 우리의 도구가 더 큰 정확성을 필요로 한다고 가정되는 것이다.

정신계측학과 표준에 대한 강박관념

정신검사 운동의 세 번째 그리고 결정적 전제는 물상화에 내재해 있다. 과정들이 개인의 속성이고 불변하는 객관적 규칙에 의해 측정될 수 있는 실제의 것이라면 그들을 파악할 수 있는 측정 척도가 있어야 한다. 그 척도는 어떤 방식으로 계량적이어야 하고 그 척도에 의거해 개인을 비교하는 것이 가능해야 한다. 한 사람이 100점의 공격성을 갖고 그다음 사람이 120점의 공격성을 갖고 있다면 두 번째 사람은 따라서 첫 번째 사람보다 20% 더 공격적이다. 이 논리가 갖는 결점을 명백히 해야 한다. 개인이 어떤 검사에서 임의의 점수를 기록하는 검사를 고안하는 것이 가능하다는 사실이 그 검사에 의해 측정될 성질이 실제로 계량적임을 의미하지는 않는다. 환상은 척도에 의해 제공된다. 키는 계량적이지만 예를 들어 색을 생각해 보자. 우리는 빨간색에서 파란색까지 색의 집합을 개인에게 내놓을 수 있고 그 색을 1(가장 빨간색)에서 10(가장 파란색)까지로 등급을 매기라고 할 수 있다. 그러나 이것이 2로 등급된 색이 1로 등급된 색보다 실제로 두 배나 푸르다는 것을 의미하지는 않는다. 차례를 표시하는 척도는 임의적인 것이다. 대부분의 정신계측 검사는 실질적으로 이런 종류의 차례를 표시한다. 한 쥐가 5분 동안 생쥐 10마리를 죽였다면 그리고 두 번째 쥐가 똑같은 시간 동안 12마리를 죽였다면, 이것은 두 번째 쥐가 첫 번째 쥐보다 20% 더 공격적임을 의미하는 것은 아니다. 한 학생이 어떤 시험에서 80점을 기록하고, 두 번째 학생이 40점을 기록했더라도, 이것이 첫 번째 학생이 두 번째 학생보다 두 배나 머리가 좋다는 것을 의미하지는 않는다.

척도 문제를 넘어서려는 것이나 위장하는 것은 정신계측학의 커다란 환상이다. 어떤 모집단에서 임의로 추출한 100명 또는 그 이상의 개인에 대한 키 분포를 구하면 개인마다 키가 다르고, 그 분포는 정규분포 혹은 종 모양 곡선처럼 될 것이다. 만일 하나의 척도에서 분할이 아주 미세하다면 —즉,

인치— 종 모양 곡선은 아주 넓게 될 것이다. 우리가 피트보다 더 작은 척도를 가지고 있지 않았다면, 우리는 가장 가까운 피트를 측정했을 것이고, 그 곡선은 바닥에서 훨씬 더 좁게 되었을 것이다. 서구 사회에서 엄청난 다수의 개인은 5피트와 6피트 사이의 측정값을 가졌을 것이다. 우리는 피트와 인치 사이의 관계를 알고 적절한 상황에서 하나의 척도를 다른 하나의 척도로 전환시킬 수 있으며, 우리가 꼭 맞는 신발 한 켤레를 찾고 있을 때나 최선의 크기로 문에 환기창을 만들 때처럼, 어느 척도를 언제 써야 할지를 알고 있지만, 공격성 또는 지능을 측정하는 상이한 방법 사이의 비교 가능한 관계가 무엇인지는 모른다. 어느 척도가 선택되는가는 어떤 이가 척도의 차이를 크게 하는 것을 원하느냐 혹은 작게 하는 것을 원하느냐에 의존하고, 그 결정은 정신계측학이 임의적으로 하는 것이다. '좋은' 척도는 모집단의 3분의 2가 전체 모집단 평균값의 15% 안에 들게 되는 것이—유명한 정규분포—라는 결정은 임의적인 것이지만 결정의 힘은 정신계측학자들이 그들의 척도를 이 표준에 만족될 때까지 잘라 내고 바꾼다는 점이다.

기존에 수립된 '표준'의 힘은 선형 척도를 따라 놓인 개인을 판단하는 데 이용된다는 점이다. 표준으로부터 벗어난 편차는 놀랍게 여겨진다. 자신의 아이가 어떤 행동 점수에서 두 배의 표준편차에 있다는 이야기를 들은 부모는 그 아이가 비정상적이며 정신계측학의 프로크로우스테스 침대에서 어떤 식으로든 조정을 받아야만 한다고 믿게 된다. 정신계측학의 모든 직업적 관련에 대해 말하자면, 무엇보다도 정신계측학은 주로 실제로 개인을 다른 이에 대해 짜 맞추고 그들을 일치하게 조정하려는 기도와 관련하는 순응주의 사회(conformist society)의 도구이다.

사회 표준에 일치시키려는 압력, 그리고 이 표준을 퍼뜨리고 강요하는 제도는 물론 모든 인간 사회의 특성이다. 선진 자본주의 사회에서 그리고 오늘날 소련이나 동유럽 국가와 같은 국가 자본주의 사회에서 표준은 건전한 이념적 무기가 되었고, 이는 헉슬리(Huxley)의 『용감한 신세계(Brave New

World)』와 오웰(Orwell)의 『1984년』에서 예견되었던 것이지만 통제하고 조작하기 위한 것이 아니고 조언하는 것만을 돕고자 희망할 뿐이라는 이들의 상냥한 언어로 위장되었다. 분명히 해 보자. 표준은 통계적 가공물이다. 그들은 생물학적 실재들이 아니다. 생물학이 종 모양 곡선에 위탁되지는 않는다.

사회적 성공의 예측자로서 IQ 검사

IQ 검사가 궁극적인 사회적 성공에 대한 훌륭한 예측자라는 주장은 쓸데없으며 오해하기 쉬운 의미를 제외하고라도 단순히 틀렸다. 어떤 이가 수입 혹은 사회학자들이 이야기하는 사회경제적 지위(socioeconomic status, SES)—수입·수학 햇수·직업의 조합—로 사회적 성공을 측정하면, 더 많은 수입을 올리는 사람이나 더 높은 SES를 가진 사람이 그들이 어린이였을 때 수입이 적고 SES가 낮은 사람보다 IQ 검사를 더 잘 받았을 것이라는 것은 참이다. 예를 들어 어린 시절 IQ가 모든 어린이 가운데 상위 10% 안에 들었던 이는 하위 10%에 속하는 IQ를 가졌던 아이보다 수입에서 상위 10%에 속하게 될 가능성이 50배나 큰 것이다. 그러나 이것이 진정으로 아주 흥미 있는 문제는 아니다. 우리가 진정으로 물어야 할 것은 다음과 같은 것이다. 높은 IQ를 가진 어린이가 **다른 모든 것이 똑같다면** 상위 10%의 수입을 올리게 될 가능성이 얼마나 더 커질까? 다른 말로 하면 서로 독립적으로 작용하지 않거나 서로 독립적으로 존재하지 않을 사건의 다중적이고 복잡한 원인이 존재한다는 것이다. A가 첫눈에는 B의 원인으로 보여도 A와 B는 둘 다 어떤 앞선 원인 C의 효과라는 더 깊이 있는 고찰이 때로 실제로 판명 난다. 예를 들어 세계적 기초 위에서 한 특수 국가에서 얼마나 많은 지방과 단백질이 소비되느냐 사이에는 강한 실증적 관계가 존재한다. 부유한 나라에서 각각은 많이 소비되고 가난한 나라에서는 거의 소비되지 않는다. 그러나 지방 소비는 단백질을 먹는 이유도 아니고 결과도 아닌 것이다. 둘 다는 얼마나 많은 돈을 음식에 소비해야 하느냐의 결과이다. 따라서 일인당 지방 소비가 통계적으로 단백질 소비에 대한 예측자가 될지라도 다른 모든 것이 똑같을 때도 예측자라는 것은 아니다. 똑같은 일인당 수입을 갖는 나라들은 평균 지방 소비 그리고 평균 단백질 소비 사이의 아무런 특수한 관계를 보여 주지 않는데, 왜냐하면 진정한 원인 변수인 수입이 나라 사이에서 변하고 있는 것은 아니기 때문이다.

이것이 바로 IQ 성취와 궁극적인 사회적 성공에 해당하는 정확한 상황이다. 그들은 함께 나아가는데 그것은 양자가 여타 원인의 결과이기 때문이다. 이것을 이해하기 위해 우리가 개인의 가족 배경과 수학 햇수를 계속 유지할 때, IQ가 얼마나 훌륭한 최종적인 사회적 성공의 예측자인가를 물을 수 있다. 이들을 일정하게 놓으면 IQ가 상위 10%에 속해 있는 아이는 가장 낮은 IQ 집단의 아이로서 수입의 상위 10%에 오를 기회의 50배가 아닌 단지 2배의 기회를 갖는다. 역으로 더욱 중요한 것은 그의 가족이 경제적 성공에서 상위 10%에 속하는 가정의 아이는 가장 가난한 10%에 속하는 가정의 아이보다 또한 상위에 오를 가능성이 25배나 더 큰데, 심지어 두 아이가 똑같은 평균 IQ를 가졌을 때도 그렇다.[11] IQ보다는 가정 배경이 어떤 개인이 평균수입 이상으로 높게 버는 것으로 끝나는 데 대한 압도적 이유이다. IQ 검사에서의 뛰어난 성취는 어떤 가족 환경의 단순한 반영일 뿐이고 일단 가족 환경이라는 변수가 고정되면 IQ는 경제적 성공에 대한 미약한 예측자가 될 뿐이다. 성공으로 이끄는 진정으로 본질적인 능력이 존재한다면 IQ 검사는 그것을 측정하는 것이 아니다. 만일 IQ 검사가 주장되는 본질적 지능을 측정한다면, 명민하게 태어나기보다는 부유하게 태어나는 것이 더 나은 것임은 명약관화하다.

IQ 유전 가능성

결정론 논의에서 그다음 단계는 개인 간 IQ 차이는 그들의 유전자 차이에 서 발생한다고 주장하는 것이다. 물론, 지능이 유전적이라는 관념은, 본질 적이고 불변하는 어떤 것의 측정에 관한 IQ 검사의 인정 때문에 IQ 검사 자 체 속에 더 깊이 수립되었다. 미국과 영국 정신검사 운동 최초의 시작부터 IQ는 생물학적으로 유전 가능하다고 가정되었던 것이다.

정신계측학자의 IQ에 대한 저술에 유전 가능성에 관한 유전학자들의 기 술적(技術的) 의미와 혼합되어 나타나는 '유전 가능'에 대한 일정한 오류적 의미들이 존재하고, 이러한 오류적 의미들은 유전 가능성의 결과에 대한 거 짓된 결론에 공헌했다. 첫 번째 오류는 유전자 자체가 지능을 결정한다는 것이다. IQ에 대해서나 다른 어떤 특성에 대해 유전자가 유기체를 결정한 다고 이야기할 수 없다. 양친으로부터 이어받은 유전자와 키·무게·대사율· 건강·그 밖의 여타 중요한 유기적 특성 사이에 일대일 대응 관계는 없다. 생물학에서 결정적 구별은 한 유기체의 **표현형** 사이에서 있는데, 표현형은 그 유기체의 형태학적·생리학적·행동적 속성과 유전자의 상태인 **유전형**의 총합을 의미하는 것으로 취할 수 있다. 유전되는 것은 유전형이지 표현형이 아니다. 유전형은 고정된 것이다. 표현형은 계속 발전하고 변화한다. 유기 체 자체는 모든 단계에서 환경의 어떤 역사적 이어짐 안에서 일어나는 발생 과정의 결과이다. 발생의 모든 순간에(그리고 발생은 죽을 때까지 계속된다) 그 다음 단계는 그 유기체의 현재 생물학적 상태의 한 결과이고, 이 상태는 유 전자와 유전자가 그것 자체를 발견하는 물질적이고 사회적인 환경을 포함 한다. 이것은 발생유전학의 첫 번째 원리를 포함한다. 즉, 모든 유기체는 생 명의 모든 단계에서 유전자와 환경 사이의 상호작용의 독특한 산물이다. 이 것은 생물학 교과서에 나오는 원리지만, 결정론적 저술에서 광범하게 무시 되어 왔다. 20세기 전반의 주도적 심리학자인 손다이크(E. L. Thorndike)는

"생명의 실제 경쟁에서, 생명은 앞서가는 것이 아니라 누군가를 앞서가는 것인데, 중요한 결정 요소는 유전성이다"[12]라고 썼다.

두 번째 오류—유전자가 실제 성장 결과를 결정하지 않는다고 인정한다 할지라도—는 유전자는 그 성장 결과가 갈 수 있는 유효 한계를 결정한다고 주장하는 것이다. 1파인트 이상의 우유를 담을 수 없다는 파인트 물통에 대한 버트의 은유는 용량의 결정자로서 유전자에 대한 이러한 견해의 정확한 상징이다. 유전적 용량이 크면 빈약한 환경에서 어떤 개체가 많은 능력을 보이지 않을지라도 좋은 환경에서 그 개체는 우수한 유기체가 될 것이라는 데로 논의가 이어진다. 그러나 유전적 용량이 빈약하면, 좋은 환경은 헛될 것이다. 유전자에 의한 유기체의 절대적 결정이라는 의미처럼, 유전적 '용량'에 대한 이 견해는 단순히 거짓이다. 차별적 전체 용량을 암시하는 유전자에 대한 우리의 지식에는 아무것도 없다. 물론, 이론 속에는, 말하자면 어떤 개체가 자랄 수 있는 **어떤** 최대 키 값이 있어야만 한다. 그러나 사실상 실제로 결코 도달될 수 없는 순수한 이론적 최대값과 개인 사이의 실제 편차 사이에는 아무런 관계도 없다. 실제 상태와 이론적 최대값 사이의 관계 결여는, 성장률과 성장의 최대값이 관련되지 않는다는 사실의 결과이다. 때로 가장 느리게 자라는 것이 가장 큰 크기에 도달하는 것이다. 유전적 유형 사이의 차이에 대한 적절한 기술은 어떤 가설적 '용량' 안에 있는 것이 아니라 환경적 상황의 어떤 특수한 사슬의 결과로서 그 유전형에 대해 발생하는 특수한 표현형 안에 존재한다.

표현형이 출생부터 성체에 이르기까지 유전형에 의해 직선적으로 발전하는 것은 물론 아니다. 어떤 유아의 '지능'은 그 유아가 성장해서 될 성인의 그것의 어떤 작은 퍼센트에 지나지 않는데, 마치 '파인트 물통'이 꾸준히 채워지는 것처럼 말이다. 자라나는 과정은 무능력으로부터 능력으로의 직선적 전진이 아니다. 새로 태어난 아이가 생존하기 위해서는 그가 나중에 될 성인의 작은 판인 것에 맞추는 것이 아니라 새로 태어난 아이임에 맞추어야 한다. 성장은 단지 정량적 과정이 아니며 예를 들면 단단한 음식을 빨거나 씹는 것 사이의 또는 감각운동 행위와 인지 행위 사이의 질(質) 변화가 존재한다. 그러나 그러한 전이는 결정론이 제공하는 등급 질서화된 우주관에서 용인되는 것이 아니다.

개체들로 이루어진 어떤 개체군에서 표현형의 총체적 변이는 두 가지 상호 작용하는 근원으로부터 생겨난다. 첫째, 똑같은 유전자를 가진 개체들은 상이한 발생 환경을 경험하기 때문에 표현형에서 여전히 서로 다르다. 둘째, 심지어 환경을 똑같이 배치한 상태에서도 평균적으로 서로 다른 개체군 속에 다양한 유전형이 존재한다. 어떤 개체의 표현형은 유전형과 환경의 분리된 기여에 의한 것으로 볼 수가 없는데, 그것은 그 둘이 유기체를 만드는 데서 상호 작용하기 때문이다. 그러나 그 개체군에서 어떤 표현형의 총체적 변이는, 상이한 유전형들의 평균 사이의 변이와 그 똑같은 유전형을 갖는 개체들 사이의 변이로 나뉠 수 없다. 상이한 유전형들 사이의 평균적 성취 사이의 변이는 그 개체군 속에서 특성의 (즉, 연구하고 있는 표현형의 측면—눈의 색깔, 키, 그 밖의 어떤 것 등등) **유전변이**(*genetic variance*)라 하는데, 똑같은 유전형을 갖는 개체들 사이의 변이는 그 개체군 속에서 특성의 **환경변이** (*environmental variance*)라 한다. 유전변이와 환경변이는 어떤 특성의 보편적 속성이 아니고 개체군이 특징지어지는 것에 의존하며 어떤 환경 집합 아래 있다는 점에 유의하는 것이 중요하다. 어떤 개체군은 한 특성에 대해 많은 유전변이를 가질 수 있고 어떤 것은 단지 약간의 유전변이를 가질 수 있다. 어떤 환경은 다른 환경보다 더욱 변화 가능하다.

유전학자들이 이해하는 기술적 의미에서 어떤 특성의 **유전 가능성**은 **유전변이**로 설명되는 어떤 개체군의 어떠한 특성의 모든 변화의 비율이다. 기호적으로 표현하면 다음과 같다.

$$\text{유전 가능성} = H = \frac{\text{유전변이}}{\text{유전변이} + \text{환경변이}}$$

유전 가능성이 100%라면 그 개체군의 변이의 모든 것은 유전된다. 유전형은 표현형으로는 다를 수 있겠으나, 똑같은 유전형을 갖는 개체들 사이의 발생적 변화는 없을 것이다. 유전 가능성이 0이면 모든 변화는 하나의 유전형 안의 개체들 사이에 있게 된다. 키, 몸무게, 생김새, 대사 활동, 행동 특성 등과 같은 특성은 모두 100% 이하의 유전 가능성을 갖는다. 말하는 특수 언어 또는 종교적 사회적 결연은 유전 가능성이 0이다. 생물학적 결정론자들의 주장은 IQ 유전 가능성이 약 80%라는 것이었다. 어떻게 그들은 이 수치에 도달하는 것일까?

IQ 유전 가능성 평가하기

모든 유전학 연구는 친족 유사성에 대한 연구이다. 어떤 특성이 유전 가능하다면, 즉 상이한 유전형이 상이한 평균적 성취를 갖게 된다면 친족은 친족이 아닌 것이 닮는 것보다 서로 더욱 가깝게 닮아야 한다. 왜냐하면, 친족은 공통 조상으로부터 유전자를 나누어 가졌기 때문이다. 형제와 자매는 아주머니나 조카보다 서로 닮아야 하고, 아주머니나 조카는 전적으로 관계가 없는 사람보다는 그래도 더 닮아야 한다. 정량적으로 변하는 사물 사이의 유사성에 대한 표준 척도는 그들의 **상관관계**(*correlation*)이며, 이것은 하나의 변수에 대해 큰 값이 해당하면 두 번째의 변수에 대해서도 큰 값이 해당하는, 작은 값은 작은 값과 공존하는 정도를 측정한다. 상관관계 계수 r은 완전한 긍정적 상관관계에 대해 +1.0의 값을 갖는 것으로부터, 아무런 상관관계가 없는 경우 0의 값을 가지며 완전한 부정적 상관관세에 내해서는

-1.0의 값을 갖는 데까지 변한다. 따라서 예를 들면 아버지의 수입과 아들의 수학 기간은 긍정적 상관관계가 있다. 평균적으로 부유한 아버지는 아이를 더 많이 교육시키고 가난한 아버지는 아이를 덜 교육시킨다. 상관관계가 완전한 것은 아닌데 그것은 몇몇 가난한 가족도 아이가 대학원 교육까지 받도록 하는 경우가 있기 때문이다. 그러나 여기에는 긍정적 상관관계가 존재한다. 이와 대조적으로 미국에서는 가족 수입과 연당 병원 응급실 이용 수치 사이에 부정적 상관관계가 존재한다. 수입이 낮을수록 의료 서비스로 가정의보다 응급실을 이용하게 될 가능성이 더 큰 것이다.

상관관계에 관한 한 가지 중요한 점은 상관관계는 두 가지가 어떻게 서로 다른가를 측정하지만 그들의 평균 수준이 어떻게 유사한가를 측정하지는 않는다는 점이다. 따라서 어머니와 아들의 키 사이의 상관관계는 어머니가 크면 클수록 아들도 더 크고 어머니가 작으면 작을수록 아들도 더 작다는 점에서 완전할 수도 있겠으나, 모든 아들이 어머니보다 더 클 수가 있다. 공변(共變: covariation)과 동일성은 같지 않다. IQ 유전 가능성에 대해 이러한 사실이 갖는 중요성과 그 의미는 상당하다. 아버지의 IQ가 96, 97, 98, 99, 100, 101, 102, 103이고 한편 출생 시부터 아버지로부터 떨어졌고 양부모에 의해 양육된 그들의 딸은 IQ가 각각 106, 107, 108, 108, 109, 110, 111, 112, 113을 갖는다고 가정해 보라. 아버지와 딸의 IQ 사이에는 완전한 대응이 존재하고 우리는 그 특성을 완전히 유전 가능한 것으로 파악할 수 있는데, 그것은 어떤 아버지의 IQ를 알면 우리는 오류 없이 딸의 IQ를 보고 누구의 딸인지를 판별할 수 있기 때문이다. 사실상, 상관관계는 r=+1.0이지만, 딸들은 IQ가 아버지들보다 10점이 높고 따라서 양아버지에 의해 양육된 경험이 강력한 효과를 갖는 것이다. 따라서 어떤 특성은 완전하게 유전 가능하다는 확언과 그것은 환경에 의해 근본적으로 변화될 수 있다는 확언 사이에 모순이 존재하지는 않는다. 우리가 보게 될 것이지만 이는 가설적 사례가 아니다.

둘째, 두 변수 사이의 상관관계는 인과관계에로의 믿을 만한 안내자가 아니다. 만일 A와 B가 상관되었다면 하나는 다른 하나의 원인이 될 수 있고, 그들은 어떤 공통 원인의 결과일 수가 있고, 혹은 그들은 전적으로 우연히 관련을 갖는 것일 수도 있다. 하루당 태운 담배의 개비 수는 흡연이 폐암의 원인이기 때문에 폐암에 걸릴 기회와 상관된다. 어떤 개인 가정의 마루 면적과 그 집에 살고 있는 이들의 평균연령은 긍정적으로 상관되어 있는데, 그것은 큰 집에서의 생활이 건강에 도움이 되기 때문이 아니라 두 특성은 똑같은 원인인 고소득의 결과이기 때문인 것이다. 핼리 혜성과 지구 사이의 거리와 연료 가격은 최근에 부정적으로 상관되어 있는데 하나가 감소하면 다른 하나는 증가되기 때문이지만 그것은 전적으로 독립된 이유에 대해 그러하다.

일반적으로 유전 가능성은 친족 사이의 어떤 속성의 상관으로부터 평가된다. 불행히도 인간 개체군에서 두 가지 중요한 상관관계의 근원들은 융합되어 있다. 친족은 유전자를 공유할 뿐만 아니라 환경을 공유하기 때문에 서로 닮는 것이다. 이는 실험 유기체에서 골치 아플 수 있는 문제인데, 여기서 유전적으로 관련된 개체들은 통제된 환경 속에서 양육될 수 있지만, 인간 가계는 쥐를 기르는 우리가 아니다. 양친과 자식은 그들이 유전자를 공유함은 물론 가족 환경, 사회 계급, 교육, 언어 등등을 공유하기 때문에 인척관계가 없는 사람보다 더 닮을 수가 있는 것이다. 이 문제를 풀기 위해서 인간유전학자들과 심리학자들은 가계에서 유전적 유사성과 환경적 유사성 사이의 유대를 파괴하는 것을 의미하는 특수한 상황이 갖는 이점을 취해 왔다.

첫 번째 상황은 입양(adoption)이다. 입양된 어린이의 특수한 성향은 심지어 그들이 생물학적 가족으로부터 분리되었더라도 생물학적 가족과 상관될까? 태어났을 때부터 분리된 일란성(즉, 단접의(monozygotic), 또는 한 개의 난자) 쌍둥이가 어떤 성향에서 서로 닮을까? 만일 그렇다면, 유전적 영향이 함축된다. 두 번째 상황은 환경은 일정한 것으로 유지하나 유전 관계를 변화시킨다. 일란성 쌍둥이는 이란성(즉, 복접의(dizygotic), 또는 두 개의 난자) 쌍둥이보다 더 닮는가? 한 가족의 두 생물학적 형제 또는 자매(혈족)는 한 가족에 입양된 두 아이보다 더 닮을까? 만일 그렇다면 유전자가 다시 함축된 것인데, 이론적으로 일란성 쌍둥이와 이란성 쌍둥이는 똑같은 환경적 유사성을 갖지만 유전적으로 똑같이 관련되지는 않기 때문이다.

이 두 가지 종류의 관찰에서 나타나는 어려움은 환경에 관한 바닥에 깔려 있는 가정이 참일 때만 이 관찰이 작용할 뿐이라는 점이다. 연구할 입양 연구에 대해 말해 보면, 입양 가족과 생물학적 가족 사이에 상관관계가 없다는 것은 참이어야 한다. 피입양자의 선택적 배치는 존재하지 않아야 한다. 일란성 및 이란성 쌍둥이의 경우 일란성 쌍둥이는 이란성 쌍둥이 이상으로 더욱 유사한 환경을 경험하지는 않는다는 것이 참이어야 한다. 우리가 보게되겠지만, 이러한 문제는 IQ 유전 가능성을 증명하려는 돌진 속에서 주로 무시되어 왔다.

유전 가능성을 평가하는 이론은 아주 잘 만들어져 있다. 신용할 만한 평가를 위해서 얼마나 큰 표본이 있어야 하는가는 잘 알려져 있다. 선택적 입양을 피하기 위한, 탐구자 쪽에 편향됨 없이 검사 수행의 객관적 척도를 얻으려는, 입양 가족의 비대표적 표본으로부터 생길 수 있는 통계적 인공물을 피하려는 관찰의 고안은 통계학과 정량유전학 교과서에서 잘 이루어져 있다. 실제로, 이 이론은 표준적인 방법론적 요구 조건에 엄격히 매달리지 않는 한 유전학 학술지에 연구 보고서를 출판할 수 없는 동물 사육자에 의해 계속적으로 실행되었다. IQ 유전 가능성에 대한 정신계측학적 관찰 기록은 두드러진 대조를 보인다. 부적절한 표본 크기, 편향된 주관적 판단, 선택적 입양, 소위 '분리된 쌍둥이'를 분리하는 데서의 실패, 환경의 유사성에 관한 근거 없고 검사되지 않은 가정은 모두 IQ 유전학 문헌에 나타나는 표준적 특성이다. 앞으로 살펴보겠지만 심지어는 덩어리가 크고 영향력이 있는 사기가 있어 왔다. 우리는 정신계측학적인 유전적 관찰 상태에 대해 어떠한 자세한 비판을 할 것인데―이는 이러한 작업이 단지 IQ의 실제적 유전 가능성에 대한 질문을 불러오기 때문이 아니라, 왜 과학적 증명과 신뢰성은 돼지의 유전학보다 인간유전학에서 그렇게 철저히 달라야 하는가에 대한 훨씬 더 중요한 논점을 제기하기 때문이다. 그 어떤 것도 어떻게 과학적 방법론과 결론이 이념적 목적에 꼭 맞도록 형성되는지를 IQ 유전 가능성에 대한 슬픈 이야기만큼 더욱 명백히 보여 주지 않는다.

시릴 버트 추문

이제까지 IQ의 유전적 결정에 대한 가장 명백한 증거는 만년의 시릴 버트 경의 생애에 걸친 육중한 저작이었다. 1969년 아더 젠슨은 버트의 저작을 IQ 유전 가능성을 평가하는 "가장 만족스러운 기도"로 아주 적절히 언급했다. 버트가 죽었을 때, 젠슨은 그를 "타고난 귀족"이며, 그의 "이 분야에서 다른 어떤 탐구자가 모았던 것보다 더 크고, 더욱 대표성을 띠는 표본은 과학사에서 그의 자리"[13]를 확보해 줄 것이라고 언급했다. 한스 아이젠크는 "그의 연구에서 고안과 통계적 처리의 탁월한 성질"을 인용하면서 자신이 버트의 저작에 "더욱 비중 있게"[14] 의존했다고 기술했다.

버트의 자료는 아주 좋은 수많은 이유 때문에 매우 인상적으로 보였다. 첫째, 적어도 이론적으로 어떤 특성의 유전 가능한 기초를 증명하는 가장 간단한 길 가운데 하나는 분리된 일란성 쌍둥이를 연구하는 것이다. 분리된 쌍둥이는 동일한 유전자를 갖고, 어떠한 공통적 환경도 공유하지 않는 것으로 가정된다. 따라서 만일 그들이 어떤 점에서 두드러지게 닮는다면, 그 닮음은 그들이 공유하는 유일한 것에 기인해야 한다. 그것은 그들의 유전자이다. 기존에 보고된 분리된 일란성 쌍둥이에 대한 가장 큰 IQ 연구는 소문으로는 53쌍의 쌍둥이에 기반했다는 시릴 버트의 연구였다. 버트에 의해 보고된 분리된 쌍둥이 쌍들의 IQ 상관관계는 두드러지게 높았고, 분리된 쌍둥이에 대한 세 가지의 다른 연구에서 보고된 것보다 더 그러했다. 그러나 버트의 연구의 가장 중요한 측면은 그만이 분리된 쌍둥이 쌍이 양육된 환경의 유사성을 정량적으로 측정할 수 있었다는 것이다. 버트에 의해 보고된 이 믿을 수 없고 (편리한) 결과는 분리된 쌍의 환경 사이에 전혀 상관관계가 존재하지 않는다는 것이었다.

게다가, 유전적 모형을 IQ 자료에 맞추기 위해서는 상당한 숫자의 친족 유형—어떤 것은 가깝고 어떤 것은 그다지 가깝지 않은—에 대한 IQ 상관관계가 어떠한지를 알아야 하는 것이 필요하다. 버트는 똑같은 개체군에서 모든 정도의 가까움을 갖는 생물학적 친족의 전 범위에 대해 똑같은 IQ 검사를 할 것을 주장한, 역사에서 유일한 탐구자이다. 사실상 친족의 어떤 유형(조부모-손자, 아저씨-조카, 육촌 관계 쌍)에 대해 버트에 의해 보고된 IQ 상관관계는 일찍이 보고된 것 가운데 **유일한** 그러한 상관관계였다. 모든 친족 유형에 대해 버트가 얻은 상관관계는 IQ가 유전자에 의해 거의 전적으로 결정될 때 기대되는 값에 놀라울 정도로 정확하게 부합했다.

있는 그대로의 사실은, 아주 중요한 역할을 한 버트의 자료가 참으로 언어도단적이고 의심스러운 방식으로 보고되었고 출판되었다는 점이다. 버트의 주장을 받아들이기 어렵다는 것은 어떤 합리적 경각으로 그리고 양심적인 과학적 독자에 의해 즉시 주목받아야 했다. 시작부터 버트는 어떻게, 언제, 어디서 그의 '자료'를 수집했는가에 대해 가장 기본적인 기술조차 결코 제시한 바 없다. 과학적 보고의 정상적 규범은 버트와 그의 논문들을 출판한 학술지들에 의해 전적으로 무시되었다. 그는 그가 필경 밝혀지지 않은 수많은 친족의 쌍에 대해 수행했다는 'IQ 검사'에 대해 결코 확실히 하지 않았다. 그의 많은 논문에서 심지어 그의 가정된 친족의 표본 크기조차 보고되지 않았다. 상관관계는 자세히 밑받침해 주는 자세한 내용 없이 제시되었다. 친족 사이의 여러 상관을 처음으로 보고한 1943년의 논문은 절차적 세

부사항에 다음과 같은 언급을 했을 뿐이다. "탐구 가운데 몇몇은 LCC 보고 서나 그 밖의 곳에 실렸던 것이다. 그러나 대다수는 타자한 비망록 또는 학위논문에 묻혀 있었다."[15] 보통 양심적인 과학자라면 관심을 갖는 독자에게 그렇게 무관심하게 일차 자료와 문헌을 언급하지는 않는다. 독자는 런던시의회(London County Council) 보고서, 버트가 번뜩이듯 언급한 타자한 비망록, 혹은 학위논문의 어떤 것도 결코 명백히 밝혀지지 않았다는 사실에 놀라서는 안 된다.

버트가 그의 절차에 관해 특수한 진술을 했을 때, 아주 몇 개의 경우가 그의 글을 읽었던 이들에게 약간의 의혹을 불러일으켰을 뿐이다. 예를 들어 1955년의 한 논문에서 버트는 양친-아이, 조부모-손자, 아저씨-조카 등등 사이의 IQ 검사 결과를 얻었던 절차를 기술했다. 어린이에 대한 IQ 자료는 학교에서 수행된 특기되지 않은 IQ 검사 결과를(교사의 논평을 근거로) 수정함으로써 추정적으로 얻어진 것이다. 그러나 버트는 어떻게 성인에 대한 'IQ들'을 얻었을까? 그는 다음과 같이 썼다. "부모에 대한 평가를 위해 우리는 주로 개인적 면접에 의존했다. 그러나 의심스럽거나 불명확한 사례에서는 개방된 혹은 위장된 검사가 채용되었다."[16] 즉, 성인들의 'IQ들'을 측정하는 데서 버트는 어떤 객관적이고 표준화된 IQ 검사가 수행되어야 했다고 주장조차 하지 않았다. IQ는 면접하는 동안에 추측되었다고 이야기되었다! 런던의 조부모와 한담하는 사이에 '위장된' IQ 검사를 수행했던 버트 교수의 쇼는 과학의 재료가 아니라 광대극의 재료이다. 그러나 이렇게 주장된 기초에 관해 버트가 보고한 상관관계는 심리학, 유전학 또는 교육학 교과서 속에서 엄격한 과학적 진리로서 상례적으로 표현되었다. 젠슨 교수는 버트의 업적을 IQ 유전 가능성을 평가하는 "가장 만족스러운 기도"로 정확하게 언급했다. 버트의 절차가 공개적으로 비판되었을 때, 아이젠크는 버트를 옹호하여 다음과 같이 쓸 수가 있었다. "나는 현대 노동자는 그의 예를 따르리라고 희망할 수 있을 따름이다."[17]

과학자 사회에서 버트 주장의 붕괴는 출판된 버트의 논문 속의 몇몇 수치의 불가능성에 주의가 기울여졌을 때 시작되었다.[18] 예를 들면 버트는 1955년 21쌍의 분리된 쌍둥이를 연구했다고 주장했고, 이름이 밝혀지지 않은 집단에 대한 IQ 검사에 대해 그들의 IQ 상관관계는 0.771이라고 보고했다. 1958년까지 쌍의 수는 '서른 쌍 이상'으로 증가되었다. 놀랍게도 IQ 상관관계는 정확하게 0.771로 남아 있었다. 표본 크기가 53쌍까지 증가되었던 1966년까지 상관관계는 여전히 정확하게도 0.771이었다! 소수점 셋째 자리까지 파악된 IQ 상관의 이러한 놀랄 만한 경향은 또한 분리되지 않은 일란성 쌍둥이에 대해서도 그러했다. 표본 크기가 시간과 더불어 앞으로 나가면서 증가함에 따라 상관관계는 변화하는 데 실패했다. 소수점 세 번째 자리까지 똑같은 값은 표본의 크기가 시간에 따라 증가했는데도(또는 어떤 경우 감소함에도) 버트에 의해 출판된 다른 유형의 친족에 대한 상관관계에 대해서도 참이었다. 이들 및 다른 특성은 최소한에서라도 버트의 자료 및 주장된 결과들을 심각한 것으로 취할 수는 없음을 지적해 주었다. 1974년 우리 중 한 사람이 버트의 작업을 검토한 후 결론 내린 것처럼 말이다. "버트 교수에 의해 남겨진 숫자에 우리의 현재의 과학적 주의를 기울일 가치는 단순히 없다."[19]

버트의 과학적 노출은 젠슨 교수로 하여금 활발한 전향을 하도록 재촉했다. 2년 더 일찍이 젠슨은 버트를 타고난 귀족으로, 버트의 크고 대표성을 띠는 표본은 과학사에서 그의 위치를 확실하게 해 주었다고 기술했다. 그러나 1974년 젠슨은 비판가들이 이미 문서화했던 어리석음을 인용한 후에 버트의 상관관계는 "가설검정에 쓸모없다"―말하자면 가치가 없다―고 썼다.[20] 그러나 젠슨은 버트의 저작은 단지 부주의해서 그렇지 사기성이 있었던 것은 아니라고 주장했다. 또한 버트의 자료를 제거하는 것이 실질적으로 IQ의 높은 유전 가능성을 증명하는 증거가 갖는 무게를 축소시키지는 않는다고 주장했다. 이러한 믿을 수 없는 주장은 그럼에도 불구하고 버트의 노력

이 IQ의 유전 가능성을 계산하는 "가장 만족스러운 기도"라는 앞서의 젠슨의 주장이 되어 버렸다.[21]

버트의 자료에 관한 논의는 런던 ≪선데이 타임스(Sunday Times)≫ 의학 투고자인 올리버 길리(Oliver Gillie)가 아니었더라면 신중한 학문적인 일로 남아 있었을 것이고 버트의 사기에 대한 질문 주위에서 발끝으로 걸으면서 소리를 죽여야 했을 것이다. 길리는 버트의 연구 동료인 콘웨이(Conway) 양과 하워드(Howard) 양을 찾아내려 했는데, 그들은 추정컨대 버트가 편집한 심리학 학술지에 논문을 출판했을 것이다. 버트에 따르면 그들은 분리된 일란성 쌍둥이에 대한 IQ 검사, 다른 유형의 친족에 대한 검사, 버트가 출판한 자료 분석의 많은 부분에 책임이 있었다. 그러나 길리는 이들 연구 동료의 존재에 대한 어떠한 문서 기록도 절대적으로 밝힐 수가 없었다. 그들은 버트의 가장 가까운 공동 연구자에게 보여지지도 않았고 전적으로 알려지지 않았다. 가정부가 버트에게 그들에 관해 물었을 때, 버트는 그들이 뉴질랜드로 이민 갔다고 이야기했으나, 버트의 출판된 논문에 따르면 이때는 그들이 영국에서 쌍둥이를 검사하고 있기 **전의** 시기였다. 버트의 비서는 버트가 때때로 콘웨이나 하워드가 서명한 논문들을 썼다고 지적했다. 이러한 사실은 1976년 길리로 하여금 일면 기사에 콘웨이와 하워드는 결코 존재하지 않았다고 제안하게 했다.[22] 이 기사는 버트가 주요한 과학적 사기를 쳤다고 버트의 죄과를 비난했는데, 이 혐의는 지금은 그들 스스로 저명한 정신계측학자가 된 과거에 버트의 학생이었던 앨런 클락(Allan Clarke)과 앤 클락(Ann Clarke)에 의해 지지되었다.

버트의 사기의 공적 노출은 노골적 유전론자의 신경을 자극한 것으로 보인다. 젠슨 교수는 다음과 같이 썼다. "버트에 대한 공격은 인간의 정신적 능력에 대한 유전학 연구라는 커다란 몸체를 전적으로 불신하게끔 고안되었다. 이 논쟁에서 우리가 알게 된 필사적인 초토 전술적 비판 스타일은 '사기'와 '속임'이라는 혐의와 더불어 궁극적으로 한계를 넘어가 버렸고 버트는 여기서 더 이상 그러한 근거 없는 명예훼손에 대항하는 보장된 합법적 행동을… 취할 수 없게 되었다."23 아이젠크 교수는 버트는 "그의 봉사 때문에 작위를 받았다"고 그리고 그에 반대하는 혐의는 "머카시즘(McCarthysm), 악명 높은 중상 캠페인, 인신공격으로 알려지곤 하던 것의 바람"24을 포함했다고 지적하면서 이에 가세했다.

버트에 대한 비판자들을 공격하여 버트를 옹호하려는 기도는 곧 붕괴되었다. 버트에 대한 기념 의식에서 그를 숭배하는 레슬리 헌쇼(Leslie Hearnshow) 교수가 그를 기렸고, 1971년 그가 저명한 버트의 전기를 쓸 수 있도록 그리고 버트의 개인 논문들과 일기를 자유롭고 유용하게 쓸 수 있도록 버트의 누이가 위임해 줄 것을 촉구했다. 사기 혐의가 폭발했을 때, 헌쇼는 영국심리학회 ≪회보(Bulletin)≫에 글을 써서 그가 유용한 모든 증거를 평가할 것이라고 지적했고 버트에 대한 비판가들의 혐의는 쉽게 기각될 수는 없을 것이라고 경고했다. 이러한 경고는 버트에 대한 더욱 호전적 옹호자들의 목소리를 죽이도록 한 것으로 보인다. 그리하여 아이젠크는 1978년 버트에 대하여 다음과 같이 썼다. "적어도 한때 그는 그의 논문 가운데 하나에 인용하려는 목적으로, 사실은 쓰여진 것이 결코 아니었으면서도 그의 학생 가운데 하나가 쓴 것이라는 한 논문을 발명해 냈다. 그때 나는 이것을 건망증으로 해석했다."25

1979년에 출판된 헌쇼가 쓴 전기는 버트의 대대적 날조에 대한 질질 끌어온 어떠한 의혹을 정지시켰다.26 헌쇼가 한 고통스러운 조사와 탐구는 콘웨이 양이나 하워드 양 혹은 어떤 분리된 쌍둥이의 어떠한 실질적 흔적을 밝히는 데 실패했다. 버트의 자료를 탐색한 통신자들에 대해 버트가 쓴 대답에는 수많은 부정직, 속임, 모순의 예가 존재했다. 주정컨대 대부분의 분리된 쌍둥이가 연구되었을 때인, 그의 생애 마지막 30년 동안 버트는 아무런 자료도 수집하지 않았다는 것은 근거가 명백히 해 준다. 아주 마지못해 하면서 헌쇼는 버트를 비판하는 이들이 제기한 혐의는 "본질적 부분에서 유효하다"고 결론 내리지 않을 수 없다는 것을 알게 되었다. 그 근거는 버트가 '날조된 수치들'을 가졌으며 '반증되었다'고 증명해 주었다. IQ 유전 가능성에 대한 버트의 모든 '자료'는 그것이 무엇이든 버려야 한다는 것에 이제는 아무런 의혹도 없다. 이들 믿을 수 없을 정도로 깨끗한 '자료'의 패배는 실질적 IQ 유전 가능성이 증명되었다는 주장을 파괴시켜 온 것이다.

그러나 버트의 명백한 사기적 자료가 그렇게 오랫동안, 그렇게 무비판적으로 그 분야의 '전문가들'에 의해 받아들여졌다는 부가적 사실을 가지고 우리가 하고자 하는 것은 무엇인가? 아마도 버트 사건에서 이끌어 낼 수 있는 가장 명백한 교훈은 ≪영국심리학회지≫에 실린 헌쇼가 쓴 전기에 대한 비평 논문에서 매킨토시(N. J. Mackintosh)가 쓴 것이었다.

사기에 대한 질문은 무시하고, 그 일에 대한 사실은 IQ에 대한 그의 자료들은 과학적으로 수용 불가능하다는 결정적 근거는 버트의 일기나 서신에 대한 어떠한 조사에도 의존하지 않는다는 점이다. 그것은 자료 자체에서 발견될 것이다. 그 근거는… 1961년에 있었다. 실제로 그 근거는 1958년에 그것을 본 어떤 사람에게도 문제가 없었다. 그리고 그것은 카민(Kamin)이 버트가 그의 자료를 전적으로 부적절하게 보고했었다는 것과 그의 상관관계 계수의 불가능한 일관성을 처음으로 지적했을 때인 1972년까지 보이지 않던 것이다. 그때에 이르기까지 그 자료는 IQ 유전 가능성에 대한 가장 판별력 있는 자료로서 존경과 더불어 인용되었다. "단순히 현재의 과학적 주의를 기울일 가치가 없는… 수들이… 거의 모든 심리학 교재에 들어가 있어야 했다"는 것은 더 넓은 학문 공동체에 대한 슬픈 비평이다.[27]

우리는 버트의 자료의 무비판적 수용을 이상한 혹은 설명할 수 없는 '더 넓은 학문 공동체에 대한 슬픈 비평'으로 보지는 않는다. 버트에 의한 그리고 학문 공동체에 의해 부지불식간에 전파된 사기는 중요한 사회적 목적에 봉사했다. 헌쇼 교수가 쓴 전기는 버트의 개인 심리에 대해 왜 그가 그러한 사기를 치게 되었는가를 묻는 탐구를 함으로써 정신계측학의 체면을 본질적으로 구해 냈다. 더 이상 귀족도 아니고 이제는 쇠약하게 하는 그리고 정신의학적으로 괴로움을 주는 질병의 희생자인 버트는 정신계측학의 썩은 사과가 되어 버렸다. 1980년에 이르러 영국심리학회가 "버트에 대한 대차대조표"[28] 작성을 준비했을 때, 그 지위의 종결이 있었다. 버트의 퇴진에도 불구하고 정신계측학의 고참자들은 지능의 유전 가능성을 옹호해 주는 남아 있는 근거가 강력하다고 되풀이했다. IQ 이념의 사회적 기능은 여전히 지배적이었다.

분리된 일란성 쌍둥이

끝난 버트의 연구와 더불어, 분리된 쌍둥이에 대한 세 가지 연구가 사실은 보고되었다. 영국의 실즈(Shields)의 가장 커다란 연구는 IQ 상관관계가 0.77이라고 보고했다.[29] 뉴먼(Newman)·프리먼(Freeman)·홀징어(Holzinger)의 미국에서의 연구는 상관관계가 0.67이라고 밝혔고,[30] 네덜란드에서 율-닐슨(Juel-Nielsen)의 소규모 연구는 상관관계가 0.62라고 이야기했다.[31] 이 액면 값을 취하면 이들 연구는 IQ의 실질적 유전 가능성을 제안하는 것이 된다. 그러나 왜 그 상관관계를 액면 값 그대로 받아들일 수 없는가에 대해 많은 이유가 존재한다.

처음부터 심리학자들이 연구한 '분리된' 쌍둥이 표본은 굉장히 편향되어야 했다는 점은 명백하다. 추정컨대 출생 때부터 분리된 그리고 서로 다른 이의 존재를 모르는 몇몇 쌍둥이가 존재한다. 이들 진정으로 분리된 쌍둥이가 연구 대상으로 지원하라는 분리된 쌍둥이 연구자들의 호소에 반응할 수는 물론 없다. 예를 들어 실즈의 연구는 연구 주제 대상을 텔레비전 호소를 이용하여 연구했다. 이런 방식으로 파악된 '분리된' 쌍둥이들은 실제로 27쌍이었고 그 안에서 두 쌍둥이는 똑같은 생물학적 가족의 분지와 관계되어 양육되어 왔다. 그 두 쌍둥이가 아무런 친족 관계가 없는 가족 속에서 양육된 경우는 단지 13쌍뿐이었다. 가장 흔한 형태는 쌍둥이 중 하나는 생물학적 어머니가 기르고 다른 한 아이는 외할머니나 이모나 고모 등이 양육한 경우였다.

거친 자료로부터 똑같은 가족 그물 속에서 양육된 27쌍 쌍둥이의 IQ 상관관계는 0.83으로 계산될 수 있고, 이는 친족 관계가 없는 가족 속에서 양육된 13쌍에 대한 상관관계 0.51보다는 의미심장하게 더 높은 것이다. 이러한 중요한 차이는 명백한 환경적 효과이다. 각 쌍둥이 쌍은 유전적으로 동일했다는 점을 상기해 보라. 그 자료는 똑같은 가족 그물에서 양육된 유전적으로 동일한, 따라서 유사한 환경적 경험을 공유하는 쌍둥이는 친족 관계가 없는 가족 속에서 양육된 똑같은 유전자를 가진 쌍둥이보다 훨씬 더 닮는다는 것을 명확히 해 준다. 더 나아가 관계없는 가족 속에서 길러진 쌍둥이 사이에서 관찰된 0.51이라는 상관관계가 IQ의 어떤 유전 가능성에 대한 모호하지 않은 증거라고 가정되어서는 안 된다. 심지어 친족 관계가 없는 가족 속에서 길러진 쌍 사이에서조차 가장 흔한 형태는 한 쌍둥이 중 하나를 어머니가 기르고 다른 하나는 가까운 가족 일동의 친구에 의해 길러지는 것이었다. 따라서 실즈의 어떤 쌍둥이도 아주 다른 사회 환경 속에서 양육되었다고 가정할 이유가 없는 것이다. 우리가 날 때부터 분리되었고 영국 사회에서 제공된 전체 입양 환경 범위 속에서 임의로 선택된 두 가족 속에 들어간 한 쌍의 일란성 쌍둥이의 상관관계가 어떠한지를 알 길은 없으나, 그러한 공상 과학적 실험 속에서 발견되는 상관관계는 0.51보다 상당히 작을 것이고, 그것은 사실상 0일 것이라고 연역할 수는 있다.

분리된 쌍둥이 연구에 대한 지식을 교과서에서 이차적 설명에서 얻었을 뿐인 독자는 원래 탐구자들의 눈으로 볼 때 무엇이 '분리된' 쌍둥이를 구성하는 것인가에 대해 거의 생각을 가질 수 없을 것이다. 예를 들어 실즈의 연구에서 분리된 쌍둥이에 포함되려면 두 쌍둥이는 유년 시절에 적어도 5년은 상이한 가정에서 양육되어 왔어야 한다는 것만이 필요했다. 실즈의 사례사(事例史)에서 취한 다음의 예들은 계몽적이다.

제시(Jessie)와 위니프리드(Winifred)는 세 달 되었을 때에 분리되어 자라왔다. "서로 수백 야드 떨어져서 양육되었고, …다섯 살에 학교에서 서로 끌리게 되었고, 그들이 스스로 자신들이 쌍둥이임을 알아 버린 뒤에, 그들이 쌍둥이었다고 이야기했다. …이들은 꽤 많이 함께 놀았다. …제시는 종종 위니프리드와 차를 마시러 간다. …그들은 결코 떨어지지 않았고, 같은 책상에 앉아 있기를 원했다.…" 아이러니하게도 '분리된' 쌍둥이에 대한 문서화된 사례들을 절반 이상 공급했던 그 탐구자는 여기서 여덟 살 먹은 분리된 쌍둥이가 "결코 떨어져 있지 않았다"는 것을 우리에게 알려 주고 있다. IQ 학자들이 이야기하는 '분리된'이라는 단어의 기술적(技術的) 사용은 보통 사람들이 그 똑같은 단어를 사용할 때와 다르다. 또한 제시와 위니프리드는 친족 관계가 없는 가족에 의해 양육되었다는 것에 주목할 수가 있다. 아마도 친족 관계가 있는 가족에 의해 길러진 어떤 한 쌍의 쌍둥이는 훨씬 덜 분리되었을 것이다.

버트럼(Bertram)과 크리스토퍼(Christopher)는 낳자마자 분리되었다. "고모들이 쌍둥이를 하나씩 가져가기로 했고 똑같은 잉글랜드 중부 채탄 마을에서 서로 이웃집에 살면서 친하게 키웠다. …한편 그들은 서로 상대방 집에 계속 들락날락했다." 오데트(Odette)와 패니(Fanny)는 세 살에서 여덟 살 사이에만 떨어져 있었다. 그 기간 동안 그들은 여섯 달마다 장소를 바꾸었는데 하나가 어머니에게 있으면 다른 하나는 외할머니와 있게 되었다. 벤저민(Benjamin)과 로널드(Ronald)는 "동일한 과수원 마을에서 양육되었는데, 벤은 그의 부모가 그리고 론은 할머니가 길렀다. …그들은 함께 학교에 있었다. 그들은 같은 마을에서 계속 살았다." 그 쌍둥이들은 그들이 실즈에게

IQ 검사를 받으려고 런던에 갔을 때 쉰두 살이었다. 최종적으로 "나서부터 다섯 살까지 떨어져 있었고" 그다음에 "함께 국민학교에 들어간" 나이 오십이 된 조애너(Joana)와 이저벨(Isabel)을 생각해 보라.

만일 쌍둥이가 양육된 환경 사이에 체계적 유사성이 거의 없거나 전혀 없다고 가정될 수 있다면 분리된 일란성 쌍둥이에 대한 연구는 이론적 가치가 있을 수 있다. 자세한 어떤 것을 제시하지 않고도 버트 교수는 그의 신화적인 분리된 쌍의 환경 사이에 **아무런** 상관관계가 존재하지 않는다는 것을 실제로 보고할 수 있었다. 그러나 실즈에 의한 실생활 사례연구들은 실제 세계에서 소위 분리된 쌍둥이들의 환경은 깊이 상관되었다는 것을 명백히 해 준다. 그 사실만으로도 IQ 유전 가능성을 증명하려는 기도를 갖는 그러한 연구는 실질적으로 가치가 없게 된다.

깊이 상관된 환경이라는 치명적 결함은 분리된 쌍둥이에 대한 세 가지 연구에서 모두 명백하다. 따라서 뉴먼 등등의 열아홉 쌍둥이에 대한 미국에서의 연구에서 케니스(Keneth)와 제리(Jerry)는 상이한 두 가족에 의해 입양되었다. 케니스의 양아버지는 "아주 조금 배운 한 도시의 소방수"였다. 이와 대조적으로 제리의 양아버지는 "4학년까지 배웠을 뿐인 한 도시의 소방수"였다. 두 소년은 그들의 아버지가 근무했으나 "그 사실을 의식하지 못했던" 같은 도시에서 다섯 살부터 일곱 살까지 살았다. 뉴먼 등등이 연구한 다른 쌍인 해럴드(Harold)와 홀든(Holden)은 한 가족의 인척에 의해 각각 입양되었다. 그들은 3마일 떨어져서 살았고 똑같은 학교에 다녔다.

열두 살의 덴마크 쌍둥이 쌍에 대한 율-닐슨 연구는 잉에가르트(Ingegard)와 모니카(Monika)를 포함하는데 이들은 일곱 살까지 친척에 의해 양육되었다. 그리고 나서 그들은 열네 살 될 때까지 그들의 어머니와 함께 살았다. "그들은 보통 똑같이 옷을 입었고 학교에서 낯선 이들은 두 사람을 아주 자주 혼동했고, 때로 계부도 이들을 혼동했다. …아이였을 때 그 쌍둥이는 항상 함께 있었고 서로 둘만이 놀았고 그들을 싸고 있는 환경 속에서 하나의 단위로 취급되었다." 이들 및 유사한 분리된 쌍둥이 쌍은 IQ 유전 가능성에 대한 과학적 연구가 기초해 왔던 기반암이었음을 기억하라. 이들 연구의 어이없는 결점은 과학을 모르는 대부분의 소박한 이들의 눈에도 명백히 보인다. 아마도 어떤 추상적 관념에 대한 열정에 사로잡혀 있고 수의 객관성을 받아들이도록 훈련된 학자만이 그러한 연구를 심각히 여길 수 있을 것이다.

분리된 쌍둥이 연구에 여타 심각한 문제들이 존재하고, 이 문제들은 그밖의 곳에서도 자세히 문서화되어 왔다.[32] 예를 들어 각 연구에서 통상적 절차는 한 쌍의 쌍둥이 두 사람 모두에 대해 똑같은 탐구자가 IQ 검사를 실시하는 것이었다. 이것은 그러한 검사는 '모르는 상태에서' 행해져야 한다는 기본적인 방법론적 요구를 위반하는 것이다. 즉, 쌍둥이 B는 쌍둥이 A의 IQ 값에 대한 아무런 지식을 갖고 있지 않는 사람에 의해 검사받아야 한다. 그렇지 않으면 검사의 관리 그리고/또는 점수 기록은 쌍둥이 A의 값에 대한 검사자의 지식에 의해 영향받을 수가 있다. 실제로 인간이 연구 대상인 주제에 개입되는 연구에서 아주 흔하게 발견되는 그러한 무의식적인 검사자의 편향은 쌍둥이 연구에서 보고된 상관관계를 부풀려 왔던 것이다. 궁극적으로 우리는 이러한 연구 속에서 탐구자는 쌍둥이의 분리 상태에 대한 조건 및 지속 기간에 관한 자세한 내용의 제공을 쌍둥이 스스로의 구두 설명에 크게 의존해 왔다는 점에 주목해야 한다. 그 쌍둥이들이 때때로 낭만적으로 그들의 분리 정도를 과장하는 경향이 있고 쌍둥이들에 의해 보고된 '사실들'은 때로는 서로 모순되는 것이었다. 이들 모든 문제가 깊이 상관된 환경이라는 압도적 결함에 부가될 때, 그리고 외견상 가장 인상적인 연구가 사기로 드러나게 되었을 때, 분리된 일란성 쌍둥이에 대한 연구가 IQ 검사 점수에 대한 어떤 유전 가능한 기초를 증명하는 데 실패했다는 점은 명백해 보인다.

입양아 연구

보통의 가족에서 부모와 아이들이 IQ에서 서로 닮는다는 사실이 그것 자체로 유전과 환경의 상대적 중요성에 관해 어떤 것을 이야기해 주는 것은 아니다. 이제 명백해야 하는 문제는 부모는 아이에게 유전자와 환경 모두를 제공한다는 점이다. 어떤 아이에게 유전자를 전해 준 높은 IQ를 가진 부모는 그 아이에게 가정에서 지적 자극을 제공하고 종종 학업을 잘하는 일의 중요성을 강조할 가능성 또한 크다. 적어도 이론적으로 입양의 실행은 환경 전달로부터 유전자 전달을 분리 가능하게 한다. 입양한 부모는 아이에게 환경을 제공하고 한편 그 아이의 유전자는 생물학적 부모로부터 물려받은 것이다. 따라서 입양아와 입양한 부모 사이의 IQ 상관관계는 IQ 유전 가능성을 탐구하는 이들에게 특별히 관심을 받게 되었고, 특히 그것이 친족 관계에서 IQ 상관관계와 비교될 때 그러했다. 우리가 보게 될 핵심적 문제는 다음과 같은 것이다. 입양한 부모와 입양된 아이 사이의 상관관계는 어떠한 다른 상관관계와 의미 있게 비교될 수 있는 것인가?

벅스(Burks)[33]와 레이히(Leahy)[34]의 초기의 그리고 영향력 있는 두 가지

그림 5.1 / 벅스와 레이히의 '고전적' 입양 고안. 두 가지 상이한 그러나 추정적으로 맞추어진 가족군에서 상관관계가 비교되는 것에 주목하라. 생물학적 가족에서 부모는 아이에게 환경 **더하기** 유전자를 전해 준다.

연구는 동일한 실험적 고안을 채용했다. 이러한 '고전적' 고안은 그림 5.1에서 구도적으로 설명되었다. 첫째, 벅스와 레이히는 일군의 입양 가족 속에서 입양 부모와 입양아 사이의 IQ 상관관계를 계산했다. 환경 효과만을 반영하는 것으로 취해진 상관관계는 평균이 단지 0.15인 것으로 나왔다. 그 상관관계는 그다음에 보통 가족의 '맞춰진 대조 표준군(matched control group)'에서 관찰된 생물학적 부모와 생물학적 아이 사이의 상관과 비교되었다. 환경 **더하기** 유전자의 효과를 반영하는 것으로 추정된 후자의 상관관계는 평균이 정확히 0.48이었다. 두 상관 사이의 비교는 비록 환경이 약간의 작은 역할을 할지라도 유전은 IQ 결정자로서 훨씬 중요하다는 것을 증명한다고 이야기되었다.

하지만, 이러한 비교는 우리가 이들 연구에서 대조 표준군으로 이용된 생물학적 가족이 실제로 의미 있게 입양 가족에 '맞추어졌다고' 기꺼이 믿으려 할 때만 의미가 있다. 입양 가족이 군으로서 보통의 생물학적 가족과 달라지게 만드는 몇몇 명백한 노선이 존재한다. 한편으로 모든 입양 부모는, 모든 생물학적 부모는 반드시 그렇지는 않지만, 어린이를 적극적으로 원한다. 다른 한편으로 입양 부모는 그들이 입양하는 것을 허락받기 전에 입양 중개소에 의해 법에 따라 조심스럽게 가려지며 물론 예외가 있음에도 한 군으로서 특히 적합한 부모가 되는 경향이 있다. 그들은 정서적으로 안정되고, 경제적으로 확실하고, 알코올 중독자가 아니고, 전과가 없어야 하는 등등에 따라 선택된다. 따라서 입양 가족은 일반적으로 그들의 아이들에게 평균 환경보다 훨씬 더 나은 환경을 제공하게 된다. 더욱이 입양 부모는 종종 그들 자신의 어린 시절의 이점으로 인해 꽤 높은 IQ 점수를 갖고 있다. 현재의 논점에 대한 핵심적 사실은 입양 부모가 제공하는 환경의 풍족함에 거의 변화가 없을 것이라는 점이다. 이것의 필연적인 통계적 결과는 입양아의 IQ와 입양 부모의 IQ와 같은 어떤 환경적 척도 사이에 아주 높은 상관관계가 존재할 수 없다는 것이다. 환경이 변하지 않거나, 아주 조금 변하는 곳에서 아이의 IQ는 체계적으로 상관될 수 없다. 입양 중개소에서 엄격히 선별되지 않은 생물학적 가족의 '맞춰진 대조 표준군'은 그들이 아이들에게 제공하는 환경에서 더 큰 변화를 나타내 보일 것이다. 물론 그것이 생물학적 가족 속에서 더 높은 부모-아이 상관을 허용한다.

확실히 벅스와 레이히는 각각 적어도 몇 가지 방식으로 입양 가족과 생물학적 가족을 맞추려 시도했다. 두 군의 아이들은 나이와 성별로 맞추어졌다. 두 유형의 가족들은 아버지의 직업, 아버지의 교육 수준, '이웃의 유형'으로 맞추어졌다. 그러나 입양 부모는 대조 표준 부모보다 나이가 상당히 더 많다. 그들은 입양 전에 한동안 자신들의 생물학적 아이를 가지려고 시도했다. 명백한 이유들 때문에 생물학적 가족 속에서보다 입양 가족 속에서 형제나 자매가 더 적었다. 이는 중요한 것이다. 입양 가족의 수입은 50% 이상 더 높은 것으로 밝혀진다. 입양 부모의 집은 작은 수의 가족일수록 더 컸고 '맞춰진' 생물학적 부모의 집보다 50% 이상 값이 더 나갔다. 따라서 외견상 조심스럽게 맞춘다 해도 이들 차이는 의심할 여지 없이 하나의 군으로서 입양 부모는 상대적으로 '성공한' 사람들이라는 사실을 반영해 주는 것이다. 이 차이는, 입양 가족과 생물학적 가족은 단지 그들은 약간의 거친 인구학적 척도에서만 비교 가능하기 때문에 '맞춰진' 것으로 유의미하게 여겨질 수가 없음을 명백히 해 준다. 벅스와 레이히의 연구에서 입양한 가족의 환경은 더 부유할 뿐만 아니라 생물학적 부모의 환경보다 훨씬 덜 변화한다는 명백한 근거가 존재한다.[35] 이러한 고찰은 입양 부모와 생물학적 부모 사이의 상관관계의 비교가 아무런 이론적 요점을 갖고 있지 않음을 의미하는 것이다.

하지만 그림 5.2에서 구도적으로 설명된, 벅스와 레이히의 '고전적' 고안에 대한 명백한 개선안이 존재하며, 이것은 입양 부모와 생물학적 부모를 맞추는 불가능한 요구를 피하게 한다. 한 아이를 입양하는 것 외에도 자신의 생물학적 아이도 갖고 있는 입양 부모가 많다. 따라서 그러한 가족 표본

그림 5.2 / 스카와 와인버그(1977) 그리고 혼 등(1979)의 새로운 입양 고안. 다만 하나의 가족 세트가 개입되고, 각 가족은 입양아와 생물학적 아이 모두를 포함한다. 양친은 생물학적 아이에게 환경 **더하기** 유전자를 전해 준다.

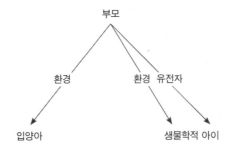

에서 (a) 입양된 아이의 IQ 및 (b) 생물학적 아이의 IQ와 부모의 IQ를 상관시키는 것이 가능하다. 그러한 비교에서 두 아이는 똑같은 부모에 의해 똑같은 가족 속에서 양육되어 왔다. 유전자가 IQ를 결정하는 정도에서는 부모와 생물학적 아이 사이의 상관관계는 부모와 입양아 사이의 상관보다 명백히 커야만 한다. 모든 그러한 가족들 속에서 부모들은 입양 중개소에 의해 조심스럽게 선별되었다. 따라서 우리는 그러한 연구에서 환경 변화가 비교적 거의 없고 부모와 아이 사이의 비교적 작은 IQ 상관관계를 기대한다. 하지만 새로운 고안의 장점은 이것이 똑같은 가족군에서 연구된 입양 상관과 생물학적 상관 양자 모두에 대해 참이어야 한다는 것이다. 어떤 유전적 효과가 생물학적 부모-아이 쌍들에서 더 높은 상관을 보여 줄 여지는 많다.

두 가지 최근 연구는 새로운 고안을 채용했다. 하나는 1977년 미네소타 주에서 있었던 스카(Scarr)와 와인버그(Weinberg)[36]의 연구이고 또 하나는 1979년 혼(Horn)과 뢸린(Loehlin), 그리고 윌러먼(Willerman)[37]이 한 텍사스에서의 연구이다. 각 경우에서 탐구자들은 높은 IQ 유전 가능성을 지지하는 근거를 발견하리라 명백히 기대하고 있었던 행동유전학자들이었다.

두 경우에서 어머니-아이 쌍에 대한 결과들은 다음과 같다. 똑같은 어머니의 IQ가 입양아 및 생물학적 아이와 상관되어 왔음을 기억하라. 두 상관관계 사이에 중요한 차이는 없다. 텍사스의 경우 어머니는 입양아와 조금 더 높게 상관되었고, 미네소타에서는 생물학적 아이와 더 상관되었다. 주목해야 할 것으로, 미네소타 연구는 인종을 섞은 입양에 기초했다. 즉, 거의 모든 경우에 어머니와 생물학적 아이는 모두 백인이었고, 입양아는 흑인이었다. 아이의 입양 상태처럼 아이의 인종은 IQ에서 부모-아이 닮음 정도에 아무런 영향을 주지 못했다. 이 결과들은 IQ는 크게 유전 가능한 것이라는 관념에 치명적 손상을 입힌 것으로 보인다. 똑같은 어머니가 양육한 어린이들은 그 어머니의 유전자를 나눠 받았든 그렇지 않았든 IQ에서 똑같은 정도로 닮는다.

아버지-아이 쌍 짓기에 대한 결과는 그렇게 명확하지가 않다. 통계적으로 중요한 것은 아닐지라도 이 결과들은 IQ가 부분적으로 유전 가능할 수도 있다는 관념과 더욱 쉽게 부합한다. 그러나 우리가 이들 가족 속에서 다양한 유형의 형제자매 사이의 상관관계로 전환할 때, 상관관계는 다시 IQ가 유의미하게 유전 가능하다는 관념과 전적으로 불일치한다. 이들 가족 안에 생물학적으로 친족 관계인 형제의(입양한 부모의 생물학적 아이들) 몇몇 쌍이 있다. 또한 유전적으로 친족 관계가 없는 입양된 형제자매(똑같은 부모에 의해 입양된 두 아이) 쌍이 존재한다. 마지막으로 똑같은 부모의 생물학적 아이와 입양된 아이로 만들어지는 유전적으로 친족 관계가 없는 쌍이 존재한

표 5.1 / 생물학적 아이들을 포함하는 입양 가족에서 어머니-아이 IQ 상관관계

	텍사스 연구	미네소타 연구
어머니×생물학적 아이	0.20 (N=162)	0.34 (N=100)
어머니×입양아	0.22 (N=151)	0.29 (N=66)

'N'은 표에서 각 상관관계가 바탕한 어머니-아이 쌍의 수를 지시한다. 텍사스 연구는 혼 등의 것이다(주37). 미네소타 연구는 스카와 와인버그의 것이다(주36).

다. 모든 형제자매 유형에 대한 상관관계들은 아무런 차이를 보이지 않는다.

MZ 쌍둥이, DZ 쌍둥이, 여타 친족 관계

지금까지 유전 가능성 연구의 가장 일반적 유형은 근본적으로 상이한 두 쌍둥이 유형인 단접(單接: monozygotic, MZ) 쌍둥이 및 복접(複接: dizygotic, DZ) 쌍둥이 비교와 관계되었다. MZ 쌍둥이는 하나의 정자가 하나의 난자와 수정될 때 생긴다는 것을 기억하라. 발생 초기에 접합자의 여분의 쪼개짐이 존재하고, 이는 유전적으로 동일한 개체들을 결과하며, 이들은 항상 똑같은 성을 갖고, 항상 그런 것은 아니지만 전형적으로 외모가 놀라울 정도로 똑같다. DZ 쌍둥이는 두 개의 독립된 정자가 대략 동시에 두 난자와 수정될 때 발생한다. 어머니는 두 개체를 낳지만, 그 둘이 보통 형제보다 유전적으로 더 닮는 것은 아니다. DZ 쌍둥이는 보통 형제처럼 평균적으로 그들 유전자의 약 50%를 공유한다. 그 쌍둥이들은 똑같은 성이거나 다른 성일 수 있고, 육체적 닮음이 보통 형제보다 더 크지는 않다.

MZ 쌍둥이는 DZ 쌍둥이보다 유전적으로 두 배나 유사하다는 사실은 어떤 유전적으로 결정된 특성에 대해 MZ 쌍둥이 사이의 상관관계는 똑같은 성을 가진 DZ 쌍둥이 사이 상관보다 더 커야 한다고 기대하게끔 한다. (우리는 논의를 동성의 DZ 쌍둥이 비교에 제한하는데, 그것은 모든 MZ 쌍둥이는 성이 같고, 성이 문제의 특성에 영향을 줄 수 있기 때문이다.) 한 특성의 유전 가능성 정도는 MZ와 DZ 상관관계들 사이 차이의 크기로부터 이론적으로 평가될 수 있다. 매우 높게 유전 가능한 특성에서 MZ 상관관계는 1.00에 접근해야 하고, DZ 상관관계는 0.50에 접근해야 한다. 거의 예외 없이 연구들은 MZ의 IQ 상관관계는 DZ의 IQ 상관관계보다 훨씬 높다는 것을 증명하고 있다. 전형적으로 똑같은 성을 가진 DZ 상관관계가 0.50에서 0.70 사이의 범위값을 갖는 것과 비교할 때 MZ 상관관계는 0.70에서 0.90 범위값을 갖는 다고 보고되었다.

유전주의자들은 이 차이를 MZ 쌍둥이의 더 큰 유전적 유사성 탓으로 돌리고 있음에도 불구하고, DZ 쌍둥이보다 MZ 쌍둥이 사이에 더 높은 상관을 기대하게 하는 몇몇 명백한 환경적 이유들이 존재하는데, 특히 MZ 쌍둥이가 다른 사람들이 경험하는 것보다 훨씬 더 유사한 환경을 창조하거나 유인하는 정도를 인식할 때 그러하다. 그들이 갖는 놀라운 육체적 유사성 때문에, 부모, 교사, 친구는 그들을 똑같이 취급하고 심지어는 종종 혼동하는 경향이 있다. MZ 쌍둥이는 서로 많은 시간을 함께 놀고, 유사한 일을 하는 경향이 있고, 많은 앙케트 연구에서 밝혀진 것에 따르면 똑같은 성을 가진 DZ 쌍둥이보다 그런 경우가 훨씬 더 많다는 것이다. MZ 쌍둥이들이 어린 시절에 따로 잠을 잘 가능성은 아주 적다. MZ 쌍둥이들은 유사하게 옷을 입고, 함께 놀고 똑같은 친구를 사귈 가능성이 아주 크다. 스미스(Smith)가 40쌍에게 질문했을 때, MZ 쌍둥이들의 40%는 그들이 함께 공부한다고 대답했고 이는 DZ 쌍둥이의 경우 단지 15%인 것과 비교된다.[38] 이러한 신중한 패턴의 극단적 예에서 일란성 쌍둥이의 가장 이상한 사회적 경험의 하나는 쌍둥이 회합 시설이며, 그들의 동일성을 보이기 위해서 그리고 어떤 의미에서 누가 가장 '동일'할 수 있는가를 보이려고, 그리고 어떤 의미에서는 다른 쌍둥이들과 경쟁하기 위해서 모든 나이의 일란성 쌍둥이들이 여기에 가거나 부모에 의해 보내지고, 똑같이 옷을 입고 똑같이 행동한다. 어떻게 MZ 쌍둥이와 DZ 쌍둥이 사이의 그러한 차이가 IQ 상관관계에서 보고된 차이를 생산할 수 있는가를 알기 위해 요구되는 커다란 상상력은 존재하지 않는다. MZ 쌍둥이의 환경적 경험은 DZ 쌍둥이의 그것보다 훨씬 더 유사하다는 것은 전적으로 명백하다.

그렇다면 쌍둥이 연구들은 전체로서 IQ 유전 가능성에 대한 근거로 취해질 수는 없다. 물론 그 연구들은 그들 연구의 증명이 적절한 것처럼 해석되어 왔고, 유전주의자들은 별생각 없이 쌍둥이 연구결과로부터 IQ 유전 가능성의 정량적 평가의 토대를 잡아 왔다. 그러한 계산의 타당성을 요구하는 것은 MZ와 DZ 쌍둥이가 유전적 유사성에서는 물론 환경에서 다르다는 명백한 사실을 제멋대로 무시함으로써만 가능할 것이다.

유전 가능성과 변화 가능성

IQ 유전 가능성 연구에 대한 조심스러운 조사는 우리에게 단지 하나의 결론을 남길 수 있다. 우리는 IQ 유전 가능성이 진정으로 무엇인지는 모른다. 자료는 단순히 우리로 하여금 어느 개체군에서 IQ 유전변이의 합리적 평가치를 계산하게 해 주지는 않는다. 우리 모두가 알듯이 유전 가능성은 0이거나 50%일 수 있다. **사실상 IQ 유전 가능성을 고찰하려는 연구 노력의 묵중한 헌신에도 불구하고, IQ 유전 가능성에 관한 질문은 논쟁점이 되는 문제와 무관하다.** 유전 가능성을 증명하려는 결정론자가 붙인 커다란 중요성은 유전 가능성은 변화 불가능성을 의미한다는 그들의 오류적 믿음의 결과이다. 한 미국 재판에서 대머리는 유전적인 것이기 때문에 이에 반하여 선전하는 대머리 치료법은 사기적인 것이라고 판결 내렸다. 그러나 이것은 단순히 잘못되었다. 어떤 특성의 유전은 **현재 환경 집합에서** 그 개체군 속에 얼마나 많은 유전변이와 환경변이가 존재하는가에 관한 정보만을 줄 뿐이다. 그것은 그 환경 집합을 변화시키는 결과에 대해 아무런 예측력을 절대로 갖지 못한다. 구리 대사 결핍인 윌슨병(Wilson's disease)은 단독 유전자병으로 유전되고 성년 초기에 치명적이다. 그러나 페니실라민(penicillamine) 약물로 처치하면 치료 가능하다. IQ 변화는 어떤 개체군에서 100% 유전 가능할 수 있으나, 문화적 변화는 모든 이의 IQ 검사 수행력을 변화시킬 수 있다. 사실상 이는 입양 연구에서 발생하는 것이다. 심지어 입양아가 부모별로 그들의 양

부모와 상관되지 않을 때, **군으로서** 그들의 IQ 점수는 그들의 생물학적 부모를 닮는 것 훨씬 이상으로 **군으로서** 입양 부모를 닮는다. 그래서 스코닥(Skodak)과 스킬스(Skeels)의 입양 연구에서 입양아의 평균 IQ는 117이었고 한편 그들의 생물학적 어머니의 평균 IQ는 단지 86이었던 것이다.[39] 한 유사한 결과가 영국의 거주 보육 가정(residential nursery homes)에서 아이들에 대한 연구에서 보고되었다.[40] 집에 있던 아이들은 평균 107의 IQ를 갖고 있었고, 집 밖에서 입양된 어린이들은 116이었고 생물학적 어머니에게 돌아간 아이는 단지 101일 뿐이었다. 입양 연구에서 가장 놀랍고 일관성 있는 관찰은 입양 부모나 생물학적 부모와 관계없는 IQ 상승이었다. 핵심은 입양 부모들은 임의표본 가족이 아니며 더 나이가 많고, 더 부유하고, 아이를 갖기를 더 갈망하는 경향이 있다는 것이다. 그리고 물론 그들은 대부분의 인구보다 아이를 더 적게 갖는다. 따라서 그들이 입양하는 아이들은 더 큰 부, 안정, 배려라는 이익을 받게 된다. 이는 아이들의 검사 시행에서 나타나고, 검사 시행은 명백히 본질적이고 변화 가능성이 없는 어떤 것을 측정하는 것이 아니다.

'유전 가능'의 '변화 불가능'과의 혼동은 유전자와 발생에 관한 일반적 오해의 일부이다. 한 유기체의 표현형은 모든 시기에 변화하고 있고 발전하고 있다. 몇몇 변화는 비가역적이고 몇몇은 가역적이나, 이들 범주는 유전 가능한 것과 유전 불가능한 것을 관통한다. 한 눈, 한 팔, 또는 한 다리의 상실은 비가역적이지만 유전 가능한 것은 아니다. 윌슨병의 출현은 유전 가능하지만 비가역적이지는 않다. 푸른 점이 있는 아이를 발생시키는 형태학적 결함은 정상적 발생 조건에서 선천적이고, 유전 불가능하고 비가역적이지만, 수술적으로는 가역적이다. 형태학적·생리학적·정신적 특징이 개체의 일생 동안 그리고 종의 역사 과정에서 변화하거나 변화하지 못하거나 하는 정도는 역사적 우연성(historical contingency) 자체의 문제이다. 셈하는 능력에서 사람마다 변화는 그 근원이 무엇이든 간에 심지어 수학을 가장 못하는 학생의 손에서 휴대용 전자계산기로 실행되어 온 계산력의 엄청난 증가와 비교할 때는 아무것도 아닌 것이다. 셈 기술의 유전 가능성의 세계에 대한 최선의 연구들은 그러한 역사적 변화를 예상해 낼 수 없었던 것이다.

정신 능력에 대한 생물학적 결정론자들의 견해가 갖는 궁극적 오류는 개체군에서 IQ 유전 가능성은 인종과 계급 사이의 검사 점수 차이를 다소간 설명한다고 가정하는 것이다. 만일 흑인과 노동계급 아이들이 평균 IQ에서 백인과 중간계급의 아이들보다 더 나쁘고 그 차이들이 환경요소들에 의한 것으로 계산될 수 있는 것보다 더 크다면, 그 차이는 유전적으로 발생되어야 한다고 주장된다. 이것은 젠슨의 『교육 가능성과 집단 차이(Educatability and Group Differences)』와 아이젠크의 『인간의 불평등(The Inequality of Man)』에서의 논의이다. 물론 검사에서 집단 사이 차이의 원인은 일반적으로 그들 안에서의 변화의 원들과 똑같지는 않다는 점은 무시된다. 사실상 하나에서 다른 하나로 추론하는 타당한 길은 존재하지 않는다.

하나의 단순히 가설적인 그러나 실감이 나는 예가 개체군에서 어떤 특성의 유전 가능성이 개체군 사이 차이의 원인과 어떻게 연결되지 않는가를 보여 준다. 어떤 이가 한 자루의 자유롭게 수분된 옥수수에서 두 웅큼을 취했다고 가정하자. 각 웅큼에서 씨앗들 사이에 상당한 정도의 유전변이가 존재할 것이나, 평균적으로 왼손에 있는 씨앗은 오른손에 있는 것과 차이가 없을 것이다. 한 웅큼의 씨앗이 인공 식물 생장 용액이 가해진 세척된 모래에 심어졌다. 다른 한 웅큼은 유사한 모판에 심어졌으나, 이 경우는 필요한 질소의 절반만이 주어진 상태이다. 씨앗들이 발아하여 성장했을 때, 각 구성에서 묘종이 계산되고, 각 구성 안에서 식물마다 묘종의 키에 약간의 변이가 존재한다는 것이 발견된다. 구성들 내의 이러한 변이는 환경이 각 구성 내 모든 씨앗에 대해 똑같도록 조심스럽게 조절된 것이기 때문에 전적으로 유전적인 것이다. 키 변이는 따라서 100% 유전 가능하다. 그러나 만일 우리가 두 구성을 비교하면, 두 번째의 모든 묘종은 첫 번째 묘종보다 훨씬 더 작다는 것을 알게 된다. 이 차이는 전혀 유전적인 것이 아니고 질소 수준에서 생긴 결과이다. 그러므로 개체군들 내에서 어떤 특성의 유전 가능성은 100%가 될 수 있으나, 개체군들 사이 차이의 원인은 전적으로 환경적인 것이 될 수 있다.

학교 개체군에서 흑인과 백인의 IQ 성취가 평균적으로 차이 난다는 것은 의심할 수 없는 사실이다. 미국에서 흑인 어린이는 백인 개체군의 100과 비교했을 때 평균 IQ가 약 85이고, 이에 대해 검사는 표준화되었다. 이와 유사하게 사회 계급 사이에서도 평균적으로 IQ 차이가 존재한다. 직업적 계급과 IQ 사이의 관계에 대한 가장 널리 알려진 보고는 시릴 버트의 것이고 따라서 그것은 이용될 수가 없는데, 다른 연구들은 전문직 및 경영직에 종사하는 아버지의 아이들의 IQ는 비숙련 노동자의 아이들의 IQ보다 평균 15점 더 높다는 것을 알아냈다. 특징적으로, 버트는 오히려 더 큰 차이들을 보고했다. 이들 인종과 계급 차이는 부분적으로 집단 사이의 유전적 차이의 결과라는 데 대해 어떤 근거가 존재할까?

종족이란 무엇인가?

우리가 인종 간 IQ 성취의 유전적 차이에 대한 주장을 현명하게 평가할 수 있기 전에, 우리는 종족(race) 자체가 갖는 정확한 개념을 고찰할 필요가 있다. 편의적으로 인간종으로 생각되는 것 사이의 유전적 차이에 대해 진정으로 알려진 것은 무엇인가?

19세기 중반까지 수많은 종류의 관계들을 포함했던 '종족'은 성가신 개념이었다. 때로 그것은 '인종'과 같이 전체 종을 뜻했다. 때로는 '영국 민족'처럼 민족이나 부족을 의미하기도 했다. 그리고 때로는 '그는 그의 마지막 혈통이다'처럼 단지 가족을 뜻하기도 했다. 이들 관념으로 주장되는 모든 것은 '종족' 성원은 혈족 관계의 유대로 관계되어 있고 다소간 세대에서 세대를 통해 전달된 특성을 나누어 가졌다는 점이었다. 다윈의 진화론의 인기가 올라감과 더불어 생물학자들은 곧 아주 상이하지만 더 이상 궁극적으로 일치하지 않는 방식으로 '종족' 개념을 사용하기 시작했다. 그것은 단지 '종류', 즉 한 종 안에서 하나의 판별 가능한 상이한 유기체 형태를 의미하는 것이 되어 버렸다. 따라서 생쥐에는 밝은색 배를 가진 것과 어두운색 배를 가진 '종족'이 있고, 또는 달팽이에는 줄무늬 띠 껍질을 가진 것과 띠가 없는 '종족'이 있다. 그러나 단순히 관찰 가능한 종류들로서 '종족'을 정의하는 것은 두 개의 묘한 모순을 낳는다. 첫째, 상이한 '종족'의 성원은 종종 한 개체군 내에서 병존한다. 딱정벌레는 25종의 상이한 종족을 가지고 있는데 똑같은 종의 모든 성원은 똑같은 국소 개체군 내에 나란히 산다. 둘째, 종족을 분별시킨 특징은 때로 단독 유전자의 선택적 형태에 의해 영향을 받기 때문에, 형제와 자매는 상이한 두 종족의 성원이 될 수도 있다. 따라서 밝은색 배를 가진 '종족'의 암생쥐는 밝은 배를 갖거나 어두운 배를 가진 양쪽 새끼 모두를 낳을 수가 있고, 이는 짝에 의존한다. 명백히 한 종 내에서 기술될 수 있는 '종족'의 수에는 제한이 없으며, 그것은 관찰자의 일시적 기분에 의존한다.

1940년 무렵 집단유전학 속 발견의 영향 아래서, 생물학자들은 종족을 이해하는 데서 주요한 변화를 맞게 되었다. 자연 개체군으로부터 취해진 유기체 유전학에 대한 실험들은 똑같은 개체군은 말할 것도 없이, 심지어 똑같은 가족 내 개체 사이에 상당 정도의 유전변이가 존재한다는 점을 밝혀 주었다. 앞서 묘사하고 이름 붙인 동물들의 많은 '종족'은 단순히 한 가족 안에서 나타날 수 있는 선택적 유전 형태였다. 상이한 국소 지리적 개체군은 서로 절대적으로 다르지는 않았으나, 다만 상이한 특성의 상대적 빈도에서만 달랐다. 그러므로 인간 혈액형에서 어떤 개체들은 A형, 어떤 개체들은 B형, 어떤 개체들은 AB형, 어떤 개체들은 O형이었다. 하나의 혈액형만을 배타적으로 갖는 개체군은 없었다. 아프리카 개체군, 아시아 개체군, 유럽 개체군 사이 차이는 단지 네 가지 종류의 비율에서만 나타났다. 이러한 발견은 변화하는 개체들의 개체군으로서 '지리적 종족'의 개념을 이끌었는데, 이러한 종족은 서로 자유롭게 짝을 짓지만 다른 개체군으로부터 나온 다양한 유전자의 평균 비율에서 다르다. 다른 개체군으로부터 나온 상이한 유전자 형태의 비율에서 아주 약간 다른 어떠한 국지적 임의 번식 개체군은 한 지리적 종족이었다.

  종족에 대한 이러한 새로운 견해는 두 가지 강력한 효과를 갖는다. 첫째, 어떤 개체도 한 종족의 '전형적' 성원으로서 여겨질 수 없다. 인류학 교과서에는 종종 '전형적' 오스트레일리아 원주민, 열대 아프리카인, 일본인 등등에 대한 사진이 실려 있고, 50 혹은 100개 종족이 목록화되어 있고 각각에 대해 전형적인 예가 제시되어 있곤 한다. 모든 개체군은 크게 변화 가능했고 다른 개체군들로부터 나온 상이한 형태들의 평균 비율에서 주로 다르다고 인정되어서, '유형 표본(type specimen)' 개념은 무의미하게 되었다. 종족에 대한 새로운 견해의 두 번째 결과는 모든 개체군은 서로가 다른 모든 것과 약간 다르기 때문에, 모든 국지 상호 번식 개체군들은 '종족'이고, 그러므로 종족은 실제로 개념으로서의 가치를 상실한다. 동아프리카 키쿠유(Kikuyu)족은 유전자 빈도에서 일본인과 다르지만 그들은 또한 그들의 이웃인 마사이족과 다르며, 차이의 정도가 다른 경우에서보다 한 경우에서 더 작을 수 있을지라도 그것은 정도의 문제일 뿐이다. 이는 두 가지 동아프리카 부족을 똑같은 '종족'으로 놓는 인종에 대한 **사회적** 그리고 **역사적** 정의들이 생물학적으로 임의적이었음을 의미한다. 두 국소 개체군이 분리된 '종족' 안에 존재한다고 선언하기에 충분하다고 결정하기 전에, A형, B형, AB형, O형 혈액형 빈도에서 얼마나 많은 차이가 나리라고 주장할 수 있을까?

  생물학자들 사이에서 관점의 변화는 약 30년 전에 종족을 정의하는 전체적 논제를 깎아 내리기 시작했다는 점에서 인류학에 종국적 효과를 주었지만, 학문적 견해의 변화는 종족에 대한 일상적 의식에 거의 효과를 주지 못했다. 우리는 여전히 아프리카인을 하나의 종족으로, 유럽인을 다른 종족으로, 아시아 사람을 또 다른 종족으로 무심결에 이야기하고, 우리의 일상적 인상에 상응하는 구별을 이용한다. 아무도 어떤 마사이족 사람을 일본인 혹은 핀족으로 오인하지 않는다. 이들 집단 안에서 개인마다 변화에도 불구하고, 피부색, 머리 모양, 어떤 얼굴 특징에서 집단 사이의 차이는 이들이 명백한 차이를 보이게끔 해 준다. 인종주의자들이 하는 것은 이들 명백한 차이를 취하고자 하는 것이고, 그 차이는 '종족' 사이의 주요한 유전적 분리를 증명한다고 주장하는 것이다. 이러한 단언에 어떠한 진리가 존재할까? 우리의 일상적 경험 안에서 종족을 구별하기 위해 이용하는 피부색과 머리 모양의 차이는 집단 사이의 유전적 분화에 대한 전형이거나 그들은 어떤 이유에서 통상적이지 않은 것일까?

우리는 그러한 특징을 정확히 관찰하도록 조건 지어져 있고 유형들에 반하는 것으로서 개체를 구별하는 우리 능력은 우리의 길러짐에서 나온 인공물이라는 것을 기억해야 한다. 우리는 우리 자신의 집단에서 개체를 따로 떼어 분별하는 데 전혀 어려움이 없으나, '그들은' 모두 똑같아 보인다. 그 문제는 만일 우리가 사회화에 의해 편향되지 않고, 우리가 상이한 유전자의 임의표본을 볼 수 있다면, 그들 집단 내의 개체 사이의 차이에 반하는 것으로서 주요한 지리적 집단 사이에, 즉 아프리카인과 오스트레일리아 원주민 사이에 얼마나 많은 차이가 존재하는가 하는 문제이다. 사실상 그 질문에 답하는 것은 가능하다.

지난 40년 동안 유전학자들은 면역학과 단백질 화학을 이용하여 특정 효소와 여타 단백질에 암호를 주는 수많은 숫자의 인간 유전자를 판명해 왔다. 유전자 구성을 결정하기 위해, 전 세계로부터 온 굉장히 많은 개인은 그러한 단백질에 관해서 검사받아 왔는데, 왜냐하면 이들 검사를 하는 데 단지 아주 적은 양의 혈액 표본이 필요할 뿐이기 때문이다. 약 150개의 유전적으로 상이하게 부호화된 단백질이 연구되었고, 그 결과들은 인간의 유전 변이에 대한 우리의 이해를 잘 조명해 주고 있다.

단백질의 상이한 종류의 75%는 개체군에 관계없이 가끔의 희귀한 돌연 변이를 제외하고는 검사된 모든 개체에서 똑같다고 밝혀진다. 이들 소위 **단 형**(單形: *monomorphic*) 단백질은 모든 종족의 인간에 공통된다. 종은 그들을 부호화하는 유전자에 대해서 본질적으로 일정하다. 그러나 다른 25%는 **다형**(多形: *polymorphic*) 단백질이다. 즉, 한 유전자의 선택적 형태에 의해 부호를 부여받은 두 개나 그 이상의 단백질의 선택적 형태가 존재하고, 이들 형태는 우리 종에 공통적이나 변화하는 빈도 상태에 있다. 우리는 개체 군 내 개체 사이의 차이와 비교되는 것으로서 개체군들 사이에 얼마나 많은 차이가 존재하는가를 묻기 위해 이들 다형 유전자를 사용할 수 있다.

고도의 다형 유전자의 한 예가 ABO 혈액형을 결정하는 유전자이다. 세 가지 선택적 유전자 형태가 존재하며 우리는 이를 A, B, O로 기호화할 것 이고, 세계의 모든 개체군은 약간 특수한 혼합비를 갖는 특징을 나타낸다. 예를 들어 벨기에인은 약 26%가 A형이고 6%는 B형이다. 그리고 나머지 68%는 O형이다. 콩고 피그미족은 23%가 A형, 22%가 B형, 55%가 O형이 다. 그 빈도들은 그림 5.3에 보인 것처럼 삼각도로 묘사할 수 있다. 각 점은 한 개체군을 나타내고, 각 유전자 형태의 비율은 그 점으로부터 맞은편 삼 각형의 변까지의 수직거리로 읽을 수 있다. 그림이 보여 주듯이 모든 인간 개체군은 빈도 공간의 한 부분에 대단히 밀집해서 함께 무리를 이루고 있 다. 예를 들면 B형이 대단히 높고 아주 낮은 A형과 O형을 가진 개체군(더 아래쪽 오른쪽 모서리)은 존재하지 않는다. 또한 그림은 우리가 일상적으로 사용하는 의미에서 주요한 '종족'으로 부르는 것에 속하는 개체군은 함께 군 집을 이루지 않는다는 것을 보여 준다. 점선들은 ABO 빈도가 유사한 개체 군 주변에 위치시킨 것이지만, 이 점선들이 종족 집단을 구분하는 것은 아 니다. 예를 들어 군집 2, 8, 10, 20으로 구성된 무리는 어떤 아프리카 개체

그림 5.3 / 인간 개체군에서 ABO 혈액군 대립유전자 빈도에 대한 삼각도. 각 점은 한 개체군을 나타낸다. 점으로부터 변까지의 수직거리는 작은 삼각형에서 지적된 대립형질 빈도들을 나타낸다. 개체군 1~3은 아프리카인, 4~7은 아메리카 인디언, 8~13은 아시아인, 14~15는 오스트레일리아 원주민, 16~20은 유럽인이다. 점선은 유사한 유전자 빈도들을 가진 임의 집단들을 둘러싼 것이고, 이는 '종족' 집단에 상응하는 것은 아니다(자캬르, 1970).

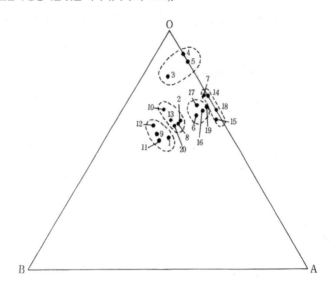

군, 3개의 아시아 개체군, 하나의 유럽 개체군을 포함하고 있다.

그러한 다형 유전자에 대한 연구에서 있었던 한 주요한 발견은 이들 유전자의 어느 것도 하나의 '종족' 집단을 다른 종족 집단으로부터 완전하게 구별해 내지는 않는다는 점이다. 즉, 한 종족 안의 한 형태를 100% 나타내고 어떤 다른 종족 안의 어떤 형태의 100%를 나타내는 유전자는 없다. 역으로 개체마다 대단히 변화 가능한 어떤 유전자들은 주요한 종족들 사이에서 평균적 차이를 전혀 보여 주지 않는다. 표 5.2는 '종족'과 '종족' 가운데 가장 유사한 세 가지 사이에 가장 차이가 나는 세 가지 다형 유전자들을 보여 준다. 첫 번째 난은 단백질 집단 혹은 혈액 집단의 이름을 나타내고, 두 번째 난은 변화하고 있는 유전자의 선택 형태들(대립유전자들, *alleles*)의 기호를 제

표 5.2 / 세 가지 종족 군에서 혈액 군 대립유전자들의 극단적 차이와 밀접한 유사성을 보여 주는 예들

유전자	개체군: 대립유전자	코카서스인	흑인	몽골 계통인
더피	Fy	0.0300	0.9393	0.0985
	Fy^a	0.4208	0.0607	0.9015
	Fy^b	0.5492	0.0000	0.0000
리저스	R_0	0.0186	0.7395	0.0409
	R_1	0.4036	0.0256	0.7591
	R_2	0.1670	0.0427	0.1951
	r	0.3820	0.1184	0.0049
	r'	0.0049	0.0707	0.0000
	여타	0.0239	0.0021	0.0000
P	P_1	0.5161	0.8911	0.1677
	P_2	0.4839	0.1089	0.8323
오베르거	Au^a	0.6213	0.6419	-
	Au	0.3787	0.3581	-
Xg	Xg^a	0.67	0.55	0.54
	Xg	0.33	0.45	0.46
시크리터	Se	0.5233	0.5727	-
	se	0.4767	0.4273	-

출처: L. L. 카발리-스포르차(Cavalli-Sforza)와 보드머(Bodmer), *The Genetics of Human Populations* (San francisco: Freeman, 1971), pp.724~731에 있는 요약으로부터 취한 것임. 다른 소재에 대한 정보와 자료 출처를 얻으려면 이 출처를 볼 것.

시한다. 표가 보여 주듯이 더피(Duffy), 리저스(Rhesus), P 혈액군 대립유전자의 상대적 빈도는 종마다 큰 차이가 있고, 그리하여 한 집단 속에서만 발견되는 Fy^b 같은 대립유전자가 존재할 수 있으며 어떠한 유전자에 대해 '순수한' 것은 존재하지 않는다. 대조적으로 오베르거(Auberger), Xg, 시크리터(Secretor) 단백질은 각 '종족' 내에서 매우 다형이나, 집단 사이의 차이는 아주 작다. 인간에서 알려진 유전자의 75%는 전혀 변하지 않으며, 그 종 전체를 통해 전적으로 단형적이다.

집단 사이에서 가장 상이한 또는 가장 유사한 유전자들을 뽑아내기보다는, 우리가 임의로 유전자를 뽑으면 우리는 무엇을 알게 될까? 다형으로 알려진 일곱 가지 효소는 유럽인과 아프리카인으로 구성된 한 집단(실제로는 서아프리카에서 온 흑인 런던 사람과 백인 런던 사람)에서 검사되었다. 이러한 유전자의 임의표본에서 집단 사이에 두드러진 유사성이 존재한다. 포스포글루코뮤타제-3(phosphoglucomutase-3)를 예외로 하고, 왜냐하면 이에 대해 집단 사이에 역전이 존재하기 때문에, 아프리카인 각 유전자의 가장 흔한 형태는 유럽인들의 형태와 똑같고, 비율 자체도 아주 가깝다. 그러한 결과는 흑인과 백인 사이의 유전적 차이는 각 집단 안 다형과 비교할 때 무시할 수 있는 것이라고 결론 내리게 한다.

표 5.3과 같은 종류의 질문은 사실 전 세계에서 광범하게 연구되어 온 약 20개의 유전자에 관하여 개체군들의 성원에게 아주 일반적인 방식으로 물어 볼 수 있다. 어떤 특별한 유전자에 대한 인간 사이의 변이를, 전체로서의 인간종으로부터 임의로 뽑은 개체에서 한 유전자를 취하는 확률보다는 하나의 개체에서 취한 한 유전자는 상이한 선택 형태(대립유전자)가 될 확률로 측정한다고 가정하자. 그러면 만일 우리가 똑같은 '종족'에서 두 개체를 선택하면 우리는 얼마나 많은 더 작은 변이가 있을 것인지를 물을 수 있다. 전체 종에 대한 변이와 한 '종족' 내의 변이 사이의 차이는 종족의 차이로 설명되는 모든 인간 변이의 비율을 측정하게 된다. 같은 방식으로 우리는 똑같은 부족 또는 민족 내 개체 사이의 변이에 반하는 것으로서 한 '종족' 안 변이의 얼마나 많은 부분이 똑같은 '종족'에 속하는 부족 또는 민족 사이의 차이로 설명될 수 있는지를 물을 수 있다. 우리는 이런 방식으로 인간의 유전변이의 총체를 개체군 속 개체 사이의, 주요한 '종속' 안의 국소 개체군 사이의, 주요한 '종족' 사이의 한 부분으로 나눌 수 있다. 그 계산은 약간 다른 자료와 다소 상이한 통계적 방법을 사용했지만 똑같은 결과를 얻었던 유전학자들의 서로 다른 세 집단에 의해 독립적으로 수행되어 왔다. 상이한 유전

표 5.3 / 유럽인과 아프리카 흑인에서 7개 다형 위치에 대한 대립유전자 빈도

위치	유럽인: 대립유전자 1	대립유전자 2	대립유전자 3	아프리카인: 대립유전자 1	대립유전자 2	대립유전자 3
적세포산 포스파타제	0.36	0.60	0.04	0.17	0.83	0.00
포스포 글루코뮤타제-1	0.77	0.23	0.00	0.79	0.21	0.00
포스포 글루코뮤타제-3	0.74	0.26	0.00	0.37	0.63	0.00
아데닐산 키나제	0.95	0.05	0.00	1.00	0.00	0.00
펩티다제 A	0.76	0.00	0.24	0.90	0.10	0.00
펩티다제 D	0.99	0.01	0.00	0.95	0.03	0.02
아데노신 디아미나제	0.94	0.06	0.00	0.97	0.03	0.00

출처: 리처드 C. 르원틴,『진화적 변화의 유전적 기초(The Genetic Basis of Evolutionary Change)』(New York: Columbia Univ. Press, 1974). H. 해리스(H. Harris),『인간 생화학 유전학의 원리(The Principles of Human Biochemical Genetics)』(Armsterdam and London: North-Holland, 1970)을 각색했음.

자 형태의 빈도를 실질적으로 계산해 내는 것이 가능했고 따라서 유전변이에 대한 어떤 객관적 평가를 얻어 낼 수 있었던 효소들과 여타 단백질에 관해 알려진 모든 인간의 유전변이의 85%는 똑같은 국소 개체군, 부족, 또는 민족 내 개체 사이에 있는 것으로 판명된다. 다른 8%는 어떤 주요한 '종족' 내 부족이나 민족 사이에 존재한다. 그리고 나머지 7%는 주요 '종족' 사이에 존재한다. 이것은 어떤 스페인 사람과 다른 사람 사이, 또는 한 마사이족 사람과 다른 사람 사이의 유전변이가 모든 인간 유전변이의 85%라는 것을 의미하고, 한편 단지 15%만이 사람들을 집단들로 쪼갬으로써 설명될 수 있다. 지구 위의 모든 이가 동아프리카 키쿠유족을 제외하고 소멸한다면, 모든 인간의 변이 가능성의 약 85%는 재구성된 종에 여전히 존재할 것이다. 몇 개의 유전자 형태들―유럽 사람에서만 알려진 더피 혈액군의 Fy[b] 대립유전자 또는 아메리카 인디언에서만 알려진 디에고(Diego) 혈액 인자와 같은―은 상실될

것이나, 그 밖의 것은 거의 변하지 않을 것이다.

독자는 '종족' 사이의 변이를 구획하는 계산을 하기 위해서 각 민족 혹은 부족을 어떤 '종족'으로 배당하는 데 몇몇 방법이 사용되어 왔음을 알아챌 수 있을 것이다. '종족'에 의미를 부여하는 문제는 그러한 배당을 할 때 강력하게 생겨난다. 헝가리인은 유럽인인가? 그들은 확실히 유럽인처럼 **보인다**. 그러나 그들은 (핀족처럼) 유럽어족과 전적으로 관련이 없으며 중앙아시아로부터 생겨난 언어의 터키어족에 속한다. 그리고 현대의 터키인은 어떠한가? 그들은 유럽인인가 혹은 몽골 계통족에 합류되어야 하는가? 그러고 나면 우르두어(Urdu)와 힌두어를 쓰는 인도 사람들이 있다. 그들은 북쪽에서 온 아리아족 침입자들과 서쪽의 페르시아족, 인도 아대륙(亞大陸)의 베다 부족 사이 혼혈의 후손이다. 하나의 해답은 그들을 분리된 종족으로 나누는 것이다. 심지어 종종 한편에서 분리된 종족으로 취급되어 온 태평양에서 이주해 온 오스트레일리아 원주민은 유럽인이 도착하기 훨씬 앞서, 파푸아인과 폴리네시아인의 혼혈로 생겨났다. 기원으로 볼 때 어떤 집단도 현대 유럽인보다 더 잡종은 아니다. 이들은 훈족, 동고트족, 동쪽에서 온 반달족, 남쪽의 아랍족, 코카서스 지방에서 온 인도-유럽족의 혼혈이다. 실제로 '종족' 범주들은 주요한 피부색 집단에 대응하도록 수립되었고, 경계선에 있는 모든 사례는 이들 가운데 분포되거나 과학자들의 변덕에 따라 새로운 종족이 되었다. 그러나 어떻게 정의되든 주요한 '종족' 범주 사이 차이는 아주 작은 것으로 판명될 것이기 때문에, 집단들이 어떻게 배당되느냐는 문제가 되지 않음이 판명된다. 인간의 '종족적' 차별은 참으로 단지 가죽 한 꺼풀만의 것이다. 어떠한 종족 범주의 사용은 생물학보다는 다른 근원으로부터 정당화 내용을 취해야 할 것이다. 인간의 진화 및 역사가 갖는 두드러진 특징은, 개체 사이의 유전적 변화와 비교했을 때 지리적 개체군들 사이에 아주 작은 정도로 분기가 있었을 뿐이라는 점이다.

집단 사이의 IQ 차이

집단 사이에서 IQ의 유전적 차이에 대한 질문에 답하는 유일한 길은 인종 간 그리고 계급 경계에서 섞이는 입양 연구를 하는 일일 것이다. 그러한 연구들을 찾기가 쉽지는 않지만, 수행된 몇몇은 모두 똑같은 결과를 냈다. 정신적 성취에 대한 세 곳 유치원 검사를 이용한 영국 거주 육아원 흑인 어린이, 백인 어린이, 혼합 부모 어린이에 대한 티자르(Tizard)의 연구[41]에서 차이는 우연에 의한 통계적 편차들에서 기대할 수 있던 것보다 더 크지는 않았다. 그러나 액면값 그대로 취했을 때, 흑인 어린이와 혼합 부모 어린이는 백인 어린이보다 **더 잘** 했다. 또 다른 관련 있는 사례는 진주 이후에 아버지들이 집으로 돌아갔을 때 남겨진 백인 및 흑인 미군과 독일인 어머니 사이에서 난 어린이들의 비교이다. IQ 기록으로 흑인 어린이의 백인 가계량을 비교하는 두 연구는 아무런 상관관계를 보여 주지 못했다. 한편 백인 가족에 입양된 흑인 어린이에 대한 연구는 일반 개체군 속 어린이들보다 더 높은 IQ를 보여 주었다. 그러나 이 입양아들에서 부모가 모두 흑인인 어린이들은 생물학적 부모의 한쪽은 흑인이고 다른 한쪽은 백인이었을 때보다 낮은 성취를 보였다.[42] 사실 이것은 흑인과 백인 사이의 유전적 차이에 대해 사회적인 것과 유전적인 것을 모두 분리하려는 어떤 노력을 경주하게 하는 근거를 다 더한 합이다.

IQ 유전 가능성에 대한 모든 연구처럼 이들 다섯 가지는 다소 심각한 방법론적 문제들을 갖고 있으며, 이들을 사용하면 어떤 긍정적 결론에도 도달할 수 없다. 핵심은 그 연구들이 종족 사이의 어떤 유전적 정체성을 증명하지는 않는다는 것이고, 그리고 그 연구들이 확실히 입증해 주지 않으며, IQ 기록에서 어떤 유전적 차이에 대한 근거가 존재하지 않는다는 것이다. 그렇다면 유일하게 쓸모 있는 것들인 처음 네 가지 연구는 미국 '사회적 행동의 생물학적 기초에 대한 사회과학연구위원회'의 후원 아래 있는 사회과학 편제인 '지능에서 인종 간 차이'로부터의 최후의 신중한 표명을 의미했던 한 보고에서 비평되었다.[43] 다음과 같은 특징을 보여 주는 그 결과가 갖는 유전적 관점에 대한 미국 사회과학의 깊은 이념적 위임은 특징적이다.

> 지적 능력에 대한 검사 결과로 미국의 상이한 인종-민족 집단 성원의 점수에서 관찰된 평균적 차이는 부분적으로 검사 자체의 부적절성과 편향을 반영하고, 부분적으로 집단 사이의 환경적 차이를 반영하고, 부분적으로 집단 사이의 유전적 차이를 반영한다. …이 세 가지 요소에 부여된 상대적 무게와 관련한 광범한 범위의 입장들을 현존하는 근거에 기초하여 합리적으로 취할 수가 있다. 그리고 분별력 있는 사람의 입장은 상이한 능력에 대해, 상이한 집단에 대해, 상이한 검사에 대해 아주 다를 수가 있는 것이다.

정확하게 어떤 '분별력 있는 사람'이 미국 인종-민족 집단 사이에서 관찰된 차이는 제시된 기초 위에서 부분적으로 유전적이라는 입장을 취할 수 있는가에 대한 이야기를 우리는 듣지 못했다. 혹은 이는 그러한 관찰들에서 보이는 차이가 존재하는 곳에서 그 차이는 흑인을 선호했다는 부정직한 요약으로 폭로되지 않는다.

계급 간 입양에 대한 근거는 희박하다. 하나의 의미에서 입양은 일반적으로 한 군으로서의 입양 부모가 생물학적 부모보다 더 부유하고, 더 많이 교육받고, 더 나이가 많기 때문에 교(交)계급적(cross-class)이다. 그리고 우리가 보아 온 것처럼 입양아들은 IQ가 의미심장하게 올라갔다.

그러나 프랑스에서 수행된 시프(Schiff) 등등의 연구는 계급 효과를 검사하기 위해 특별히 고안되었다.[44] 탐구자들은 하층 노동자계급 부모를 가졌으나 생후 여섯 달 이전에 중상계급(또는 그 이상) 부모에게 입양된 32쌍의 어린이를 선정했다. 그들은 또한 똑같은 어린이들의 20명의 **생물학적** 형제자매를 선정했다. 이들 형제자매는 그들 자신의 노동계급 어머니에 의해 양육되었다. 따라서 형제자매의 두 집단은 유전적으로 동등했지만 다른 종류의 환경을 경험했던 것이다. 학교 갈 나이에 이르러 입양아들은 평균 IQ가 111이었고, 집에 그대로 남아 있던 형제자매보다 16점이나 높았다. 아마도 더 중요한 것은 입양아는 단지 13%만이 낙제했던 것과 비교하여 집에 남아 있던 아이들의 56%는 프랑스 학교 체계에서 적어도 1년은 낙제를 했다는 점이다.

우리는 IQ 유전 가능성과 고정성에 대한 관심을 재점화시킨 젠슨(A. R. Jensen)의 논문 제목이 「IQ는 학업 성취를 얼마나 많이 밀어주는가?」였음을 기억해야 한다. 인종 간 입양 연구 및 계급 간 입양 연구로부터 나온 답들은 애매하지 않은 것으로 보인다. 사회조직이 인정하게 될 것만큼이다. 우리 길에 멈춰 서 있는 것은 생물학적 상태가 아니다.

6장

결정된 가부장제

"남자아이인가 여자아이인가?"라는 물음은 여전히 새로 태어난 어떤 갓난 아이에 대해 묻게 되는 첫 번째 질문 가운데 하나이다. 이 질문은 우리 문화가 사람들 사이에서 만들어 내는 가장 중요한 구별 가운데 하나의 시작을 표시하는데, 왜냐하면 한 아이가 소년이냐 소녀냐는 그 아이의 앞으로 이어질 삶에서 심오한 차이를 만들어 내게 될 것이기 때문이다. 평균적으로 여아보다 남아가 약간 더 많이 태어난다. 모든 연령에서 남성은 여성보다 다소 더 많은 사망 가능성을 갖고 있다. 영국과 미국에서 바로 지금 남자의 평균수명은 약 70년이고 한편 여성의 그것은 약 76년이다. 이는 가장 나이가 지긋한 사람은 여자임을 의미한다. 예를 들어 85세 이상 연령군에서 각 남자당 여자는 세 명 이상이다.

오늘날 서양 사회에서 평균적으로 남자가 여자보다 키가 더 크고 무게도 더 나간다. 남자는 여자와 비교하여 체중에 대한 비율을 생각했을 때 그런 것은 아니지만, 더 큰 뇌를 갖고 있다. 남자와 여자는, 명백한 재생적 질병은 그렇다 치고, 많은 질병에 상이한 감수성을 보여 준다. 남자는 우리 문화에서 다양한 순환계 질병, 심장 질환, 몇몇 암을 더 빈번히 앓게 된다. 여자는 정신병을 많이 앓고 그 결과 약물을 먹거나 시설에 수용되는 경우가 더 많다. 남자는 육체적으로 운동 실행력에서 더 강하다. 심지어 많은 여성이 가정 밖에서 보수를 받는 노동 상태에 있음에도 불구하고, 그들이 갖게 되는 일은 남자 일과는 차이가 있다. 남자는 각료, 의원, 사업가, 실업계 거물, 노벨상 수상 과학자, 아카데미 펠로우, 의사, 비행사가 될 가망성이 더 많다. 여자는 비서, 실험실 기술 전문가, 사무실 청소원, 간호사, 비행기 스튜어디스, 초등학교 교사, 사회 사업가가 될 가망이 많다.

'선택된' 직업에서 보이는 이 차이는 어린 시절의 학업 성취와 아이들의 행동에 반영된다. 소년은 차를 가지고 놀고, 조립 세트, 맞추기 판 놀이를 한다. 소녀는 인형, 배, 간호사 제복, 가정 요리 세트를 가지고 논다. 소녀는 주로 주부가 될 기대를 하고 소년은 생계를 책임지려고 돈벌이하는 이가 될 것을 기대한다. 드물게 어떤 소녀는 기술적 주제, 과학, 금속 세공을 연구하고 어떤 소년은 드물게 가정학을 연구한다. 청년기 이후에 소녀는 소년에 비해 수학을 잘 못한다.

이 모든 사실은, 역사 속에서 현 시각에 현존하고 있는 우리 사회에 대해 객관적으로 확언할 수 있는 언명들로 현재적 '사실들'이다. 어떤 것은 생물학에 관한 사실로, 어떤 것은 사회에 대한 것으로, 어떤 것은 양자 모두에 관한 것으로 보인다. 그러나 그들을 어떻게 이해할 것인가? 사회적 가소성에 대한 한계들을 평가하는 데 대해 그 한계들이 갖는 함의는, 만일 있다면, 무엇인가? 이 책이 다루는 거의 서로 다른 어떤 사회적 '사실' 이상으로 사회에서 남자와 여자 사이의 차이—**젠더**(*gender*) 차이—에 관한 '사실'은 본질적으로 생물학적 **성**(*sex*) 차이의 표현으로 그럴듯하게 자연스럽게 여겨지고, 따라서 외면적으로 명백히 문제가 안 되는 것으로 보인다. 그리고 실제로 많은 남자에게 그러한 가정들—우리 사회에서 성 사이의 노동 분화(**사회적 노동 분화**)는 단지 어떤 바닥에 놓여 있는 생물학적 필연성을 반영한다는 것, 따라서

사회는 그러한 생물학을 충실하게 반영하는 거울이라는 것을 함축하는—은 이상하게 편리하다.[1]

우리가 남자와 여자 사이의 지위, 부, 권력의 차이라는 특징을 띠는 사회에서 살고 있다는 것은 아주 명백하다. 현시대 서구 사회가 그 형태에서 자본주의인 것처럼, 그것은 또한 가부장적이다.[2] 남자와 여자 사이의 노동 분화는 생산노동 안에서 남자는 더욱 힘을 발휘하고, 더 많은 보수를 받고, 더 지배적인 일을 장악하는 경향이 있고, 여자는 덜 힘을 발휘하고, 더 적은 보수를 받고, 더 열등한 일을 차지하게 되는 경향이 있다. 하나의 전체 노동의 범주—재생산 또는 배려 노동—는 여자에게만 독점적인 것은 아닐지라도 주로 여자에게 할당된다. 재생산 노동은 아이를 낳는 생물학적 노동에 개입할 뿐만 아니라 남성 노동자의 식사, 옷, 가정적 안온함, 아플 때는 그를 돌보아 주는 일 등등에 개입한다. 게다가 교육, 훈련, 가치 전달을 통해 생산적-재생산적 노동에 필요한 다음 세대를 마련하는 결정적인 교육적-이념적 역할이 존재한다. 즉, 가정에서나 보수를 받는 경제 영역에서나 여자는 음식을 준비하는 사람으로, 아이를 돌보는 사람과 교사로, 환자를 간호하는 사람으로 불균형적으로 고용된다. 이러한 노동 분화는 단지 서구 자본주의 사회의 특징인 것만은 아니고 정도는 달리하지만 혁명 투쟁을 경험한 소련, 중국, 베트남, 쿠바에서도 그러하다.

왜 가부장제는 지속되는 것일까? 한 가지 가능성은 가부장제는 인간의 생물학적 상태의 귀결인 그 가부장제로부터 이익을 얻는 이들이 보존시킨 역사적으로 일관된 사회조직의 한 형태라는 것이다. 이는 마치 어떤 다른 사회형태는 그러한 생물학적 상태의 한 귀결이며 그 귀결은 우리가 이용할 수 있는 가능한 사회조직 범위 가운데 하나일 뿐인 것과 같다. 이와 대조적으로 다른 이들은 가부장제는 우리 유전자에 의해 결정된, 남자와 여자 사이의 생물학적 차이로 고정된, 우리가 갖는 생물학적 특성의 불가피한 산물이라고 논변한다.

여성주의, 여성주의의 사회적 그리고 정치적 요구들, 지난 10년간 싹트기 시작한 여성주의의 이론적 저술의 증가에 대응하여, 생물학적 결정론자들은 대중적·사회적·문화적 생활에서 지도적 역할의 점유는 음경, 고환, 수염을 갖는 남성적인 것과 더불어 이루어진다고 강력히 주장하는 입장을 취해 왔다. 남성의 영역으로의 여자의 침입은 열렬히 반대되었다. 전문적 남성 영역에 대한 배타성을 옹호하기 위한 투표가 실패했을 때, 생물학을 불러냈다. 예를 들어 여자는 은행 경영인이나 정치인이 되어서는 안 되었다. 한 미국 의사는 다음과 같이 이야기했다.

당신이 은행에 투자했다면, 그 특수한 시기에 격렬한 호르몬 영향 아래 놓여 있는 은행장이 대부해 주길 원하지는 않을 것이다. 우리가 백악관에 피그스만(the Bay of Pigs) 사태에 대한 결정을 해야 할 입장에 선 폐경기의 여자 대통령이 있었다고 가정해 보라. 그랬었다면 물론 그것은 당시 쿠바와 함께 러시아가 불러일으켰던 불행했던 사건에 대해 나쁘지 않았을까?[3]*

실제로 업무에서 어떤 상급 위치에 있는 여자들에게조차 위험이 존재한다. ≪월 스트리트 저널(Wall Street Journal)≫의 한 일면 표제는 "상사들이 경영자 수준에서 임신의 물결로 붕괴했다. …요즘 많은 여성이 높은 수준의 일을 하고 있고 서른을 넘어선 나이의 여성 사이에서도 임신이 증가하고 있기 때문에 문제가 더 확대되고 있다"[5]는 정보를 준다. 그리고 그 기사는 남

---

* 이러한 호르몬적 자연화(hormonal naturalization)는 영국에서 살인 혐의를 받고 있던 두 여인을 '월경 전 긴장'을 겪는 동안 살인을 했다는 토대 위에서 최근 무죄 방면(1981)한 경우처럼 정반대의 사례도 보여 준다. 이는 몇몇 여성주의 의견에서 해방적인 것이라고 환영받은 결정이었고, 다른 이들은 그 여자들을 풀어 주는 일은 모두를 억압하는 것이고 대단히 생물학주의적이라고 비난했다.[4]

성 간부들이 같은 부서에 여성 동료를 두었을 때, 그들의 지각없는 임신이라는 공격 때문에 그들은 일을 더 강도 있게 급히 해야 한다고 계속 설명한다. 교훈: 여자는 생산 라인이나 타이프 직원과 같이 쉽게 교체할 수 있는 일에만 종사해야 한다. 물론 임신한 여성 간부가 일으킨 문제를 그렇게 설명하는 것은 남성 간부 사이에서 높고 **계획되지 않은** 관상(冠狀) 심장 질환 비율 때문에 생기는 불편에 비해 무시되는데, 이 질환은 적어도 파괴적인 것이다. 그러나 그것은 정상이다.

그리고 결론은 물론 명확하다. 왜냐하면 여자가 집 밖에서 일하는 것은 잘못이기 때문이다. 먼저 경제에 나쁜데, 경제는 여자가 집에 있으면 여자의 무보수 노동에 의해 공급될 복지 서비스를 공급해야 하고 이에 지불해야 한다. 그리고 자연에 반하는 것인데, 자연은 남자는 밥벌이하는 사람이 되어야 하고 여자는 아이를 기르는 이가 되어야 한다고 공표하기 때문이다. 영국과 미국에서 여섯 가구 가운데 적어도 하나는 여성이 벌어오는 데 유일하게 의존해 살고 있음에도 불구하고, 신우익 이념은 이 점을 명백히 한다.[6]

재기하는 신우익 사고는 여성주의 주장에 대해 이렇게 더 심하게 반대하는 것을 합리화한다. 영국국민전선의 입장에서 여성의 자연적 위치는 나치주의 조상들의 그것처럼 **아이-부엌-교회**(Kinder-Küche-Kirche)와 깊은 유대를 맺고 있다. 이러한 견해는 영국 의회 하원 의원 이녹 파월(Enock Powell)에 의한 대처 정부의 국적 법안(영국 흑인의 상당 비율을 2급 시민으로 만들려고 조잡하게 고안된 영국 시민권 범주를 창조한)에 대한 논쟁에서 반향되었다. 파월 씨는 영국 시민권은 아버지를 통해서만 전달되어야 한다고 주장하면서 어떤 아이의 국적을 어머니를 통해 주장하려는 계획은 "인간의 본성에 대한… 천박한 해석에 기초한 임시변통적 양식에 양보"하는 것밖에 안 된다고 설명했다. 그는 이어 "남자와 여자는 구별되는 사회적 기능을 갖고 있으며, 남자는 전사이고 여자는 창조하고 보존하는 생활에 책임이 있다. 사회는 남자의 본성과 모순되는 신화들을 자신 스스로에게 가르쳐 줌으로써 파괴될 수 있다.[원문 그대로]"[7]고 했다.

생물학적 결정론자들에게, 그렇다면, 사회에서 젠더 분화는 생물학적·성적(sexual) 분화를 진정으로 표시해 준다. 노동 분화는 생물학에 의해 주어질 뿐만 아니라, 그것이 기능적인 것이기 때문에, 우리가 그것에 반하는 것은 위험으로 가는 것이다. 사회는 지배하고, 생산적인 남자와 의존적이고 양육하는, 재생산적인 여자 양쪽 모두를 필요로 한다.

생물학적 결정론자들의 지금까지의 논의는 유사한 구조를 따르고 있다. 그 논의는 '증거'로서, 이 장의 첫 문단에서 기술된 것과 같은 남자와 여자 사이의 차이라는 '사실들'을 인용하는 것에서 시작하고 있다. 의문의 여지 없이 인용되는 이 '사실들'은 다시 뇌 구조나 호르몬 수준에서 남자와 여자 사이의 근본적인 생물학적 차이로 설명되는 좀 더 중요한 심리학적 경향에 의존하는 것으로 보인다. 이어 생물학적 결정론자들은 인간 사이의 행동에 나타나는 남성-여성 차이는 비인간 사회—영장류나 설치류 또는 조류 심지어 말똥구리—에서 나타나는 것과 필적한다는 것을, 단지 사물들이 다르다거나 더 공정하기를 희망함으로써 반박될 수 없는 명백한 보편성을 그 차이에 부여함으로써 보여 준다. 생물학 법칙은 어떠한 호소도 받아들이지 않는다. 그리고 최종적으로 결정론적 논의는 현재 관찰된 모든 차이가 이제는 친숙하고 팡글로스적 사회생물학 논변(Panglossian sociobiological argument)이라는 토대 위에서 용접시키려 노력한다. 성 분화는 두 성의 재생산에서 상이한 생물학적 역할의 결과로 자연선택에 의해 적응되면서 출현한 것이고 양자의 최대 이점에 부합되도록 진화한 것이다. 불평등은 불가피한 것일 뿐만 아니라 또한 기능적인 것이다.

이 장에서 우리는 사회에서 현재적 노동 분화를 설명하기 위해, 이들 외견상 과학적인 주장을 비평할 것이다. 그리고 그 주장들은 체계적 선택, 오전(誤傳), 근거의 부적절한 외삽을 나타내고, 편견으로 윤색되고 빈곤한 이론으로 가봉되었음을 그리고 현재의 분화를 설명하는 것과 거리가 멀고, 현재의 분화를 항구화하는 것을 돕는 이념으로서 봉사함을 보일 것이다. 인종과 계급 사이의 IQ 성취 차이에 대한 생물학적 설명처럼, 현재의 성 역할에 대한 생물학적 설명의 목적은 현 상태를 정당화하고 유지하려는 것이다.

'사실들'의 지위

생물학적 결정론 사고의 끈질긴 주장은 현 시기 서구 사회의 구조가 보편적인 일반적 사회구조를 비추어 준다는 것이다. 아무리 나빠도, '자연스럽지 않은' 자유주의적이고 급진적인 압력 때문에, 우리는 사회다원주의적 은총의 몇몇 앞서 있던 상태로부터 떨어져 버렸을 뿐이다. 아무리 좋아도, 우리는 우리가 있어야 하는 상태에 있는 것이다. 그러므로 이 장의 앞서 나온 문단들에서 본 유형들에 대한 '사실들'은 주어진 가짜의 보편성이다. 직종 분포를 취해 보자. 사무 직종에서 여자의 현재적 보편성은 금세기 초기까지 사무 일은 배타적으로 남성의 영역이었고, 사무 노동에서 여자를 배제하려는 노력이 수행되었음을 밝혀 준다.[8] 마치 1978년 ≪오늘의 심리학(Psychology Today)≫에 "일반적으로 여자는 세밀한 조정과 신속한 선택을 하는 데서 우월하기 때문에 그들은 예를 들어 남자보다 더 속도를 낼 수 있는 타자수가 될 수 있다"[9]고 이야기할 수 있었던 것처럼 꼭 그렇게, '생물학적' 이유들은 그리고 나서 그들이 왜 그러한 노동에는 적합하지 않은가 하는 데로 나아갔다. 임시변통의 근시안적 태도는 지리적인 근시안적 태도와 맞추어졌다. 예를 들면 미국에서 남자는 의학 실무에서 지배적인 상태에 있다는 점을 당연한 것으로 볼 수 있었음에도 불구하고, 다수가 여자인 소련 가정의에서는 상황이 역전된다. (물론 소련에서 가정 의료는 미국에서보다 낮은 지위를 갖고 낮은 보수를 받으나, 그것은 상이한 논점이다.)

1950년대 미국 10대의 특수한 데이트 양식, 성적 관행, 패션 스타일은 생물학적 결정론에 의해 가장 두드러지게 보편화된 것들 가운데 들어 있다. **자궁에서** 어머니에게 복용된 안드로겐 스테로이드(androgen steroids)에 노출됨으로써 '남성화'되었던 소녀에 대한 잘 알려진 한 연구에서 머니(Money)와 에어하르트(Erhardt)는 그들 연구 주제 대상들의 여성다움을 특수한 표준들로써 정의했는데, 여기에는 그들이 보석류를 좋아하는가, 바지를 입는가, 소위 말괄량이 행동을 보이는가의 여부 또는 낭만적 결혼보다는 미래의 출세에 더 관심을 갖는가 여부가 포함되어 있다.[10] 이러한 논점이 단지 일군의 수용 가능한 표준들—연판(鉛版: stereotype)들을 제공하는 여성 잡지의 이념을 품는 것만은 아니다. 그것은 여성이 바지를 입거나 남자가 치마를 입고 보석류를 즐기고 전유하는 사회가 존재한다는 것을 무시하는 것이다. 그 소녀는 여성다움에 대한 판에 박힌 국소적 상(像)에 얼마나 잘 부합하는냐 하는 것으로 판단되고 있는 것이다. 그들은 이 형태들을 부드럽게 기꺼이 거부해 온 것으로 나타났는데—그럼에도 불구하고 그들은 여전히 결혼과 어머니 됨을 기대했다. 그리고 이 거부—자신들의 젠더 딱지 붙이기(labelling)에 애매성과 연구자들이 그들 동배(同輩)에 반하여 그들에게 기울이고 있던 이상한 유의를 의식한 소녀들 가운데서의—는 몇몇 보편적인 생물학적 결정에 대한 표현으로 가정되었다.

생물학적 결정론자들이 보여 주는 인간의 생물학적 배치 및 성적 배치에 대한 기술 속 순진함은 또한 윌슨, 반 덴 베르게(Van den Berghe), 여타 생물학적 결정론자가 인간에서 보편적이라고 여겼던 한 현상—'근친상간 금기'—에 기울인 주의를 특징짓는다. 하지만 다른 것 없이도 사회학 문헌을 찾아보면, 심지어 근친상간을 반대하는 오늘날 서구 사회들이 가진 법조차 실질적 발생률을 막는 장벽이 될 수 없음을 그들에게 이야기해 줄 수 있었을 것이다.[11]*

이러한 종류의 사고는 성적 쇼뱅주의만큼 아주 사회적인 것으로 상기되는데, 대단히 날카롭게 그어진 계급 경계 내부의 자신의 사회에 대한 연판을 제외하고는 아무것도 모르는 한 쇼뱅주의 말이다. 이는 사회학, 역사학 또는 지리학을 모르는 협소한 것이다. 그렇다면 사회적 보편자들은 관찰되고 있는 사회적 실재 안에 있기보다는 생물학적 결정론 입장의 관찰자의 눈 안에 더 많이 있게 되는 것으로 나타난다. 그러나 이것은 흥미롭게도 명백한 생물학적 보편자들에 대해서도 참이다. 오늘날 여성의 평균수명이 선진 산업사회에서 남자보다 앞서 있다는 사실은, 금세기에 이르기까지 어느 곳에 있는 여자에게도 특징이 되었던 아이 낳는 일에서 또는 그와 관련된 일

---

* 근친상간 금기는 이상야릇한 사회생물학 이야기 가운데 하나이다.[12] 이 논의는 형제-자매 짝짓기는 무능하게 하거나 해로운 이중 열성유전자(double recessive genes)를 갖는 자식의 수를 증가시킬 가능성이 있고 따라서 우생학적으로 바람직하지 않다는, 유전학적으로 정확한 언명으로부터 시작한다. 그러므로 그러한 가까운 친척 사이에 짝을 짓는 일을 피하는 것은 적응하는 데 이점이 있게 할 것이다. 사회생물학은 이는 진정으로 인간과 비인간 모두에 해당하는 사례라고 주장한다. 우리 및 여타 유기체들이 서로의 유전적 관련됨과 따라서 성적 유효성을 인지하게 되는 그 기제는 명세화되지 않은 것이다. 하나의 제안은 그 규칙은 "함께 자라 온 어떤 이와 짝을 짓지 말라"는 것이다. 비인간적 근거는 아무리 해 봐도 파편적일 뿐이다. 그 예측은 몇몇 비비 개체군에 대한 관찰에 의해, 공교롭게도 갓난 일본 메추라기의 행동에 대한 외삽에 의해 지지되는 것으로 보인다. 그러나 가정이나 농장에서 기르는 동물에서 보였다는 공정하게 분별된 짝짓기에 대한 흔한 관찰은 그러한 종들이 인간의 개입에 의해 특수화되어 왔다는 시시한 확신으로 충족되는 것이다. 인간이 관련된 한에서, 수많은 상이한 사회에서 허용되는 짝짓기 및 금지되는 짝짓기 형태에 대한 사회적 규칙이 존재한다고 인용되는 경향이 있다. 하지만 유전적으로 가까운 (존재하지 않은) 결혼을 금지하는 보편적 근친상간 금기가 존재했다는 것이 참일지라도, 혈족의 사회적 정의를 유전적인 것으로 직접적으로 내리는 일은 불가능하다. 그리고 이러한 금기가 (실제로는 그렇지 않은) 실제에서 추종되었다는 것 또한 참이라 하더라도, 그 논의는 사회생물학적으로 아무런 의미가 없다. 왜냐하면 만일 '금기'가 진정으로 유전적으로 규정된다면, 그것을 강제하려는 단순한 입법이 무슨 필요가 있겠는가? 자연적 혐오는 이런 식으로 떠받쳐진 어떤 법도 필요로 하지 않아야 하는 것이다. 우리 유전자가 우리 형제자매와 교미하는 것을 금하되 대신에 그러한 교미를 규제하는 법을 통과시키도록 유도하는 것이 물론 아니라면 말이다.

에서 사망률이 극적으로 쇠퇴했다는 데서 대단히 크게 영향받은 것이다. 이 환율(罹患率) 통계는 비교 가능한 급격한 변화를 보여 준다. 미국과 영국에서 여자는 예를 들어 폐암과 관상 동맥 혈전증에 의한 사망률에서 남자를 꾸준히 따라잡고 있는 중이다. 지난 10년 동안 기록되어 온 키의 성적 이형성 (sexual dimorphism)의 다년간에 걸친 쇠퇴와 같은 현상은 덜 뚜렷하다. 평균 남성-여성 키 차이는 오늘날 선진 산업사회에서보다 백 년 전에 실질적으로 더 컸다. 또는 스포츠에서 남자와 여자의 상대적 수행 능력을 생각해보자. 단지 수십 년 전만 해도 남자와 여자 사이에 존재하는 자연적이고 불가피한 것으로 지각되어 온 바가 꾸준히 침식되었다. 다이어(Dyer)는 1948년부터 1976년 사이의 트랙 경기, 수영, 사이클 시간 경기에서 평균 남성-여성 차이를 살펴보고 이들 세 가지 경기 각각에서 남자에 대한 여성의 수행 능력은 계속적으로 개선되어 왔고, 만일 이러한 변화가 이어진다면 평균적 여성의 수행 능력은 다음 세기 동안 언젠가는 양성 간에 치러질 모든 경기에서 남성의 경기력과 같아질 것임을 보여 주었다.[13]

그러나 여하튼 평균은 얼마만큼 중요한 것일까? 오늘날 평균적으로 남자가 여자보다 더 크다는 사실이 많은 여자가 많은 남자보다 더 크다는 점을 부정하지 않는다. 개체군에 대한 평균적 언명들은 단지 그 뒤에(*post hoc*) 만들어진 것, 즉 기술되는 개체군에 대한 정의를 결정한 후에 만들어진 것이다. 따라서 우리가 남자와 여자 사이의 차이들을 기술할 수 있기 전에, 우리는 두 개체군-남성과 여성-이 비교된다고 정의 내려야만 하는 것이다. 그럼에도 불구하고 토론되고 있는 것은 바로 이 이분법이고, 우리가 몰아치고 있는 이 이분법은 단지 '자연적인' 것으로 치부해 버릴 수 있는 것이 아니다.[14] 이 이분법은 그러한 중첩을 가려 버리고 '남자' 또는 '여자'라고 딱지를 붙인 두 상자의 하나나 다른 하나 안으로 사람을 밀어 넣는 사회적 기능에 봉사한다면, 그 차이의 본성과 기원에 관해 점잔 빼면서 말하려는 기도는 곧 깊은 골칫거리인 것이다. '평균' 언명들은 강력하지만, 그들은 반드시 현상을 기술하는 가장 쓸모 있는 방식인 것은 아니다. 더욱이 이 언명들은 스스로 목적을 달성하는 위험으로 달려간다. 소녀와 소년이 일치하도록 장려받는 평균적 연판들이 존재한다면 —따라서 소년은 '남성적'이 되도록 실천하고 소녀는 '여성적'이 되도록 실천한다면— 그 연판들은 이분법을 영구하게 할 것이고 더 나아가 '자연적'임이라는 외피를 더 강화시킬 것이다.

이들 사회적 '사실'에 대한 결정론적 증명의 그다음 단계는 관찰된 사회적 부분을 개인의 심리학적 부분 위에 위치시키는 일이다. 그들의 논의에 따르면, 둘 중 어느 한 성에 대한 심리를 연구할 때, 우리는 어떤 업무에서는 여자가 남자보다 앞서고, 다른 일에서는 남자가 앞선다는 것을 알게 된다. 1930년대에 발전된 표준적 IQ 검사는 그 검사보다 앞서 존재하던 검사들이 보여 주었던 어떤 성 차이를 제거하기 위해 조심스럽게 균형을 맞춘 것이었기 때문에, 평균 IQ에서 성 사이 차이는 주장될 수 없다. 따라서 앞선 세대의 결정론자들은 가부장제의 이념적인 모든 장치에서 이 특수한 무기를 산뜻하게 제거해 버렸다. 페어웨더(Fairweather)는 성 차이의 심리학이라는 수용된 지혜를 다음과 같이 요약했다.

여성은 안면 인지와 관계하는 것과 같은 특히 높은 등급의 판별 능력을 유지함에도 불구하고… 촉각적이고 청각적 영역 안에서… 더욱 감수성이 있음을 보여 왔다. …정서적으로 더욱 의존적인 그들은 천성과 신경계에서 모두 '동정적'이다. 설명이 조금 떨어지기는 하지만 결과적으로 그들은 넓은 공간을 향하는 데 필수적인 인접한 포위로부터 독립하는 데서 또는 더 인접한 공간 관계들을 조작하는 데서 실패한다. 대뇌적으로 그들은 좌반구와 관계있는 언어를 쓰면서 살아간다. 반대로 남성은 성급하게 시각적으로, 단순한 반응을 잘 일으키는 자극으로, 더 거친 움직임으로 가장 잘 반응하는 등의 특징을 보인다. 부교감신경 및 우반구와 많이 관계한다. 그리고 궁극적으로 성공적이다.[15]

따라서 남자와 여자는 그들이 천성에서 생겨나는 것을 하고 있기 때문에 상이한 일에서 상이한 성공률을 갖는 것이다. *

매코비(Maccoby)와 재클린(Jacklin)에 따르면 소녀는 소년보다 더 나은 말하기 능력을 갖고 소년은 시각-공간적 (기계적 적응) 숙련 및 수학적 능력에서 소녀보다 앞서고 더 공격적이다.[16] 심리학자 샌드라 위텔슨(Sandra Witelson)에 따르면 그 결과는 여성 건축가, 공학자, 예술가는 수가 더 적다는 점이다.

> 왜냐하면 그러한 전문 직업은 공간적 숙련에 의존하는 종류의 사고에 의존하기 때문인데… 대조적으로 여류 연예인(가수, 연주인)과 작가는 덜 희귀하다. 이는 아마도 이들 재능과 관련되는 숙련은 여자가 잘하는 기능—언어적 조정 그리고 섬세한 운동신경 조정—에 의존하는 것이기 때문일 것이다.[17]

자유 사회에서 일 선택은 따라서 단지 개인적 선호 —생득(生得) 심리학 위에 기초하고 있는 개인적 결정에 존재론적으로 앞서는— 밖에서의 판단이다. 특수한 '선택'을 추동하는 사회적 힘은 —학교와 가족 속에서 방향성을 주는 영향 또는 특수한 거래와 직업에서 남성의 여성 배제— 모두 관계가 없는 것이다. 미국

---

* 그러한 자연화가 '명백히' 반동적인 이들에게만 국한되는 것은 아니다. 윌리엄 모리스(William Morris)는 그의 무정부주의적 시각이 나타난 『어디에도 존재하지 않는 곳에서 온 새 소식(News From No where)』에서 그의 자유 사회를 여자가 요리를 해 놓고 식탁에서 남자를 기다리는 사회라고 기술했는데, 그것은 남자가 '자연적으로' 이것을 즐기기 때문이라는 것이다. 그러나 유토피아에서 남자는 이들 활동에 개입된 숙련을 인정하고 그 숙련에 대해서 여자를 존경한다. 남성 블랙파워 정치인은 유사한 입장을 취해 온 것으로 알려졌다. 1981년 노동당 회의에서 의장이 여자가 차를 끓여 주는 데 감사했을 때 "여자는 차가 아니라 정책을 만든다"라는 슬로건을 들고 나온 여성주의자로부터 크게 도전받았었다.

과 영국에서 청춘기 소녀가 소년보다 수학 실력이 나쁘다는 점은 "수학에서
의 성취와 태도에서 성 차이는 남성의 우월한 수학적 능력으로부터 나온 것
이고, 이것은 다시 공간적 과업에서 더 큰 남성의 능력과 관계된다"[18]는 데
대한 증거로 재빠르게 취해진다.

성을 상이한 방향으로 추동하는 사회적 압력과 문화적 압력을 무시하면
서 수학에 관심을 보이는 소녀에 대한 일관되게 보고된 배척 또는 내리누름
은 직접적으로 생물학적 설명으로 인도되었다.[19] 위텔슨의 예로 돌아가기
위해서 다음을 본다. 버지니아 울프(Virginia Woolf)는 여성에게는 공간─자
신의 방─을 갖는 특권조차 부정되는 어떤 사회에서 거의 유일하게 허용 가
능한 기술은 개인적 자유(privacy)나 공간을 요구하지 않는 기술이었다고
오래전에 지적한 적이 있다. 한 작가의 책은 운반 가능하지만 화가의 캔버
스나 건축가의 그림판은 그렇지 못하다. 그리고 여성의 '성취'는 칭찬받을
가치가 있지만, 남성에게 도전할 수 있거나 결정적 재생산 역할에서 떨어져
서 시간을 가질 수 있는 진정한 전문가는 그렇게 될 가치가 없다. (새로운 여
성주의 문학은 창조적인 일─예를 들면 문학이나 과학에서─과 재생산 사이의 대조
를 주장한 19세기 의학인과 심리학자의 전 역사를 기록에 올렸다. 연구했던 여자는
그들의 핵심적 재생산 용량에 해악을 주었을 것이다.)[20]

그러나 위텔슨과 다른 이들이 한 심리학적 주장들은 얼마나 타당한 것인
가? 이 차이는 진정한 것인가? 그리고 만일 그렇다면 원인을 그 차이 탓으
로 돌릴 수 있을까? 요즈음 대부분의 연구자는 남자와 여자 사이, 심지어 학
동 사이에 존재하는 차이는 성장하는 동안 유전형과 더불어 생물학적·문화
적·사회적 힘의 뒤엉킨 상호작용의 결과를 나타낸다고 인식하고 있다. 따
라서 경향은 더욱더 어린아이나 심지어 신생아에 대한 심리학적 특성을 연
구하는 방법을 찾는 일이었다. 비평지와 대중 서적은[21] 심지어 여기서도 앞
으로 나올 것에 대해 증거를 제시할 차이─우는 데서, 잠자는 형태에서, 웃는 데
서, 특수한 반응의 잠복 시간에서의 차이─가 발견된다고 주장한다. 하지만 페

어웨더는 신생아 때의 성 차이와 성취에 관한 문헌에 대한 한 철저한 비평에서, 그와 정반대라고 하는 끈질긴 주장이 있음에도 불구하고, 다음과 같이 결론 내릴 수 있었다.

유년기에 우리는 대부분 정확한 손가락 움직임에서 여성적 경향을 갖게 된다. 그리고 똑같은 연속체 위에서 더 큰 근육조직들의 이용과 이들 근육조직이 보조하는 일정한 공간적(신체 정위적(body-oriented)) 능력의 사용을 요구하는 활동에서는 남성적 경향을 갖게 된다. 그 나머지는 진퇴양난이다.[22]

약간 더 나이를 먹은 아이들 속에서는

IQ 검사 속의 말과 관련한 아(哂) 검사에서 아무런 실질적 성 차이가 존재하지 않는다. 독서에서, 준 독서 숙련(그림판 짜 맞추기)에서, 초기 언어적 생산, 똑똑히 발음을 하는 능력에서, 어휘에서, 말과 관련한 개념을 다루는 데 대한 그리고 말과 관계된 재료의 처리에 대한 실험 연구에서 성 차이는 존재하지 않는다.[23]

차이는 나중에 '청년기에 능력에서 급작스러운 극화'가 나타날 때만 출현한다.

따라서 유아들 사이의 인지 행위에서의 성 차이에 대한 실제적 증거는 사소한 것이다. 그러나 그러한 근거가 존재한다 할지라도 그것은 무엇을 증명하는 것일까? 유아기로 돌아감으로써 문화에 오염되지 않은 '순수한, 생물학적으로 결정된 행동'을 연구할 수 있다는 것인가? 답은 아니오이다. 한 아이는 출생 순간 이후 처음부터 사회적인 것을 포함하는 어떤 환경 안에서만 성장할 수 있다.* 아기들은 보살펴 주는 이와 상호 작용한다. 사람들은 그

---

* 우리는 여기서 출생 전 환경이 성장에 미치는 효과들을 논의하지는 않는다. 그들이 중요

들의 손을 잡고, 그들에게 옷을 입히고, 먹이고, 껴안아 귀여워해 주고, 그들과 이야기한다. 부모는, 남성 아기와 여성 아기에게 청색 또는 분홍색 옷을 입히는 것은 그렇다 치더라도 남성 아기와 여성 아기를 서로 다르게 키우고 그들에게 서로 다른 말을 한다고 이야기된다.[25] 모든 문화는 부모 사이에서 행동에 대한 기대를 생산해 내도록 해야 하고, 따라서 처음부터 의식적으로 또는 무의식적으로 강요되거나 기죽임을 당하게 될 어떤 행동 유형에 책임이 있어야 한다. 이는 아이가 생물학적 부모에게 양육되든 대리인에 의해 키워지든 마찬가지 경우가 될 것이다. 우리는 '비난'을 어머니들에게 전가하려는 것은 아니다. 요점은 행동을 결정하는 요소는 되살릴 수 없을 정도로 상호작용을 하고 개체발생적이라는 것이다. 연구되는 아이가 아무리 어리더라도 그의 행동은 그러한 상호작용의 산물이어야 한다. 행동을 연대기적으로 생물학적 특성에 의해 주어진 부분과 문화에 의해 주어지는 부분으로 나눌 수 있다고 논의하는 것은 출발부터 환원론의 덫에 걸려드는 것이다. 이는 어린이의 행동 발달에 대한 연구가 갖는 중요성을 깎아 내리는 것이 아니며, 어린이의 행동 발달에 대한 연구는 인간 우생학의 가장 매력적인 영역 가운데 속해 있다. 그러나 우리는 그러한 연구가 연구 주제에 대해 소박하게 환원론적 질문을 하는 것은 아니라고 주장하는 것이다. 필요한 것은 인간 유아들 자체의 다양한 성장과 같이 풍부하고 상호 작용하는 방법론이다.

그러나 성 사이의 명백한 심리학적 차이는 단지 생물학적 결정론 논의의 출발점일 뿐이다. 결정론 논의는, 만일 그러한 차이들이 존재한다면, 그 차이는 바탕에 놓여 있는 뇌 생물학에서의 차이들을 반영하는 것이라는 데로

할 수 있음에도 불구하고 말이다.[24]

달려간다. 여하튼 그 차이들이 생물학에 토대할 수 있는 것이라면, 그 차이는 환경적 도전으로부터 더욱 안전한 것으로 보인다. 다시 우리는 유물론자들처럼 우리 역시 개별 인간 사이의 행동 차이는 그러한 개체들 사이의 생물학적 특성에서의 차이와 관계되는 것으로 판명되리라는 점을 발견하리라 기대한다는 점을 강조해야 한다. 생물학적 환원론과 의견을 달리하는 것은 생물학적 차이는 근본적인 것이며, '더 높은 수준'의 심리학적 차이에 대한 원인이 된다는 논의를 받아들이는 것을 거부하는 데 있다. **양자는** 똑같은 단일한 현상의 상이한 측면이다. 성장하는 동안 어떤 개인의 사회적 환경에서의 차이는 뇌와 신체의 생물학적 상태 변화로 귀결될 수가 있고 이는 행동에서도 마찬가지이다. 그러므로 평균적으로 남자와 여자의 뇌 사이에 차이가 존재한다는 것을 보이는 것이 그러한 차이에 대한 원인이나 결과에 대해 별로 이야기해 주는 바는 없다.

그러나 차이는 존재하는가? 확실히 그 차이에 대한 믿음은 멀리 거슬러 올라가 존재했다. 19세기 인류학자들은 지능과 뇌 크기 사이의 관계에 대한 질문에 사로잡혀 있었다. 백인의 뇌가 흑인의 뇌보다 더 발달되었다는 것을 확신하게 되었던 것처럼, 남성은 여성보다 우월하다는 것도 그러했다. 신경해부학자 폴 브로카(Paul Broca)가 지적했던 것처럼 남자 뇌는 더 무거웠고 또한 구조에서도 차이가 존재했다. 인류학자 맥그리거 앨런(McGrigor Allan)의 1869년 주장에 따르면, "여성 두개골 유형은 많은 점에서 유아의 그것과 가깝고 비천한 인종들의 그것과는 더욱 근접해 있다."**26** ***

*** 성차별주의(sexism)와 인종주의의 병렬은 19세기 생물학적 결정론 사고의 특징적 부분이었다. 찰스 다윈은 "여자가 앞서 나갈 수 있는 정신적 특성 가운데 적어도 몇몇은 열등한 인종을 특징짓는 특성이다"**29**라고 논평했다.
   프랑스 두개학자(頭蓋學者) 프뤼너(F. Pruner)는 다음과 같이 말했다. "흑인종은 아이에 대한, 그의 가족에 대한, 그의 오두막에 대한 사랑에서 여성을 닮았다. …백인 남자에

뇌 무게를 체중과 관련시켜 표현할 때 차이는 사라져 버리거나 역전된다는 것을 깨닫기까지, 여성의 뇌에서 '잃어버린 5온스'에 대해 많은 논란들이 있었다. 이러한 논란들은 뇌 무게를 넓적다리뼈 무게나 키와 비교하는 것과 같은 장치들로 이끌어 갔다.27 관심은 차이의 소재로서의 뇌 영역들—예를 들어 전엽(前葉)이나 측두엽(側頭葉)—로 전환되었다. 칼 피어슨(Karl Pearson)의 학생이었던 앨리스 리(Alice Leigh)는 1901년 새로운 통계적 방법들을 써서 두개골 용량, 즉 뇌 무게와 '지력' 사이에 아무런 상관관계가 존재하지 않는다고 결론 내리게 되었다.28

뒤이은 수년 동안 신경해부학과 신경생리학에서 남성과 여성의 뇌 사이에서 아무런 차이를 측정해 내지 못했다. 다만 1960년대와 1970년대에 해부학, 생리학, 생화학에서 새로운 방법론의 출현(그리고 새로운 생물학적 결정론의 발흥)으로 그 질문은 한 번 더 활성화되었을 뿐이다. 대부분의 관심은 남성과 여성의 뇌 사이에는 소위 좌우 기능 분화(lateralization)에 차이가 있다는 주장들에 바쳐졌다. 하나의 구조로서 뇌는 호두의 두 반쪽처럼 실질적으로 대칭인 두 반쪽으로 깨끗하게 나누어지는데, 좌 반쪽은 신체의 오른쪽 행동과 넓게 연합되어 있고 우 반쪽은 좌측 신체 활동과 연합되어 있다. 그렇지만 이 대칭은 불완전하다. 19세기 브로카 시대 이래 대부분 사람의 말과 언어 기능은 측두엽의 일부분인 좌반구 영역에 위치해 있다는 것이 알려져 왔다. 그러므로 좌반구 뇌일혈이나 좌반구 혈전증은 말하는 데 영향을

대한 흑인 남자의 관계는 일반적으로 남자에 대한 여자의 관계와 같은데, 사랑하는 존재이고 기쁨의 존재이다."30

이 주제는 19세기 진화론적 저술과 인류학적 저술 대부분을 통해 내려왔고, (그가 주장하기로) 공간지각은 성과 연결된 능력이라고 했기 때문에, 그러한 공간지각은 지능에서 인종 차이에 대한 흑인-백인 유전자 혼합에 대한 관계를 연구하는 데 효과적으로 이용될 수 있다는 아더 젠슨의 현금의 제안 속에서 기묘한 시간 공명을 발견한다.31 **변화가 있으면 있을수록**(*Plus ça change*).

주지만 이에 상응하는 우반구 뇌 손상은 일반적으로 그런 결과를 내지 않는다. 좌반구에서 말하기를 명백히 조정하는 좌반구의 측두엽 영역은 해부학적으로 그에 상응하는 우반구 영역보다 더 크다.

인간의 반구 크기에서 성에 따른 이형성에 대한 근거가 나타나기 시작했고, 이 근거는 전체 뇌 크기에서 의미심장한 차이가 존재한다는 더 앞서 있던 주장보다 더 확실한 토대를 갖고 있는 것으로 보인다. 어떻게 그러한 차이들이 발생하는가는 명확하지 않다. 게슈빈트(Geschwind)와 그의 동료들이 제공한 한 가지 가능성은 발생하는 동안 태아의 뇌는 테스토스테론(testosterone)과 같은 호르몬과 상호 작용하고, 이러한 상호작용은 뒤로 갈수록 더 많아진다는 것이다. 테스토스테론은 우반구에 비해 상대적으로 좌반구의 성장을 느리게 한다고 논의된다.[32] 그러한 분석에서는 특징적인 것으로서 동물에서 얻은 자료가 인간에 대한 사례를 밑받침한다고 인용되었다. 따라서 쥐의 우반구 대뇌피질의 일부는 수컷에서 두껍고, 좌반구의 그것은 암컷에서 더 두꺼운데, 이 차이는 유아기에 있는 동물에서 호르몬 균형을 실험적으로 변화시킴으로써 수정된다.

그러한 관찰의 의의를 해석하는 데는 두 가지 주요한 문제가 있다. 첫째는 비인간으로부터 인간으로의 외삽에 대한 해석이다. 신경세포—뇌를 구성하는 기본 단위—와 이 세포가 개별적으로 작동하는 방식은 연체동물의 후새류(後鰓類: sea slug)와 인간과 같은 다양한 유기체에서 실질적으로 동일하지만 세포의 수, 배열, 그들의 상호 연결은 극적으로 다르다. 곤충과 연체동물은 중심 신경절에 수만 또는 수십만 개의 신경세포를 갖고 있고 쥐나 고양이는 뇌에 수억 개를 가질 수 있고, 인간은 100억과 1,000억 개 사이의 신경세포를 갖는데, 각 세포는 십만 개까지 연결된 이웃한 신경세포와 연락을 주고받는다. 체중에 대한 뇌 무게에서 단지 몇몇 영장류와 돌고래만이 이런 등급의 복잡성에 접근할 뿐이다. 더욱이 덜 복잡한 뇌를 갖는 유기체에서 대부분의 신경 통로는 유전적으로 특수하게 더 단단하게 형성되도록 설치되고 사전에 프로그램된 연결을 갖도록 되어 있다. 이 불변성은 그러한 유기체에 비교적 고정되고 제한된 행동 레퍼토리를 주게 된다.

이와 대조적으로 인간 유아는 상대적으로 기존에 위탁된 적은 수의 신경통로를 갖고 태어난다. 긴 유아기 동안 신경세포 사이의 연결은 단지 특수한 후성적 프로그래밍일 뿐만 아니라 경험의 관점이라는 기초 위에 형성된다. 휴대용 계산기와 대형 일반용 컴퓨터의 마이크로칩은 구성과 구조에서 유사할 수는 있지만 하나는 고정된 레퍼토리의 출력을 내는 기계류에 바쳐진 제한된 부분이고, 다른 하나는 대단히 변화 가능한 것이다. 동물과 인간의 뇌 사이에서 구조 상동(相同: homology)은 흥미롭지만 의미의 상사(相似), 더욱이 의미의 동일성을 오직 이러한 기초 위에 있는 출력 탓으로 돌릴 수는 없다. 예를 들어 어떤 종의 뇌에는 뚜렷한 성적 이형성이 존재하는데, 특히 명금류(鳴禽類: songbirds)에서 두드러진다. 수컷 카나리아에는 암컷 카나리아에는 결핍되어 있는, 노래의 발생과 관련된 특수한 뇌 영역에 신경세포가 집중되어 있으며, 그 세포들은 호르몬에 의존한다.[33] 이러한 뇌 영역은 암컷 카나리아에는 상대적으로 더 적다. 그러나 이 사실이 뇌에 대한 사후 분석이 카나리아와 마리아 칼라스(Maria Callas) 사이의 차이를 발견하게 해 줄 방법을 예측케 하는 것은 아니다. 또는 칼라스의 뇌에서 그 사람의 노래하는 용량이 위치한 곳을 연역하는 것을 허용하지도 않는다. 종 사이의 구조 상동이 기능 상동을 의미하지는 않는다.

생물학적 결정론은 인간의 뇌에 대한 진화적 기원에 관해 커다란 역할을 했고, 인간 뇌 속의 일정한 심오한 구조는 파충류 조상에서 최초로 진화되어 왔음을 보일 수 있다. 머클레인(Maclean)은 '삼위일체 뇌(triune brain)'[34]에 대해 이야기했는데, 그 뇌의 넓은 세 부분은 인간의 파충류, 포유류, 영장류 선조로부터 유도될 수 있다. 그러나 우리 뇌의 일부분으로 우리가 뱀처럼 생각한다고 결론 내리는 것은 어리석다. 그러나 몇몇 결정론 논의는 그렇게 하는 것을 인정하는 것처럼 보인다.[35] 진화적 과정은 구조에 인색하고, 구조를 급작스럽게 포기하기보다는 새로운 목적에 부합하도록 계속 압력을 가한다. 발(feet)은 발굽(hooves)이나 손이 되지만, 그렇다고 우리가 손이 발굽과 같은 방식으로 움직인다고 결론 내리지는 않는다. 인간의 대뇌피질은 좀 더 원시적인 뇌를 가진 조상에게 주로 후각기관이었던 한 구조로부터 진화되었다. 이것은 우리가 냄새를 맡음으로써 생각한다는 것을 의미하지는 않는다. (상사 문제는 9장과 10장에서 더 깊이 논의한다.)

골상학 시절 이후로, 정서 및 행동 용량을 분리시키는 것은 결정론의 스포츠가 되어 왔다. 하지만 우리가 주어진 행동(또는 행동의 표현)에 **필요한 뇌**의 특수 영역에 대해 이야기할 수 있다는 것은 명확히 참이라고 말할 수 있지만, 그러한 기능을 수행하는 데 **충분한** 역할을 한다고 우리가 말할 수 있는 뇌 영역은 존재하지 않는다.* 우리는 눈 없이 볼 수가 없다. 눈이 연결되어 있는 뇌의 양 반구에 존재하는 광범한 영역이 없다면 눈이 있어도 볼 수가 없다. 그리고 지각의 속성―시각 정보 분석―은 눈이나 뇌 속의 특수한 세포가 차지한 자리에 국재화되지 않는다. 오히려 그것은 신경세포의 상호 연결된 그물로 엮어진 전체 눈-뇌 체계의 한 속성인 것이다.

따라서 남성과 여성 사이의 뇌 구조에서 나타나는 그러한 해부학적 차이라는 사실은 그 자체로 두 성의 생식기에서 차이가 난다는 것 등과 다를 게 없고 그 이상의 흥미가 없는 것인데, 이러한 사실이 행동 차이를 지배하는 생물학적 기질(基質: substrate)이나 본유성(本有性: innateness)에 관한 결론을 유도하는 것을 허용하지는 않는다. 마치 지나간 수십 년 동안 성장해 온 반구 전문화(半球專門化: hemispheric specialization)에 관한 문헌에도 불구하고, 반구에 따라 나타나는 차이가 의미하는 것이 무엇인지가 단순히 알려지지

---

* 국재화 오류의 문제에 대한 이 주제는 7장에서 토의하는 폭력적 행동의 '소재'와 관련하여 다시 나온다.

않는 것처럼 말이다. 예를 들어 좌반구에서 언어 숙련이 기능 분화된 것처럼 우반구에서는 공간 숙련이 기능 분화되었다는 것이 알려졌다. 좌반구는 인식과 관련되어 있고 우반구는 감정적인 것과 관련이 있다. 좌반구는 직선적이고, 디지털이고, 활동적이고, 한편 우반구는 비직선적이고, 아날로그이며, 관조적이다. 좌반구는 서양적이고, 우반구는 동양적이다. 한 유명한 가톨릭 신경생리학자는 영혼의 소재를 좌반구에 위치시켰다. 반구 전문화는 모든 종류의 신비적인 사변을 담는 일종의 쓰레기통이 되어 왔다.[36]

그리고 이러한 사변적 차이의 목록에 성 차이가 부가되어 왔다. 남자가 더 큰 공간지각 능력을 가지고 있고 여자는 더 큰 언어능력을 가지고 있다면 남자는 더 '우반구적'이고 여자는 더 '좌반구적'인 것이라고 할 수도 있을 것이다. 그러나 이것은 그렇지가 않다. 남자는 또한 인지적(좌반구적이라고 이야기되는)이고 여자는 또한 정서적(우반구적이라고 이야기되는)이다. 남성이 인지적 탁월성 및 공간적 탁월성을 가지고 있다는 것을 유지시키기 위해서는 그리고 그것을 뇌 구조에 표시하기 위해서는 남성의 뇌는 더 기능 분화되었다고 —각 반구가 각자의 기능을 더 잘 발휘하는 것으로— 기술되어야 할 것이다. 한편 그렇다면 여성은 기능 분화가 덜 된 것이다. 여성 뇌의 양 반구는 남성의 경우보다 더 상호작용을 하는 것이다. 따라서 남자는 동시에 상이한 유형의 일을 할 수 있는 반면 여자는 한순간에 혼동 없이 단지 한 가지 일을 할 수 있을 뿐이다(그러나 제럴드 포드(Gerald Ford)가 여성이었다는 것은 사실이 아니다).

뇌 기능 분화 차이에 기초한 판으로 찍은 듯한 사변의 가능성은 명백히 엄청나다. 위텔슨은 그 혼동을 깨끗하게 표현한다.

예를 들면 남자는 공간 숙련 검사에서 우월한 결과를 나타내고 우반구에서 공간 기능의 더 큰 뇌 기능 분화를 보여 주는 경향이 있다. 여기서 더 큰 뇌 기능 분화는 더 큰 능력과 상호 관련되는 것으로 보인다. 그러나 언어의 경우 여자는 남자보다 우월한데, 좌반구 언어 숙련에서 더 큰 뇌 기능 분화를 보여 준다. 따라서 언어에 대해 더 큰 뇌 기능 분화는 더 작은 능력과 상관될 수가 있다.[37]

자료를 과대 해석하려는 위텔슨의 열망이 독특한 것은 아니다. 심지어 몇몇 여성주의 저술가도 뇌 기능 분화에 대한 논의를 채택해 왔고 그것을 자신들의 목적을 위해 썼다. 남성적인 생물학적 결정론 줄기처럼 남자와 여자가 생각하는 방식에, 그리고 여성적 양식의 우위 속에서 다만 즐거움을 느끼는 방식에 본질적 차이가 있다고 논의하는 여성주의 저술의 한 지류에 따라, 지나(Gina)는 여자는 지나치게 인지적인 좌반구에 지배되는 남성적 본성에 맞서서 우반구에 의한 직관적이고 감정적인 힘을 환영해야 한다고 논의한다.[38] 우리는 가부장적이고 자본주의적인 사회라는 맥락 속에서 발전해 온 것으로서 과학 지식의 특수한 환원론적 또는 객관적 본성은 거부되어야 한다는 데에 동의하지만 환원론적 과학이 내재적으로 남성의 뇌에 꿰어진 것이라는 점을 받아들이지는 않는다.

그 일에 대한 진실은 반구 분화와 기능 전문화에 대한 증거가 지난 십 년간의 인간 신경과학 발전에서 가장 흥미를 돋우는 것이었지만, 행동에서 개인적 차이와 그 증거의 관계는 성인의 뇌 손상이나 뇌사의 경우를 제외하고는 아주 불명확한데, 거기서 뇌 기능이나 뇌 손상에서 기능의 유연한 회복 능력은 아주 제한된다. (어린이들은 훨씬 더 큰 유연성을 보여 준다.) 뇌 기능 분화 차이는, 만일 존재한다면, 그 차이가 생물학적 결정론의 상상력에 풍부한 토대를 제공한다 할지라도 사회적 분화에 대한 설명은 되지 못한다.

만일 사회적 틀에서 격리되어, 생물학적으로만 결정된 남성-여성의 인지적 차이가 조사되기 시작하면, 모든 생물학적 결정론자가 동의하고 있는 점에서 하나의 차이가 존재할 것이다. 남자와 소년은 여자나 소녀보다 더 공격적이고, 이는 어린 나이에 나타나는 차이인데, 이때 차이는 뒤범벅 놀이

(rough-and-tumble play)*라고 하는 활동에서 그 차이를 표현하며 그리고 그것은 성인이 되어도 계속되며, 이 경우 그 차이는 지배를 위한 필요나 경향으로 표현된다. 남자는 어떤 특수한 과업을 여자보다 더 낮게 처리하지는 않을 것이지만 남자는 정상에 오르려 훨씬 더 공격적으로 추구하고 밀고 나갈 준비가 되어 있는 것이다. 이 논의는 1970년대 중반에 스티븐 골드버그 (Steven Goldberg)의 『가부장제의 불가피성(The Inevitability of Patriarchy)』 에서 완전하게 표현되었다.[39]

골드버그의 논의는 매력적으로 노골적이다. 모든 역사를 통해 모든 인간 사회를 보게 되면 거기에는 가부장제가 존재한다는 것이다. "권위와 지도력은 모든 사회에서 남성과 연합되어 있고 과거에도 그래 왔다"(25쪽). 그러한 보편성은 "그들이 인간 생리의 불가피한 사회적 표현일 수 있다는 강력한 가능성"(24쪽)을 함축해야 한다. 이와 다른 사회를 창조하려는 기도는 "성적이고 혈통적인 생물학적 힘이 유토피아 사상의 임시변통적 실행을 가능하게 하게 했던 민족주의적·종교적·이념적 혹은 심리적 힘을 종국적으로 극복하기"(36쪽) 때문에 실패해야만 한다. 남자는 항상 높은 지위 역할을 해야 하는데, 그것은 여자가 그러한 역할을 수행할 수 없기 때문이 아니라 여자가 "그 역할에 도달하려 강력하게 동기 부여되는 것과 같은… 심리 생리학적 이유를"(46쪽) 갖지 않기 때문이다.

마법은 '신경 내분비적 분화'(64쪽)에 있고, 이 분화는 남성에게 지배하는 경향을 더 많이 부여한다. 남자는 이 분화가 어떤 행동을 요구하든 간에 지배할 것이다. "싸움, 득표를 위해 어린이를 안아 주는 행위 혹은 그 무엇이든 간에… 이것은 사회적 요소에 의해 결정될 것이기 때문에 어떤 주어진

---

* 뒤범벅 놀이는 어린 여성 인간보다 어린 남성 인간에서 더 흔할 뿐만 아니라 몇몇 다른 포유류종의 수컷에게도 자주 있다고 가정된다. 하지만 공격성과 그것의 관계는 추론적인 것이다.

사회에서 필연적 행동이 무엇인지를 예측하는 것은 불가능하겠지만, 그것이 무엇이든 간에 남성에 의해 표현될 것이다"(68쪽). 지배는 집단 속에서 그리고 2개군(dyads) 속에서 확인된다(즉, 남자는 다른 남자에 대해 그리고 그들의 여성 섹스 파트너와 아이에 대해 왕초 노릇 하기를 원한다). 신경 내분비학은 물론 그것이 그러한 다양한 표현을 발생시킬 수 있으려면 아주 유연한 것이어야 한다. 아이에게 입맞춤하는 데 개입하는 호르몬 특징은 싸우는 데 개입하는 그것과 같다고 논의하길 원하는 이는 아주 뻔뻔스러운 신경 내분비학자겠지만, 골드버그는 단념하지 않는다. 모든 것은 호르몬 속에 있고, 이 호르몬은 발생의 특수한 위상에서 태아의 뇌를 '남성화시킨다'. 이 마법적 호르몬은 고환에서 생산된 '남성' 호르몬으로 보이는 테스토스테론이다. 출생 전후에 이 호르몬의 출현은 아마도 이어지는 효과를 지속시키는 일과 관계되는 뇌 기제에서 몇몇 변화를 일으킬 것이다. *

그리고 만일 남자가 지배하고자 하는 이러한 니체적 의지를 가지고 있다면, 여자는 그 대신 무엇을 가지고 있는 것일까? 골드버그는 시적으로 싸발라 버린다. 여자의 호르몬은 그들에게 "양육에 관계된 어떤 더 커다란 경향(즉, 여자는 곤란에 빠진 아이에게 더욱 강력하게 그리고 남성보다 더 빨리 반응한다)"(105쪽)을 제공한다. 여자의 역할은 "사회의 정서적 자원의 지도자들이고… [남자와] 싸워 이길 수 있는 여자는 드물고 논파할 수 있는 여자는 드물지만… 한 여자가 여성적 수단을 이용할 때 어떤 양의 지배적 행동이 일찍이 발휘할 수 없었던 충성을 발휘할 수 있다"는 것이다. 이리하여 골드버그의 유혹받기 쉬운 얼마나 애처로운 그림이 폭로된 것인가! 마치 우리 자신의 소중한 핵가족 가정생활과 같다. 위험할 때는 그것에 대항하라. 여자는

---

* 실제로 뇌 기제에서 테스토스테론의 효과에 대해 골드버그가 제시한 근거는 대부분 생쥐와 시궁쥐에 대한 연구로부터 유도된 것이다.

"그들 자신의 본성을 부정하거나… 그들 자신의 분비액에 반해 논의"(195쪽)
해서는 안 된다. 모든 사회에 기본적인 남성 동기 조성은 여자와 아이는 보
호받아야 한다고 느끼는 데 있다. "그러나 여성주의자는 양자를 다 가질 수
가 없다. 만일 이 모든 것을 희생하려 한다면 그녀가 얻을 모든 것은 남성적
조건에 대해 남자를 만족시킬 권리이다. 그녀는 잃을 것이다"(196쪽). 그다
음으로 골드버그에게 발생 초기에 시작하는 뇌와 '남성' 호르몬 및 '여성' 호
르몬과의 상호작용은 성적 세계에 핵심적인 것이다. 그러나 그 수사법으로
부터 생물학적 특성을 분류하게 될 때, 어린이를 안아 주게 하고, 싸우게 하
는 또는 양육하게 하고 호색하게 하는 이들 분비 호르몬은 사그러지는 것으
로 보인다.

성 생물학

'남성' 호르몬과 '여성' 호르몬에 대한 골드버그적 논제 뒤에 무엇이 놓여 있
을까? 인간의 성(젠더에 반하는 개념으로서) 차이에 대한 생물학으로의 지엽
적 흐름은 여기서 필수적이다. 배발생(胚發生: embryonic development)에서
인간의 성적 분화는 정자에 의해 운반되는 염색체의 영향과 더불어 시작된
다. 정상인의 각 체세포에 있는 23쌍의 염색체 가운데 22개는 양성에서 따
온 두 복제에 나타나는 비성염색체(nonsexual chromosomes)인 상염색체이
다. 23번째 쌍은 성염색체이다. 정상적 여성은 한 쌍의 X염색체를 운반하
고 한편 남성은 X염색체 하나와 Y염색체 하나를 갖고 있다. 이는 모든 난자
가 단일한 X염색체를 삿고 징자는 X 또는 Y를 운반할 수 있기 때문에 이루
어진다. 그러므로 짝짓기로 결과하는 수정란은 정자가 난자를 수정시키는
데 의존하여 XX나 XY로 될 것이다. 첫눈에 보아, 성 차이는 XX와 XY 사이
의 차이에 의존한다는 것을 알 수 있다. 어떠한 단일한 형질에 대해 이는 주

된 경우가 된다. 예를 들어 남성에서 두 번째의 X가 없다는 것은 다른 경우라면 효과가 감추어졌을 몇몇 해로운 열성유전자가 표현된다는 것을 의미한다. 여성은 색맹이나 혈우병과 같은 특성을 운반한다. 그러나 그들은 반성(伴性) 특성(sex-linked trait)으로서 남성에서 표현된다. 그러나 물론 발생 과정에서 유전자는 서로 —또는 오히려 한 유전자의 단백질 산물은 다른 유전자의 단백질 산물과 상호 작용한다— 복잡한 방식으로 상호 작용하고, 그러므로 상염색체와 성염색체 산물은 그 유기체의 발생 과정에서 상호 간 개입하게 될 것이다.

때때로 희귀 염색체 이상을 갖는 개체에 대한 연구로부터 X나 Y염색체를 갖게 될 때의 결과를 추론하려는 기도가 있었다. 예를 들어 터너 증후군(Turner's syndrome)에서는 성염색체 중 하나가 없다(XO). 클리네펠터 증후군(Klinefelter's syndrome)에서는 잉여 X가 존재한다(XXY). 잉여 Y(XYY)를 운반하는 남성은 때로 '초웅(超雄: supermale)'으로 기술되어 왔고 그들은 더 높은 수준의 '남성' 호르몬을 갖고 있고 보통 공격적이고 범죄적인 경향을 갖는다는 것을 입증하려는 노력이 있었다. 1960년대 후반과 1970년대 초반에 그러한 주장이 돌풍을 일으켰음에도 불구하고, 그 주장은 이제 일반적으로 가치를 잃어버렸다.[40]

여하튼 정상적 발생 과정에서 Y염색체의 역할에 관한 추론과 같은 것은 항상 실패할 운명에 처해 있다. 부가 염색체의 출현은 효과들을 생산하는데, 이 효과들은 정상적 발생 프로그램에 단지 더하거나 빼는 성격의 것만은 아니다. 오히려 어떤 부가 염색체 출현은 좋은 상태 바깥에 존재하는 프로그램을 던져 준다. 예를 들어 다운 증후군(Down's syndrome)*은 잉여 상

---

* 다운 증후군은 몽골증(mongolism)으로 불리곤 했는데, 몽골증은 '백인종'에서 나타나는 백치를 '더 원시적인' 흑인종, 갈색인종, 황인종으로의 '후퇴'를 반영하는 것으로 보았던 19세기 임상기의 소박한 인종주의를 지시한다. 이러한 인종 유형학에서 '백치'를 분류하

염색체(삼염색체성(trisomy) 21)가 존재하는 상염색체 이상인데, 그러한 부가의 결과는 광범한 범위의 결함―지체된 정신적·운동적·성적 성장, 낮은 IQ 득점, 종종 물갈퀴 손이나 물갈퀴 발을 포함하여 이상이 있는 육체적 특징―을 갖는 개체를 생산한다는 것이다. 그러나 이러한 이상은 동시에 긍정적 면모도 갖고 있다. 예를 들어 다운 증후군 어린이는 종종 '명랑한' 성향을 가져서 현저하게 행복해하고 허물이 없다. 우리는 그러한 복잡한 표현형 결과에 놀라서는 안 된다.

Y염색체는 남성의 생리학적 그리고 형태학적 특징들의 표현에서 정상적 발생 기간 동안 중요한 역할을 담당하는데, 특히 고환 분화에서 그러하다. 배 발생 기간의 처음 몇 주 동안 발생하는 원시적 성선(性腺)은 고환을 파생시키기 위해 Y염색체의 존재를 필요로 한다. 양성에서 호르몬 분비가 시작된다. 이제 골드버그적 호르몬 결정론에 의해 시사된 인상에 반대되게 그리고 에스트로겐(estrogens)과 안드로겐(androgens)으로 이름 붙인 것과는 진정으로 반대되게, 그러한 호르몬은 일의적으로 남성적이거나 여성적인 것은 아니다. 양성은 두 가지 유형의 호르몬을 모두 분비한다. 차이가 나는 것은 두 성에서 보이는 안드로겐에 대한 에스트로겐 비율이다. 뇌하수체―뇌 기저에 있는 작은 선―로부터 나오는 호르몬(생식선 자극 호르몬(gonadotropines))은 난소와 고환 모두에서 나오는 호르몬을 조절하고 이 호르몬은 그러고 나서 다른 영역으로 운반된다. 안드로겐과 에스트로겐(물론 다른 호르몬도 포함하여)의 출현은 양성 모두에서 성적 성숙을 성취하는 데 요구되는 것으로 보이고, 두 유형의 호르몬은 난소나 고환에 의해 생산될 뿐만 아니라 양성 모두에 존재하는 부신피질에서도 생산된다. 게다가 두 종류의 호르몬은 화학적으로 관련성이 있고 곰 인에서 나타나는 효소에 의해 상호 전환

기 위해 이용된 다양한 용어들 가운데 '몽골증'만이 일정 기간 남아 있었다.

될 수도 있다. 에스트로겐은 한때 임신한 암말의 오줌에서 얻어졌고, 암말은 매일 100mg 이상의 많은 양을 배설하는데, 애스트우드(Astwood)가 그것을 "명백한 수컷임을 표현함에도 불구하고 어떤 다른 생명체보다도 더 많은 에스트로겐을 그의 환경 속에 풀어놓는 종마만은 암말을 추월한다"[41]고 제시하듯이 말이다. 프로게스테론(progesterone)―자궁, 질, 가슴 발달에 영향을 주는 호르몬이고, 이 호르몬의 리드미컬한 변동으로 월경주기가 규정된다―도 여성에게만 나타나는 것은 아니다. 남성에서도 여성 월경주기의 배란 전 위상의 수준과 비슷하게 나타난다. 프로게스테론은 테스토스테론의 화학적 전조일 수가 있다.

그러므로 성 차이가 호르몬에 의해 결정되는 한에서, 그 차이는 일의적으로 남성 호르몬이나 여성 호르몬의 활동 결과인 것이 아니라, 오히려 이 호르몬 비율의 오르내리는 차이와 목표 기관에서 그들의 상호작용 결과일 가능성이 있다. 염색체에 의해 결정되는 유전적 성은 발생 기간 동안 호르몬적 성에 의해 압도되고, 에스트로겐에 대한 안드로겐의 비율에 의해 형성되며, 항상 그런 것은 아니지만, 정상적으로는 그 개체의 유전적 성에 특유하다. 물론 호르몬 역시 유전자에 의해 시동되는 과정에 의해 생산되지만 호르몬 주입이나 예를 들면 동물의 거세에 의한 호르몬 발생 기관의 제거와 같은 환경 변화에 더 크게 종속된다. 마지막으로 인간에서는 성에 따른 기대라는 문화적이고 사회적인 환경이 염색체 현상과 호르몬 현상 위에 또다시 놓이게 된다.

성에서 젠더로

인간에서는 한편으로 순환 호르몬 수준 및 비율과 다른 한편으로 성적 열망이나 선호 사이의 두드러진 관계는 존재하지 않는다. 몇몇 실험동물, 특히 쥐에서 말하자면 암컷에서 에스트로겐과 프로게스테론 수준과 성적 열망 사이에 상대적으로 직접적인 관계가 존재하고 따라서 에스트로겐 주입은 암쥐가 성적 접촉 시 궁둥이를 올리는 자세를 취하도록 유도한다. 그러나 심지어 실험실 우리의 건조한 환경에서도 호르몬 주입에 대한 암컷의 반응은 그 암컷이 앞서 겪었던 경험에 의존하고 호르몬 수준과 성적 활동 사이의 관계는 훨씬 더 복잡한 '실생활' 환경에서보다 훨씬 덜 직접적이다. 인간에서 이 문제는 확실히 훨씬 더 복잡하다. 호르몬 수준은 반대편 성에 대한 성적 열망 또는 성적 매력과 단순히 혹은 직접적으로 연관되지는 않는다.

또는 호르몬 수준이나 비율이 성적 매력의 방향성과 많은 관계가 있는 것도 아니다. 동성연애 열망을 가진 사람은 '틀린' 성에 더 알맞은 순환 호르몬 수준을 보여 준다는 40여 년 이상에 걸친 대중적 가설이 있어 왔다. 그것은 레즈비언(lesbian)은 이성 간 성행위자들보다 더 높은 안드로겐 수준 그리고/또는 더 낮은 에스트로겐 수준을 가져야 한다고 논의했다.[42] 하지만 그러한 관계는 존재하지 않는다. 또한 우리는 거기에 대해 기대하지도 않는다. 바로 그 가정은 모든 성적 활동과 성적 성향은 이성 지향적 또는 동성 지향적으로 양분될 수 있다고 주장하는, 그리고 한 성향 혹은 다른 성향을 보이는 것은 그 사람의 역사의 한 특수한 시점에서 특수한 사회적 맥락에 처한 개인에 관한 진술이 아니라 개인에서 전부 또는 전무로 나타나는 상태라고 주장하는 물상화 및 생물학적 환원론을 함축한다. 동성연애 행동에 대한 '적응도'를 이야기하는 사회생물학의 견해에 대해서는 9장에서 더 많이 다룬다.

호르몬 수준과 성적 열망 또는 성적 방향성을 연합시키려는 단순한 기도의 실패는 결정론자들로 하여금 문제가 되는 것은 성인의 호르몬 수준이 아니라 예를 들면 발생 기간 동안 —아마도 심지어 태어나기 전부터— 뇌와 호르몬의 상호작용이라고 가정하게 했다. 초기 발생에서 스테로이드 호르몬(steroid hormone)이 하는 역할은 명백히 중요한데, 그것은 단순히 성 기관들의 성숙에 대해서 그런 것일 뿐만 아니라, 에스트로겐과 안드로겐은 발생의 결정적 위상 동안 뇌와 직접적으로 상호 작용하기 때문이다. 뇌에는 에스트로겐과 안드로겐이 집중되는 곳을 묶어 주는 것을 포함하는 많은 영역—호르몬 방출 조절과 가장 직접적으로 관련된 시상하부와 같은 영역은 아닌—이 있다고 알려졌다. 이들 소재는 현존하고, 호르몬은 거기에 제한되어 있는데, 사춘기 직전 시기뿐만 아니라 태어나기 전부터 그렇다. 안드로겐과 에스트로겐 양자는, 그들이 두 성 사이를 묶는 패턴과 규모에서 차이가 존재하고 그들이 묶는 세포에 대해 호르몬이 갖고 있는 구조 효과에서 차이가 존재함에도 불구하고 남성과 여성 모두에 묶여 있다.

수년 전까지만 해도 인간의 뇌는 그 개체의 유전적 성에 관계없이 태아 생활의 다섯 주나 여섯 주까지는 '여성적인' 것으로 여겨지곤 했다. 정상적으로 발생하는 남성에서는 그다음에 안드로겐 증대 결과로 '남성화'되는 것으로 믿어졌다. 그러나 '여성임(femaleness)'이 단순히 '남성화(masculinization)'의 부재인 것은 아니다. '여성화'와 '남성화'와 같은 용어들이 함축하는 과정의 단일한 본성을 액면 그대로 승인하는 데 유의해야 함에도 불구하고, 동시에 일어나는 특수한 선택적 '여성화' 과정이 또한 존재한다는 것은 이제 명백하다.[43]

그 질문은 물론 단순히 남성과 여성 사이에 호르몬 차이가 존재하느냐의 여부—확실히 존재하느냐에 대한—도 아니고 남성과 여성의 뇌 구조와 상호작용에 평균적으로 조그만 차이가 존재하느냐 하는 것도 아니다. 중첩이 크지만 확실히 이것도 마찬가지 경우이다. 핵심은 이들 차이의 **의미**이다. 결정론자에게 이 차이는 개별적 남자와 여자 사이의 행동 차이를 좌우할 뿐만 아니라 지위, 부, 권력이 성 사이에서 불평등하게 분포되는 가부장적 사회 유지에 대해서도 책임이 있는 것이기 때문이다. 가부장제의 선전가로서 골드버그는 뇌에서 안드로겐을 묶고 있는 소재, 남성 유아의 뒤범벅 놀이와 국가, 산업, 핵가족에서 남성 지배 사이에 중단되지 않은 선이 존재한다고 주장한다. 사회생물학자 윌슨은 더 조심성이 있다. 우리의 생물학은 우리로 하여금 가부장제를 지향하게 한다는 것이다. 우리는 원한다면 그것에 반대해서 갈 수 있지만, 효율성에서 몇몇 손실을 감수하는 대가를 지불하고서만 그렇게 할 수가 있게 된다.

남녀 간 권력 차이는 따라서 결정론자에게는 주로 호르몬의 문제다. 발생의 임계 위상에서 적절한 호르몬 분량은 남성을 더욱 단정적이고 공격적으로 만든다. 이와 대조적으로 여성은 덜 공격적으로 되게 하는데, 혹은 그 논의 중 하나의 이상한 변형에서는 여자를 남성 폭력의 희생물로 되게 하는 경향이 크다. 폭력적인 남편들과 애인으로부터 도피한 폭행당한 여자를 십년 동안 연구한 한 책에서 에린 피지(Erin Pizzey)는 남자와 여자 모두에서 일정한 범주들은 아주 어린아이였을 때나 태어나기 전에 폭력에 노출되었던 결과로 폭력에 빠지게 된다고 주장했다.[44] 피지가 살피기에는 유아의 뇌는 호르몬—이 호르몬은 피지가 다양하게 제안하는 것인데, 아드레날린(adrenaline), 코르티존(cortizone), 폭력적인 그리고 고통을 가하는 활동에 의해서만 얻어질 수 있는 엔케팔린(enkephalines)을 포함한다—의 규칙적 양을 필요로 하게 되었다. 왜 이 모형에서 특성상 폭력을 가하는 것은 남자이고 특성상 그 폭력을 입는 사람은 여자인지가 명백하지 않다. 요점은 다시금 (확신을 주는 근거 없이) 복잡한 인간의 사회적 상호작용을 단순한 생물학적 원인까지 추적해 가서 현존의 개입에서 벗어나 불가피하고 되살릴 수 없는 것으로 나타나는 영역에 그 원인을 위치시키는 논의 구조이다. 이 견해에서 남성의 폭력이라는 결함은 여자에게 정서적 의존은 물론 경제적 의존관계라는 올가미를 씌우는 어떤 사회구조에 있는 것이 아니고, 실업과 황폐화된 도심 폭동에 의해 야기된 절망에 있는 것도 아니며, 날 때 또는 날 무렵 뇌와 호르몬 상호작용이라는 우발 사건에 의존하는 생물학적 희생에 있는 것이다. 만일 그 결함이 우리 유전자 안에 있지 않다면, 그것은 기껏해야 우리 부모에게 있다. 어느 방식이든 박탈의 순환은 우리 아이들에 대한 우리의 죄를 찾아든다.

우리는 생물학적 공상을 조잡한 경제결정론과 문화 결정론으로 대체시킴으로써 여성에 대한 폭력을 잘 설명해서 빠져나가게 하지는 않는다. 그 문제는 확실히 대단히 심각하다. 그러나 남성 지배의 복잡성은 신생아 뇌의 호르몬 효과에 대한 단순한 국재화를 부정한다. 만일 그러한 골드버그적 가설이 옳다면 우리는 경제적 성공 및 문화적 성공을 개별 남성의 공격성의 결과라고 생각했을 것이다. 하지만 그러한 개인적 공격성이, 특수한 남자를 기업가, 정치가 또는 과학자로서 성공하도록 인도하는 조직적 사다리를 오르는 데 필요한 관건인지는 명확하지 않다. 그러한 개인적 성공에 대한 경제적 그리고 문화적 성공의 범위는 훨씬 더 복잡하고, 우리는 미국 대통령이나 영국 수상의 출현을 그러한 자리를 노리는 경쟁자의 피 흐름 속에서 순환하는 안드로겐 수준을 측정함으로써 —또는 심지어 그들의 출생 이후 날과 달에서 이들 호르몬 수준을 되돌아 살펴봄으로써— 설명할 수 있으리라는 것을 의심할 것이다. 추구되어야 하는 설명 수준은 심리적·사회적·경제적 영역에 정확히 놓여 있다. 생물학자들이 오늘날 새로 난 유아 개체군에 대한 생화학적 특성에 대해 어떤 측정을 하는 것으로부터, 그 측정이 아무리 복잡하더라도, 미래의 로널드 레이건이나 마거릿 대처를 예상하는 것은 불가능하다.

남성 지배와 가부장제라는 사회적 구조는 남성 호르몬에 의해 부여된다는 신화에 대한 상대물은 여자의 양육 및 모성적 활동—모성 '본능'—을 생산하는 것은 여성 호르몬이라는 것이다. 여자만이 아이를 낳을 수 있고 젖을 먹일 수 있으며 바로 이 사실은 그 아이에 대해 남자 어버이가 갖는 관계와는 다른, 여자와 그 여자가 난 아이 사이의 상이한 관계를 결과할 가능성이 크리라는 점은 명백하지만, 그 아이를 보살펴 주는 성인에 대해서 혹은 그 아이에 의해 흡수되는 보살핌의 접수에 대해서 그것이 갖는 함의는 잘 결정되지 않는다. 상이한 문화 속에서 발전된 상이한 보살핌 배치의 범위뿐만

아니라 여자들이 그 아이들을 떠나게 해야 하고 일 속으로 ―2차 세계대전 동
안처럼― 들어가게 해야 하는가의 여부에 관해 전문가가 여자에게 주었던
조언에서의 신속한 변화 혹은 '자연적' 양육 활동으로의 복귀는 아이 돌봄
배치가 본성보다는 문화에 훨씬 더 기인한다는 목격을 하게 한다. 인간 사
회에 대한 재생산, 배려 노동인 모성 역할의 중심성[45]을 인식하는 것이 모
성 활동이라는 사회적 활동이 아이를 낳는다는 생물학적 사실 위에서 결정
론적으로 판독된다는 것을 의미하지는 않는다.

　유연하고, 적응력을 갖는 뇌를 가지며 학습을 위해 마련된 능력을 갖는
인간 유아가 그들 자신의 젠더 정체성(gender identity)과 관련한 사회적 기
대를, 그리고 그들의 유전적 성과 관계없이 그리고 주로 그들 자신의 호르
몬 수준(이 수준은 어쨌든 사회적 기대와 참여에 의해 실질적으로 수정될 수 있다)
에 대한 어떤 단순한 관계와 독립적으로, 그 젠더에 적합한 그 활동을 발전
시킨다는 것이 모든 증거다. 심리 문화적 기대는 신체 화학으로 환원시키지
않는 방식으로 개인의 젠더 발달을 심오하게 형성시킨다.

가부장제의 진화에 대한 주장들

하지만 결정론자의 논의는 가부장제라는 현재적 실존을 호르몬 균형과 뇌
의 남성화 혹은 뇌의 여성화의 불가피한 결과로 환원시키는 데서 멈추지 않
으며, 그것의 기원을 설명하려고 우기면서 밀어붙인다. 왜냐하면 만일 그
현상이 존재한다면, 사회생물학자들은 그 현상은 적응하기에 이점이 있어
야 하고 우리 유전자에 의해 결정되어야 한다고 주장하기 때문이다. 그러므
로 그 현상은 그것의 현재적 실존을 인간사의 초기 과정 동안 이들 유전자
의 선택 탓인 것으로 돌려야 한다. 가부장제가 모든 사고 가능한 사회 가운
데 최선의 것이었을 경우가 아니더라도 그것은 인간사에서 지나간 몇몇 시

기에서 그 교훈에 따라 움직였던 개인에게 어떤 이점을 주었기 때문에 모든 가능한 사회들 가운데 최선이어야만 한다. 이것은 예를 들어 타이거(Tiger)와 폭스(Fox)[46]에 의해 제공된 더 앞서 있었던 통속행동학(pop ethology)의 물결이 그랬던 것처럼 윌슨적 논제의 핵심이다.

이 논제에서 남성 지배의 근보편성(近普遍性: near universality)은 다른 종과 비교했을 때 인간 유아가 성인의 돌봄에 종속되는 긴 기간에 의해 발생된 생물학적 그리고 사회적 문제라는 기초 위에서 그리고 초기 인간 사회와 원시 인류 사회 속에서 채용된 음식을 얻는 원시적 양식이라는 기초 위에서 발생했다. 만일 음식의 주요한 원천이 커다란 매머드를 사냥하여 쓰러뜨림으로써 주어지는 것이었다면, 이는 긴 탐색과 상당히 강건한 무용을 요구했을 것인데, 남자와 여자가 원래 이 과업에 똑같이 기여했을지라도 여자는 임신을 하거나 그들이 젖을 먹이는 아기를 돌봄으로써 그러한 사냥을 하는 데 불이익을 입었을 것이고 정말로 그 아기 자신의 삶은 위험에 놓였을 것이다. 그러므로 남자에게는 그들의 사냥 숙련을 개선시켜야 하는 그리고 여자에게는 집에 남아 있고 아이들을 염려해야 하는 압력이 있었을 것이다. 그리하여 협동적 집단 활동을 선호했던 그리고 공간 시간적 조정을 증가시켰던 유전자는 여자에서는 그렇지 않고 남자에서는 선호되게 되었다. 양육 숙련—예를 들면 언어적 숙련과 교육적 숙련—을 증가시켰던 유전자는 여자에서 선호되었을 것이다. 사회적으로 부과된 성 사이의 노동 분화는 유전적으로 고정되게 되었고 그 결과로 오늘날 남자는 간부 임원이고 여자는 비서인 것이다.

생물학적 그리고 인류학적 사실 및 환상과 유혹적 혼합을 갖는 바로 그러한 진화적 이야기의 매력을 보는 것은 쉬운 일이다. 원시사회에서 성적 노동 분화의 존재는 가부장제의 기원에 대한 생물학적인 설명에 대해서처럼 순수한 사회적 설명(예를 들면 엥엘스)[47]에 대해서도 마찬가지의 출발점이다. 더 새로운 인류학적 근거의 기초 위에서 꽤 불확실한 것은 수렵-채집 구별의 범위와 중요성이다. 음식에 대한 전반적 기여에서 수렵보다 채집—두드러진 여성 활동—이 훨씬 더 중요했던 것으로 보인다.[48] 조그만 가족 규모와 그들의 가혹한 생존 조건 속에서 유목하는 채집자-수렵인 집단의 일정한 공간에 따른 발생과 함께 있던 어떤 사건 속에서, 임신의 후기 단계나 아이를 양육하는 초기 단계에 있음으로써 사냥 참여에서 생리학적 불이익을 당했을 시기는 짧았을 것이다.[49]

그러나 핵심은 어떤 사례에 맞도록 그럴듯하게 방향 지을 수 있는 인류학적 사변에 관해 토론하는 것이 아니고 남자와 여자 —많은 기록된 역사를 통해 변동과 예외를 가지고 지속되어 온 것으로 보이는— 사이의 실제 노동 분화는 여전히 생물학적 결정론 설명을 필요로 하지 않음을 강조하는 것이다. 사회적 행동의 이 측면 및 저 측면에 '대한' 유전자를 가정함으로써 그 현상에 대한 또는 그것의 지속에 대한 우리의 이해에 부가되는 것은 아무것도 없다. 만일 가부장제가 —골드버그적 의미에서— 아이를 안아 주는 것으로부터 십자군에 참여하는 것에 이르기까지 어떤 형태를 취할 수 있다면 유전자가 문화를 (그러한 개념이 무엇을 의미하든)[50] 쥐고 있는 가죽끈은 길어야 하고, 그래야 그 끈은 어떤 방향에서 꼬일 수 있고 회전할 수 있게 되는데, 남자와 여자 사이의 가능한 관계 형태에 대한 유전적 한계를 숙고해 보는 것은 과학적으로 그리고 예측적으로 소용없게 된다. 그것은 어떤 이념적 목적에만 봉사할 수 있을 뿐이다.

동물에서 인간으로 그리고 역으로

우리가 지금까지 토론해 온 결정론자의 논의 구조는 다음과 같다. '현 사회는 가부장적이다'. 이것은 남자와 여자 사이의 능력과 성향에서 개인적 차이의 결과이다. 이 개인적 차이는 어린 시절 초기부터 나타나고 이 차이 자체는 남성의 뇌와 여성의 뇌 구조 차이 그리고 남성 호르몬과 여성 호르몬의 출현 차이에 의해 결정된다. 이 차이는 유전적으로 놓여진 것이고 이 차이들을 규정하는 유전자들은 인간 진화의 우연성의 결과로 선택되어 왔다. 이 환원론적 논의의 각 단계는 우리가 보아 왔듯이, 오류가 있고 단지 저속하며 자료의 부재 속에서 행하는 마법적 손놀림과 같은 종류이다. 그러나 특징적으로 그 논의는 하나의 마지막 단계를 취하는데, 그것은 다른 종과의 유비 단계이다.

인간 사회의 질서에 주어진 어떤 특징의 불가피성에 관한 그 주장을 유지하기 위해 생물학적 결정론자들은 몇 번이고 그들 주장의 보편성의 함축을 추구한다. 만일 인간에게 남성 지배가 존재한다면 그것은 비비에서도, 사자에서도, 오리에게도, 그 밖의 어떤 것에서도 나타나기 때문인 것이다. 행동학 문헌은 비비의 '하렘 유지(harem-keeping)', 수사자의 '그의' 과시의 우월함, 수컷 청둥오리의 '떼 강간(gang-rape)', 벌새류(hummingbirds)의 '매음'에 대한 설명으로 충만되어 있다.

유비에 의한 그러한 논의들과 관련하여 다중적 문제가 존재한다. 많은 것이 일반적 원인인 관찰자의 주관적 기대와 관찰 대상 사이의 관계로부터 유도된다. 우리는 세 영역의 어려움을 고려할 수 있다. 첫째, 행동에 대해 부적절하게 딱지를 다는 일이다. 예를 들면 많은 종은 다 암컷, 단일 (또는 적은 수의) 수컷 집단 속에 살고, 배제된 수컷은 고립되거나 작은 떼 속에서 분리되어 산다. 그러한 다 암컷 집단 속에서 수컷은 같은 종류의 다른 수컷을 공격하고 몰아내어 그들이 암컷에 접근하는 것을 부정하는 경향을 가질 것이다. 이러한 집단생활 형태를 관찰하는 행동학자들은 암컷 집단을 수컷의 '하렘'인 것으로 묘사한다. 그러나 '하렘'이라는 용어는 인간사의 한 특수한 시기에 이슬람교 사회 그리고 몇몇 다른 사회 속에서 나타났던 한 남자와 한 여성 집단 사이의 성적인 권력관계를 정의하는 것이다. 하렘은 왕자, 유력자, 부유한 상인에 의해 유지되었다. 그것은 정교한 사회적 배치의 대상이었고, 관계된 남성의 부에 크게 의존했다. 하렘은, 그 시기에 대한 문헌이 믿을 수 있는 것이라면 동성연애나 일부일처주의를 포함하는 많은 다른 성적인 관계 형태들이 함께 나타났던 사회 속에 공존했다. 사슴이나 영장류 또는 사자 등등 사이에서 다 암컷 집단화는 어떤 의미로 여겨지는 것인가? 실제로 사자 집단의 경우 그 집단은 수컷에 의해 '유지되는' 것과는 거리가 멀고 대부분의 사냥을 하고 먹이를 공급하는 것은 그 집단 내 암사자라는 것이 이제는 명백하다.

인간 사회에 대한 이해에 의해 제공되는 렌즈를 통해 비인간 동물 세계를 관찰하는 어떤 행동학은 얼마간 비어트릭스 포터(Beatrix Potter)처럼 작용한다. 행동학은 막무가내로 인간의 성질을 동물에 투사시키고 그다음에 그러한 동물 행동을 인간 상태의 자연성에 대한 행동학의 기대를 강요하는 것으로 본다. 피터 래빗(Peter Rabbit)이 맥그리거 씨의 파이(Mr. MacGrigor's pie) 속에 놓여 있는 데서 최후로 벗어났을 때 피터 래빗의 어머니는 그에게 카모밀라차를 제공하기 때문에 어머니는 양육적이다. 이러한 방식에서 비인간 동물의 행동은 끈덕지게 인간의 행동과 혼동된다. 부적절한 유비가 동물행동학을 점점 더 하기 어렵게 만든다. 동시에 인간 사회 안에서 현 상태의 '자연성'을 강요하는 이념적 굴절을 형성시킨다.

두 번째 문제 영역은 어떤 사회적 상호작용에서 무엇이 발생하고 있느냐에 대한 관찰자의 설명이 갖는 제한된 본성으로부터 생겨난다. 그것은 단지 관찰된 동물 행동이 부적절하게 딱지가 붙여졌다는 것은 아니다. 관찰 자체가 부분적인 것이다. 소위 지배 위계 구조에 대한 연구는 단일한 매개변수, 아마도 먹이에 대한 또는 누가 누구와 교미하느냐에 대한 접근에 초점을 맞추는 경향이 있다. 하지만 몇 가지 종 속에서 하나의 지배 연속체(dominance continuum)―만일 우리가 그 용어를 받아들이더라도―에서의 위치는 다른 연속체를 따라 존재하는 짝 맞출 수 있는 위치를 함축하지는 않는다는 좋은 근거가 존재한다.

행동학자 사이에서 동물의 성 행동에 대한 연구는, 거의 빅토리아 시대의 정숙함(Victorian prudery)에 그럴듯하게 기초한 것으로 보이는데, 남성은 주연배우이고, 이성 간의 생식력을 갖는 성교는 고려될 수 있는 유일한 형태이며, 여성의 임무는 단지 기꺼이 하는 마음('수용성(receptivity)')을 표시하고, 그다음에 누워서 잉글랜드를 생각하는 것이라는 가정에 의해 몹시 왜곡되었다. 그것이 영원(蠑蚖: newts)이든, 오리든, 쥐든,51 웅성 중심적(andro-centric) 환상은 행동학 문헌을 통해 길을 닦았다. 다만 상대적으로 최근에 구애 행동('주도성(proceptivity)')에서 암컷의 역할은 더욱 수용 가능한 연구 분야가 되었는데, 예를 들면 쥐 사이에서 성 접촉을 시작하고 보조를 맞추는 것은 주로 암컷이라는 것이 인식되었다.52 동물의 구애에서 암컷의 역할이 여자의 성적 독립에 대한 새로운 견해가 유행하던 한때에 발견되었다는 것은 우연히 같이 일어난 사건은 분명 아니다.

셋째로 특수한 행동 형태의 보편성에 관한 일반화는 제한된 환경 범위 안에 있는 소수의 종에 대한 소수의 관찰로부터 유래한 자료를 토대로 만들어진다. 공격적인 종 내 경쟁에 대한 이론이 세워진 관찰은 제한된 동물원에 잡혀 있는 개체군에 대해 만들어진 것이기 때문에, 영장류 행동학에 대한 연구는 여러 해 동안 심각하게 잘못 인도되어 길을 잃었고, 한편 야생에서 그 똑같은 종의 행동은 매우 달랐다는 사실은 잘 알려져 있다.53 똑같은 또는 밀접히 연관된 영장류 종은 많이 차이가 나는, 예를 들면 산악 지역이나 사바나 지역처럼 다양한 거주지에서 살 수 있고, 먹이의 상대적 풍부함과 상대적 희귀함 사이에서 살 수 있는 것이다. 상이한 상황 속에서 그들의 사회적 집단화와 상호작용은 두드러지게 변한다. 그리고 많은 상이한 종 ―예를 들면 영장류― 사이에서처럼 사회적 집단화 그리고 성적 집단화는 일부일처로부터 난음까지, 아무런 인식 가능한 지배가 존재하지 않는 집단부터 더욱 위계 구조적으로 질서화된 것으로 보이는 집단까지, 남성이 이끄는 데로부터 여성이 이끄는 데까지, 뚜렷한 성적 이형성을 가진 것으로부터 성적

이형성이 거의 희박한 것까지 변할 수 있다.[54]

이 엄청난 양의 동물 관찰로부터 인간의 성적 관계와 가부장제의 특수한 측면의 자연성을 지지하려는 것으로 보이는 도덕적 이야기만을 선택하는 것은 비인간의 사회적 생태 및 인간의 사회적 생태 양자에 대한 우리의 이해를 위태롭게 하는 것이다. 인기 있는 행동학적 설명으로부터 선택된 이야기가 모두 어떤 단일한 방향을 가리키는 것으로 나타난다면 다음과 같이 물어야 한다. 그러한 선택적 설명은 어떤 이익에 봉사하고 있는 것인가? 비비나 사자의 행동에 대한 이해가 인간 행동으로부터의 뻔뻔스러운 유비에 의해 도움받을 수 없는 것처럼, 인간의 사회적 생태에 대한 이해는 그것을 비비의 그것에 환원시킴으로써 도움받을 수 없다.

이들 탄핵은 누가 그 환원을 했든 간에 남아 있다. 남자와 여자 간의 인식, 애정에 대한 이해, 공격성의 자연적 차이를 그렇게 뻔뻔스럽게 자연화하는 이는 가부장제 옹호자인 것만은 아니다. 여성주의적 저술을 하는 한 학파 역시 그러한 본질주의적 입장을 갖고 있는데, 앎 및 존재의 방식에서 남성적인 것보다 여성적인 것의 중요성을 강조할 뿐만 아니라 그것들을 여성의 생물학적 특성에 기원하는 것으로 논의한다. 이것은 지나에 의해 제공된 우반구를 방어하는 힘이며, 여기에 대해서는 앞서 언급을 했고, 이는 『성의 변증법(Dialectics of Sex)』[55]에서 파이어스톤(Firestone) 논의의 기초를 형성한다. 이 책에서는 그녀를 따랐던 급진적 여성주의의 지류가 하는 것처럼 사회에서 주요한 분화가 계급과 젠더에서 생기는 것이 아니라 남자와 여자 사이의 생물학적 차이에서 비롯된다고 보고 있다.

인류의 조상 사회에서 인간 사회로 이행하는 동안 사회적 변화의 원동력을 남성의 진화적 적응보다는 여성에 두는 여성주의적 사회생물학의 흐름이 생겨났다. 부분적으로 여자에 대한 이러한 초점은 지배적인 사회생물학적 흐름에 의해 제공된 웅성 지배적 견해를 필연적으로 다시 꿰맨 것이다. 그러나 그 과정에서 남성주의적 과학의 방법론적 오류를 반복하는 것은 똑

같은 가짜 동전의 다른 쪽을 제공하는 것밖에 안 된다.[56]

본질주의적 논의는, 성 사이의 행동 차이의 근원이 만일 뇌에 있지 않다면, 그것들은 생식기의 불가피한 생태에 존재한다고 보는 심리 분석의 강력한 전통을 반향한다. 프로이트(Freud)적 전통에서 그 전통은 음경을 가지고 있는 것은 소년이고 그것을 결여하고 있는 것은 소녀이며, 이는 그들 행동에서 이어서 나타나는 차이의 심장에 해당한다는 발견이다. 그러나 프로이트와 그의 추종자에게 있어 이것은 소녀의 음경 선망의 근원이 되는데, 여성주의적 심리 분석 접근은 그 대신 중요한 것은 개념화하는 여성의 힘이라는 논의를 제공한다. 수정 순간에 그들의 정액으로부터 멀어진 남자는 그후 이 손실을 한탄하고 남성 지배 사회라는 압도적인 음경 중심적(phallocentric) 문화를 생산하는 데 대한 위임인 외적·대상 중심적 인공물 세계를 창조하는 데 전념하게 된다는 것이다.[57]

하지만 뇌로부터 생식기까지 그리고 아이를 낳는 행위까지의 남성 지배라는 자취를 제거하는 일이, 사회적 현상을 단지 개인적인 생물학적 결정요소로 환원시키려는, 그리고 다양한 문화적 현상 및 사회적 현상에 대해 '바닥에 깔려 있는' 단순한 일원적 설명만을 추구하는 방법론적 오류를 그럼으로써 피하는 것은 아니다. 월슨에게는 유전자가 문화를 가죽끈으로 묶고 있고, 음경 중심주의(phallocentrism) 이론가에서 그런 역할을 하는 것은 음경과 질이다. 그러나 남성-여성 변증법이 중요한 것임에도 불구하고, 이것이 엄청나게 다양한 인간의 성적 그리고 문화 형태에 대해 진정으로 바닥에 깔려 있는 유일한 결정자일 수 없다. 그러한 본질주의는 단순히 계급투쟁과 인종 투쟁에 대한 우선성을 단언할 뿐만 아니라, 역사와 지리 모두를 초월하는 어떠한 보편성을 주장한다.

우리는 더욱 신중해야 한다. 우리는 생물학이 인간 본성의 형태에 대해 취하는 한계를 모르며, 그것을 알 길이 없다. 우리는 가부장제나 자본주의의 불가피성을 우리 뇌의 세포조직, 순환 호르몬의 화학조성, 성적 재생산의 생리학으로부터 예측할 수 없다. 그리고 생물학적 결정론에 대한 우리 비판의 핵심 또한 이러한 철저한 예측 불가능성이다.

주관성과 객관성

제출되어야 하는 마지막 요점이 있다. 이 장에서 우리는 가부장제라는 오늘날 산업사회 속 의심할 나위 없는 사실로부터 시작하여 생물학적 불가피성 안에서 그 현상이 기초할 토대를 세우려 추구하는 생물학적 결정론 논의의 구조와 오류를 분석하려 시도해 왔다. 과거의 모든 남자와 여자 사이의 관계 형태는 물론 모든 미래 형태도 개인 그리고 전체로서 사회 안에서 인간의 생물학적 특성과 일치해야 함에도 불구하고, 우리는 인간사나 인류학 또는 인간의 생물학적 특성의 다양성으로부터, 비인간종의 품성에 대한 연구로부터 그러한 진술이 부과하는 구속을, 만일 있다면, 연역할 길을 가지고 있지 않다.

하지만 우리가 말할 수 있는 것은 다음과 같다. 우리는 과학 안에서 생물학적 결정론과 환원론적 사고의 출현을 17세기부터 오늘날까지의 기간 동안 부르주아 사회 발전의 한 측면으로 기술해 왔다. 그러나 이 부르주아 사회는 자본주의적일 뿐만 아니라 또한 가부장적이다. 출현했던 그 과학은 단지 자본주의 이념에 일치하는 것이 아니라 또한 가부장제 이념과도 일치한다. 그것은 현저한 남성과학이고, 그 과학으로부터 여자는 모든 수준에서 짜내어진다. 학교에서 배제되고, 대학에서 내쫓기고, 과학적 노동 예비군에 편입되고, 기술자들과 연구조수들은 고용되고 해고될 것이고 남성 과학자들을 양육하고 그의 아이를 기르는 가사 노동이라는 주된 임무로부터는 전환되지 않는다.[58] 이들 배제가 어떻게 작동하는가에 대한 이야기는 이제 여자에 의해 여러 번 이야기되었다.[59] 배제는 이중 효과를 갖는다. 첫째, 그것은 인류의 절반이 과학적 노력에 동등하게 참여할 권리를 부정한다. 둘째, 인류의 절반인 남성이 여자의 가사 및 재생산 노동의 등에 업무로 남겨 놓은 잔여 '과학적 노력' 자체가 일방화된다.

이론이 실천과 완전히 떨어져 있었던 희랍 과학은 지식의 특수한 귀족적 형태였다는 것, 정확히 말해서, 그것을 발전시킨 이들은 일을 했던 노예 인구의 존재에 의한 실천이라는 매일의 필요를 나누어 받았다는 것은 과학사학자들에 의해 오랫동안 인식되어 왔다. 산업혁명에서 과학과 기술의 결합에 의해 제공된 이론과 실천의 통합은 과학적 지식의 특수한 근대적 형태를 발생시켰다. 그러나 희랍 과학이 실천에 무지했고 그 통일성이 수립되기 전까지 앞으로 나아갈 수 없었던 것처럼, 오늘날 가부장적 과학은 가사 및 재생산 노동에 무지하고 —힐러리 로즈가 논의한 것처럼— 세계에 대한 부분적 지식일 뿐이고 부분적 지식이 될 수 있을 뿐이다.[60]

가부장적 과학이 객관성, 합리성, 그 과학의 지배를 통한 자연에 대한 이해 위에 놓여 있다는 특별한 강조는 생산노동과 재생산 노동의 분화가 인식과 감성, 객관성과 주관성, 환원론과 전일론(全一論: holism) 사이에 부과시킨 격리의 결과이다.[61] 그러한 가부장적 지식은 기껏해야 부분적인 것이 될 수 있을 뿐이다. 남성 지배 과학을 논박하는 여성주의적 비판가들은 이러한 과학적으로 무시되거나 거부된 경험에 대한 해석과 이해의 절반을 재강조함으로써 환원론에 대한 분석으로부터 새로운 지식의 창조로 움직이기 시작하고 있다.[62] 결국 지식의 두 형태의 통합—환원론이 부정하는 것은 필요하고 결정론이 부정하는 것은 가능한 그런 통합과 같은—만이 우리의 목표가 되어야 한다.

7장

정신 조정에 의한 사회 조정

정신의학의 정치화

1970년대 초반에 소련 인텔리겐치아 —특히 과학자— 사이에 존재하는 정치적 불일치의 물결에 대한 소문이 서구 언론인의 주의 깊은 귀에 들려오기 시작했다. 그 불일치는 다양한 이슈를 제기하고 있었다. 여행에 대한 그리고 해외 과학자와 접촉하려는 더 큰 자유에 대한 그들의 욕구, 소련 대내 정책과 대외 정책의 방향성에 대한 그들의 관심, 후에 '인권'이라는 이슈로 알려진 것들이 그것이다. 이러한 도전에 대한 소련 국가의 반응은 마지막 사례에서 직접적인 정치적 또는 행정적 억압이라는 반응이었을 뿐이었던 것으로 보인다. 개별 항의자는 더욱 빈번히 괴롭힘을 당했고, 정신병 검사를 받게 되었고, 정신적으로 잘못되어 있다고 —전형적으로 정신분열증 환자라고 — 진단받았으며 그러고 나서 정신병원에 감금되었다.[1] 모범 사례는 생화학자 조레스 메드베데프(Zhores Medvedev)의 경우였고, 그는 소련 과학의 약점, 검열 체계, 리센코 사건(Lysenko affair)을 논의한 책들을 썼었다. 1970

년 메드베데프는 본의 아니게 정신의학 검사를 받게 되었고, '징후 없는 정신분열증'을 겪고 있다고 진단받았으며, 병원에 가두어졌다(이 정신분열증의 진단 징후들 가운데는 그가 후에 『광기에 대한 질문(A Question of Madness)』[2]에서 기술했던 "과학과 사회 양자에 동시에 관심을 갖게 되는 것"이라는 내용이 들어 있었다). 병원 안에서 메드베데프는 향정신성 약물을 투약하겠다는 '위협을 받았고' 다만 소련 안과 밖 압력과 그의 형제 로이(Roy)의 정력적 개입으로 몇 주 후에 석방되어 영국으로 망명했다.

서구에서 관심을 가진 언론인과 학자 사이에서 정신의학의 무심한 '정치적' 이용과 관련한 항의의 목소리가 높았다. 소련 정신의학을 비난하고 소련인에 의해 개최되는 전문인의 회합을 보이콧하라는 압력이 세계정신의학연합(World Psychiatric Association, WPA)에 많이 쏟아졌다.[3] WPA는 1977년 적절한 결의안을 최종적으로 통과시켰고 이어서 소련은 그 조직에서 탈퇴했다. 메드베데프의 경우 및 유사한 사례에서 정신의학의 역할은 정치적 질문을 의학화하려는 그리고 그렇게 함으로써 그 질문을 탈정치화하려는 의도가 명백함에도 불구하고, 소련을 제재하는 입장에 대한 WPA의 거리낌은 흥미롭다. 소련 항의자들 스스로가 그들의 항의 때문에 처벌되었다고 분명히 믿었음에도 불구하고, 그들이 그 항의 때문에 처벌받고 있었던 것은 아닌가에 대해 알아보는 것이 중요하다. 오히려 국가는 그 항의자들은 **병약자**들이고 병들었기 때문에 소련 국가의 면모에 흠이 존재한다고 믿는 그들의 현혹을 치료하기 위해서는 돌봄과 보호가 필요하다고 선포함으로써, 사회적 그리고 정치적 항의를 **무효화하려는** 데 관련한 것으로 보인다. 그러나 우리는 소련 항의자들의 병을 진단하도록 요청받은 법정신의학자와 여타 정신의학자가 이들에 대응되는 서구에 있던 그런 정신의학자와 크게 다르게 행동하고 있지는 않다고 논의하고자 한다. 아마도 주요한 차이는 서구에서 가장 흔한 정신병원 입원 후보자들은 대기하고 있는 매체 세계에 그들이 갖는 곤란함들을 이야기하고자 메가폰을 드는 것이 어렵다는 점을 아는 노동

계급, 여자, 인종적 소수 인구로부터 유래하지만, 입원당해 온 소련 인텔리겐치아는 의견을 똑똑히 말할 수 없었던 것도 아니었고 좌절한 것도 아니었다는 데 있다.

이러한 본질적 유사성은 아마도 소련의 인권에 대한 질문들에 관해 정치적 입장을 취하기를 꺼리는 세계정신의학연합을 부분적으로 설명해 줄 것이다. 소련과 유럽의 실태에서 실제로 어떤 주요한 불연속이 존재하지는 않는다. 러시아 병원에서 제공된 임상 제도와 약물요법이 결국 서구에서 사용된 그것과 크게 다르지 않다. 소련의 반대자들이 공포감을 느꼈던 진정당하는 '위협'이나 클로르프로마진(chlorpromagine) 화학 재킷은, 우리가 보이게 될 것처럼, 서구 제도 속 병원과 감옥 수용자의 일상적 경험의 일부인 것이다. 여러 나라 정신의학자들은 정신분열증의 특징으로 여겨지는 징후에 실질적으로 의견 일치를 보고 있다. 아마도 유의미한 것으로, 연구된 몇몇 나라에서 보였던 가장 광범한 정신분열증의 표준은 미국과 소련에서 온 것이다.[4] 만일 우리가 소련 정신의학자들을 정치적 억압을 한 고의적 앞잡이 혹은 단지 시키는 대로 하는 앞잡이로 비난한다면, 서구의 그들 동료는 어떻게 그러한 혐의들을 피할 수 있을까?

예를 들어 영국에서 흑인 청년 범죄자들을 다루는 데서 정신의학적 진단의 이용을 어떻게 이해할 것인가?[5] 영국에서 1930년대 이래로 사생아를 갖는 '광기' 때문에 감금되어 온 여자들이 여전히 존재하고 있었다는 것이 1970년대 후반에 폭로된 것을 어떻게 이해해야 하는가?[6] 영국정신보건법안 65항은 내무 장관이 그 환자의 방면이나 이동을 허용하지 않는 한 환자를 안전한 병원에서 생활하도록 제한하고 있다. 1980년 맨체스터에 있는 안전 병원인 모스 사이드에 생활을 제한받는 스물한 살 먹은 남자가 있었다. 그의 '병'(죄?)은 그가 3년 전에 부모님이 계시는 집에서 하찮은 것을 훔치다가 잡혔고 화가 나서 물병과 재떨이를 내던졌다는 것이다.[7]

오해가 있어서는 안 된다. 요점은 소련의 행위를 '정당화하는' 것이 아니고, 이 행위는 위협을 하는 속에 스스로를 믿는 어떤 강국의 행위만큼 야만적인 것이고, 사회주의와 공산주의의 인간 해방적 목표에 확실히 정반대되는 것이다. 그리고 우리가 소련 국가의 행위에서 보는 것은 서구 선진 자본주의 국가의 의학화된 생물학적 결정론 이념의 거울이다. 그 거울을 살펴보는 것은 우리가 우리 자신의 상황을 더욱 선명하게 볼 수 있게 해 준다.

특히 지난 10년간 생물학적 결정론 논의들은 빈약한 교육을 받는 학동의 거리 폭력으로부터 삶에 무의미를 느낀다고 표현한 중년 주부에 이르는 모든 사회적인 병의 징후에 대한 설명을 개인과 관련된 뇌 기능장애에서 찾아야 한다고 우긴다고 계속 이야기되어 왔다. 현 상태 옹호의 첫 노선은 항상 이념이다. 만일 사람들이 현존하는 사회질서가 어떤 불평등을 갖든 불가피하고 정당하다고 믿는다면, 그들은 그 사회질서에 대해 문제를 제기하지 않을 것이다. 우리가 IQ의 맥락에서 본 것처럼, 이런 식으로 사상, 이념은 실질적 힘이 된다. 소련 시민의 부적절한 사고를 '바로잡는'고 선포된 목표 속에서, 소련 정신의학은 이념적 통제의 매개물로 작용하고 있는 것이다.

그러나 정신의학의 강압적 이용을, 단지 1930년대 파시스트 정권들이 정치범 수용소에의 감금이나 위탁을 의미하는 '보호 감금'과 같은 용어를 신비화한 것과 같은, 단지 반대자들을 돕는 체하면서 그들을 억압하려는 냉소적 기도로 보는 것은 실수일 것이다. 사회적 반대자들을 미쳤다고 딱지를 붙이는 일은 사회적 일탈을 이해하고 대처하려는 일반적 기도의 한 측면일 뿐이다. 올바른 사고와 문화적 행동을 생산하려는 학교, 출판사, 전자 매체와 같은 사회적 주입을 담당하는 집단, 동료, 제도에 의한 최선의 노력에도 불구하고, 몇몇 사람은 그릇된 결론과 잘못된 행동에 도달하려 고집한다. 그러한 사람들은 비합리적인 것이고 뇌 결함을 겪고 있음에 틀림없거나, 그렇지 않다면 우리가 하는 것처럼 어떻게 올바르게 생각하고 행동할지를 알고 있을 것이다. 게다가 만일 그들의 사고와 행동이 사회의 근거 자체를 위협한다면, 그들의 광기를 의학적으로 처리하는 단순한 가능성은 사회적 명령이 된다. 그리하여 일탈에 대한 의학적 모형은 심지어 개인들이 위험한 사회집단으로 응집되기 전에 가장 냉소적인 국가기관에 그들의 행동을 통제하기 위한 정당한 도구를 제공하기까지 한다. 지난 수십 년간의 의학 연구와 신경생리학 연구는 반대자나 비정상적 개인들의 치료, 속박, 조작을 위한 기술들의 배터리를 산출시켜 왔다. 이 기술들이 취하는 직접적이고 즉각적인 치료는 이 책이 다루어야 할 가장 불온한 것에 속해 있다. 우리가 살펴보겠지만 환원론적 기술들은 단지 그들이 틀을 형성하는 이념이 물질세계에 대해 잘못 설교하고 있기 때문에 '작용'에서 실격되지는 않는다. 사람에게 약물 먹이기는 또는 그들의 뇌 일부를 잘라 내기는 확실히 그들의 행동을 변화시킬 것인데 ―심지어 그들로 하여금 항의하는 능력을 덜 발휘하도록 만들 수도 있다― 그러한 치료들이 기초해 있는 이론들이 꽤 틀렸을지라도 말이다.

폭력과 뇌

소련 당국은 개인이 반영하고 관여하고 있는 사회적 불안정을 그 개인의 생물학적 특징 속에 위치시키려 노력한다. 이와 똑같은 강한 충동이 미국에서 1960년대 도심 폭동의 여파로 잘 표현되었다. ≪미국의학연합 회지(Journal of the American Medical Association)≫에 보낸 유명한 편지에서 세 명의 하버드 대학교 교수 스위트(Sweet), 마크(Mark), 어빈(Ervin)은 「폭동과 도시 폭력에서 뇌 질환의 역할」에 대해 썼다. 그들의 논의는 명백했다.

> 빈곤, 실업, 빈민가 거주, 부적절한 교육이 국가의 도시 폭동의 기초가 된다는 것은 잘 알려져 있지만, 이 원인들이 갖는 분명함이 방화, 베어 내기, 물리적 폭행을 저지르는 폭도의 뇌 기능장애를 포함하는 여타 가능 요소들의 더욱 미묘한 역

할에 대해 우리가 깨닫지 못하게 할 수 있다.

수백 만의 빈민가 거주자 가운데 아주 작은 수만이 폭동에 참여하고, 이들 폭도 중 소수가 방화, 베어 내기, 폭행에 연루되었다는 점을 깨닫는 것이 중요하다. 그러나 만일 빈민가 조건들만이 폭동을 결정하고 시작하게 한다면, 왜 빈민가 거주자의 엄청난 다수는 무제한 폭력의 유혹에 저항할 수 있는 것일까? 폭력적인 빈민가 거주자를 그의 평화로운 이웃과 구별시키는 어떤 특수한 요소가 존재하는 것인가?

몇몇 출처로부터 나온… 초점 장애(focal lesion)와 관련된 뇌 기능장애는 철저히 연구된 환자들의 폭력적이고 돌격적인 행동에서 유의미한 역할을 한다는 근거가 존재한다. 관자놀이 뼈 부위에서 전기 뇌수 엑스레이 사진 이상을 갖는 이들은 정상 뇌파 형태를 갖는 사람에서 나타나는 것보다 더 큰 빈도의 행동 이상(빈약한 충동 제어, 단정적임, 정신이상과 같은)을 갖는 것으로 밝혀졌다.[8]

그 후 곧 마크와 어빈은 미국법률집행원조국으로부터 실질적 연구 허가를 받았고, 그 철학은 그들의 책 『폭력과 뇌』에서 만개되었다. 논제는 간단했다. 뇌 기능장애의 최초 원인이 무엇이든 간에 그 손상은 통렬한 것이고 되돌릴 수 없다는 것이다.

만일 환경 조건이 중요한 때에 잘못되어 있다면, 나중에 그 환경이 수정될 수 있을지라도 그 결과로 생기는 해부학적 이상 발달은 **되돌릴 수 없다.**…
뇌 이상 상태와 관련된 그러한 종류의 폭력 행위는 기원을 환경에 둘 수도 있지만, 일단 뇌 구조가 영속적으로 영향받아 왔으면 폭력 행동은 심리적 그리고 사회적 영향을 조작함으로써 더 이상 수정될 수 없다. 심리요법이나 교육 또는 교도소에 보내어 성격을 개선하는 것 또는 그를 사랑하고 이해함으로써 그러한 폭력적 개인을 원상 복귀시키려 하는 것은 그 모두가 관련이 없는 것이고 효과도 없을 것이다. 다루어야 하는 것은 뇌 이상 기능 자체이고, 이것만이 인정된다면

행동을 변화시킬 기회가 존재할 것이다.[9]

마크와 어빈이 미국 사회에 사회적 문제가 존재한다는 점을 부정하지는 않는다는 점에 주목하라. 그들은 그 문제에 해당하는 개인들의 위협적 반응으로부터 '사회'를 보호하려 노력하고 있다. 마크와 어빈에게, 폭력은 도심 저소득층이 강요된 환경의 열악함에, 실업에 또는 인종주의에 반응하는 부적당한 방식이고 따라서 폭력은 제거되어야 한다. 폭력과 공격성의 뇌 메커니즘은 통제할 수 없었다. 제안된 치료는 19세기 자연철학자들에게 '열정의 소재'로 알려진 것을 찾아내어 파괴하는 일이다. 일단의 뇌 구조인 변연계(邊緣系: limbic system)는 몇몇 방식으로 사랑, 미움, 화, 두려움—심리학자들은 '정서'라고 부르는—과 같은 열정에 개입하는데, 그것은 이 체계의 어떤 구조가 손상을 입거나 붕괴될 때 인성에서 그들 측면에 영구적 변화가 존재하기 때문이다. 그러고 나서 환원론적 신경생물학은 이 구조들이 정서의 생산을 좌우한다고 판정하고, 그들 가운데 하나인 편도선의 의학적 파괴는 폭력에 대한 마크와 어빈의 치료이다.

마크와 어빈에 따르면 모든 미국인의 5%나 되는 많은 사람—1천 1백만—이 '명백한 뇌 질환'에 시달리고 있고, 추가로 5백만이 그들의 변연계나 정서 반응이 관련된 경우에 한해서 '미묘하게 손상을 입은' 뇌를 갖고 있다. 요구되는 것은 폭력에 대해 낮은 역치(閾値)를 갖고 있는 개인들을 탐지하기 위한 집단 차폐 프로그램이고 초기 경고 검사이다. 그들은 "폭력은 공중 보건 문제이다"라고 주장한다. 이 문제의 본성은 아마도 1971년 세크라멘토 인간관계국 교정 책임자와 캘리포니아 대학교 의학센터의 병원 및 진료소 책임자 사이의 다음과 같은 서신에서 더 갈 드러날 것이다.[10] 교정 책임자는 이어지는 외과적 제거를 위한, "과거에 손상을 입었을 그리고 폭력 행위 사건들에 대한 초점으로 봉사했을 뇌에 있는 중심을 파악하기 위해 외과적 그리고 진단적 절차를…" 수행하려 "아마도 심각한 신경학적 질병의 결과로 공격적이고 파괴적인 행위를 보여 온" 선별된 재소자에 대한 임상적 탐구를 요청한다.

동봉한 한 서신은 그러한 치료가 가능한 한 후보자를 묘사하는데, 감옥에 있는 동안 그의 위반 행위는 "공무원과의 관련", "노동 거부", "호전성" 문제를 포함한다. "그는 궤변을 부리는 것 때문에 한 감옥에서 다른 감옥으로 이감되어야 했다. …공수도와 유도를 실습시키고 교육하는 것을 중단하라고… 그는 몇 번이나 경고받아야만 했다. 증가하는 호전성, 지도 능력, 백인 사회에 대한 두드러진 증오 때문에 그는 이감되었다. …그는 1971년 4월 파업의 몇몇 주도자 중 하나로 판명되었다. …또한 거의 동시에 혁명적 독서물을 엄청나게 가지고 있었다는 것도 명백했다." 병원과 진료소 책임자는 피하 전극 주입을 포함하는 그 치료의 제공에 동의하면서 "규칙적 비용 투여의 기초 위에서" 이 요청에 응답했다. "현재 치료에는 7일 체류에 환자당 대략 1,000달러에 달하는 비용이 들 것이다."

공공의 저항이 그러한 치료의 제공을 중지하도록 밀어붙일 때까지, 법률 집행원조국은 캘리포니아폭력축소센터의 개시 업무에 75만 달러 정도의 원조 기금을 조성할 것을 제안했다.[11] 그리고 그러한 계획은 미국에만 제한된 것은 아니었다. 유사한 맥락에서 서독 당국은 정치적 폭력 혐의로 체포되어 투옥된 적군파 행동 대원 중 하나인 울리커 마인호프(Ulricke Meinhof)에 대해 그녀의 정치적 활동에 대한 생물학적 '원인'을 추적하기 위한 신경 정신의학적 탐구를 제안했다. 울리케의 감옥에서의 죽음은 의학화하려는 시도로부터 어떤 최종적 결론도 얻게 해 주지 못했다. 1981년 도심 빈민가 폭동에 대한 영국의 공식적 반응은 지금까지는 이러한 접근을 피해 왔는데, 이념적 통제—아이들에 대한 가족과 부모의 통제라는 도덕을 회복하려는 데 대한 마거릿 대처와 대처 아래서 자리를 이어 내무 장관을 했던 윌리 화이틀로(Willie Whitelaw)와 리언 브리턴(Leon Brittan)에 의해 거듭 강조된—의 강화와 점점 더 호전화되는 경찰의 완전한 압박 사이에서 아무런 중간적 경로도 보이질 않는다. 도심 폭도들은 그들의 몸 안에 가솔린 연기로부터 나온 과도한 납을 갖고 있을 것이라고 논의하는 일이 더욱 자유주의적인 결정론자들에게 남겨져 있었다.[12]

폭력에 대해 직접적으로 의학적 통제를 해야 한다는 제안들은 지난 10년간 나타난 행동 통제에 대한 짝을 이룬 이념과 기술이라는 빙산의 일각일 뿐이다. 그 환상들이 실재를 달려서 앞서 나간다는 것은 참이다. 주요한 과학소설 공상가는 아마도 호세 델가도(Jose Delgado) 박사일 텐데 1971년 그의 책 『정신의 육체적 통제: 정신문명 사회를 향하여(Physical Control of the Mind: Towards a Psychocivilized Society)』[13]는 10년간 안건이 되었다. 그는 입원 환자들과 실험용 동물 뇌 안으로의 자극 및 반응 전극 직접 주입 실험을 기초로 적절한 변연계 소재들을 자극함으로써 기분과 행동을 수정할 수 있다고 주장한다. 전극은 모니터를 써서 감지될 수 있고 충격은 원격제어로 그들에게 먹일 수 있다. 델가도의 손에서 극소 전자공학 시대를 연 가능성은 다음과 같다.

피하에 주입 가능한 칩에서 소형 컴퓨터가 필수적으로 돌아가게 할 수 있을 것이다. 이런 식으로 자기 완비된 도구는 정보를 수용하고, 분석하고, 정보를 뇌로 되보낼 수 있도록 고안될 수 있음이 틀림없고, 무관 대뇌 영역들, 기능적 피드백과 사전에 결정된 파동 형태의 출현에 의존하는 자극 프로그램 사이에 인공적 연결을 만들어 내게 된다.[14]

그런 시스템에 의해 열린 가능성들은 무엇인가? 뇌 통제에 의한 법 집행의 전도사에 따르면, 하나의 가능성은 다음과 같은 것이다.

트랜스폰더 감시 시스템은 어떤 종류의 외부된 양심—대부분의 사회가 갖고 있는 사회적 조건 지우기, 집단 압력, 내적 동기에 대한 전자적 대체물—으로 범죄

자를 포위할 수 있다.[15]

그리고 만일 그 양심이 잘 작용하지 않는다면

가석방자들이 살 속에 들어 있는 기록을 하는 전송기에 표시하여 감시되는 일을 상상하는 것이 불가능하지는 않다. 전송기는 암호로 그리고 하나의 컴퓨터로 감시되는 연결망의 일부로서 그 지역에 체계적으로 설치된 수신 위치(아마도 화실 (火室)과 같은)를 통과하면서 그들의 소재를 자동적으로 보고한다. 우리는 몇몇 정서적으로 병든 사람이 화학적 작인을 통해 "그들은 효과적으로 위험 요소를 제거받았다"고 가정하고 그들에게 활보의 자유를 인정하는 것이 가능할 위치에 도달하게 된다. 그러면 컴퓨터에 연결된 감지기의 임무는 그들의 정서적 상태가 아닌 단지 어떤 수용 가능한 정서 상태를 확신시켜 주는 화학 매체 농도의 충분함을 원격 계측하는 것이 될 것이다. …나는 그러한 상황이 정서적으로 병든 이의 개인적 자유를 증대시키거나 감소시키는가에 대해 숙고할 준비는 되어 있지 않다.[16]

생물학적으로 결정된 특성은 불변한다는 생물학적 결정론자의 주장과 약물이나 의학적 개입 프로그램으로 폭력을 치료하려는 그들의 프로그램 사이에는 처음부터 부조화가 존재하는 것으로 볼 수 있다. 그러나 그 질문은 이론적이기보다 실천적인 것이다. 환원론자로서 생물학적 결정론자들은 어떠한 인간의 정신적 특성은 원리적으로 개인의 신경계나 대사 수준에서 적절한 육체적 개입에 의해 변화될 수 있다고 필연적으로 주장한다. 그러나 실제로 그 특성은 '일탈' 행위를 보여 주는 소수 개인의 특성과 IQ와 같은 어떤 범위에서 연속적으로 분포하는 또는 예를 들면 세력권제와 같은 인간적 보편자들이라고 이야기되는 특성 사이에서 구별된다.

적은 수의 사람이 일탈적인 그리고 아마도 바람직하지 않은 특성을 나타낼 때, 환원론적 프로그램은 그 특성을 결정한다고 생각되는 유전자나 유전자들의 변경이라는 처방을 내린다. 만일 결함을 갖는 유전자가 일탈 행위의 궁극적 원인이라면, 그 유전자의 변경은 그 일탈을 치유하는 것이 된다. 사실상 일찍이 아무도 범죄행위, 정신분열증, 편집증적 망상을 결정하는 어떤 유전자나 유전자들을 파악해 내지 못했기 때문에 제공된 치료는 해부학이나 생화학 수준에 머물러 있다. 즉, 추정된 유전자의 일차 효과 수준에 있는 것이다. 그럼에도 불구하고 유전자 조작은 환원론적 결정론의 궁극적 목표로 남아 있다.

지능과 같은 연속적 범위를 갖는 특성들의 경우나, 보편적 인간의 본성이라고 주장된 일부 특성의 경우 그 개입이 바람직하게 보일지라도 개인 수준에서의 어떤 개입도 실용적이지 못하다. 이들 유전자를 변화시키려는 혹은 세계 인구의 많은 부분을 차지하는 이들의 뇌에 효과를 가하려는 전망은 어리석은 것이다. 그다음으로 결정론적 이론은 이 특성들은 어떤 깊은 이론적 이유들 때문이 아니라 인간의 시간과 노력의 한계라는 결과로 변경 불가능할 뿐이라고 주장한다.

화학적 위치

우리는 범죄적이거나 일탈적인 것으로 정의된 그러한 행동을 직접적으로 조작하려는 기도들을 알아보려는 과학소설 영역에 들어갈 필요는 없다. 뇌 저미기(brain chopping) 또는 뇌 충격 기법의 사용보다 더욱더 흔한 것은 행동에 대한 화학적 위치를 얻으려는 시도이다. 감옥이나 병원에서 수용된 사람들에 대한 약물 사용은 물론 널리 퍼져 있다. 영국, 유럽 대륙, 미국에서, 죄수들은 이미 그러한 방법을 위한 검증 토대가 되고 있다. 남성 성범죄자는 사이프로테론 아세테이트(cyproterone acetate)로 정규적으로 치료받으며, 이 약물은 그들을 발기불능으로 만들고 거세의 화학적 등가물로서 기술된다.[17] 소수의 진정제로부터 클로르프로마진 화학 재킷(이 용어는 그것을 채용한 정신의학자들의 것이지 우리의 것은 아니다)에 이르는 향정신성 약물의 감옥에서의 대량 사용은, 예를 들면 영국 내무성에 의해 사용되지 않는다고 공식으로 부정되었음에도 불구하고, 죄수들과 출소자들에 의해 되풀이하여 이야기되었다.

영국 감옥에서의 약물 사용 공식 수치를 대중적 압력의 결과로 이용할 수 있게 되었고, 이 수치는 치료 목적에 합리적이라고 생각할 수 있는 것보다 훨씬 초과된 사용 규모를 보여 준다. 수감자 머리당 진정제, 여타 향정신성 약물 처방이 브릭스턴과 홀로웨이와 같은 몇몇 종합병원보다 그렌든과 같은 정신의학적으로 교란된 이들을 수용하는 감옥에서 더 낮은 것은 흥미롭다. 1979년 그렌든에서 평균 중앙 신경계 약물 투약률은 1년에 일인당 11회였고, 브릭스턴에서는 299회, 파크허스트에서는 338회였다. 홀로웨이 여감옥에서는 수감자당 1년에 941회라는 천문학적 횟수를 보였다.[18]

혐오 요법

약물 사용 뒤에 있는 이론적 근거는 행동의 통제이다. 그러면 약물 사용은 행동이 시작되기 전에 더욱 앞서서 파악하고 사고(思考)를 통제하는 데 훨씬 더 효과적일 것이다. '혐오 요법(aversion therapy)'은 수많은 미국 감옥(예를 들면 배커빌), 캘리포니아, 퍼탁슨트, 매릴랜드에서 실험적으로 또는 아마도 심지어는 일상적으로 실행되어 왔다. 이 혐오 요법 속에서 개인은 형무소 직원들에 의해 범죄적 혹은 일탈적 사고에 대해 구토, 통증, 근육 마비, 또는 아넥틴(anectine)이나 아포모르핀(apormorphine)과 같은 약물이나 심지어 전기 충격에 의한 공포를 연상하도록 교육받는다. 그러한 전략들의 가공할 그리고 잔인한 효과들에 대한 설득력 있는 증언이 있었다.[19]

공공 기관 안에서 행동을 수정하려고 약물을 사용하는 것은 주로 그 공동체 안에서 바같으로 드러나는 화학적 위치들을 찾아내려는 훨씬 더 광범한 탐색의 징후일 뿐이다. 오늘날 영국에서 5천 3백만 건 이상의 향정신성 약물 처방전—인구 일인당 약 한 가지—이 매년 발행되고 있다.[20] 이러한 사용 규모와 선진 자본주의 사회에서 전형적 약물 사용자는 마리화나를 끽연하는 대안적 생활양식을 추구하는 십 대 혹은 심지어 버림받은 알코올 중독 부랑자가 아니라 일상적 생활양식이라는 의식을 통해 위층 사람 및 아래 사람들과 교류하면서 자신을 유지해 나가는 중년의 가정주부라는 점을 강조하는 것이 중요하다.

억압적이고 스트레스를 받는 사회에서 개인은 과감하게 유용한 두 가지 작용 경로를 갖게 된다. 그 두 경로는 그 사람을 둘러싼 사회 환경을 바꾸려 투쟁하는 것이거나 그 사회의 조건에 적응하는 것이다. 향정신성 약물의 대량 사용은 현 상태에 개인을 꿰어 맞추려는, 정서를 북돋우거나 안정시키거나 진정시키려는 메커니즘의 일부이다. 사람들은 현 사회의 프로크로우스테스 침대에 맞추기 위해 자신을 잘라 내거나 늘려 내야 —혹은 다른 의학 권위자들에 의해 잘리거나 늘려지는— 한다. 현 사회에 대한 프로크로우스테스 침대는 시민들이 선천적으로 부적합한 방향으로 나아가게 되어 있거나 제도화되어 있다면 그 시민들을 행복한 —또는 적어도 불평하지 않는— 소비자가 되도록 만들어야 한다고 주장한다.

약물이 제대로 작용한다는 것을 부정한다는 점을 다시 한번 강조하자. 물론 그 약물은 우리를 지옥으로 돌아가게 하는 방식으로 우리의 감정에, 사고에, 행동에 영향을 준다. 그리고 견딜 수 없는 고통에 직면해서 약물은 그 고통을 덮는 하나의 —때로 유일한— 길을 제공한다. 그러나 약물은 그 고통을 치유하지 못한다. 치통이 있을 때 아스피린은 견딜 만하게 해 주지만 그것은 치과 의사에게 갈 수 있을 때까지만이다. 약물 통제 기술은 우리를 둘러싼 환경의 도전에 적절히 대응하지 못하는 데 대해 어떤 치과 의사도 제공하지 않으며, 실존의 고통을 우리의 결함이 되게 하는 생물학적으로 결정된 원인을 단지 제공할 뿐이다.

행동 수정

혐오 요법은 다른 인간의 행동을 만족스럽게 통제하는 생물학주의적 방법의 모형으로 보인다. 하지만 혐오 요법 이론은 명백하게 스키너 행동주의로부터 유도된 것이며—앞서 이 책의 앞쪽에서, 그러한 행동 이론들은 문화 결정론의 한 형태를 나타내는 것으로 기술한 바 있다. 스키너 심리학은 모든 이전 행동을 '강화의 우연들'의 과거사의 결과로 본다. 개인은 **백지상태**에서 시작하고 그 사람의 환경이나 부모, 교사, 동년배에 의해 미묘하게 또는 좀 덜 미묘하게 감독되는 보상이나 처벌의 결과로 특수한 방식 속에서 행동하는 것을 배운다.[21] 스키너에 따르면 심지어 유아의 말은 그 유아가 습득하는 단어들에 대한 (무의식적으로 주어진 것일지라도) 부모로부터의 기계적 보상이나 불찬성에 반응하여 학습된다.

행동주의 이론가들이 제공한 모든 요법이 화학의 이용을 요구하는 것은 아니다. 약물은 결국 부정적 강화를 성취하는 한 방식이다. 부정적 강화는 희망된 행동(예를 들면 감옥 관리자에 대한 순종이나 복종)에 대한 일치의 실패는 특권의 박탈, 외로운 감금, 제한된 식사 등등으로 처벌받는 통제된 환경에 개인을 위치시킴으로써 또한 만들어 낼 수 있고, 한편 '좋은' 행동은 적절히 보상받게 된다. 만일 이것이 특수하게 금지하는 것으로 들리지 않는다면, 통제된 환경은 일리노이 주 매어리언 형무소처럼 '유개화차 독방(boxcar cells)'을 포함할 수도 있다. 이는 새뮤얼 쇼프킨(Samual Chavkin)에 의해 다음과 같이 묘사되었다.

이것들은 두 문에 의해 감화원의 나머지로부터 차단된 작은 방이다. 두 벽은 빛을 차단하는 철문과 들어오거나 나갈 때 나는 소리를 막는 덮개 플렉시글라스

(plexiglass) 문이다. 갑자기 병을 얻은 한 죄수는 그가 아무리 소리를 쳐서 도움을 청하더라도 그것을 알릴 방법이 없다. 환기는 형편없고 60와트 전구가 빛을 공급해 준다. 가장 거리낌 없이 분명히 의견을 말한 50명의 수감자들은 유개화차 독방에 감금되어 있었다. 이들 중 몇몇은 그들의 상태를 항의하려 뉴스 매체와 국회의원들과 의사소통을 한 것으로 알려졌다.[22]

한 유개화차 독방 감금자 에디 산체스(Eddie Sanchez)에 따르면

희망을 버리지 않는다는 것은 아주 어려웠습니다. 진실을 얘기하면 나는 거의 희망을 버렸지요. 감시원들에 의해 죽임을 당할 것이라고 느낍니다. 나는 진정으로 죽음에 대해 공포를 느끼지 않습니다. 전에도 종종 죽음에 직면해 왔었고요. 한 가지 유감이 있는데 그것은 한 번도 자유롭지 않았다는 것입니다. 만일 한 주만이라도 자유로울 수 있다면, 그다음 날에라도 죽을 용의가 있습니다. 내가 신을 믿지 않는다는 것이 경이로운 일일까요? 한 개인이 자유에 대한 지나간 기억을 떠올리는 것마저 부정하는 잔인한 신을 그려 볼 수가 없습니다.[23]

더 극적인 치료들은 퍼탁슨트, 메릴랜드에서 상용되고 있는데 쇼프킨에 따르면 다음과 같다.

'결함 있는 범죄자'에 대한 치료는 비협조적인 수감자들에 대해 '금지요(禁止褥: restraining sheet)'를 채용하는 것이다. 워싱턴 ≪데일리 뉴스(Daily News)≫의 한 기자가 묘사한 금지요는 "벌거벗은 수감자가 판자 위에 가죽끈으로 묶이는 장치이다. 그의 손목과 발목은 그 판자에 수갑으로 채워지고 머리는 목틀레가 가죽끈으로 묶여 강하게 고정되어 있고 헬멧을 쓰고 있다. 한 수감자는 그가 캄캄한 독방에 있게 되었고 그의 몸에서 나오는 배설물을 치울 수 없었다고 증언했다. 그는 식사가 올 때만 사람의 방문을 받았다고 말했다. 그다음으로 한 손목은 풀

리고 이어 어둠 속에서 음식물이 주위에 있다는 것을 느낄 수 있고 그는 머리를 들지도 못하고 국물을 목구멍으로 들어부으려 시도할 수 있다."

퍼탁슨트에서의 부가적 테러 전술은 무기 감호를 선고하는 것인데, 그의 해방은 앞으로의 그 수감자의 위험성의 존재 여부에 대한 정신의학자의 예후에 의존하게 된다.[24]

우리는 영국 형무소의 행동 통제 단위들에서 제공된 치료의 본성에 대한 그러한 명백한 묘사물을 가지고 있지 않다. 이 단위들은 확실하게 여러 시기에 감각 박탈, 제한된 식사, 독방 감금, 사면 상실과 같은 일에 관여해 왔다.[25]

행동 수정 이론들은 영국 학교 체계에서 점점 더 많이 이용되고 있는 것으로 보인다. 행동적으로 교란된 어린이들(때로 교육적으로 정상 이하(educationally subnormal—ESN)라고 딱지 붙여진)을 위한 '특수 단위들'(또는 '죄 저장소')은 몇몇 지구에서 —예를 들면 해링게이 런던 자치시와 같은— 흔하다.[26] 정상 학급에서 '분열성'으로 여겨진 아이들은 특수한 보상과 처벌 관리 체제인 '상징 경제(token economies)'에 복속된다. 상징 경제에 의해 어린이들은 한 시기 동안 학교 밖에 있는 것을 허용받는 그러한 특권을 얻기 위해 요구되는 축적되어야 할 승인된 행동에 필요한 점들을 얻게 된다.

행동 수정은 문화 결정론 이론과 함께 시작된다. 실제로 —이 이론의 주창자들이 선포한 의도들이 무엇이든, 적어도 그 이론이 다루는 것에 대한 경험 속에서 — 문화 결정론 이론이 어디서 가장 명백한 생물학적 결정론 치료 프로그램과 구별되는지를 알기는 어렵다. 양자는 본질적으로 '희생자 비난' 성격의 것인데, 문제를 개인 내부에 있는 것으로 본다. 그 개인은 그 사람이 현재에 아주 부합하지 못하고 있는 사회질서에 맞도록 재단되어야 한다는 것이다. 양자는 1968의 "당신의 정신을 조정하지 말라. 결함은 실제의 것이다"라는 슬로건에 정반대된다. 실제로 그 결함이 갖는 명백함은 우리가 해링게이 죄

저장소는 불균형적으로 나이 어린 남성 흑인들로 가득하다는 이야기를 듣게 될 때 더욱 명백해진다.

그러나 생물학적 결정론적 요법을 발생시키는 문화 결정론의 역설은 단지 표면적일 뿐이다. 두 결정론은 우리가 앞서 설명했듯이 환원론적이고 똑같은 동전의 양면처럼 관련된다. 그 이론이 인도하여 당도시킨 인간의 본성에 대한 견해의 무미건조하고 냉혹한 경직성에서 탈출을 모색하는 자유주의적 사고를 지닌 생물학적 결정론자들에게, 그 탈출은 문화 이원론(文化二元論: cultural dualism)의 종류일 것이다. 문화 이원론은 구속 효과를 유전자 탓으로 돌리지만, 개별 인격에 대하여 '긴 가죽끈'을 허용한다. 이런 해프닝은 윌슨, 도킨스, 배러시(9장과 10장을 보라)와 같은 사회생물학자들의 문헌에서 되풀이해서 보게 된다. 그러나 환원론의 두 형식은 개인의 존재론적 우선성을 그 사람이 일부로 속해 있는 사회구성체를 넘어서는 것으로 여기는 이론에서 시작하기 때문에, 양자는 실제에서 그 개인을 조작하려는 노력으로 끝난다. 이론과 무관하게 조작의 생물학적 방법은 약물에 의하든 전기 충격에 의하든 대화 요법에 의해 제공되는 덜 직접적인 뇌 조작 방법보다 외견상 훨씬 더 강력하기 때문에, 그것들은 치료자들이나 통제자들이 빠른 해답을 제시하라는 압력 속에 처하게 되었을 때 불가피하게 앞쪽으로 돌출되어야 하는 것이다. 이는 '활동 항진'에 대한 '행동' 범주 정의로부터 우리가 이제 돌아가려는 극미 뇌 기능장애에 대한 진단에 이르는 빠른 활강에서 가장 뚜렷하다.

극미 뇌 기능장애

영국에서는 문제 어린이들을 장난꾸러기, 정서장애, ESN으로 분류하고, 그들을 특수학교에 보낸다. 그 '원인'은 결함 있는 사회화—예를 들어 부모에 의한 통제의 결여나 흑인 가족에서 적절한 남성 역할 모형의 결여—이다. 미국에서 어린이의 그러한 일탈 행동은 1960년대에 질병으로 인정되었다. 피해자로는 소녀보다 소년이 약 9배나 많았다. 고통받는 어린이들은 학교에서 과도한 행동을 보였고, 그들은 종종 교사에게 훼방을 놓았고 그들은 욕구불만을 잘 참지 못했으며, 잘 집중하지도 못했다. 그들은 충분히 명석한 듯 보였음에도 불구하고, 교과목을 잘 숙달하지 못했다. 이 아이들의 부모들은 질문을 받았을 때, 집에서 아이들과 함께 있는 데 어려움이 있다고 빈번히 동의를 표시했다. 이러한 불행한 상태는 학교 체계의, 또는 가정의, 또는 더 큰 사회의 결함인 것은 아니었다. 그것은 '활동 항진 아동 증후군(hyperactive child syndrome)'이라는 질병이었다. 어린이들이 생물학적으로 결함이 있는 뇌를 가지고 있었다는 것이 문제였다. 그 결함들은 작고 미묘했으며 심지어 가장 정교한 현미경으로도 볼 수가 없었다. 따라서 '극미 뇌 손상(minimal brain damage)'이라는 용어는 곧 '극미 뇌 기능장애(MBD)'로 대체되었고 일상적으로 쓰이게 되었다.

미국 보건·교육·복지성은 MBD를 정의하면서 다음과 같이 언급했다.

> 일정한 학습 무능, 또는 행동 무능을 갖는 평균 근처의, 평균의, 또는 평균 이상의 일반 지능을 갖는 어린이들은… 중앙 신경계 기능의 일탈과 연합되어 있는 것이다. 이 일탈들은 지각, 개념화, 언어, 기억, 주의 조절, 충동 기능이나 운동 기능 손상의 다양한 결합들로 표현될 수 있다. …학교 시절 동안, 다양한 학습 무능은 가장 두드러진 표현이다.[27]

이 문제들은 생물학적이고 의학적인 것으로 자연스럽게 정의되었다. 따라서 충분히 합리적으로 제안된 치료책은 과오를 범한 아이들을 약물로 치료하는 것이었다.

2년 이내에 MBD, 활동 항진, 또는 학습 무능으로 딱지가 붙여진 수십만 명의 미국 어린이들은 (몇몇 평가치에 따르면 60만 명이 되는) 각성제들을 정규적으로 복용받고 있었다. 각성제를 먹는 데 대한 활동 항진 어린이들의 확실한 선호 반응은 '역설적'이라고 이야기되었다. 실질적으로 그러한 약물들이 어떻게 작용을 할지 또는 그 약물들의 장기 효과가 어떻게 될지에 대한 아무런 이해도 없는 채로 문제아 치료를 위한 약물 회사의 집중적이고 성공적인 광고가 있었다. 웬더(Wender)[28]는 MBD에 대한 한 영향력 있는 책에서 활동 항진으로 진단된 **모든** 어린이를 우선 약물로 치료해야 한다고 역설했다. 그리고 나서 적절하게 반응을 보이지 않는 몇 안 되는 어린이에 대해서는 다른 형태의 치료법을 고려할 수 있을 것이라고 했다. 활동 항진 어린이들을 약물로 치료하는 데 실패한 의사는, 웬더의 견해에 의하면, 의료 과오라는 죄를 범한 것이다. 활동 항진 어린이의 수는 그 공동체에서 정확하게 결정되어 오지는 않았다. 그러나 그 아이들은 장애를 겪고 있었다.

그러한 어린이들이 웨리(Werry)와 그의 동료들에 의해 신경학적 손상에 대한 근거로 집중적으로 연구되었을 때, 아무런 '단단한' 신호도 발견되지 않았다.[29] 그러나 공식적으로 선포된 '중앙 신경계 기능 일탈'을 지지해 줄 수 있는 많은 '부드러운' 신호—알아내기 어렵고 정량화하기 곤란한—는 존재했다. 부드러운 신호는 일반적 서투름, 빈약한 조정, 좌우의 혼동, FLK 증후군—'우스워 보이는 아이(funny-looking kid)'가 되는—과 같은 것을 포함했다. 웨리 등등은 그렇지 않은 정상 어린이들의 활동 항진은 '기질적(器質的: organic)'이라고 확신하게 되었다. 하지만 이것이 환경요소들은 아무런 역할도 하지 않음을 의미하는 것은 아니었다. 그들은 활동 항진이 "사회의 보편 식자를 향한 엄청나게 많았던 주장에 의해 명백해진 생물학적 변형"이라고 주장했다. 만일 우리가 그들을 교육시키려는 시도를 고집하지 않았더라면, 이들 생물학적으로 상이한 어린이는 아주 꼴좋게 되었을 것이다!

MBD와 활동 항진은 주로 학급 안에서 표현된다는 견해가 널리 퍼져 있다. 따라서 실무 의사들을 위해 쓰인 책들은 활동 항진 어린이가 의사의 진료실에서 양처럼 온순해질 것이라는 점을 강조하고 있다. 통제할 수 없는 활동을 향한 기질적 충동은 학교와 집에서 '구조화된 과업 상황들(structured task situations)' 속에서만 표현된다. 따라서 의사들은 교사나 부모에 의해 활동 항진으로 기술된 어떤 어린이를 약물로 처방하기를 주저해서는 안 되는 것이다. 그 의사가 어떤 과도 활동을 관찰하지 못했더라도 말이다. '기질적' 활동 항진과 교실 사이의 바로 그 특수한 연결은 주목할 만하다.

바이스(Weiss) 등등은 활동 항진 어린이와 대조 표준 어린이로 이루어진 집단들을 초기 성년 시기까지 추적했다.[30] 질문서를 지난 시절에 그들이 다녔던 고등학교 교사들과 현재의 고용주들에게 보냈다. 그 질문서는 그 연구 대상자가 그에게 할당된 과제들을 완성했는가의 여부, 그가 동년배 및 당국자들과 잘 지내 왔는지의 여부, 그가 학교나 직장으로 돌아갈 때 환영받을 수 있을 것인가 등등을 다루었다. 교사들은 의미심장한 정도로 '활동 항진인들'을 모든 척도에서 대조 표준인들보다 더 나쁘다고 파악했다. 고용주들은 그러한 구별을 하지 않았다. 나타났던 차이는 활동 항진인에게서 더 많이 드러나는 경향을 띠었다.

로저 프리먼(Roger Freeman)의 책 『활동 항진 어린이와 각성제(The Hyper-active Child and Stimulant Drugs)』 개시 문장들에 대해 반대할 것이 많지는 않다. 존경할 만한 공정함을 가지고 프리먼은 다음과 같이 썼다.

어린이들의 극미 뇌 기능장애(MBD), 활동 항진(HA), 학습 무능(learning disa-bility, LD) 분야에서 기예와 실행 상태에 대해서 단지 하나의 표현만이 존재한다. 그것은 혼란이다. 사실적이고 더 품위 있는 용어는 존재하지 않는다. 그 영역은 좀처럼 도전받지 않은 신화들, 분명치 않은 경계들, 이상하게도 유혹적인 매력으로 특징된다.[31]

그러한 일들을 언급하는 것이 품위 있다고 여겨지지는 않을지라도 재정적 이익이 그 영역이 갖는 유혹적 매력과 관계있다는 것은 가능한 일이다. 골칫거리 아이들에 대한 약물 처방의 발전과 매매에 관계되는 엄청난 액수의 돈이 존재한다. 약물 회사들은 그 영역에서 일하고 있는 과학자들의 연구에 서명하기를 주저해 오지 않았다. 또한 아마도 아이들을 위해서 제조되고 처방되었을 각성제의 많은 숫자가 엄청나게 부풀려진 가격으로 불법 약물시장으로 흘러 들어간다는 것을 믿을 만한 충분한 이유가 있다.[32] 활동 항진 어린이를 위한 암페타민과 비슷한 가장 흔한 처방 약물이 리탈린(Ritalin)이다. 1973년에 오멘(Omenn)은 다음과 같이 주목했다.

리탈린 불법 거래는 마취제 중독자 사이에서 증가되어 왔다. …메타돈(Metha-done) 중독자들은 리탈린의 '상승' 효과를 헤아린다. 헤로인 중독자들은 리탈린을 함께 복용함으로써 주어진 헤로인 양의 지속 작용을 연장시킬 수 있다. …시카고 쿡 군(郡) 형무소에서 리탈린은 헤로인 중독자들에 의해 '서부 해안'이라고 불린다.[33]

활동 항진 어린이들이 리탈린과 여타 각성제를 사용하고 있다는 것은 이제 미국에서 흔한 일임에도 불구하고, 그 약물들이 진정으로 도움이 되는 어떤 효과를 생산해 내는가를 보여 주는 근거는 놀랍게도 여전히 거의 존재하질 않는다.[34] 어떤 약물이 유명한 '위약 효과'를 넘어서 그 이상의 어떤 효과를 갖는가를 평가하는 데는 커다란 기술적 어려움들이 존재한다. 암시 능력 이상의 어떤 것이 개입되는가의 여부를 연역하기 위해서는 관찰자와 어린이 양자가 '모르는' 상태에 있어야 한다는 것이 필요하다. 즉, 그들은 그 아이가 진짜 약물을 받았는가 또는 효과가 없는 대체물이 진짜 약물을 대신했는가의 여부를 알아서는 안 된다. 하지만 각성제들은 강력한 부작용—불면증, 체중 감소, 공포감, 우울증—을 갖고 있는 경향이 있고 따라서 아이와 관찰자 양자는 종종 위약이 진짜 약물을 대체했을 때 탐지해 낼 수가 있다. 문제를 훨씬 더 복잡하게 하는 것은 약물에 의해 초래되었다는 행동 변화들을 측정하기가 어렵다는 것이다. 따라서 그 연구들은 종종 아이의 행동에 대한 교사나 부모에 의한 주관적 평가에 의존한다. 약물 문헌이 파편적이고 모순적인 연구 결과들의 수풀을 포함하고 있다는 것이 놀랄 일은 아니다.

그러나 적어도 짧은 기간을 넘어서는 리탈린 복용이 아이들이 학교에서 덜 꿈틀거리게 하고 아마도 심리학자들이 수행한 몇몇 실험 과업에 더 주의를 기울이게 한다는 몇몇 지적이 있기는 하다. 단기 연구들에서 얻어진 긍정적 효과들은 광범하게 방송되었고 약물요법이 쉽게 받아들여지는 풍토가 이루어지는 것을 도왔다. 그 약물의 흔한 부작용은 덜 빈번히 인용되었을 뿐이다. 활동 항진 어린이들에게 각성제들을 투여했을 때의 역설적 효과에 대해 표현된 불가사의가 존재한다. 어쨌든 각성제들은 그들을 조용하게 만드는 것으로 보였다. 역설은 그 후 사라져 버렸다. 소위 각성제의 측정 가능한 효과들은 활동 항진 어린이와 정상 어린이에서 유사하다는 것이 지금은 알려져 있는 것이다.[35] 왜 각성제들이 어린이 모두를 조용하게 하도록 해야 하는가에 대한 더욱 일반적인 이러한 역설은 그 자체가 어떤 약물 작용의 단일한 면과 단일한 양식을 믿어 버리는 정신의학적 그리고 신경생물학적 순진함에서 유도된다. 이 점에 대해서는 다음 장에서 다시 논의한다. 가장 사회적으로 격리된 비음주자만이 한 종류의 두 잔의 위스키가 그것을 마시는 사람에게 항상 똑같은 효과를 주리라고 믿을 것이다.

리탈린의 장기적 투여가 아이들에게 MBD나 활동 항진으로 딱지가 붙여지게 하는 증후군과 문제에 어떤 유익한 효과들을 주는가에 대한 아무런 근거도 존재하지 않는다. 바이스 등등은 5년 동안 리탈린 치료를 받아 온 활동 항진 어린이들을 고찰했고 약물 치료를 받아 오지 않은 유사한 활동 항진 어린이들과 비교했다.[36] 이러한 연구가 보고한 장기적 특성은 리탈린 문헌에 보고된 선례가 없었다. 그 저자들은 어떤 유익한 약물 효과를 관찰하리라 완전히 기대를 했고 그들 자신의 임상에서 그 약물을 써 왔었다. 그들은 약물을 복용한 아이와 복용하지 않은 아이들이 학교 성적에서, 낙제했던 학년 수에서, 활동 항진 양에서, 또는 반사회적 행동에서 사춘기에 아무런 차이가 없음을 보고했다. 그들이 약물을 복용해 왔든 그렇지 않았든, 기질적 활동 항진 어린이들에 대한 문제들은 좀처럼 해결되지 않는 것으로 보였다.

캔트웰(Cantwell)은 약물 효과에 대한 가장 최근의 비평에서 리탈린은 "활동 항진 어린이에 대해 77%의 개선율을 냈다"고 단언하고 있다.[37] 그러나 '개선'은 무엇을 의미하는 것인가? 캔트웰의 답은 "교사에 의해 파괴적이고 사회적으로 부적당한 것으로 인지되었던 행동에 대한 일관된 긍정적 효과"라는 것이다. 캔트웰이 지적하는 것처럼 단언된 개선은 기술해 내기가 항상 쉬운 것만은 아니다. 그 약물은 과도한 운동 활동을 감소시키는가? 그것은 "발목 운동 또는 자리 이동"을 측정하느냐의 여부에 의존하고 또한 "… 실험과 업에 대해 그 활동이… 측정되고 있는… 각성제들이 일관되게… 운동장에서 활동 수준을 감소시키는… 아이들이… 실제로 활동 수준에서 감소를 보이는 상황"[38]에 의존한다. 침착성을 잃은 자리 성향과 조용한 자세, 몹시 사나운 교실 행동과 억제된 운동장 행동을 생산해 내는 기질적 뇌 기능장애는 전적으로 확신을 주지는 못한다. 활동 항진―그리고 무수한 어린이들에 대한 계속된 약물 처방―의 기질적 기초는 명백히 어떠한 보강을 요구한다.

활동 항진의 '유전학'

활동 항진 아동 증후군에 대한 유전적 기초를 입증하려는 기도에 많은 노력이 바쳐졌다. 생물학적 결정론자들의 특이한 논리는 '병'에 대해 유전자를 함축하는 것은 그 병을 약물로 치료하는 것을 정당화한다고 제안한다. 늘 그런 것처럼 최초의 선결 요소인 유전자의 역할을 증명하는 것은 그 병이 가족을 통해 내려온다는 것을 보이는 것이다. 그것은 모리슨(Morrison)과 스튜어트(Stewart)의 한 연구에서 추정적으로 행해졌다.[39] 그 저자들은 병원 외래 환자부에서 활동 항진으로 진단받아 온 50명(그 가운데 48명은 소년)으로 이야기를 시작했다. 성별과 연령에 따른 활동 항진 아동들에 맞추어 다섯 가지 대조 표준 연구 주제 아동들이 존재했고, 이들은 똑같은 병원에서 진찰을 허가받아 왔다. 모든 어린이의 부모는 인터뷰를 했고 가족의 다른 성원에 관해 질문을 받았다. 인터뷰를 했던 사람들은 어느 아이가 어느 아이였는지를 알았지만 "정신에 대한 아무런 가정도 하지 않고" 인터뷰를 했다고 이야기되었다. 가정된 **대조 표준** 가족들에는 "활동 항진, 거칠거나 분별없는… 혹은 그 아이들의 부모들은 전문적인 도움을 필요로 했다"고 그 부모가 이야기한 아홉 명의 아이(18%)가 포함되어 있었다. 그 아홉 가지 사례들은 대조 표준 연구 주제 대상으로부터 활동 항진 집단으로 이송되었다. 그다음으로 불결한 병들의 수는 이제는 줄어든 숫자의 대조 표준아의 부모 사이에서보다 활동 항진 아이의 부모 사이에서 훨씬 더 빈번했다는 유의미한 발견이 있었다. 활동 항진 어린이의 부모 사이에서 더 흔한 질병으로는 알코올 중독, '사회 병질(社會病質: sociopathy)', '히스테리'가 있었다. 인터뷰하는 동안에 부모들이 했던 설명으로부터 그 저자들은 ─또한 어느 아이가 어느 아이인지를 알고 있는─ 그 부모들 자신도 활동 항진 어린이였던가에 대해 소급 진단을 할 수 있다고 느꼈다. 저자들은 활동 항진 주제 아동들의 더 많은 부모, 고모나 이모, 아저씨 스스로가 활동 항진 어린이였다고 생각했다. 특히 활동 항진이 대조 표준 어린이들의 형제자매에서보다 활동 항진 어린이들의 형제자매 사이에서 더 흔했는가에 관한 보고는 없었다. 더 먼저 있던 한 연구를 보고하면서 스튜어트 등등은 활동 항진 연구 주제 어린이의 16%─그리고 대조 표준 연구 주제 어린이의 25%─가 활동 항진 혈족을 가졌다고 지적했다.[40]

저자들에 따르면 이 연구는 "우리가 이 행동 형태가 유전되었다는 데 대한 근거를 발견할 수 있는가를 알아보기 위해서" 행해졌다. 다시 저자들에 따르면 그 결과들은 "'활동 항진 아동 증후군'은 한 세대에서 다른 세대로 전달되고 알코올 중독의 보급은… 유전적 가설을 지지한다"고 제안하게 해 준다. 저자들은 그들의 발견이 "지력, 간질, 또는 도덕적 타락에 대한 병들"은 활동 항진 어린이의 가족에서 흔하다는 1902년의 보고와 일치했다는 데 주목했다. 그러나 타락과 열등한 유전 군체 개념에 대한 현존의 호소는 《생물학적 정신의학(Biological Psychiatry)》으로 이름 붙여진 한 학술지로 1971년 출판되었다. 주목할 수 있는 것으로, 부모 사이의 '알코올 중독' 사례들은 거의 모두 남성이었다. '사회 병질'의 모든 사례는 남성이었고 '히스테리'의 모든 경우는 여성이었다. 유전된 나쁜 피가 분출된 그 형태들은 명백히 두 성 사이에서 달랐다. 그러나 피는 똑똑히 말한다.

모리슨과 스튜어트의 발견들은 곧 캔트웰에 의해 반복된다. 캔트웰은 한 해병대 부양가족 진료소에서 활동 항진으로 진단받아 온 50명의 소년을 연구했다.[41] 똑같은 해군기지에 있는 소아 진료소에서 온 대조 표준 소년은 나이와 사회 계급에 따라 활동 항진으로 맞추어졌다. 그들은 "그들의 가족 속에 활동 항진이 없었다는 것을 확인하기 위해" 미리 심사되었다. 연구 주제 어린이들의 부모와 인터뷰를 했고 그 결과는 위에서 보고된 것의 곱절이나 되었다. 대조 표준아의 부모보다 활동 항진 어린이 부모 사이에서 알코올 중독, 사회 병질, 히스테리가 훨씬 더 많았다. 인터뷰한 부모로부터 캔트웰은 조부모, 아주머니, 아저씨의 알코올 중독, 사회 병질, 히스테리를 진단할 수 있었다. 활동 항진 어린이의 친족 사이에 그러한 타락이 더 많이 존재했다. 인터뷰로부터 활동 항진에 대한 소급 진단도 —부모, 아주머니, 아저씨, 사촌에 관한— 할 수 있었다. 활동 항진 어린이의 친척 사이에 더 많은 활동 항진이 존재한다고 이야기되었다. 그러한 장거리 진단에 기초한 이 자료들은 미국의학연합이 출판한 한 과학 학술지에 나타났다. 자료들은 시도했던 검사들이 과학적이라는 명백한 믿음과 더불어 정교한 통계검정을 받았다. 캔트웰은 남성 중죄인의 아내와 친척에 대한 연구 역시 높은 비율의 알코올 중독, 사회 병질, 히스테리를 발견하게 해 주었다고 지적했다. 그리고 "활동 항진 아동 증후군은 대대로 계속해서 전달된다"고 결론 내렸다.

활동 항진이 가족을 통해 흐른다는 그들의 자족을 채우기 위해 똑같은 집합의 저자들은 이제 입양아를 연구함으로써 환경적 요소로부터 유전적 요소를 분리하려 시도했다. 그리하여 모리슨과 스튜어트는 활동 항진으로 진단된 35명의 입양아를 그들의 1971년 연구 속의 활동 항진 어린이 및 대조 표준 어린이와 대조했다.[42] 대조 표준 어린이들의 생물학적 부모처럼 활동 항진 피입양자의 입양 부모는 아무런 사회 병질이나 히스테리를 나타내지 않았고 알코올 중독의 경우도 극히 드물었다고 이야기되었다. 그들은 따라서 1971년에 보고된 활동 항진 어린이들의 생물학적 부모보다 더 우수한 특질을 가진 것이었다. 그들의 가족은 병리가 거의 없었고, 활동 항진으로 소급 진단되는 경우도 드물었다. 활동 항진 입양아의 생물학적 부모와 가족에 대한 쓸모 있는 정보는 없었다. 즉, 결과는 저자들에 따르면 "이 조건의 전달에 관한 순수한 환경적 가설은 유지될 수 없다"는 것을 의미했다. 즉, 모리슨과 스튜어트는 활동 항진이 된 어린이의 양부모의 병리를 진단하지 않았기 때문에, 그 아이들은 그들의 유전자에 의해서 활동 항진인 것으로 되어야 했다. 물론 입양을 허가받은 부모는 병리가 없는가에 대해 조사를 받아 왔고 따라서 모리슨과 스튜어트가 그들 가운데에서 병리를 거의 탐지하지 못했던 것은 놀라운 일이 못 된다. 활동 항진이 정상 어린이들 사이에서보다 입양아 사이에서 더(혹은 덜)한지의 여부는 모른다. 모리슨과 스튜어트의 입양 연구 고안은 캔트웰에 의해 되풀이되었고, 캔트웰은 아주 유사한 결과를 보고했다.[43]

입양 연구로부터 나온 것 가운데 기묘하게 생략된 것이 있었다. 연구된 어린이들은 또한 형제자매가 있었고 입양아의 경우 양 형제자매가 있었던 것이다. 형제자매 사이에서 활동 항진 치료의 영향은 상당한 관심거리가 될 것이다. 예를 들어 활동 항진 아이를 입양한 양부모의 생물학적 아이들은 높은 비율의 활동 항진을 갖는 것일까? 만일 그렇다면 그것은 가족 환경을 함축하는 것이다. 그러나 쉽게 얻을 수 있는 형제자매에 대한 자료는 나타나지 않았다.

아이 비난하기

그러한 어린이들을 꼭 다루어야만 했던 것이 아니었던 사람들은 그 어린이들이 실제로 얼마나 분열적인지를 평가할 수 없다고 지적하는, 활동 항진에 관한 문헌에서 되풀이하여 제기되는, 주제가 존재한다. 교실은 활동 항진 어린이에 의해 소용돌이 속으로 던져졌다고 이야기되고 교사들은 그들의 기지에 놀아난다. 따라서 각성제가 활동 항진 어린이에게 유익하지 않다 하더라도, 그 약물들은 적어도 그 아이를 충분히 조용하게 만들어서 교실 안에 있는 다른 아이들이 학습할 수 있게 해야 한다. 이것은 약물을 복용한 어린이에게 도움을 주지 않는 어떠한 약물의 계속적 사용을 옹호하는 교묘한 이론적 근거가 된다. 하지만 약물을 먹은 활동 항진 어린이의 급우들이 그 결과 더 많이 학습하거나 다른 어떤 방식으로 유익함을 얻는 것을 보여 주는 근거는 존재하지 않는다.

매시(Mash)와 돌비(Dalby)는 그들의 연구에서 어떤 더 큰 "사회 체계 강조"를 주장했는데, 이것은 "활동 항진 어린이들과 그들의 부모, 교사, 동년배, 형제자매 사이의 상호작용에" 초점을 두는 것이다. 그리고 "…그 어린이가 들어가 있는 사회 체계에서 그 활동 항진 어린이가 보여 주는 효과에는 관심이 거의 주어지지 않았다"[44]고 했다. 예를 들어 캠블(Campbell) 등등은 한 활동 항진 분열성 어린이가 한 학급에 있을 때, 교사들은 더욱 부정적으로 비활동 항진 어린이들을 대하게 되는 경향이 있다고 보고했다. 즉, '활동 항진 분열성' 어린이들은 명백하게 선생님을 괴물로 만들고, 교사들은 이어 그 학급의 모든 어린이에게 부정적으로 행동하게 된다.[45] 캠블 등등에 의한 이러한 중요한 연구 발견물은 또한 『극미 뇌 기능장애 편람(Hand book of Minimal Brain Dysfunction)』에서 헬퍼(Helper)에 의해 다음과 같이 인용되었다.

조심스럽게 고안된 이 연구는 또한 한 학급에서 활동 항진 어린이의 출현은 교사와 그 학급의 다른 어린이들 사이의 상호작용에 영향을 미쳤다는 근거를 발견했다. 교사들은 그 연구에서 졸졸 따르는 비활동 항진 어린이들로 구성된 학급 속 학급 대조 표준 어린이보다 어떤 활동 항진 어린이를 포함하고 있는 학급 속 학급 대조 표준 어린이를 더 빈번히 비판했다.[46]

캠블 등등의 보고는 슐라이퍼(Schleifer) 등등에 의해 처음으로 기술된 아동 집단에 대한 연구를 뒤따라 행한 연구이다.[47] 이 연구는 28명의 활동 항진 어린이와 26명의 대조 표준 어린이로 시작했다. 늘상 그런 것처럼 원래 연구 시기와 뒤따른 연구 시기 사이에는 몇몇 연구 주제 어린이의 손실이 있었다. 단지 15명의 활동 항진 어린이와 16명의 대조 표준 어린이만이 3년 후의 뒤따른 연구에 쓸모 있었을 뿐이다. 그 어린이들은 학급 속에서 관찰되었다. 관찰자는 또한 각 학급 안에서 똑같은 성을 가진 새롭게 선별된 '학급 대조 표준' 어린이를 원래 연구에서 온 아이로 간주하고 지켜보았다. 그 어린이들은 30분마다 학급에서 관찰당했고, 교사로부터 '부정적 피드백'을 받은 모든 사례는 주목되었다. 그것은 '행동이나 성취에서 어린이에 대한 불찬성의 표현, 즉 질책의 표현'을 의미했다. 그 관찰자들은 그 어린이 집단의 구성에 대해 모르고 있었다. 이 고안은 31개의 분리된 학급을 방문했고 ─15개 학급은 활동 항진 어린이를 포함하고 있었고 16개는 원래 연구에서 온 대조 표준 어린이를 포함하고 있음을 뜻했다. 31개 학급 각각 안에서 또한 한 '학급 대조 표준' 어린이가 관찰되었다. 활동 항진 어린이를 포함한

15개 학급에는 더욱 부정적인 교사에 의한 피드백이 존재했으나 그 부정적 피드백은 학급 대조 표준 어린이에게 주어진 것만큼 빈번히 그 활동 항진 어린이에게 주어졌다. 정확하게 말해서 그 활동 항진 어린이는 30분당 평균 0.67번의 부정적 피드백을 받은 것으로 관찰되었다. 이것은 30분당 한 번보다 작은 것이다. 그들의 학급 대조 표준아는 30분당 0.80배의 부정적 피드백을 받았다. 원래 연구에서 온 대조 표준 어린이들은 그들의 학급 대조 표준 어린이들이 받은 것처럼 평균 0.13번의 부정적 피드백을 받았다.

이러한 오히려 중간 규모의 효과를 심지어 액면 그대로 취하더라도 여기에는 많은 상이한 해석 가능성이 열려 있다. 우선 첫째로 캠블 등등은 원래 연구에서 대조 표준 어린이들에 대한 웩슬러(Wechsler) IQ는 활동 항진 어린이들이 갖는 그 값들보다 의미심장하게 더 컸다고 더 일찍이 보고했다. 대조 표준 어린이들은 또한 눈에 띄게 더 높은 수준의 사회 계급 출신이었다. 대조 표준 어린이들과 활동 항진 어린이들은 뒤따른 연구가 있던 시기에 상이한 학급에 속해 있었고 다른 선생님과 있었다. 더 낮은 IQ를 갖는 다소 더 낮은 사회 계급 출신 어린이들이 다니는 학교에서 교사들이 아이들에게 더욱 부정적으로 행동한다는 것이 가능할까?

그러나 캠블 등등의 수 값들을 지나치게 심각히 취해서는 안 된다. 그들은 어떤 통계적으로 유의미한 효과를 관찰할 것을 주장하지만, 이는 그들의 부적절한 통계적 기법의 사용에 의존한 것이었다. 그들은 더욱이(241쪽) 세 가지 분리된 't-검정'—표준적 통계 기법—을 보고했다. 같은 쪽에 실려 있는 표로 작성된 평균과 표준편차로부터 보고된 모든 세 가지 t값은 틀렸다는 것을 계산해 낼 수 있다. 그 연구(슐라이퍼 등등)의 첫 번째 보고는 대조 표준 집단 속에 3냉의 활동 항진 소녀만이 있었다고 지적했다. 원래 54명의 연구 주제 대상들 가운데 41명이 2년 후의 뒤따른 연구에 포함되어 있었을 때(캠블 등등) 그들은 5명의 활동 항진 소녀와 2명의 대조 표준 소녀를 포함시키고 있었다. 활동 항진-분열성 어린이들을 혐의가 있는 것으로 발견하기 위해서는 이보다 더 일관되고 믿을 수 있는 수 값의 집합이 요구되어야 한다. 그러나 부정확하고 모순적인 통계가 주요 과학 학술지에 나타난다. 그 수 값들은 사회-체계 연구로 엄숙하게 인용되고 권위 있는 편람에 실리게 된다. 그 과학자들은 극미 뇌 기능장애를 그 어린이들에게 돌린다. 그 어린이들은 그만큼의 공정함으로 그것을 과학자들에게 돌릴 수 있을 것이다.

생물학적 결정론은 훌륭한 치료법에 도움이 되는가?

사회적 상태의 모든 측면에 관한 그리고 모든 질병을 고치는 약물에 관한 생물학적 결정론 이론들을 발전시키려는 돌진은 강력하다. 그 돌진의 모두가 죄수, 학동, 입원 환자와 일반 진료 환자와 같은 제멋대로 구는 인구를 통제하고 진압하기 위한 필요성과 관련하여 단순히 이해되는 것은 아니다. 이것은 이야기의 일부이지 전부가 아님이 명백하다.

미국과 유럽 인구의 다대한 비율이 무의미와 소외를 느끼고 있다는 것은 실제이지 신화가 아니다. 따라서 해결책을 요구하는 압력 또한 실제이고, 우리가 환자이든 의사이든 간에, 어떤 정도에서, 화학적 해결책에 대한 현대 의학에 의해 제공된 약속을 우리 모두는 믿는다. 정신적 고통의 완화를 원하는 환자의 요구, 그리고 그러한 해결책에 동정하는 의사들의 탐구는 강력한 원동력이다. 명백한 결정론적 확신과 함께하는 분자생물학의 점증하는 위신은 이론적 매력을 제공한다. 대안적 공식화를 발생시키거나 끝없는 분자 룰렛 놀이를 하는 유기화학자들의 근면한 노동으로 만들어진 약간 상이한 화학물들로 특허 규정을 우회하려는 약물 회사의 필요는 실제적 박차가 되고 있다. 세계보건기구 수치에 따르면 미국에서 6만 종 이상의 약물과 여타 의약품이 팔리는데, 아직도 이들 가운데 220종만이 잘 실증된 병에 필요한 잘 실증된 약물이라고 생각되고 있다. 그러므로 의학적·정신의학적·

여타 돌봐 주는 전문적 서비스들이 제공하는 바는, 무언가를 해야 한다는 그들의 -그리고 그들 고객의- 믿음에 기초한 치료법의 혼합이다. 즉, 사회 질서를 바꾸어 버리는 일은 그 사회질서에 그들의 고객을 맞추는 것보다 훨씬 겁나는 일이라는 믿음의 혼합인 것이다. 치료법적 혼합은 요법학자의 이론에 의해 부분적으로 결정될 뿐이다. 시간의 압력과 약물 회사의 아첨이 중요한 것이다. 하지만 전체로서 볼 때 결과하는 그 형태는 이 책의 앞서 나온 장들에서 묘사되었던 결정론적·환원론적 논의의 모든 특성을 갖고 있다. 핵심은 바로 지금 생물학적 결정론자들이 인간 활동을 통제하고 수정하기 위한 개입 전략, 약물, 신경외과술, 또는 행동요법을 제안하는 실질적 사업을 하고 있다는 것이다. 우리는 의학적 개입 또는 사회적 개입이 우리가 우리의 올바른 이론을 얻을 때까지 기다리지 않는다는 점을 강조하는 것을 쉽게 잊어버릴 수 있다. 지금 무언가를 해야만 한다. 그 질문은 설명이 작용하느냐 여부가 아니라 치료법이 작용하느냐 하는 것이다. 우리가 약물이나 수술이 그것들이 투여되는 개인들의 행동에 대해 아무런 효과를 주지 못한다고 논의하고 있는 것은 명백히 아니다. 그것과는 거리가 멀다. 인간의 경험 및 활동의 인간의 생물학적 상태와의 존재론적 통일성에 대한 우리의 바로 그 정의에 의해, 만일 우리가 뇌 속에서 약물이나 단편 회로를 기능시킨다면 뇌의 상태는 변화될 것이고, 이 변화된 뇌는 행동, 경험, 활동의 어떤 변화에 상응하게 될 것이다.

쟁점은 약물이나 단편 회로와 같은 개입과 그러한 개입이 생산해 내도록 표면적으로 고안시킨 변화들의 관련성이다. 의심할 여지 없이 어떤 개인이 도심 빈민가 폭동에 더 이상 참여하지 못하게 막는 한 가지 방법은 목에서 척수를 끊어 버리는 것, 따라서 신체의 나머지 부분으로부터 뇌를 분리하는 그리고 그 부분에서 이어지는 기능을 막아 버리는 것이 될 것이다. 이는 심지어 그다지 숙련되지 않은 외과의들에 의해서도 쉽게 수행될 수 있다. 더 아래쪽에서 척수를 자르는 것은 별로 효과가 없을 것인데, 왜냐하면 휠체어에 앉아 있는 사람들도 영국에서 1980년과 1981년의 도심 폭동에 참여했다는 것이 확실하게 보고되었기 때문이다. 이와 유사하게 학급에서 아이들의 주의 산만은 뇌에서 포도당 산화를 막는 사이안화물(cyanide) 같은 약물이나 신경계 전달 물질의 기능을 방해하는 쿠라레(curare) 같은 약물로 치료할 수 있었다. 이 약물들은 치료받은 개인들에게 급격한 종결 효과를 주며 따라서 교사는 그 개인들에게 유의할 필요성을 버려도 괜찮게 된다. 제멋대로 구는 행동을 보이려 했던 이들에게 쓰인 이 치료법들에 대한 관찰 역시 그 치료법들이 그들의 뇌 화학에 유익한 효과를 줄 수 있었음을 보여 주었고, 이렇게 함으로써 그 병의 확산을 막을 수 있었다. 이는 오래전 18세기에 강조된 점으로, 이때 영국 해군성은, 볼테르가 관찰했던 것처럼, "다른 이들을 독려하기 위해서" 해전에서 패배한 한 제독을 처형했다.

우리는 까불고 있는 것이 아니다. 환원론적 설명의 정수는 병이 신체 부위나 생화학적 물질 또는 어떤 유전자 단독의 단순한 역기능으로 발생된다는 가정이다. 정의되고 통일된 효과를 갖는 특수한 약물 개입인 '마법 탄환'에 의한 치료가 갖는 의미는 예를 들면, 마마나 장티푸스의 원인이 특수한 미생물이라는 주장으로 전형화되는 의학적 사고라는 하나의 전체적 흐름에서 핵심적이다. 그렇다면 그 병들에 대한 요법들은 백신 프로그램이나 면역 프로그램 또는 항생 요법이다. 이것은 낮은 IQ에 대한 결정론자의 시각과 대조되는데, 이러한 시각에서 낮은 IQ는 추정컨대 어떤 단일한 마법 탄환(오직 마법적 정자나 난자만이 가능)도 도움이 안 되는 아주 많은 나쁜 유전자의 결과이다. 일반 의학 영역에서 이 논의들을 탐구하는 것은 우리를 훨씬 먼 전장으로 데려갈 것이다. 그럴 것 없이 병의 발생 및 치료라는 개념은 단순한 유전자 이론 또는 그것의 동등물보다 훨씬 더 복잡하다는 것을 역학적 연구는 명백하게 해 준다는 점을 이야기하는 것만으로 충분하다. 특수한 미생물들이 어떤 주어진 사회 속의 특수한 개인에게 병을 감염시키고 병이 나게 하는 것인지 그렇지 않은지의 여부는 직접적으로 예측 가능한 것이 아니다. 예를 들면, 지난 1세기 동안 콜레라와 결핵의 쇠퇴는 개인 수준에서 특수한 의학적 개입 이상으로 일반적인 사회적 변화 및 경제적 변화 탓으로 돌릴 수 있다.[48]

하지만, 우리는 뇌와 행동에 대한 마법 탄환 이론의 이러한 복잡성과 부적절성을 설명할 수 있다. 예를 들어 폭력과 뇌에 관한 논의들을 취해 보자. 이 논의들은 행동은 특수한 뇌 영역 제거나 일군의 전극을 피하 주입함으로써 변화될 수 있다고 주장한다. 뇌 일부를 떼어 내는 것은 뇌에 어떤 효과를 주고 이 효과는 부분적으로 예측 가능하다는 것은 의심의 여지가 없다. 그러나 뇌 장애는 인간의 수술이나 사고의 결과에 의해서든 혹은 대조 표준된 동물실험에서든 수수께끼와 역설을 계속 만들어 왔다.[49] 몇몇 영역에서 비교적 큰 부피의 뇌를 명백한 결과 없이 떼어 낼 수 있다. 신경외과의가 전두엽 절제술 혹은 전두엽 백질 절단술로 저며 낸 이마 부위에 있는 뇌의 거대 영역을 예로 들 수 있다. 여타 경우에서 아주 미세한 장애는 파괴적 효과를 내는데, 마치 시상하부에 수 mm^2의 조직에 손상이 가해지면 동물의 먹는 활동, 마시는 활동, 성 활동에 심오한 영향을 미칠 수 있다. 장애가 청년기에 일어나느냐 노년기에 나타나느냐의 여부, 그리고 회복이나 원상 복귀가 일어나는 조건들은 모두 그 결과에 심오한 영향을 미칠 것이다.

모든 정신외과의는 이것을 알고 있는데,[50] 비록 그들이 '의무적인' 집 안 청소를 하는, 하루 종일 집에서 씻고, 청소하고, 정돈하고, 다시 정돈하는 그리고 그것 때문에 아주 풀이 죽은 한 여자에 대한 정신외과 치료를 묘사한 영국 의사처럼 조잡하게 말할 준비가 되어 있는 경우는 희귀할지라도 말이다. 한 수술이 있었고 그 환자는 원상 복귀되었다. 그리고 그 결과는? 보기에는 성공이었다. 그 시간부터 집 안 청소하는 일은 중단되었다. 그러나 그 여자는 곧 전과 똑같이 의무적인 청소일로 돌아갔으나 달라진 것이 하나 있었다. 이제는 청소를 할 때 풀이 죽는 대신 그것에 대해 아주 즐거워했다. 1940년대와 1950년대에 정신외과술의 쇄도, 1960년대의 상대적 쇠퇴,

1970년대에 보다 복잡한 형태로의 재탄생에 대해서는 이야기가 잘 되어 있다.[51] 여기서 우리가 만들고자 하는 핵심은, 그 요법의 바닥에 깔려 있는 오류는 사회적인 것을 생물학적인 것으로 환원시킨다는 것뿐만이 아니라 생물학적 현상 자체의 풍부함을 축소시킨다는 점이다.

인간의 뇌는 수천만 개의 신경세포로 구성되어 있고 10^{14}(백 조)라는 천문학적 숫자의 경로로 연결되어 있다. 성공적으로 고안된 인간이 만든 기계처럼, 그러나 거의 상상할 수 없는 더 많은 복잡성 속에서 그것은 짜 넣어진 점검, 균형, 조절 능력을 갖는 체계이다. 다수의 풍부한 경로는 그 체계의 일부가 약해지거나 정신외과의에 의한 것과 같은 손상을 입는다면, 다른 부분도 상실된 기능을 양도받는 경향을 띨 것이라는 점을 의미한다. 그 결과는 수술이나 병의 귀결이 거의 지각 불가능할 정도로 작아서 곧 가려지거나 아주 커서 그 개인을 수리하는 것이 영구히 불가능하게 된다는 것이다. 정신외과술은 거의 효과가 없거나 그 개인을 거의 바보로 만들게 된다(그리고 이것은 결국 정신외과술이 의도했던 기능 가운데 하나라고 논의하면서 병원 진료에서 정신외과술의 사용을 반대하는 비판가가 결여되어 오지는 않았다—그것은 병원 직원들을 더 쉽게 통제하게 했다).

정신외과술이 컴퓨터에서 심어진 회로판을 임의로 뽑아내는 사보타지하는 이의 일보다 훨씬 더 복잡한 것은 아니다. 만일 당신이 라디오에서 트랜지스터를 제거하여 그 결과는 따라서 그 라디오가 잡음만을 내도록 하는 것이었다 해도, 제거된 트랜지스터의 기능은 잡음을 억제하는 것이었다고 당신이 가정할 자격을 갖는 것은 아니다. 오히려 트랜지스터가 제거된 그 라디오에서 우리가 알게 되는 것은 그 트랜지스터를 결여한 체계 나머지의 작용일 것이다. 그러나 트랜지스터를 제거했을 때 또는 뇌의 일부분을 떼어냈을 때 가장 가능성 있는 효과는 실제로 어떤 종류의 잡음일 것이다. 다행스럽게도 뇌는 트랜지스터라디오보다 엄청나게 훨씬 복잡하기만 한 것이 아니고, 또한 그들은 재생이나 재학습에서 상당히 유연한 능력을 갖고 있다. 심지어 제한된 이론적 가치를 갖는 실험동물들의 뇌 장애에 관한 지난 50년간의 고된 실험 연구의 아주 커다란 비율을 차지하는 것이 바로 이 사실이다. 이 한계는 마크, 어빈, 인간 환자를 연구한 매체를 덜 의식하는 이와 같은 자의 단순한 이론에 기초한 수술에서 훨씬 더 극심하다.

정신외과술의 환원론이 아주 조잡해서 정신외과술의 대표자들이 주장한 목적을 성취할 능력이 없다면 약물의 경우는 어떨까? 이 맥락에서 판단해야 하는 유사하지만 훨씬 복잡한 요점이 있다. 한 약물과 같은 어떤 화학물질과, 뇌의 생화학적 지도를 구성하는 더 정교하게 질서화된 공간 영역에서 조직화된 수십 만 종의 상이한 화학물질과의 상호작용은 복잡하다. 그 상호작용들은 사람마다 다르고 한 개인에서도 시간에 따라 다르다. 예를 들어 우리 중에 어떤 이가 에틸알코올과 방향족 에스테르를 혼합한 묽은 용액을 마신 후에 느끼거나 활동하게 되는 많은 상이한 방식을 생각해 보라. 포도주, 맥주, 또는 독주에 들어 있는 유기물질은 혈류 속으로 들어가고 그 양을 측정할 수 있다. 영국 경찰의 음주 운전 검사는 혈류에서 100ml 술당 80mg 이상의 유기물질이 들어 있는 사람은 운전하기에 너무 취한 것이라는 가정에 입지하고 있다. 그러나 대부분의 사람은 다양한 상이한 분위기가 그러한 알코올 수준과 연합되어 나타날 수 있음을 알게 될 것이다.

정신약리학자 조이스(C. R. B. Joyce)가 묘사한 한 실험에서 각각 열 사람으로 이루어진 두 집단이 분리된 방에 들어가 있다. 한 방에서 아홉 사람이 바르비투르산염(barbiturates) '진정제 일회분'을 먹고 한 사람은 암페타민 '흥분제 일회분'을 먹는다. 두 번째 방에서는 아홉 사람에게 암페타민을 주고 한 사람에게 바르비투르산염을 준다. 암페타민으로 진정되었든 바르비투르산염으로 흥분되었든 간에, 각 방에서 그 독이한 나머지 한 사람은 먹은 약물에 고유하게 행동하기보다는 오히려 다수처럼 행동한다. 한 약물의 복용이 어떤 사람의 분위기, 행동 등등을 변화시키는 정도뿐만 아니라 방향까지도 실질적으로 사회적 맥락에 의존한다. 진정으로 분위기를 바꿀, 고통이나 우울증을 덜어 줄, 혹은 그 밖의 무엇을 해 줄 약물을 먹여 왔다고 어떤 이에게 단지 이야기하는 것만으로도 대다수 경우에 그 개인으로 하여금 개선이 있었다고 이야기하게 만드는 데 충분할 것이다. 소위 위약 효과는 향정신성 약물의 임상적 시도에서 아주 잘 알려져 있다. 우울증에 대한 치료로 약물을 먹은 개인의 30% 혹은 그 이상이 심지어 그 약물이 생물학적으로 불활성인 물질로 만들어진 것일지라도 효과가 있었다고 이야기한다.

물론 어떤 약물을 충분히 주면, 그 결과를 궁극적으로 더 쉽게 예측 가능하게 된다. 거칠게 이야기해서 술을 충분히 먹으면 그 결과는 바보가 되거나 죽음에 이르게 된다. 그리고 평균적으로 적은 양의 투약은 주의성과 학습 '자세'를 증진시키고 많이 먹으면 가라앉게 된다는 —그러나 학교에서는 많이 투약하는 방법이 채택되는 경향을 띤다— 것을 보여 왔다는 점은 MBD에 대한 리탈린의 가정된 요법적 사용이라는 맥락에서 흥미가 없지는 않다.[52] 이것은 그 약물을 화학 재킷의 한 변형이 되게 하고 이 재킷은 학급 질서를 유지하는 것을 더 쉽게 해 준다는 것을 확신시켜 주는데, 하지만 이는 다른 경우라면 그 아이가 일을 더 어렵게 만든다고 예상함으로써만 가능한 것이다.

훌륭한 약물은 단일한 정확한 목표 병소(특수한 신체 세포 조직이나 특수한 생화학적 체계인)를 때리는 마법 탄환과 같다는 널리 퍼진 믿음이 존재한다. 실질적으로 어떤 약물도 이렇게 작용하지는 않는다. 그럼에도 불구하고 약물은 생화학적 상태와 행동에 아주 광범한 범위의 효과를 미칠 수 있다. 의학박사들과 약리학자들은 때로 이들을 부작용이라고 묘사하는데, 바로 이 용어가 환원론자의 실망을 암시하게 한다. 과도한 약물과 신체 화학과의 대부분의 상호작용은 깨끗하게 난 구멍을 만들어 내는 탄환이기보다는 여러 방향으로 날아가고 넓은 영역의 탄착점을 갖는 유산탄(榴散彈: shrapnel)의 폭발일 가능성이 더 크다.

하나의 '명백한' 질병인 파킨슨병(Parkinson's disease) 치료에서 한 예를 끌어낼 수 있다. 이 병을 앓고 있는 사람은 아주 골치 아픈 손발의 독특한 떨림과 흔들림―특히 손―을 보여 주는데, 예를 들면 컵을 들어야 하거나 음료를 입에 넣어야 할 때 그러하다. 떨림은 미세 운동신경 움직임 통제의 상실 결과이다. 파킨슨병에서 그러한 기능장애가 일어나는 신경 통로는 알려져 있고, 이 통로를 경유하여 신경 정보 전달에 관계하는 화학물질 가운데 하나가 도파민(dopamine)으로 알려진 물질이다. 이 때문에 L-도파(L-dopa)라는 약물이 개발되었는데, 이 약물은 뇌의 정상 도파민 대사와 상호 작용하며 파킨슨 증후군을 약간 덜어 주는 것으로 알려져 왔다. 한동안 L-도파는 거의 단일 병, 단일 원인, 단일 치료 요법에 대한 원형으로 보였다. 그다음으로 L-도파로 치료받은 사람들은 파킨슨병의 떨림이 단순히 경감되는 것을 경험하고 있었다는 것이 명백해지기 시작했다. 약물 복용량을 계속 조정해야 할 뿐만 아니라 그 약물로 치료받은 사람은 '기질적' 신경계 변화는 물론 절망, 상승, '지옥'으로 들어감, 환각과 같은 다양한 느낌을 갖는 자신의 존재적 상태의 변화를 경험하기 시작한다.[53] 판명되었듯이 그 약물은 뇌 속의 많은 상이한 계들과 상호 작용하고 이 상호작용들 가운데 어떤 하나의 결과는 개인, 그 약물의 시간 길이 등등과 함께 변화하는 계단 폭포 같은 효과를 가질 수 있다. 그러나 L-도파를 투입받은 사람이 보여 준 효과에 대한 이 관찰들이 가져다준 아이러니한 한 결과는 부작용 자체가 정신의학자들에 의해 곧 정신분열증과 유사한 것으로 여겨졌다는 점이었다. 결론은 정신분열증의 원인은 도파민 대사―파킨슨병에 반대되는 종류―의 혼란이라고 유도되었다. 이 주제는 다음 장에서 훨씬 더 충분히 탐색한다.

요점은 L-도파가 파킨슨 병의 통제―L-도파와 그것의 변형물은 몇몇 가장 유용한 효과적 치료법이다―에 사용되어서는 안 된다는 것이 아니다. 뇌같이 복잡한 체계에 한 약물을 도입하는 것은 기계의 어떤 복잡한 부분의 작용에 렌치를 던지는 일과 약간 비슷하다는 것이다. 어떤 단일한 결과는 존재하지 않지만 톱니바퀴의 수많은 이가 손상된다.

마법 탄환에 대한 믿음은 생물학적 실재에 더 근거를 두고 있음에도 불구하고, 약물이 일반 의학 진료와 정신외과 진료에서 사용되는 방식이라는 사회적 실재는 정신약리학자들에게 과학적 명성을 주고 과학 학술지의 지면을 채우는 임상적 시도의 재료들을 형성하는 조심스럽게 짜 맞추어진 환자들에 대한 깨끗하게 통제된 연구와는 매우 다르다는 점을 인식하는 것이 중요하다.

염화리튬은 몇몇 조심스러운 임상적 시도들이 있은 후에 비교적 희귀하게 진단되는 정신병인 주기성 조울증(躁鬱症)(cyclical manic depression)의 통제에 도입되었다. 리튬이 일반 처방에 유용하게 된 시기에 이르기까지, 이 상태에 대한 진단의 타당성은 차치하더라도 리튬은 원래의 병에 대해서뿐만 아니라 이제는 우울증, 정신분열증, 그 사이의 모든 단계에서 엄청난 양으로 처방되고 있었다. 오늘날 영국의 병원에서 리튬은 아주 광범하게 사용되고 있고 한 정신약리학자는 일반 식수로 재순환되는 병원 유출물의 리튬 농도는 그 나라 전체 인구를 리튬 중독증에 걸리게 하기에 너무나도 충분한 농도에 곧 도달하게 될 것이라고 이야기했는데, 물론 리튬은 하수 처리에 의해 제거되지 않는다.

그러나 이념을 의학화하는 것은 과학적 정통성과 약물 회사에 의해 재가된 그러한 약물만을 승인할 것이다. 우울증에 리튬, 정신분열증에 도파민 길항 물질, 혹은 게다가 다발성경화증(多發性硬化症: multiple sclerosis)과 같은 '기질적' 질병에 대한 약물은 의학적으로 수용 가능하다. 한편 대중문화나 면허가 없는 개업의들이 자신의 마법 탄환 ―감기에는 비타민C, 정신분열증에는 글루텐이 없는(gluten-free) 식사― 해결책을 제시하거나 도심 우울증의 점증하는 빈도는 가솔린이나 페인트의 납에 의해 발병된다고 가정할 때, 정통성은 체면이 깎이게 된다. 전문가들 자신의 기법과 이론은 스스로를 배반하는 것으로 되어 왔다. 대중적 마법 탄환 치료들이 제약산업의 치료들보다 이론적으로 결함을 더 많이 갖고 있지는 않지만 적잖게 갖고 있다. 대중적 마법 탄환 요법들은 영감에서 환원론 입장과 꼭 같은 것이다. 아마 우리는 그 요법들을 지배하는 이념들의 대중문화 속 굴절로서 여길 수 있을 것인데, 마치 기독교의 노동계급 형태 혹은 흑인 형태처럼 말이다. 이들 종교적 이념처럼, 그 요법들은 억압적 믿음과 지배적 정통성에 대한 비판적 반대의 모순적 혼합인데, 그 정통성들이 성직에 관한 것이든 제약회사에 관한 것이든 말이다.

하나의 귀결은 자본주의가 그 대중적 요법들을 실격시키려 하거나 그들을 동화시키려 계속 시도한다는 것이다. 예를 들어 비타민C는 미국과 영국 모두에서 철저하게 동화되어 왔다. 미국에서 납이 제거된 비싼 가솔린의 광범한 사용은 회사의 강습으로부터 자신의 건강을 보호하는 비용을 소비자에게 단순히 전가해 버리는 비판가들에 대한 반응이다. 대중적 향정신성 약물 사용을 의학적으로 통제할 수 있다는 단언으로 향하는 착실한 경향은 의학사(예를 들면 지난 100년 동안 헤로인과 모르핀의 의학화)를 통해 강력한 이야기 줄거리로 이어지고 있다.[54]

그러나 의학적 정통성에 대한 대중적 대안이 전체 기술을 위협한다면, 그 대중적 대안들이 더 이상 단순하게 흡수될 수만은 없을 것이다. 그 대안은 자본과 그 전문가들에 대한 더욱 비판적인 도전이 된다. 정신 건강과 육체 건강은 철저한 음식물 변화를 통해서만 이루어질 수 있다는 주장은 모든 농업 관련 산업을 위협한다. 암의 중요한 원인은 산업체로부터 나오는 오래 지속되는 독성 화학물질로부터 유래한 환경오염이라는 논의는 많은 화학 산업을 위태롭게 하고 있다. 우울증은 핵가족 속 여자의 피할 수 없는 운명이라는 주장은 가부장제를 위협한다.

가부장적 선진 자본주의 사회의 또는 소위 사회주의 사회의 광범하게 퍼진 사회적 고난과 개인의 실존적 절망에 대한 치료를 단지 그 사회의 개별 성원의 생물학적 상태를 조작함으로써 찾아낼 수 있는 것은 아니다. 그러나 우리가 살고 있는 사회의 본성은 우리의 행동은 물론 우리의 생물학적 상태에 심오한 영향을 미친다. 더 건강한 그리고 더욱 정당한 사회 속에서, 고통, 질병, 죽음이 결코 제거될 수는 없을지라도, 우리 자신의 개인적 생물학적 상태는 그럼에도 불구하고 달라지고 더 건강해질 것이다.

8장

정신분열증: 결정론들의 충돌

광기의 의학화

진단된 정신병의 규모는 이제 엄청나다. 예를 들면 영국에서 해마다 17만 명이 다양한 범주의 '정신병'으로 분류되어 (그리고 다른 1만 6천 명이 '정신장애'로) 병원 치료를 받는다. 오늘날 정신병 환자들은 아주 금세 퇴원하고 따라서 어떤 한때에 8만 명만이 병원에 있게 된다. 정신장애 환자들은 더 오래 머무르는데 어떤 한 시기에 거의 4만 7천 명이 병원에 있는다. 다른 방식으로 이해하면 영국에서 남자 12명 중 하나 그리고 여자 8명 중 하나가 —이 비율은 미국에서도 비슷하다— 살아가는 동안 어느 시점에서 정신병 치료를 위해 병원에 가게 될 것이다.[1] 그러나 광기의 의학적 식민화는 오히려 최근의 현상이다. 오직 지난 2세기 동안에만 광기는 선적으로 의학적 문제로 여겨져 왔을 뿐이지 그 이전에는 그렇지 않았다.[2]

이 수치들이 정적인 것은 아니고, 건강함과 병에 대한 변화하는 사회적 정의들, 치료의 필요성과 가장 적절한 치료 형태에 대한 가정들 등등을 반영한다. 이를테면 근년에 정신병원 인구에서 극적인 변화가 있었다. 입원 인허를 받은 사람의 수가 증가했고, 평균 병원 체류 기간은 낮아졌다. 그 결과는 입원 환자 수의 감소인데, 즉 병원에 제한되어 있는 그리고 한동안 병원을 떠나 있기에는 부적합하다고 여겨진 사람의 수가 감소된 것이다. 대신에 과거보다 정신적으로 병들었다고 진단된 사람 중 더 많은 사람이 병원 밖에서('공동체 안에서'—즉, 일반적으로 그들의 가족에 의해) 외래환자로 치료받는다. 아마도 그러한 변화의 가장 두드러진 예는 이탈리아의 경우일 텐데 거기서는 1978년 **모든** 정신병원을 폐쇄하는 법률이 통과되었다. 그 이후 죽 환자들은 공동체 안에서 혹은 종합병원 진료의 일부로 치료받게 되었다.

일찍이 정신의학자들과 신경학자들은 '기질적' 신경 질환과 '기능적' 신경 질환을 구별하기로 선택했다. 기질적 질환에서는 뇌에 명백한 그리고 증명 가능한 잘못이 있는 어떤 것이 존재했다. 기능장애나 뇌내출혈의 여파나 독 주입(毒注入) 혹은 그 밖의 무엇이든 있을 수 있다. 이와 대조적으로 '기능적' 질환은 —정신분열증, 우울증, 편집증 등등— 정신의 질환이고, 이를 어떤 명백한 뇌 손상 탓으로 돌릴 수가 없다. 우리는 이 구분을 신체 기능과 정신 기능의 쪼갬인 오래된 데카르트적 이원론의 찌꺼기에서 볼 수가 있다. 몇몇 현대 정신의학자는 이 입장을 유지하기를 원한다. 예를 들어 토머스 사스 (Thomas Szasz)는 현대 제도 정신의학자들을 비판하는 그의 많은 책 속에서, 만일 정신분열증이 이와 연합된 생물학적 기능장애를 갖는다는 것을 보일 수 있다면, 정신분열증은 치료를 위해서 상태의 강요된 의학화에 남아 있어야 한다고, 그러나 정신분열증이 명백한 생물학적 구성 요소를 갖지 않는 정신의 질병으로 남아 있는 한 지불 요법을 위해 정신의학자를 찾느냐 그렇지 않느냐는 환자의 자발적 선택이 되어야 한다고 논의한다.[3]

그러나 그러한 구별은 현대 정신의학을 지배하는 순수한 유물론에서는 수용 불가능하다. 병든 정신이 존재하면 뇌에서 몇몇 유형의 병든 분자 사건 혹은 세포 사건이 관련되어야 한다. 게다가 환원론적 논의는 특수한 뇌 영역의 분자 사건으로부터 그 개인이 겪는 존재적 절망의 가장 만발한 표현으로 달려가는 직접적인 인과적 사슬이 존재해야 한다고 주장한다.

오늘날 생물학적 정신의학은 불안과 같은 신경증과 정신이상 사이에서 병을 구분하는데, 이 병들 가운데 정신분열증은 오늘날 진단된 정신병 가운데 가장 두드러진 예이고 가장 흔한 형태이다. 신경증과 정신이상 사이에 제공된 구별은 전자의 경우에서 환자는 '정상적 개인들'이 지각하는 것처럼 똑같은 '실제 세계'를 지각하는 것으로 그러나 그 세계에 효과적으로 적응력 있게 반응할 수 없는 것으로 보인다. 이와 대조적으로 정신이상에서 개인의 세계는 전혀 정상적일 수 없고 적어도 상당 부분의 시간에서 그러하다. 개인의 세계는 그 대신 여러 요소가 여러 면으로 이루어진 상을 일그러뜨리는 거울을 통해 보이는 실제 세계의 부분을 구성하는 것으로 보이는 환자 자신이 만든 세계로 대체된다. 바깥에 있는 관찰자에게 정신병자는 환각과 망상을 겪고 있는 것으로 보인다.

그러나 그러한 정의들은 불가피하게 불확실하다. 무엇보다도 그 정의들은 정상(正常)의 의미에 관한 판단에 의존한다. 이는 주어진 개인의 행동과 유사한 상황 속에서 그의 또는 그녀의 동료와의, 또는 그 사람의 오늘날의 행동과 지난 몇몇 시기의 행동과의 비교를 개입시킨다. 그러면 정상에 대한 정의는 그 자체가 시간에 -그리고 문화에- 속박된다. 천사가 프랑스 황태자를 왕위에 앉히고 잉글랜드인들을 몰아내라고 이야기한 목소리를 들었다고 주장한 잔다르크는 프랑스 국민의 여걸이 되었다. 후에 그녀가 죽고 난 훨씬 뒤 그녀는 성인이 되었다. 잔다르크는 위태로울 때 산화했을지라도, 그녀는 오늘날 거의 확실히 정신분열증으로 진단될 것이다. 1980년대를 통해 세계가 핵무기 대학살에서 살아남을 가능성에 관한 냉담한 절망에 던져진 개인이 있다면, 혹은 북잉글랜드에 있는 한 읍에 사는 어떤 여자가 강간당하거나 살해당할까 두려워 밤에 집 밖으로 나가는 것을 두려워한다면, 덜 민감한 다수와 비교했을 때 어떻게 이것들을 부적절한 반응이라고 판단할 수 있을까?

임상의들은 종종 '외인성' 우울증과 '내인성' 우울증 사이의 구별을 시도한다. 주장되기로 전자는 개인 밖에 있는 세계 속의 사건—예를 들면 사별이나 직업 상실—에 의해 촉진되지만 때로는 심지어 승진이나 새집으로의 이사와 같은 사건에 의하기도 한다. 내인성 우울증은 명백한 외적 침전제가 없다고 이야기되고 규칙적 간격으로 주기적으로 다시 나타날 수 있고 때로 과장된, 고조된 즐거움의 주기와 교대로 나타나기도 한다(주기성 조울증). 현재 문화 속 우울증은 종종 중요한 생활 주기 사건(예를 들어 산후 우울증 또는 폐경기 이후 우울증)과 연합되기도 한다. 그리고 심지어 외인성 우울증은 고유의 수명을 갖는 것으로 그리고 초기 침전 원인이 용해되어도 거기에 대한 반응에 실패하는 것으로 보일 수 있다. 여자는 남자보다 더 높은 비율의 우울증과 불안을 진단받는다. 가정의에게 전형적으로 우울증을 의뢰하는 이는 중년 가정주부일 가능성이 크다.

교과서는 외인성 우울증과 내인성 우울증 사이의 구별을 산뜻하게 보여주고 있음에도 불구하고, 실질적으로 대부분의 환자에게 그 구별은 불명확할 가능성이 크다. 그리고 대부분의 가정의들의 임상 진료에서 변변치 못하나 임시 소용이 닿는 진단 표준은 많은 세밀한 구별을 받아들이지 않는다. 어떤 사건에서 일단 진단이 되면, 문제는 그들의 절망이나 불안은 쓸데없는 것이라고 환자들을 설득하거나 약물로 그것을 무디게 함으로써 정상으로 만들려고 시도해야 하는가의 여부이다. 어떤 행동을 병으로 진단하는 일과 적절한 행동과 정상 행동에 관한 판단을 내리는 점 사이의 관계는 아주 밀접한 것이라는 점이 곧 명백해진다. 치료에 대한 질문과 통제에 대한 질문이 섞이기 시작하는 것은 이 점에서인데, 아마도 복잡하게 얽혀 있을 것이다.

정신분열증 사례

정신분열증의 진단과 치료는 결정론적 사고 양식의 패러다임들이다. 왜냐하면 정신분열증은 더 많은 생화학적 그리고 유전적 연구가 다른 어떤 것에 보다 더욱 아낌없이 바쳐지는 정신병이고, 특수 분자나 유전자 안에서 그 원인을 발견했다는 주장들이 가장 광범하게 외쳐져 왔던 병이기 때문이다. 정신의학이 그 병을 생물학적인 것이라고 입증했다는 점은 아주 광범하게 믿어지고 있어서, 정신의학이 자신이 가장 강한 곳에서 실패한다면 그것은 그 밖의 곳에서 훨씬 약해져야만 한다. 그러나 동시에 정신분열증은 또 다른 관점에서 아주 흥미로운데, 왜냐하면 의학적 정신병학을 생물학화하는 것에 대해 근년에 강력한 반대 움직임이 성장해 왔기 때문이다. 랭(R. D. Laing)과 같은 개업의들과 미셸 푸코(Michel Foucault) 같은 이론가들의 손에서 반정신의학은 반대 방향으로 더 멀리 가 버렸고, 정신분열증으로 진단 가능한 부조(不調)나 일군의 병의 존재를 부정하는 지점에 거의 이르게 되었다. 따라서 정신분열증 사례에서 우리는 한편으로는 생물학적인 것에 대한 그리고 다른 한편으로는 문화적인 것에 대한 결정론들의 충돌을 정확하게 볼 수가 있는데, 이것은 3장과 4장에서 일반적으로 이야기했던 것이고 우리 책이 초월하고자 하는 목표 가운데 하나이다.

만일 여기서 우리 노력의 대부분이 정신분열증에 관해 제공된 생화학적 설명들 그리고 특히 유전적 설명들을 향하고 있다면, 이는 현 시기에서 이 설명들이 제도 정신병학과 제도 의학에서 아주 강하게 확립되어 있기 때문이다. 우리는 이러한 강조 속에서 이원론의 무비판적 소생이나 랭 혹은 푸코의 것과 같은 문화 결정론으로의 경도를 절대 원하지 않는다.

정신분열증이란 무엇인가?

정신분열증은 문자 그대로 '쪼개진 정신'을 의미한다. 정신분열증 환자에 대한 고전적 영상은 나머지 인간과 단절된 채 몇몇 근본적으로 다른 방식으로 느끼는 사람에 관한 것이다. 감정을 표현하는 것이 또는 정상적으로 상호 작용하는 것이 또는 대부분의 다른 사람에게 합리적인 방식으로 자기 자신을 표현하는 것이 불가능한 정신분열증 환자들은 텅 비고, 무감각하고, 활기 없는 것으로 보인다. 그들은 그들의 사고가 그들 자신의 것이 아니거나 그들은 어떤 바깥에 있는 힘에 의해 통제되는 존재라고 하소연할 수 있다. 교과서에 따르면 극적으로 병든 정신분열증 환자는 자기 자신을 위해서 어떤 것을 할 수 없거나 하기를 원하지 않는 것으로 보인다. 그들은 음식, 성행위, 혹은 운동에 거의 흥미를 갖지 않는다. 그들은 환청을 경험한다. 그들이 말하는 것은 평상의 경청자가 듣기에 종잡을 수 없고, 일관성이 없고, 앞뒤가 맞지 않는다. 몇몇 정신의학자는 정신분열증 모두가 단일한 존재자인지의 여부를 의심하며, 핵심적 정신분열증 및 정신분열증과 유사한 더 넓은 영역의 증후군에 대해 이야기한다.

정신분열증에 대한 단독병 관념은 그것에 앞서 있던 광기에 대한 19세기 정의—소위 조발성치매(早發性癡呆: demantia praecox)—로부터의 유물일 수 있다. 한 집합의 증후군을 갖고 있는 환자에 대한 정신분열증 진단은 의사마다 문화마다 다를 수가 있다. 짜 맞추어진 그리고 조심스럽게 통제된 민족 간 연구가 행해질 때, 몇몇 진단의 일치가 존재한다는 점은 참이다. 그러나 실생활에서 의사와 정신의학자의 진단 진료 그리고 처방 진료는 임상적 시도들의 더욱 통제된 절차에서 매우 다르다. 상이한 나라의 수치에 대한 비교가, 정신분열증 진단의 가장 빈번한 사용은 미국과 소련에서 나타난다고 보여 주었다. 그럼에도 불구하고 정신분열증이 다소 더 협소한 의미에서 정의되는 영국에서도 인구의 1%에 이르는 숫자가 정신분열증을 겪고 있다고 이야기된다.[4] 1978년 정신병으로 입원 허가를 받은 이들 가운데 2만 8천 명 —혹은 16%—이 정신분열증이나 그것과 관련된 병을 가진 것으로 진단되었다.

정신분열증 진단을 결과하는 복잡한 현상에 직면하여 생물학적 결정론자들은 다음과 같은 단순한 질문을 갖는다. 개별적 정신분열증 환자를 병들게 하는, 소인을 주는 그 개인의 생물학적 상태와 관련된 것은 무엇인가? 만일 아무런 명백한 총체적 뇌 차이가 발견되지 않는다면, 소인은 어떤 미묘한 생화학적 이상—아마도 개별 신경세포 사이의 연결에 영향을 주는—에 존재해야 한다. 그리고 결정론 논의의 공격은 이들 이상의 원인들은, 비록 그들이 환경적인 것이었을지라도, 유전자에 놓여 있을 가능성이 가장 크다는 것이다.

약물 산업과 정신병

이 때문에 정신분열증에서 생물학적 이상 성분에 대한, 지금은 수십 년이 된 열광적 사냥이 나타났다. 이 수색을 어떻게 수행해야 하는가? 인간 의학을 생물학화하는 표준 형태는 유사한 증후군을 나타내는 것으로 보이는 실험동물을 추적하는 것이었다. 혹은 동물을 감염시키거나 약물로 처치하는 등의 몇몇 방식으로 그들에게 손상을 가함으로써 유사한 증후군을 유도할 수 있다. 정신병의 경우 이런 접근은 문제가 된다. 정신분열증에 걸린 고양이나 개에 대해 어떻게 인식할 수 있단 말인가? 그 용어가 어쨌든 의미를 갖는다고 하더라도 말이다. 그러한 어려움이 연구자의 열광을 전적으로 냉각시키지는 못했다. 실험동물은 LSD와 같은 약물로 처치되었고, 방향성을 상실하는 것을 보여 주었으며, 비성상적 공포 반응 등등을 보여 주었다. 이들은 환각과 유사한 것으로 해석될 수 있고 거기로부터 그 약물의 효과는 정신분열증에서 가정된 생화학적 기능장애와 유사하다고 논의되었다.

그러나 그러한 근거는 대단한 확신을 주는 것은 아니고 대부분의 연구는 정신분열증 연구 주제 대상들 자체의 생화학적 특성에 대한 연구로 지향되었다. 뇌 표본은 시체 해부를 제외하고는 좀처럼 얻기가 어려웠고, 확인된 정신분열증 환자로부터 나온 더 쉽게 얻을 수 있는 신체 물질—소변, 혈액, 혹은 뇌척수액—은 로마의 복점관들이 동물 내장 연구에 적용하곤 하던 모든 근면함으로 대조를 위해 마련된 '정상적' 사람의 신체 물질과 비교된다. 뇌에서 어떤 생화학적 이상은 피에서 이상 대사 물질 생산을 반영할 것이고, 이상 대사 물질은 결국 소변으로 배설될 것이라고 가정된다.

그러한 접근법들이 수십 년 전에 최초로 채택되었을 때, 그 접근법들은 입원한 정신분열증 환자들의 생화학적 특성이 성별, 연령 등등에 대해 맞추어진 정상인의 그것과 큰 차이가 있음을 보여 주기 시작했다. 그러나 그 차이는 인공적이라는 것이 판명되었다. 입원했던 비정신분열증 환자도 정상인과 비교했을 때, 유사한 차이를 보여 주었던 것이다. 그 차이는 결국 장기간의 빈약한 병원 식사의 효과인 것으로 혹은 그 환자에게 투여된 약물의 화학적 고장 산물인 것으로 —혹은 심지어 입원 환자의 과도한 커피 음용 탓인 것으로— 추적되었다.

연구된 환자들이 일정 기간 동안 약물을 끊어 왔다고, 맞추어진 대조 표준인들과 똑같이 식사를 했다는 등등을 확신시킴으로써 이 문제를 우회하려고 적절히 유의하더라도 피할 수 없는 일반적인 방법론적 문제가 남게 된다. 심지어 가장 잘 맞추어진 대조 표준과 비교된 진단된 정신분열증 환자의 체액에서 한 이상 화학물질이 발견된다 하더라도 관찰된 물질이 정신분열증의 원인이라고 추론할 수는 없는 것이다. 인과적 논의는 그 물질이 나타나면 그 결과로 그 병이 시작된다고 가정한다. 결과론적 논의는 처음에 병이 나타나고 그다음에 그 결과로 물질이 축적된다고 이야기한다. 만일 한 개인이 인플루엔자 바이러스에 감염된다면 혈액에서 항생물질과 코 점액의 상당한 증가가 있게 되는데—그들은 바이러스에 대한 신체 방어기제이다. 항생물질과 점액이 감염을 일으킨 것이 아니었고, 그러한 결과를 단순히 관찰함으로써 실제 원인을 쉽사리 연역할 수는 없다.

그러한 문제들은 환원론적 사고에 더욱 매력을 주는 다른 접근법을 그 위에 만들어 냈다. 그것은 인간 행동에 대한 약리학적 매체들—약물들—의 효과들을 관찰하는 것이다. 만일 어떤 약물이 정신분열적 행동—예를 들면 환청—을 유도한다면, 그 약물은, 정신분열증 환자에서는 손상을 당한, 정상인 속 생화학적 과정에 개입한다고 결론 내리는 기도들이 있게 될 것이다. 따라서 예를 들면 1960년대에 LSD 사용자들이 정신분열증 환자의 환각과 비슷한 것으로 보이는 환각을 경험했다는 토대 위에서 LSD와 정신분열증 사이의 연결을 찾으려는 기도들이 존재하던 시기가 있었다. 한 약물의 사용으로부터 어떤 병의 원인으로 후행적으로 논의하는 이 논리(**도와주는 것으로부터 이끄는** [ex juvantibus] **논리**)[5]는 논리학자와 환자 모두에게 명백히 위험한 절차이다. 우리가 L-도파의 경우에서 강조했듯이 어떤 약물도 단일한 작용의 측면만을 갖지는 않는다. 몸 안으로 도입된 외래 약물은 마법 탄환이 아니다.[6]

하지만 그러한 사고는 정신분열증의 생화학에 대한 연구에서 30년 이상을 지배했고, 끝없이 논문들을 낳게 했고, 과학적 명성과 의학적 명성을 만들어 냈으며, 부수적으로 거대 약물 회사에게 다대한 이윤을 가져다주었다. 그 시기를 통하여 생화학자 사이의 사고(思考)의 역사는 불가해하게 제약 산업의 역사와 서로 뒤얽히게 되었는데, 왜냐하면 향정신성 약물은 가장 거대한 돈을 잣는 방적기였기 때문이다. 1979년 영국국립보건국이 문제 제기한 약물 가운데 다섯 개 중 하나는 중앙 신경계에 작용하는 약물이었다. 호프만-라 로슈(Hoffman-La Roche) 회사는 발륨(Valium) 판매로 한 해에 전 세계로부터 거의 십억 달러를 번다. 병원에 상기 체류하는 정신분열증 환자 및 관련된 질병의 통제를 위해 1952년 도입한 클로르프로마진은 그것이 처음 사용되기 시작한 지 십 년 안에 전 세계적으로 5억 이상의 사람들에게 복용되었다고 평가되었다.

약물 산업과 정신병 진단이라는 나선에는 여전히 또 다른 선회가 존재한다. 연장된 약물 사용과 함께 완전히 새로운 범위의 정신병이 표면화되었다. 하나의 문제를 치료하려 의도했던 물질은 다른 문제를 발생시키고 그러한 의원성(의학적으로 유도된) 질병의 성장은 심각하고 교란적인 것이다. 클로르프로마진 같은 주요 진정제의 경우 특히 그러했다. 특히 클로르프로마진을 장기 복용해 온 입원 환자 사이에서 뚜렷하게 나타나는 지발성 운동 이상(tardive dyskinesia)으로 알려진 질병 범주에 대한 뒤늦은 인식이 지난 십 년여에 걸쳐 존재해 왔다. 특징적 운동 불능과 통제 불가능한 몸짓(예를 들어 입의 운동)을 포함하는 이 증후군은 약물을 끊는다고 해서 필연적으로 사라지는 것은 아니다. 주요 진정제를 정규적으로 복용한 이들의 10%에서 40% 사이가 지발성 운동 이상을 겪을 것이고, 그 병을 얻은 이들의 약 50%가 그 결과로 생긴 몇몇 돌이킬 수 없는 뇌 손상을 입게 된다는 보고들이 있다. 지발성 운동 이상은 신경생물학 연구의 비옥한 파생 영역이 되었음에도 불구하고, 현재 이들 효과와 싸울 어떤 약물도 존재하지 않는다.[7]

지난 30년간의 정신분열증에 대한 생화학 연구의 역사를 자세히 다시 따져 보는 것은 진저리 나고 불필요한 일이다. 뇌에서 나타난다고 알려진 거의 모든 생화학물질은 생화학 사전에 실린 후 2년 혹은 3년 내에, 가슴에 과학상의 획기적 발견을 꿈꾸고 있고 그들의 빈 호주머니에 양도될 금전(종종 약물 회사로부터의)을 꿈꾸고 있는 임상 과학자에 의해 그것이 정신분열증에 개입 가능한 것인지의 여부에 관해 연구되었다.

우리는 임상적 연구에서 직면한 엄청난 어려움을 어떤 식으로 극소화하기를 희망하지는 않는다. 정신분열증 문제에 대한 해답을 찾으려는 욕구는 참되고 위대한 것이고, 효과적 약물의 개발을 가능하게 할 생물학적 설명 양식에 대한 고집은 임상적 연구가 반응하고 있는 압력을 가하는 문화의 일부이다. 치통에 아스피린을 쓰는 것처럼 증후군을 누그러뜨리는 약물은 그것들이 그 병에 대해 아무것도 이야기해 줄 수 없을지라도 발전시킬 가치가 있을 것이다. 약물의 (그리고 약물 공식화의) 다양성은 특허법에 대한 지식이 임상적 숙련만큼 중요한 분야에서 제약 회사들이 일하는 방식의 한 측면이다. 문제는 약물의 효과를 어떤 설명의 제공과 혼동한다는, 고통의 경감을 그 병에 대한 치료와 혼동한다는 것이다.

1950년대 이래로 주장된 정신분열증의 인과적 요소 가운데서 우리는 정신분열증 환자의 땀에서 분비된 이상 물질들, 정신분열증 환자의 혈청을 이상행동을 유도하도록 다른 정상인에 주입하는 것, 적혈구와 혈단백질에서 이상 효소의 출현을 지적할 수 있다. 1955년에서 오늘날 사이에 충돌하는 연구 보고들은, 정신분열증은 세로토닌(serotonin) 대사 혼란(1955)·노르아드레날린(noradrenaline) 대사 혼란(1971)·도파민 대사 혼란(1972)·아세틸콜린(acetylcholine) 대사 혼란(1973)·엔도르핀(endorphine) 대사 혼란(1976)·프로스타글란딘(prostaglandin) 대사 혼란에 의해 발병되는 것이라고 주장했다. 아미노산글루타민산염(amino acids glutamate)과 감마아미노낙산(gamma-aminobutyric acid)과 같은 몇몇 분자는 1950년대 후반에 유행했고, 무시되었다가 이제 1980년대에 다시 한번 유행의 길로 접어들게 되었다.[8]

위에서 언급한 대부분의 물질은 세포 사이에서 신경 자극을 전달하는 역할을 하는 것으로 알려진 뇌 화학물질이다. 이것은 그러한 모든 연구를 관통하는 주요 관념을 가리킨다. 그 의미는 정신분열증에서 몇몇 방식으로 정보 처리와 관련을 맺는 뇌 영역에 존재하는 세포와 정서와 관계되는 뇌 영역에 존재하는 세포 사이 전갈이 뒤섞이고 부적절한 반응을 결과하게 된다는 것이다. 어떤 그리고 모든 다양한 분자 기능 혼란에 대한 근거는 방법론 유형과 앞서 기술한 논리의 결합에 기초해 있다. 한 연구자 집단에서 얻어진 결과들이 상이한 집단의 환자들을 연구한 다른 연구자 집단에 의해 확증되는 경우는 드물었다. 정신분열증은 많은 상이한 생화학적 효과들과 연합될 수 있거나 진정으로 많은 상이한 유형의 생화학적 변화가 똑같은 행동 결과로 인도되거나 많은 유형의 상이한 생화학적 변화가 똑같은 행동 결과에 의해 발생된다는 어떠한 염려는 열광적 임상 연구자에 의해 거의 표현되지 않았다.

정신분열증의 유전학

정신분열증을 나타내는 어떤 사람의 뇌는 정상인의 뇌와 비교할 때 생화학적 변화들을 보여 준다는 언명은 정신과 뇌의 통일성을 고집하는 적절한 유물론의 재확인에 다름 아닐 것이다. 그러나 생물학적 결정론의 이념은 이것보다 훨씬 더 깊은 데까지 간다. 우리가 되풀이해서 이야기했던 것처럼 그 이념은 생물학적 사건은 행동적 사건 혹은 존재적 사건보다 존재론적으로 앞서고 그것의 원인이 된다는 고집과 따라서 뇌 생화학은 정신분열증에서 변화하며, 그리고 이렇게 바뀐 생화학 밑에 깔려 있는 것은 그 병에 대한 몇몇 유형의 유전적 소인이어야 한다는 고집과 연결되어 있다. 1981년까지 심리학자들은 단지 세 살 된 잠재 정신분열증 환자를 탐지할 수 있다고 주장하고 있었는데, 병 자체가 나타나기까지는 50년이 걸린다는 것이다. 영국과학진흥연합의 한 회의에서 베너블스(Venebles)가 한 주장은 모리셔스에서 세 살 먹은 아이들에 대한 조사에 근거하고 있다. '잠재적으로 비정상' 어린이들은 '이상 자발 반응'을 보인다고 이야기되었다.[9]

그 진단을 세 살 이전으로 되밀어 보내면 우리는 곧 배(胚)나 유전자와 함께 있게 된다. 그러나 정신분열증에 대한 유전적 기초를 잡으려는 사냥은 요법에 대한 어떠한 관심을 훨씬 넘어가는 것인데, 왜냐하면 그 병에 대한 유전적 기초의 단순한 증명이 치료에 도움을 주는 길은 존재하지 않기 때문이다.* 우리가 보아 왔듯이 유전적 소인들을 찾아내려는 노력의 계보는 1930년대와 1920년대의 우생학적 사고를 통해 거슬러 올라갈 수 있고, 이는 범죄적 타락, 성적 방탕, 알코올 중독, 부르주아 사회에서 인정되지 않는 모든 유형의 행동을 담고 있는 유전자에 대한 믿음을 갖고 있다. 그것은 오늘날의 결정론 이념에 깊이 박혀 있다. 따라서 우리는 정신분열증 유전학 연구의 본성에 대한 이상하게 반복적인 인내와 무비판적인 맹종적 본성을 설명할 수 있을 뿐이다. 결정론 이념이 설명하고자 제안하는 그러한 연구가 그 병에 대해 이야기할 수 있는 것이 무엇이든 간에, 그 이념의 주역들이 하고 있는 주장들에 대한 탐구는 현재 우리의 결정론적 사회의 지적 역사에 대해 아주 많은 것을 이야기해 주며, 그렇기에 좀 자세히 분석할 가치가 있는 것이다.

정신분열증은 명백한 그리고 중요한 유전적 기초를 갖는다는 믿음은 이제 아주 광범히 주장되고 있다. 정신병 유전학의 아버지인 에른스트 뤼딘 (Ernst Rüdin)은 이 믿음을 너무나 확신하여 그의 공동 연구자가 수집한 통계에 기초하여 논의하면서 정신분열증 환자의 우생학적 단종을 옹호했다. 히틀러가 1933년 권력을 잡았을 때 뤼딘의 옹호는 더 이상 학문적인 것으로만 남아 있지 않게 되었다. 뤼딘 교수는 1933년 독일 단종법을 작성한 하인리히 힘러(Heinrich Himmler)가 우두머리로 있던 유전 전문가 과업 집단

---

* 이 말들은 우리가 그 말들을 글로 썼을 때 참이었다. 그러나 환원론적 과학은 책을 생산하는 구텐베르크(Gutenberg) 기술보다 더 빨리 움직인다. 왜냐하면 만일 정신분열증을 생산하는 유전자가 존재한다면, 병에 걸린 개인들의 유전체(genome)로부터 이상 유전자를 절제하는 그리고 그 유전자들을 정상 대립유전자들로 대체하는 기술은 추정적으로 그 병의 발현을 막을 것이기 때문이다. 만일 정신분열증이 단일 유전자 결함 또는 심지어이 유전자 결함 혹은 삼 유전자 결함이라면, 그러한 기술은 현재의 분자유전학—때로 유전공학으로 불림—이 도달하는 영역을 전적으로 넘어서는 것은 아니다. 정신분열증 환자들로부터 얻은 유전자들을 모아 무는 유전자 도서관을 만들려는 그리고 그 유전자들의 가능한 대체를 연구하는 관점에서 '정신분열증 유전자들'을 분리하고 무성 생식시키려는 심각한 연구 프로그램들이 진행 중에 있다. 환원론의 전제가 인정된다면 요법 논리는 결함이 없는 것이 될 것이다. 그리고 만일 정신분열증 환자의 소변을 가질 수 있다면, 실제로 정신분열적 유전자인들 왜 못 갖겠는가?

에서 위원으로 봉사했던 것이다.

영어권 세계에서 아마도 가장 영향력 있는 정신병 유전학자는 뤼딘의 학생이었던 고(故) 프란츠 칼만(Franz Kallmann)이었을 것이다. 칼만이 출판한 통계의 눈보라는 결론적으로 정신분열증은 유전적 현상임을 지시하는 것으로 보였다. 병에 걸린 수천 쌍의 쌍둥이에 대한 그의 연구로부터 칼만은 일란성 쌍둥이의 한쪽이 정신분열증 환자이면 다른 쪽도 그렇게 될 가능성은 86.2%라고 결론 내렸다. 게다가 만일 정신분열증에 걸린 부모가 아이를 낳았다면 그 아이도 정신분열증 환자가 될 가능성은 68.1%였다. 이 수치들은 칼만이 정신분열증은 단일 열성유전자에 기인할 수 있는 것으로 논의하게 했다.

칼만이 신봉한 특수한 유전 이론은 요즘 정신병 유전학자들이 그들의 역사를 장엄하게 재집필하려는 시도를 가능하게 해 주었다. 따라서 최근 교과서에 다음과 같은 주목이 나타난다. "칼만[이론]이 그의 자료에만 기초하고 있음은 명백하다. 그의 미망인은 칼만이 당시에 그 유전자를 제거하는 단종의 사용에 확신을 갖고 반대할 수 있었기 때문에 그가 열성 모형을 옹호했다고 지적했다. 유대인 피난민으로서 칼만은 그 문제에 아주 민감했고 그 자신의 연구가 갖는 가능한 사회적 결과들에 대해 두려워했다."[10] 여기서 핵심은 만일 정신분열증과 같은 병이 열성유전자에 의해 인과되는 것이라면, 그 유전자를 갖는 많은 이들은 그들 자체에 증후군을 표현하지 않을 것이라는 점이다. 따라서 증후군을 보여 주는 사람들만에 대한 단종은 비효율적이고 그 병을 치료하는 데 실패할 것이다.

그의 동정을 반영하기 위해 그의 과학적 이론들을 짜 맞춘, 정신분열증 환자의 보호자로서 피눈물 나는 가슴을 가진 칼만의 그림은 기괴하게 거짓이다. 정신분열증에 대한 칼만의 최초 출판 내용은 개체군 과학을 위한 나치 국제회의의 공공연한 의사록을 포함하고 있는 하름센(Harmsen)과 로제(Lohse)가 편집한 독일 책에 들어가 있다.[11] 칼만은 베를린에서 정신분열증 환자 자신들은 물론 그 환자들의 외견상 건강한 친척까지의 단종에 대해 강력하게 논의했다. 칼만에 따르면 이것은 필연적이었는데, 왜냐하면 그의 자료는 정신분열증은 유전적으로 열성의 병이라는 것을 정확히 지적했기 때문이었다. 두 나치 유전학자 렌츠(Lenz)와 라이헬(Leichel)은 단종을 잘 실행하기에는 정신분열증 환자의 외견상 건강한 친척이 너무 많이 존재한다고 논의하고 나섰다.

칼만의 우생학적 견해는 나치 출판물을 덮어 가리는 데 그치지 않았고 1936년 그가 미국에 도착한 후에는 영어로도 널리 소용되었다. 1938년 그는 정신분열증 환자를 "환경에 적응 안 되는 악한, 반사회적 괴짜, 가장 저열한 유형의 범죄자"라고 썼다. "심지어… 자유를 충실히 믿는 사람도 그들이 없으면 더욱 행복할 것이다. 나는 민주 사회와 파쇼 사회에 대한 상이한 우생학 프로그램의 필요성을 인정하는 것이 마음에 내키지 않는다. …민주적 정신분열증 환자와 전체주의적 정신분열증 환자 사이에 생물학적 차이들이나 사회학적 차이는 존재하지 않는다."[12]

우생학적 단종에 대한 칼만의 전체주의적 정열의 극단성은 1938년 그의 주요한 교과서에서 명확히 지적되었다. 정확히 말해 그 병의 열성 때문에 정신분열증 환자의 외견상 건강한 아이들과 형제자매의 재생산을 막는 것은 무엇보다도 필연적이었다. 게다가, 정신분열증 환자의 외견상 건강한 결혼 상대자는 만일 앞선 결혼에서 얻은 어떤 아이가 정신분열증 환자로 의혹 받으면, 그리고 심지어 두 번째 결혼이 정상인과 하는 것일지라도 '재혼이 금지되어야' 한다.[13]

미래의 미국인간유전학회 학회장의 이 견해들은 아주 등골을 오싹하게 하는 것이어서 오늘날 유전학자들이 그러한 견해들을 잘못 선하려는 또는 비밀로 하려는 노력에 동정을 금할 길 없다. 그러나 그들은 칼만이 정신분열증은(결핵이나 동성연애처럼) 타락의 유전적 형태라는 것을 증명하려 기도했던 출판된 통계의 산맥을 감추지 않았다. 그 수치들은 공평한 과학의 성과로서 오늘날 교과서에 실려 학생들에게 제시된다. 우리는 칼만의 책에 대한 세밀한 조사로 정신분열증 유전학과 관련된 자료에 대한 우리의 비평을 시작한다. 그리고 이러한 비평은 칼만의 수치들은 심각히 여겨질 수 있는 것이 아니라는 점을 명확히 해 주어야 한다.

칼만의 자료

칼만의 자료는 두 가지 아주 다른 상황 배경에서 수집되었다. 1938년 출판된 앞서의 자료는 대규모 베를린 정신병원의 기록에 기초해 있었다. 1893~1902년 기간의 기록을 가지고 작업한 칼만은 1,087명의 색인된 사례에서 정신분열증에 대해 '명백한 진단'을 내렸다. 이 진단을 하기 위해서는 '부모의 가계에서 유전적 병독 조건에 대한 앞서 있던 진단이나 당시의 주의'를 무시하는 일이 필요했다. 그다음으로 칼만은 색인 사례들의 친척―그들의 많은 수는 죽은 지가 오래되었다―을 파악하거나 그들에 대한 정보를 얻으려 시도했다. 그 일은 종종 '가공할 어려움을' 개입시켰다.

> ···우리는 하층 사람들을 다루고 있었다. ···그들은 때로 수년 동안 우리 연구로부터 벗어나 있었다···. 꽤 여러 명이 유머라는 것을 갖고 있지 않았다. ···우리는 일정한 계급은 어떤 종류의 공식적 활동을 중시했다는 의혹을 극복해야만 했다. ··· 우리가 심각한 반대에 부딪힐 때마다 우리는 관리들과 학문 세계에 속한 이들, 혹은 과장된 의혹을 갖고 있는 사람들, 정신분열증 유형의 사람들, 가능성 있는 정신분열증 환자들을 다루고 있다는 것을 발견했다. ···우리의 개인적 정보원(源)은 경찰서 기록으로부터 확대된 것이었다. ···이미 죽은 사람이나 아주 멀리 떨어져 있는 생존자에 관해 탐구하면서 우리는··· 지방 관서와 신용 있는 대리인을 이용했다.[14]

이런 식으로 얻은 정보를 가지고 칼만은 색인 사례의 친족을 진단할 수 있었고 그리하여 각 친족 유형의 정신분열증 확률을 보고할 수 있을 것이라고 느끼게 되었다. 이러한 독일 표본에서 칼만이 보고했던 비율을 표 8.1에 전재해 놓았다. 주목해야 하는 것은 보고된 비율들은 '연령 보정'되었다는 것이다. 그것은 왜냐하면 친족의 몇몇은 아주 어렸고 그들이 더 나이를 먹어 가면서 정신분열증을 발전시킬 수 있을 것이기 때문에 필요한 것이었다. 칼만이 채용한 임의 보정은 때로 100%를 초과하는 비율을 낳을 수 있다.

칼만이 수집한 두 번째 자료 세트는 뉴욕에서 연구된 아주 상이한 표본으로부터 얻은 것이다. 여기서 색인 사례들은 공공 정신병원에 입원을 허가받은 정신분열증에 걸린 쌍둥이들이었다. 1946년 칼만이 보고했을 때 794개의 그러한 색인 사례들이 존재했다.[15] 1953년까지 그 수는 953까지 증가했다. 물론 어떤 이들은 일란성(MZ) 쌍둥이였고 어떤 이들은 이란성(DZ) 쌍둥이였다. 따라서 색인 사례들의 보(補)쌍둥이(co-twins)에 관한 정보를 얻음으로써 칼만은 한 쌍의 두 성원 모두가 정신분열증 환자인 확률을 보고했다. 그 확률을 '쌍 일치율'이라 한다. 연령 보정된 일치가 다양한 유형의 친족에 대한 보정 이환율과 더불어 상이한 유형의 쌍둥이에 대해 보고되었다. 이 일치들은 쌍둥이 색인 사례의 친족에 대한 정보를 수집함으로써 결정되었다. 이러한 굵직한 연구에서 채용된 절차에 대해서는 실질적으로 아무런 정보도 존재하지 않았지만 칼만은 "정신분열증과 접합 상태(zygosity) 양자의 분류는 개인적 탐구와 확대된 관찰에 기초하여 만들어졌다"고 썼다. 이것은 명백하게 '얽혀서 새 이야기가 나오는 진단(contaminated diagnosis)'을 용이하게 해 주었다. 즉, 한 보쌍둥이가 정신분열증 환자라고 이야기되었는지의 여부에 대한 결정은 그 쌍둥이 쌍이 MZ 혹은 DZ인지 그리고 그 여인지에 대한 결정에 의해 영향받을 것임에 틀림이 없다. 칼만의 1946년 자료 그리고 심지어 더욱 대강 보고된 1953년 자료[16] 역시 표 8.1에 나타나 있다.

이 자료들은 정신분열증의 압도적인 유전적 결정과 명백히 일치하는데—

표 8.1 / 칼만이 보고한 정신분열증에 대한 연령 보정 이환율

색인 사례와의 관계	베를린, 1938	뉴욕, 1946	뉴욕, 1953
MZ 쌍둥이	-	85.8	86.2
DZ 쌍둥이	-	14.7	14.5
부모	10.4	9.2	9.3
자식	16.4	-	-
친 형제자매	11.5	14.3	14.2
이복 형제자매	7.6	7.0	7.1
손자, 손녀	4.3	-	-
조카, 조카딸	3.9	-	-
양 형제자매	-	1.8	1.8
배우자	-	2.1	-

특히 MZ 쌍둥이 사이에서 86%라는 두드러진 비율을 나타낸다. 직접적 비교가 이루어질 수 있는 곳에서, 나라와 시기의 변화―쌍둥이 색인 사례의 친족에로의 전환은 물론―는 보고된 수치에 거의 영향을 미치지 않았다.

칼만의 이론적 기댓값과 그가 발견한 결과 사이의 대응은 때로 아주 두드러진다. 그리하여 1938년 칼만은 더 앞서 있던 쌍둥이 연구자들의 작업은 심지어 완전한 유전적 소인을 가진 이들의 경우라도 그때의 단지 70%만이 정신분열증을 표현해 주는 것으로 제안했다고 지적했다.[17] 칼만 자료는 두 정신분열증 환자 부모를 둔 아이에서 정신분열증 기대치는 정확하게 68.1%였다고 지적했다. 물론 그 결과는 칼만 이론의 타당성을 훌륭하게 보여 주었다. 두 정신분열증 환자 부모를 둔 아이들에 대한 다른 연구들은 단지 34%와 44% 사이의 위험을 갖는다고 제안했다.[18]

칼만은 그의 자료 속에서 "형제자매에 대한 이환율 수치는… 이란성 쌍둥이 쌍의 일치율과 완전히 대응하며, 그들이 유사한 유전형 조합을 유전받을 가능성은 어떤 보통 형제나 자매의 쌍에 대한 가능성과 정확히 똑같다"[19]고 거듭 강조했다. 똑같은 밀접한 대응이 1953년에 주목할 만한 발견으로 묘

사되었다. 그러나 우리는 —단일 유전 이론의 낭패로서— 다른 탐구자들은 칼만이 일상적으로 탐지한 이론과 자료의 밀접한 대응을 발견하지 못했음을 곧 보게 될 것이다.

정신분열증 연구에서 프란츠 칼만의 역할과 IQ 연구에서 시릴 버트의 역할 사이에 많은 유사성이 존재한다. 두 사람 각각은 인간 행동의 유전적 결정을 정열적으로 믿었다. 칼만은 정신분열증 환자들이 취하는 열성적 위협에 대항해 폭발음을 냈고, 버트—역시 우생학자인—는 낮은 IQ 소유자의 열성적 번식이라는 위협에 깊이 관여했다. 두 사람 각각은 지금까지 그들 분야에서 수집된 가장 육중한 집합의 자료를 모았다. 두 사람 각각은 그들의 방법과 절차를 적절하게 기술하는 데 실패했다. 각각이 보고했던 결과들은 단순한 유전 이론들과 믿을 수 없을 정도로 일치하는 것이었다. 다른 탐구자들이 수집한 자료들 훨씬 이상으로 그러했다. 그러한 행운의 대응은 칼만이 정신적으로 병이 있는 가족들에 반대하는 '우생학적·예방적 척도들'을 옹호하여 논의하는 것을 가능하게 했다. 이는 마치 버트가 낮은 IQ 득점을 갖고 있는 이들에 교육 자원을 낭비하는 데 반대하는 논의를 가능하게 했던 것과 같다. 5장에서 우리가 보였던 것처럼 버트의 자료는 사기적인 것이고 버려져야만 한다는 것에는 이제 일반적 동의가 존재한다. 그러나 칼만 자료에 대해서도 사정이 똑같은 것은 아니다. 사실상 칼만 자료들은 귀찮은 낌새들에 반대하여 정력적으로 옹호되어 왔다. 실즈와 그의 동료들이 파악한 것처럼 이 자료들은 "칼만이 그 결과들을 보고한 생략된 방식은 다른 경우라면 그가 비판을 당해 왔을 것 이상으로 그를 더욱 개방적인 상태에 남겨놓았기"[20] 때문에 만들어질 수 있었을 뿐이다.

칼만을 뒤따른 다른 이들이 수행한 연구는 어쨌든 그의 이상하게 높은 수치들이 반복되어 나올 수 없다는 것을 명백히 해 주었다. 칼만 자료는 뻔뻔스럽게도 소문에 따르면 심각한 연구 비평에 여전히 나타나고 있으나, 이제는 더욱 최근의 그리고 더욱 조심성 있는 결과들로 평형되어 있다. 칼만에 의한 믿을 수 없고 빈약하게 문서화된 자료의 쇄도에 의해 초래된 주요한 해악은 아마도 잇따른 연구자로 하여금 발견들이 아주 합리적이고 온당해서 그것들이 심각한 비판적 음미에서 벗어난 것으로 보이게 하는 풍토를 창조하게 하는 일이었을 것이다. 그리하여 칼만의 자료는 수용 가능한 근거의 몸체로부터 사그러져 갔지만 그가 주로 책임을 져야 할 믿음—정신분열증에 대한 유전적 기초가 명백히 수립되었다는—은 과학 안과 밖에 여전히 강력한 상태로 남아 있다.

가족 연구

정신분열증의 유전적 기초를 증명하려 기도하는 탐구에는 기본적으로 세 가지가 있다. 그것은 가족 연구·쌍둥이 연구·입양 연구이다. 첫 번째에 대해 많은 시간을 소비할 필요는 없다. 그들 뒤에 존재하는 단순한 착상은 만일 정신분열증이 유전된다면 정신분열증 환자의 친족 역시 그 병을 나타낼 가능성이 크다는 것이다. 게다가 어떤 사람에게 더욱 가까운 사람이 정신분열증 환자일수록 그 사람이 영향을 받을 가능성은 더 커야 한다는 것이다. 물론 문제는 이 예측이 정신분열증은 환경적으로 생산된다고 주장하는 한 이론으로부터도 나올 수 있다는 점이다. 가까운 친족은 유사한 환경을 공유하는 명백한 경향이 존재한다.

그러한 자료들이 가치를 갖는지는 분명치 않지만, 가족 연구의 주요 편찬은 체르빈-뤼딘(Zervin-Rüdin)에 의해 이루어져 온 것으로 보인다.[21] 그 편찬은 슬레이터(Slater)와 코위(Cowie)에 의해 '단순화된 형태'로 영어권 독자에게 주어졌다.[22] 그들이 만든 표는 예를 들어 14개의 분리된 연구가 정신분열증 환자 색인 사례들의 부모들이 정신분열증에 걸릴 가능성은 4.3%를 나타냈다고 지적하고 있다. 아저씨와 아줌마, 손자 손녀, 사촌들에 대한 수치들은 모두 3% 아래였으나, 기대했던 1%보다는 여전히 높았다.

그러나 이 수치들의 정확성은 실제보다 더욱 피상적이다. 똑같은 세트의 연구들이 1970년 로젠탈(Rosenthal)에 의해 역시 요약되었다.[23] 로젠탈이 주목한 이 연구들에서, 진단된 친족은 여러 해를 지나오면서 종종 죽어 갔다. 그 연구들은 아주 오래되었고, 진단 방법 그리고 표본추출 방법은 항상 생략되지 않은 채 그대로 표현되지만은 않았던 것이다. 결합된 수치들은 칼만의 육중한 표본과 뮌헨의 '뮌헨학파'의 다른 성원들이 모은 자료에 지배되고 있다. 로젠탈 표들은 슬레이더와 코위의 요약에 의해 애매해진 사실을 명확히 해 준다. 다양한 연구에서 보고된 정신분열증 비율에는 엄청난 차이들이 존재한다. 색인 사례들의 부모에 대해 살펴보면 보고된 위험은 0.2%(대부분의 인구 속에서보다 낮은)에서 12.0%까지 범위를 갖는다. 친족에서 범위는 3.3%에서 14.3%까지였다. 한 연구에서 친족에 대한 위험률은 부모에 대한 값보다 29배나 된다. 그러나 다른 연구에서는 부모의 위험률은 친족의 값보다 1.5배이다. 이 연구들은 기껏해야 아무도 동의하지 않는 것을 증명하는 것이다. 적어도 진단된 정신분열증이 '가족을 통한다'는 거친 경향은 존재한다. *

쌍둥이 연구

5장에서 기술했듯이 쌍둥이 연구의 기본적 논리는 MZ 쌍둥이들은 유전적으로 동일하지만 DZ 쌍둥이들은 평균적으로 그들의 유전자의 절반만을 (일반 형제자매처럼) 공유한다는 사실에 의존한다. 그러므로 만일 어떤 특성이

---

* 심지어 이러한 신중한 결론마저 문헌에서 도전받지 않은 것은 아니다. 미국에서 두 연구는 정신분열증 환자의 직계 친척 가운데서 정신분열증 발병률이 일반 인구에서의 비율을 넘어서는 경우는 희귀하다는 점을 밝혀 주었다.[24]

유전적으로 결정된다면 MZ 쌍둥이들은 DZ 쌍둥이들보다 종종 더 그 특성에서 일치하게 되리라고 명백히 기대할 수 있다. 쌍둥이 연구에서 주요한 논리적 문제는 전형적으로 외모에서 두드러지게 서로 닮는 MZ 쌍둥이들은 DZ 쌍둥이들보다 부모와 동년배에 의해 훨씬 더 똑같이 취급된다는 것이다. MZ 쌍둥이의 환경은 DZ 쌍둥이의 환경보다 훨씬 더 유사하다는 풍부한 근거가(5장에서 토의한) 존재한다. (쌍둥이 연구는 전형적으로 항상 똑같은 성을 갖는 MZ 쌍둥이들의 일치율을 똑같은 성을 갖는 DZ 쌍둥이들 사이의 일치율과 비교한다.) 일치는 MZ 쌍둥이들 사이에서 더 높다는 증명이 문제의 특성에 대한 유전적 기초를 필연적으로 세워 주는 것은 아니다. 아마도 그 차이는 MZ 쌍둥이들이 갖는 더 큰 환경적 유사성에 기인할 것이다. 우리는 곧 이 가능성이 전혀 억지가 아님을 지적해 주는 근거에 대해 토론하게 된다.

잘 고안된 쌍둥이 연구들은 특수한 기간 동안 특수한 병원에 입원한 모든 정신분열증 환자들을 색인 사례로 취해야 한다. 그 대안은 ─작은 스칸디나비아 나라에 있음 직한, 그리고 인구 등록을 유지하는─ 전체 쌍둥이 인구와 함께 시작하고 색인 정신분열증 사례들을 파악하는 것이다. 색인 사례에서 보쌍둥이들은 종종 죽거나 개인적 조사가 불가능하다. 따라서 주어진 쌍이 MZ 쌍둥이인지 DZ 쌍둥이인지의 여부와 보쌍둥이가 정신분열증 환자인지의 여부를 알기 위해서는 종종 견문을 가지고 추측을 해야 한다. 전형적으로 그 추측들은 뒤섞어서 새로운 줄거리로 진단하는 길을 여는 바로 그 똑같은 사람에 의해 이루어진다. 때로 쓰인 사례들로부터의 작업을 통한 독립 판단으로 개인 사례들에 대해 맹목 진단(blind diagnoses)을 하려는 노력도 존재한다.[25]

그렇지만, 사례사(史)들은 자기 자신은 '맹목'이 아닌 탐구자에 의해 수집되고 준비된 선택적 재료를 포함한다. 더욱이 입원해 온 그 쌍둥이들에 ─그리고 그들에 대한 진단들에─ 대한 사례 기록들은 병든 쌍둥이들에 대해서 그들 가계 속 가능한 오점을 자세히 묻는 의사들이 써 왔다. 지금에 이르러 명백해졌어야 할 것이지만 정신분열증 진단은 결코 평범한 일이 아니다. 한 개인의 친족이 정신분열증을 겪을 수도 있다는 사실은 의사들이 진단하는 일을 돕는 데 종종 이용된다.

쌍둥이 연구를 더럽히는 편향들은 출판된 사례사 재료들을 유의 깊게 읽음으로써 명확히 눈에 띄게 된다. 1953년 슬레이터가 기술했던 바로 그 첫 번째 사례는 입원 정신분열증 환자 아일린(Eileen)과 그녀의 일란성 쌍둥이 패니(Fanny)에 대한 이야기이다. 아일린은 1899년부터 입원해 오면서 '급성 조병을 앓고 있었고' 1946년 병원에서 사망했다. 색인 사례로 아일린을 취한 슬레이터의 과업은 패니의 정신적 상태를 탐구하는 것이었고, 패니는 1938년 71세 죽었다. 슬레이터는 다음과 같이 이야기했다.

그녀는 아직 20대였을 때 정신병에 걸렸고, 그 병에 대해서 자세히는 알 수 없다. …패니의 [1936년] 병을 조사하기는 대단히 어려웠고… 따라서 가장 노출된 것을 얻는 일이 가능할 뿐이었다. 그녀는 초기 몇 년 동안 그녀 자신의 정신병에 대한 모든 언급을 억제하고 있었고, 그 병에 대한 사실은 그녀가 입원할 때 주어진 것으로 그녀의 쌍둥이 자매로부터 얻을 수 있었던 것이다. 어떤 현재적 정신분열증 증후군의 신호가 존재하지 않았음에도 불구하고, 이러한 의혹과 침묵은 정신분열증 정신병의 후유증으로 흔히 발견되는 그런 것이다. 불행히도 그녀가 갖고 있던 과거 정신병의 본성에 관한 어떤 사실도 얻기가 불가능하지만 그것이 정신분열증과 같은 것일 가능성은 대단히 크다. …그녀는 꽤 완벽하게 그리고 영구적으로 회복되었다. …심리학적으로 볼 때 그녀의 침묵과 솔직함의 결여가 정신분열증이 잔존 효과를 전적으로 갖지 않을 수는 없음을 제안해 줌에도 불구하고 말이다. …그녀의 정신병에 대해 들어 본 석이 없었던 그녀의 앙녀에 따르면 그녀는 고통스러운 생활을 했다. 그녀의 가족이나 이웃은 그녀가 이상하다는 것을 전혀 눈치채지 못했다.[26]

슬레이터에 따르면 이들 MZ 쌍둥이는 정신분열증에서 일치했다. 패니가 한때 정신분열증을 겪었다는 유일한 근거는 패니가 몇몇 종류의 정신병을 앓았었다는 그녀의 쌍둥이 자매의 —1899년 당시 '조병을 앓고 있던'— 확언이었다. 1936년 패니 자신은 그녀의 병에 대한 모든 언급을 곤란해했고 숨겼다. 슬레이터가 주목한 그러한 솔직함의 결여는 회복된 정신분열증 환자에게 전형적인 것이었고, 그 밖의 경우라면 그 회복된 이는 정상으로 나타나 보인다. 패니의 죽은 일란성 쌍둥이는 명확히 정신분열증 환자였다. 이것은 50년 전의 패니에게 가정된 정신병은 정신분열증이었음을 슬레이터에게 명백히 해 주었다. 슬레이터와 다른 뮌헨학파 학생들과 달리 패니의 이웃과 가족은 패니의 정신분열증을 감지하는 기지를 갖지 않았던 것이다.

이제 고테스만(Gottesman)과 실즈(Shields)가 1972년 연구에서 기술한 최초의 불일치 DZ 쌍둥이 쌍에 대해 살펴보기로 한다. 쌍둥이 A는 입원한 정신분열증 환자였다. 쌍둥이 B는 어떠할까? "어떤 정신병학 역사도 없다. 가족은 쌍둥이 탐구에 접촉되는 것을 마땅치 않아 했다. …그 쌍은 우리가 쌍둥이의 어느 한쪽을 보지 못했다는 데서 가장 큰 차이가 있었다." 탐구자들은 쌍둥이 B가 정상이라고 결론 내렸다. 탐구자들이 마련한 사례 연구 요약을 숙고하고서 내린 여섯 가지 맹목 판단은 만장일치로 쌍둥이 B는 정신병리학과 관계가 없다는 데서 일치했다. 똑같은 연구에서 16쌍의 DZ 쌍둥이에 대한 모든 판단은 다시 보쌍둥이는 정상이었고 쌍 불일치를 만들어 냈다는 데서 일치했다. 그 보쌍둥이에 대한 진단은 이상적 조건 속에서 만들어진 것은 아니었다. "그는 쌍둥이 탐구 대상이 되기를 거절했다. 그는 눈에 띄지 않고 이층에 남아 있었으나 그의 아내가 문 앞에 나타났다. …그는 건강하고, 분별력 있고, 충실하고 행복한 사람으로 여겨졌다." 그것은 사실상 사례는 될 수는 있으나 이런 식으로 이루어진 보쌍둥이에 대한 진단이 충실하고 분별 있는 것이라고 믿는 사람은 많지 않을 것이다.

이런 종류의 문제는 모든 쌍둥이 연구에 영향을 주며, 우리는 다양한 탐구자들이 보고한 결과들을 비평할 때 그것을 염두에 두어야 한다. 일치율에 대한 합리적 평가 내용을 얻기 위해서, 어떤 연구는 적어도 20쌍의 MZ 쌍둥이와 20쌍의 동성 DZ 쌍둥이를 포함해야 한다고 요구하는 일은 분별 있는 것으로 보인다. 일곱 가지의 그러한 연구가 존재했고 그 결과는 표 8.2에 요약해 놓았다.

표는 어떤 연령 보정은 안 한 채로 거친 쌍 일치율을 나타내고 있다. 각 연구에 대해 두 세트의 비율이 주어졌는데, 하나는 좁은 일치율이고 하나는 넓은 일치율이다. 좁은 일치율은 정신분열증을 진단할 때 상대적으로 엄격한 세트의 표준을 적용하려는 탐구자의 기도에 기초하고 있다. 넓은 일치율은 한 쌍둥이를 '경계선 정신분열증 환자' 혹은 '정신분열성 정서의 정신병(schizo-affective psychosis)' 또는 '정신분열증과 같은 특징을 갖는 편집증 환자'로 기술하는 일치 사례들을 포함한다. 표로 작성한 일치율은 상이한 탐구자마다 변화하는 진단적 표준의 세트에 의존한다는 것에 주목해야 한다. 그 비율들은 우리에 의해 특별히 날조되지 않았다.

표는 모든 연구에서의 일치가 DZ 쌍둥이보다 MZ 쌍둥이에서 더 크다는

표 8.2 / 보고된 일치율

연구	'좁은' 일치		'넓은' 일치	
	MZ %	DZ %	MZ %	DZ %
로자노프 외, 1934[27](MZ 41쌍, DZ 53쌍)	44	9	61	13
칼만, 1946[15](MZ 174쌍, DZ 296쌍)	59	11	69	11~14
* 슬레이터, 1953[26](MZ 37쌍, DZ 58쌍)	65	14	65	14
고테스만과 실즈, 1966[28](MZ 24쌍, DZ 33쌍)	42	15	54	18
크링글렌, 1968[29](MZ 24쌍, DZ 33쌍)	25	7	38	10
알렌 외, 1972[30](MZ 55쌍, DZ 125쌍)	14	4	27	5
피셔, 1973[31](MZ 21쌍, DZ 41쌍)	24	10	48	20

* 슬레이터에서 분리된 좁은 일치율과 넓은 일치율을 유도하는 단순한 방식은 존재하지 않는다.

점을 명확히 해 준다. 그러나 MZ 쌍둥이에 대해 보고된 일치는 최근의 네 연구에서보다 이전의 세 연구에서 훨씬 크다는 것도 명백하다. 사실상 연구의 두 세트 사이에 중첩은 존재하지 않는다. 좁은 일치율에 대해 이야기하면 평균은 MZ 쌍둥이에 대해 56%에서 26%로 내려앉았다. DZ 쌍둥이에서 이에 대응하는 평균은 11%와 9%이다. 넓은 일치율을 보면 MZ 비율은 65%에서 42%로 떨어졌고 DZ 비율은 일정한 값 13%에 남아 있었다. 모든 연구에서 똑같은 무게를 갖는 이 평균값을 지나치게 문자 그대로 취하면 안 된다. 그러나 이 자료들은 심지어 유전적으로 똑같은 MZ 쌍둥이 속에서도 환경요소들이 엄청난 중요성을 가져야 함을 명백히 해 준다. 현대의 연구자들이 보고한 MZ 일치는 심지어 가장 넓은 표준 속에서도 칼만이 주장한 86%라는 터무니없는 수치에는 미미한 접근도 못한다.

　그러나 그러한 연구들을 수행하는 이들은 여전히 MZ 쌍둥이 사이에서 관찰된 더 높은 일치─만장일치의 발견─는 적어도 정신분열증에 대한 몇몇 유전적 기초를 증명한다고 주장한다. 우리는 이미 MZ 쌍둥이들은 DZ 쌍둥이들보다 유전적으로 더욱 유사할 뿐만 아니라 DZ 쌍둥이들보다 훨씬 더 유사한 환경을 겪게 된다는 것에 주목한 바 있다. 환경적 유사성은 유전적 유사성 이상으로 MZ 쌍둥이들의 더 높은 일치에 대한 그럴듯한 설명이 될 수 있다.

　사실상 환경적 가설로 만들어 낼 수 있는 몇몇 단순하고 비판적인 검사들이 존재한다. DZ 쌍둥이들이 보통 형제자매보다 더욱 유사한 환경을 경험한다는 것에는 의심의 여지가 없다. 그러나 DZ 쌍둥이들이 보통 형제자매보다 유전적으로 더 닮는 것은 아니다. 단지 그들은 우연히 동시에 낳은 형제자매일 뿐이다. 그러므로 환경적 관점으로부터 ─그리고 오직 그러한 관점으로부터─ 우리는 DZ 쌍둥이들 사이의 일치가 보통 형제자매 사이에서보다 더 높으리라고 기대하게 된다. 쌍둥이들의 형제자매 사이의 비율은 물론 DZ 쌍둥이들 사이의 정신분열증 일치율을 보고한 많은 연구가 존재한다.

표 8.3 / DZ 쌍둥이들과 형제자매에 대해 보고된 위험률

	DZ %	형제자매 %
룩셴버거, 1935[32]	14.0	12.0
칼만, 1946[15]	14.7	14.3
* 슬레이터, 1953[26]	14.4	5.4
고테스만과 실즈, 1972[25]	9.1	4.7
* 피셔, 1973[31]	26.7	10.1
크링글렌, 1976[29]	8.5	3.0

* DZ 쌍둥이들과 형제자매 사이의 차이가 오직 표본추출 오류에 기인할 확률은 0.01%보다 작다.

모든 그러한 연구 결과를 표 8.3에 요약해 놓았다.

초기 연구들에서 보고된 차이는 아주 작았음에도 불구하고, 모든 연구는 형제자매보다 DZ 쌍둥이들 사이에서 더 높은 일치를 보여 주었다는 데서 합의에 도달하고 있다. 더 현대의 연구 속에서 그 차이는 종종 통계학적으로 의미를 갖는데, DZ 쌍둥이들에 대해 보고된 위험은 형제자매의 그것보다 두 배나 세 배를 나타냈다. 환경의 유사성은 형제자매 이상으로 DZ 쌍둥이들의 일치를 두 배나 세 배로 만들 수 있다는 것에 주목할 때, 더 높은 MZ 쌍둥이 일치율을 그들의 더 커다란 환경적 유사성 탓으로 돌리는 것을 전적으로 그럴듯하게 하는 것으로 보인다.

똑같은 종류의 관점이 동성 DZ 쌍둥이와 이성 DZ 쌍둥이의 일치율을 비교함으로써 증명될 수 있다. 두 유형의 DZ 쌍둥이들은 유전적으로 똑같이 유사하지만, 동성 쌍들은 이성 쌍들보다 더욱 유사한 환경을 경험한다는 것은 명백하다. 표 8.4에 요약된 쓸모 있는 자료들은 환경론적 기대를 다시 지지해 준다. 몇몇 탐구자가 보고한 통계적으로 유의미한 차이들이 존재해 왔는데, 그 차이는 항상 동성 쌍둥이들 사이에서 더 높은 일치를 지시해 주었다. 다른 보편적 경향에 반대되는 것으로 보이는 한 연구 결과는 통계적

표 8.4 / 동성 DZ 쌍둥이와 이성 DZ 쌍둥이에서 일치

	동성 %	이성 %
* 로자노프 외, 1934(53 동성 쌍, 48 이성 쌍)[27]	9.4	0.0
룩셴버거, 1935[32]	19.6	7.6 †
* 칼만, 1946(296 동성 쌍, 221 이성 쌍)[15]	11.5	5.9
슬레이터, 1953(61 동성 쌍, 54 이성 쌍)[26]	18.0	3.7
* 이노우에, 1961(11 동성 쌍, 6 이성 쌍)[33]	18.1	0.0
하르발과 훼이거, 1965(31 동성 쌍, 28 이성 쌍)[34]	6.5	3.6
크링글렌, 1968(90 동성 쌍, 82 이성 쌍)[29]	6.7	9.8

* 동성 쌍둥이와 이성 쌍둥이 사이 차이가 오직 표본추출 오류에 기인할 확률은 0.05%보다 작다.

† 추측치

으로 중요하지 않았다.

최종적으로 호퍼(Hoffer)와 폴린(Pollin)이 무심히 보고한 한 발견이 갖는 몇몇 함의를 살펴본다.[35] 이 저자들은 앨런(Allen) 등등이 후에 보고한 미국 전쟁 베테랑 쌍둥이들에 대한 병원 기록을 연구했다. 수백 명의 진단된 정신분열증 쌍둥이들이 기록을 통한 추적으로 파악되었으나, 그들은 탐구자들에 의해 개인적으로 조사된 것은 아니었다. 그러므로 한 쌍둥이 쌍이 MZ였는지 DZ였는지를 결정하기 위해 모든 쌍둥이에게 질문서가 우송되었고, 질문서는 한 꼬투리 속의 두 완두콩처럼 서로 많이 닮았는지 여부, 그들을 다른 사람들이 혼동하는지 등등을 묻고 있었다. 불일치 쌍둥이의 한 사람이 질문서를 되붙여 주는 경우들이 많았다. 질문서를 되붙인 그 쌍둥이가 정신분열증 환자로 진단되었을 때, 31.3%가 그들이 MZ 쌍둥이라고 지적했다. 답을 한 쌍둥이들이 진단된 정신분열증 환자가 아니었을 때, 17.2%만이 그들은 MZ라고 지적했다. 그 차이는 통계적으로 유의미하고, 이는 비정신분열증 쌍둥이 가운데서 비현실적으로 작은 비율의 MZ 쌍둥이에 의해 산출된 것이었다.

그것은 쉽게 이해할 수 있다. 당신이 정상이고 당신의 쌍둥이가 정신분열증 환자일 때, 당신은 당신 쌍둥이와 똑같이 닮은 사람이 아니라고 탐구자들이나 다른 권위자들에게 이야기하라고 충분히 충고받을 것이다. 심지어 당신이 진정으로 MZ 쌍둥이라 하더라도 말이다. 당신이 정신분열증에 걸린 MZ쌍둥이라는 것을 인정하는 것은 스스로 유사 진단—아마도 심지어는 단종을—을 받게 되는 것임이 명백하다. 우리는 모든 쌍둥이 연구에서 접합 상태에 대한 몇몇 결정은 병에 걸리지 않은 쌍둥이들과 그들의 친족에 주어진 질문에 기초하여 만들어진다는 것을 상기하게 된다. 사람들의 실생활에 대한 약간의 민감함으로, 우리는 정신분열증 환자의 병에 걸리지 않은 MZ 쌍둥이들이 진정으로 똑같다는 것을 부정하는 아주 인간적인 경향을 인식해야 한다. 이것은 아직도 다른 오류의 근원임에 틀림없는데, 몇몇 MZ 불일치 쌍을 DZ 범주로 이동시키는 경향이 있다. 물론 그것은 MZ 쌍둥이와 DZ 쌍둥이 사이 일치율의 차이를 인위적으로 부풀리고 있다. 심지어 정신병 유전학자들도 쌍둥이 연구를 전적으로 확신을 주는 것으로 이해하지 않았고, 입양 연구로 선회했다는 사실은 별로 놀라운 것이 못 된다. 입양 연구는 적어도 이론적으로 쌍둥이 연구가 할 수 없는 방식으로 환경적 효과들과 유전적 효과들을 뒤얽히게 할 수 있다.

입양 연구

입양 연구의 기본 절차는 일군의 정신분열증 색인 사례들로 시작하는 것이고 그다음으로 입양 과정에서 그들로부터 분리된 생물학적 친족을 연구하는 것이다. 따라서 —적어도 이론에서는— 색인 사례와 그 생물학적 친족은 환경이 아니라 오직 유전자만을 공유한다. 관심거리 문제는 색인 사례들의 생물학적 친족은 공유 환경의 결여에도 불구하고 증대된 정신분열증 발생을 나타낸다는 것이다. 그 질문에 답하기 위해서는 생물학적 친족 사이의 정신분열증 비율과 몇몇 적절한 대조 표준 집단에서 관찰된 비율을 비교할 필요가 있다.

근년 덴마크에서 미국과 덴마크 협동 연구 팀이 수행한 입양 연구들은 엄청난 충격을 얻게 되었다. 입양 연구의 방법론적 약점들을 탐지할 수 있었던 몇몇 비판가에게 덴마크 입양 연구는 어떤 의혹도 뛰어넘는 정신분열증의 유전적 기초를 수립한 것으로 보였다. 저명한 신경과학자 솔로몬 스나이더(Solomon Snyder)는 이 연구들을 "생물학적 정신병학의 역사에서" 경계표라고 언급했다. "그것은 수행된 것 가운데 최선의 업적이다. 그들은 천성과 환경요인 논쟁에서 모든 인공물을 끄집어낸다."[36] 그 연구의 저자들 가운데한 사람인 폴 웬더(Paul Wender)는 다음과 같이 공표할 수 있었다. "우리는어떤 환경적 성분을 발견하는 데 실패했다. …그것은 아주 강력한 진술이다."[37] 웬더의 환경요소에 대한 전적인 삭제는 극단적인 것이었음에도 불구하고, 덴마크 연구들은 정신분열증의 중요한 유전적 기초에 대한 명백한 증명으로 보편적으로 받아들여져 왔다. 의심할 바 없이 이 연구들을 자세히 비판적으로 연구할 필요가 있다.

그 연구들은 많은 분리된 출판물에서 기술되어 왔음에도 불구하고, 기본적으로 중요한 두 가지 덴마크 입양 연구가 존재한다. 첫째는 케티(Kety)를 수석 연구자로 했는데, 정신분열증 색인 사례들을 피입양자로 삼는 것으로 시작하여 그들의 친족을 조사했다. 둘째는 로젠탈을 수석 연구자로 했는데, 정신분열증에 걸린 부모들을 색인 사례로 삼는 것으로 시작하여 그들이 입양시킨 어린이들을 조사했다.

정신분열증에 걸린 피입양자를 색인 사례로 시작한 연구는 1968년 케티에 의해 최초로 보고되었다.[38] 탐구자들은 코펜하겐 기록에 기초하여 성인으로서 병원에 입원해 온 그리고 기록으로부터 정신분열증 환자로 진단되었음에 틀림없는 34명의 피입양아를 파악했다. 각 정신분열증 피입양자에 대해 결코 정신분열증 치료를 받아 보질 못했던 대조 표준 피입양아를 선별

했다. 그 대조 표준은 성, 연령, 양부모에게 갈 때의 나이, 양부모의 사회경제적 지위(SES)에 따라 색인 사례들에 맞춰졌다.

그다음 단계는 모든 덴마크 사람에 대한 정신병 치료기록을 추적하는 것인데, 색인 사례와 대조 표준 사례의 친족을 찾는 것이었다. 그 기록들을 추적한 이들은 누가 색인 사례의 친족이었는지 그리고 누가 대조 표준의 친족인지를 몰랐다. 정신병 기록이 발견될 때마다, 그 기록은 요약되었고 합의에 도달한 연구자 팀에 의해 맹목 진단되었다. 그 친족들은 이 단계에서 개인적으로 조사받은 것은 아니었다.

연구자들은 색인 사례들의 150명의 생물학적 친족을(부모, 형제자매, 혹은 이복 형제자매) 그리고 대조 표준의 156명의 생물학적 친족을 추적했다. 주목할 첫 번째 요점은 저자들에 의해 강조되지 않은 것이다. 색인 사례들 혹은 대조 표준 사례들의 친족 사이에서 실질적으로 어떠한 정신분열증 사례도 존재하지 않았다. 정확히 말해서, 색인 사례의 친족 가운데 한 사람의 만성 정신분열증 환자와 대조 표준들 사이에 한 사람이 존재했다. 외견상 유의미한 결과를 얻기 위해 저자들은 '병들의 정신분열 스펙트럼(schizophrenic spectrum of disorders)'을 함께 끌어모아 공동 계산해야 했다. 그 스펙트럼 개념은 만성 정신분열증, '경계선 상태(borderline state)', '부적절 인격(inadequate personality)', '불확실 정신분열증(uncertain schizophrenia)', '불확실 경계선 상태(uncertain borderline state)' 등의 진단들과 같은 단일한 범주로 일괄된다. 그러한 광범한 개념과 함께, 색인 사례의 생물학적 친족의 8.7%와 대조 표준의 생물학적 친족의 1.9%가 스펙트럼 병을 나타내는 것으로 진단받았다. 적어도 하나의 스펙트럼 진단이 있었던 색인 사례들의 아홉 명의 생물학적 가족이 있었고, 이는 대조 표준들 사이에서는 단지 두 명의 그러한 가족이 있었던 것과 비교된다. 그 차이는 정신분열증의 유전적 기초로 제안되었다. '부적절 인격'과 '불확실 경계선 정신분열증'과 같은 애매한 진단들을 포함한 것 말고는 케티의 연구 속에 의미 있는 결과들은 존재하지 않았다.

케티의 1968년 자료로부터 그러한 애매한 진단들—'부드러운 스펙트럼(soft spectrum)'에 속하는—은 사실상 정신분열증과 결합하지 않는 것임을 증명하는 것이 가능하다. 1968년 보고된 66명의 생물학적 가족 가운데 적어도 하나의 '부드러운' 진단을 받은 사람은 전체로 6명이 있었다. * 그러한 진단들이 다른 가족 속에서보다 일정한 정신분열증을 진단받았던 가족 속에서 더 빈번히 나타나는 **아무런** 경향도 존재하지 않았다. 그러나 '부드러운 스펙트럼' 진단은 '스펙트럼 바깥' 정신병 진단이 있었던 똑같은 가족들 속에 아주 일정하게 나타나는 경향—즉, 알코올 중독, 정신병질, 매독성 정신이상 등과 같은 명백한 정신분열증 진단—을 나타냈다. '부드러운 스펙트럼' 진단을 포함하는 가족의 83%에서 '스펙트럼 바깥' 진단이 존재했고, 남아 있는 가족의 30%에서만 '스펙트럼 바깥' 진단이 존재했다. 그러므로 케티 등등의 결과는 알코올 중독과 범죄성처럼 똑같은 가족 속에서 이어지는 경향이 있는—그러나 진정한 정신분열증처럼 똑같은 가족 속에서 이어지는 경향은 없는 애매하게 정의된 행동들을 정신분열증으로 딱지를 붙여 버리는 데 의존했다. 그러나 이들 얼굴을 찌푸리게 하는 행동은 입양 대조 표준들의 생물학적 가족 사이에서보다 입양된 정신분열증 환자의 생물학적 친족 가운데서 더 흔히 나타났다는 사례가 존재한다. 무엇이 그러한 발견을 설명해 줄 수 있을까?

가장 명백한 가능성은 선택적 배치 가능성으로, 선택적 배치는 사실상 입양이 발생하는 실제 세계에서 보편적 현상이고 입양 연구에 대해 주장된 유전적 변수들과 환경적 변수들의 이론적 분리에 깔려 있는 현상이다. 입양 사무소에 의해 가정에 배치받은 어린이들은 결코 임의적으로 배치된 것이

---

* 여기서 우리는 케티 등등이 채용한 두 개의 가장 덜 확실한 진단들—그들의 D_3 진단('불확실 경계선') 그리고 그들의 C 진단('부적절 인격')—을 '부드러운' 진단으로서 포함시킨다.

아니다. 예를 들면 대학 교육을 받은 어머니의 생물학적 아이들은 그들이 입양될 때 더 높은 사회경제적 그리고 교육적 지위를 갖는 양부모가 있는 가정으로 선택적으로 배치된다. 초등학교 중퇴자 어머니의 생물학적 아이들은 보통 훨씬 더 낮은 사회적 지위를 갖는 입양 가정으로 배치된다. 따라서 다음과 같이 묻는 것은 합리적으로 보인다. 알코올 중독, 범죄성, 매독성 정신이상으로 망가진 가족에서 태어난 유아는 어떤 종류의 입양 가정으로 배치될 가능성이 클까? 더욱이 그러한 아이들이 배치되는 입양 환경은 정신분열증이 발전되지 않게 할 수 있는 것인가?

케티 박사가 우리 가운데 하나가 유용하게 쓸 수 있도록 만들어 놓은 거친 자료로부터 우리는 명백한 선택적 배치 효과를 증명할 수 있었다. 한 친족의 정신병 치료에 대한 기록이 케티 팀에 의해 파악될 때마다, 그 친족이 정신병원에 있었는지, 종합병원 정신의학과에 있었는지, 혹은 몇몇 다른 시설에 있었는지의 여부에 대해 주목하게 되었다. 우리가 정신분열증 피입양자를 입양한 입양 가족을 점검할 때, 우리는 그 가족 중 여덟 가족에서(24%) 입양 부모가 정신병원에 있은 적이 있음을 발견한다. 그것은 한 대조 표준 피입양아의 일인 입양 부모에 대해서는 참이 아니었다. 물론 그것은 통계적으로 유의미한 차이이고, 정신분열증 피입양자들은 그들의 형편없는 입양 환경의 결과로 정신분열증을 얻게 되었다는 케티 등등의 결과를 믿을 만한 해석으로 제안해 준다. 이때 정신분열증 피입양자들은 실제로 망가지고 불명예스러운 가족에서 태어난 이들이었다. 어떤 이의 양부모가 정신병원에 간다는 사실은 명백히 그 사람이 양육되는 환경의 심리학적 건강에 대한 좋은 징조가 되지는 않는다. 하지만 그 정신분열증 피입양자의 생물학적 부모들이 과도한 비율로 정신병원에 있었다는 시석은 존재하지 않는다. 그러한 일은 두 가족(6%)에서만 나타났는데, 이는 대조 표준 피입양자의 생물학적 부모 사이에서 관찰된 것보다 사실상 더 낮은 비율이다.

똑같은 세트의 연구 주제들이 케티 등등이 쓴 그 후의 논문에서 역시 보고되었다.[39] 이러한 나중 작업을 위해, 가능한 대로 많은 색인 사례와 대조 표준 피입양자의 친족이 한 사람의 정신의학자에 의해 개인적으로 추적되었고 인터뷰를 하게 되었다. 그 인터뷰들은 편집되었고, 그러고 나서 탐구자들에 의해 동의된 진단들이 맹목적으로 이루어졌다. 대조 표준의 친족 사이에서보다 색인 사례들의 친족 사이에서 더 많은 스펙트럼 병이 존재했다. 인터뷰 절차가 그러한 진단의 전반적 빈도를 크게 증가시켰음에도 불구하고 말이다. 그러나 이번에는 부적절 인격에 대한 진단은 스펙트럼에서 제외되었는데, 왜냐하면 그 진단은 두 세트의 친족에서 모두 똑같은 빈도로 나타났기 때문이다. 인터뷰보다는 기록에 기초했던 1968년 결과의 의의는 신축성 있는 스펙트럼 안에 부적절 인격을 포함시키는 데 의존했던 것이다.

친족을 인터뷰했던 그 정신의학자의 개인적 대응은 몇 가지 흥미로운 세부 내용을 폭로해 주었다. 1975년 논문은 '인터뷰'에 대해서만 이야기하지만, 몇몇 경우 친족이 사망하거나 이용할 수가 없게 되었을 때 그 정신의학자는 '남아 있던 병원 기록들로부터 소위 의사(擬似) 인터뷰를 준비했던 것이다'. 즉, 그 정신의학자는 인터뷰 형태를 그가 그 친족이 대답했으리라고 추측하는 방식으로 채웠다. 이 의사 인터뷰들은 때로 미국 연구 팀에 의해 놀라운 민감성으로 진단되었다. 정신분열증 피입양아인 S₋₁₁의 생물학적 어머니의 사례는 하나의 특수한 교훈적 예가 된다.

여자 정신병원 기록은 편집되어 왔고 그러고 나서 1968년 탐구자들에 의해 맹목 진단되었다. 진단은 부적절 인격이었고 당시에 스펙트럼 안에 들어 있었다. 1975년 논문―그때까지 부적절 인격은 스펙트럼 밖에 있었다―은 개인적 인터뷰에 바탕하여 그 여자는 불확실 경계선 정신분열증 ―다시 스펙트럼 안에 있는― 사례로 진단받았다고 지적하고 있다. 그러나 개인적으로 대응해 보면 그 여자가 사실은 결코 인터뷰를 받아 본 적이 없음을 폭로해 주었다. 그녀는 그 정신의학자가 그녀를 파악하려 기도하기 훨씬 전에 자살했고 따라서 ―원래 병원 기록으로부터― 그녀는 '의사 인터뷰'당한 것이었다. 역시 개인적 대응으로 폭로된, 아마도 그 이야기의 가장 주목할 만한 측면은 그 여자는 두 번 입원했었다는 것이다. 그리고 매번 그녀를 실제로 보았고 치료했던 정신의학자에 의해 조울증으로 진단받았던 것이다. 즉, 그녀는 정신분열증과 관계없는 정신병을 겪고 있었다고 진단받았고 아주 명백하게 정신분열증 스펙트럼에서 벗어나 있었다. 이 똑같은 기록의 요약 내용을 분석하여 미국 진단 전문의들은 두 번씩이나 ─그녀를 보지 않고서도─ 그녀는 실제로 그 스펙트럼으로 전이하는 경계에 속해 있었다고 탐지할 수 있었다는 사실에 그저 놀랄 뿐이다.

케티 연구는 더욱 최근에 (단지 코펜하겐보다는) 덴마크의 모든 것을 포함하는 것으로 확장되었다. 친족에 대한 병원 기록을 추적했고 그 결과는 두 출판물에서 간략히 언급되었다. 그 친족들 역시 인터뷰를 했다. 더 큰 표본들에 대해 더 자세한 자료는 출판되지 않았거나 유용한 것도 없었고 따라서 아직 비판적 분석은 가능하지 않다. 비록 케티는 확장된 표본에서 나온 결과들이 더 앞서 자세히 보고된 결과들을 확인시켜 준다고 단언함에도 불구하고, 그러한 더 최근의 연구가 우리가 위에서 윤곽을 잡아낸 타당성을 결여하게 하는 결함들로부터 자유롭다고 가정할 이유가 전혀 없다.

이 결과들은 똑같은 덴마크 서류철을 이용하여 로젠탈 등등이 보고한 동반 연구와 함께 평가되어야 한다.[40] 이 연구는 입양을 시키려 아이를 포기한 수많은 정신분열증 부모를 최초로 파악했다. 문제는 정신분열증에 걸린 생물학적 부모에 의해 양육되지 않은 아이들이 정신분열증을 발현시키는 경향을 가지게 될 것인가의 여부이다. 색인 어린이들에 대한 대조 표준 집단은 정신병 치료 기록을 갖고 있지 않은 생물학적 부모를 가진 피입양자로 구성되었다. 색인 피입양자들과 대조 표준 피입양자들은 성장했을 때 덴마크 정신의학자에 의해 ─맹목적으로─ 인터뷰받았다. 이 인터뷰에 기초하여 특수한 개인들이 정신분열적 질병들의 스펙트럼 속에 있는지 밖에 있는지에 대한 결정이 내려졌다. 셀 수 없을 만큼 많은 교과서는 더 많은 빈도의 스펙트럼 병이 정상 대조 표준 어린이들에서보다 정신분열증 환자에게 입양된 아이들에서 진단되었다고 지적하고 있다. 그 주장은 그 연구에 대한 예비적 (그리고 부적절하게 보고된) 설명에 기초하고 있다.

그 예비 보고들은 스펙트럼 병에 대해 간신히 의미를 갖는 경향이 색인 사례들에서 더 빈번하다는 관찰을 주장하지는 않았다. (정신분열증으로 병원에 입원했던 사실이 있었던 단 한 명의 피입양자가 존재했을 뿐이고, 그 저자들은 만일 그들이 입원한 정신분열증 환자 사례만을 찾았다면, "우리는 유전이 정신분열증에 유의미하게 기여하지는 않는다고 결론 내렸을 것이다"라고 솔직하게 인정했다.)[41] 그러나 초기 논문들은 개인적 사례들이 스펙트럼 안에 있었는지 밖에 있었는지에 관한 결정이 언제 그리고 어떻게 혹은 누구에 의해 내려졌는지에 대해 전적으로 모호함을 갖고 있다. 그 논문들은 인터뷰하는 덴마크 정신의학자가 각 인터뷰에 대해 '아주 짧고 작은 진단적 공식화'를 했을 뿐이고, 그 논문들이 인터뷰당한 사람들이 스펙트럼 속에 배치되었는지 그렇지 않았는지 여부와 다소 관계되었다는 것을 지적했을 뿐이다. 협력자의 몇몇에 대한 개인적 대응은 인터뷰한 이의 '아주 짧고 작은 진단적 공식화'는 그 개인이 스펙트럼 밖에 있었는지 안에 있었는지를 명세화하지 않았다는 것을 명백히 해 주었다. 초기 논문들에서, 그 결정은 한 방식으로 만들어졌고 알려지지 않은 무리에 의해 만들어졌다.

케티 연구에서와 같은 일치 진단들이 1978년 처음으로 보고되었을 때, 이는 스펙트럼 사례들이 색인 연구 주제들 사이에서 더 빈번히 나타나는 유의미한 경향은 없었음을 자세히 설명해 주었다.[42] 그리하여 광범하게 인용된 잘못 인도한 로젠탈 등등의 연구 결과에도 불구하고 성과는 사실상 부정적인 것이었다.

웬더 등등은 '교차 양육된' 28명의 연구 주제로 구성된 새로운 집단에 관해 보고함으로써 로젠탈 연구를 새로이 세련화했다.[43] 이 연구 주제들은 그들의 생물학적 부모들은 정상이었으나 양부모는 정신분열증 환자였던 피입양아들이었다. 새로운 집단은 정신분열증 환자인 양부모에 의해 양육된 경험이 아이에게 병리를 생산해 낼 것인가의 여부를 관찰하기 위해 부가되었던 것이다. 웬더 등등에 따르면 교차 양육된 어린이들은 대조 표준 피입양아들 이상으로 병리를 보이지는 않았다. 그러나 이 논문에서 정신분열증 스펙트럼을 진단하는 개념이 포기되었다는 데에 주목하는 것이 중요하다. 그 대신에 덴마크 인터뷰들은 '포괄적 정신병리학'으로 등급 매겨지고 있었다. 교차 양육된 어린이들이 정신분열증 스펙트럼 속에 있었는지 그렇지 않았는지에 대한 일치 진단들—혹은 어떤 다른 진단들—은 정신분열증 유전학과 관계가 있는 많은 논문의 어떤 것에서도 나타나지 않았다.

그러나 몇몇 중요하고 관련 있는 정보를 포함하는 심리학적 연구에 참여하기를 거절하는 사람들의 특성과 관계된 케티와 로젠탈 집단으로부터 나온 불명확한 한 논문이 있다.[44] 그 논문은 곁다리로 덴마크 정신의학자 슐징어(Schulsinger)가 각 그룹에 대해 작성한 스펙트럼 병의 퍼센트를 보여 주는 임시 표(표 14)를 포함하고 있다. 우리는 그 표로부터 교차 양육된 피입양자의 정확한 26%가 정신분열증 스펙트럼에 들어 있는 것으로 진단되었음을 알게 된다. 이 비율은 색인 피입양자 자신들의 값과 의미 있게 다르지는 않다. 게다가 그 불명확한 표는 엄청나게 관계가 있는 대조 표준 집단에 대한 자료들이 보고된 곳에서만 구실이 있다. 덴마크 탐구자들은 또한 정신분열증 환자의 아이들을 인터뷰했던 (그리고 진단했던) 것으로 밝혀진다. 이 아이들은 정신병에 걸린 생물학적 부모에 의해 양육되어 왔다. 이 집단에서 스펙트럼 병의 비율은 교차 양육된 어린이들 사이에서 관찰된 비율과 다르지 않다. 그러므로 그들이 그들 자신의 연구에 대한 고안을 심각히 했었더라면, 그 탐구자들은 정신분열증은 전적으로 환경적 기원을 갖는다고 결론 내렸을 것이다. 정상적 부모가 난 교차 양육된 생물학적 아이들이 정신분열증 양부모에 의해 길러졌을 때만 정신분열증 환자의 입양되지 않은 생물학적 부모들만큼 커다란 스펙트럼 병 빈도를 보여 주었다. 독자는 교차 양육 집단에 대한 일치 진단처럼, 입양되지 않은 집단에 대한 일치 진단들은 결코 보고된 적이 없었다는 점을 알고서 놀라지 않을 것이다.

덴마크 입양 연구들의 약점은 비판적 재음미 위에서 아주 명백히 나타나기 때문에, 어떻게 하여 저명한 과학자들이 그 약점이 천성과 환경요인에 대한 가족 연구와 쌍둥이 연구를 괴롭히는 모든 인공물을 제거해 준다고 여길 수 있었는지를 이해하기가 어려울 것이다. 사실 프랑스국립의학연구소의 한 탐구자 팀은 아주 독립적으로 대단히 불충분한 결론에 도달한 덴마크 입양 연구들에 대한 분석을 출판했다.[45] 아마도 그 탐구자들의 주장의 통상적인 무비판적 수용을 격려했을 한 요소가 웬더(Wender)와 클라인(Klein)이 대중잡지 ≪오늘의 심리학≫에 쓴 한 기사에서 지적되었다.[46] 그들은 덴마크 입양 연구—정신분열증 스펙트럼의 광범한 개념에 기초한—를 "각 정신분열증 환자에 대해 유전적으로… 가장 심각한 형태와 관련된 더 순한 병의 형태가 존재하고… 미국인의 8%가 유전적으로 생산된, 생애 동안 계속되는 인격병 형태를 갖고 있다"는 것을 지적하는 것으로 그리고 "이 발견은 지극히 중요하다"는 것을 지적하는 것으로 인용하고 있다. 그 발견의 중요성은 다음과 같은 말로 웬더와 클라인에 의해 철저히 이야기되었다. "대중은 상이한 종류의 정서적 병들이 이제 특수한 약물 처리에 반응을 보인다는 것을 대부분 의식하지 못하고 있고, 불행히도 많은 의사도 그와 유사하게 의식을 못 하고 있다." 매 단계에서 오류를 갖는 그 논리는 다음과 같다. 덴마크 입양 연구들은 정신분열증과 수많은 행동 괴벽은 유전적으로 생산된다는 것을 보여 주었다는 것이다. 유전자들은 생물학적 메커니즘에 영향을 미치기 때문에, 정신분열증과 행동 괴벽에 대한 가장 효과적인 치료는 약물 치료라는 것이 따라 나와야 한다는 것이다. 병든 행동에 대한 원인으로서 사회적 혹은 환경적 조건에 초점을 맞추는 것은 쓸모없게 된다.

하지만 행동과 뇌의 관계에 대한 어떠한 유물론적 이해는 정신분열증이 기원에서 주로 유전적이라 할지라도 약물—혹은 사회적 치료에 반하는 것으로서 어떤 생물학적 치료—이 필연적으로 가장 효과적 요법이 되어야 한다는 것이 따라 나오지는 않는다고 인식한다. 약물이 행동을 바꾸는 것처럼, 요법들을 이야기함으로써 부과된 변화된 행동은 뇌를 바꿀 것이다(실제로 행동수정 뒤에 있는 잠복 이론 자체가 동의하는 것처럼). 이것이 갖는 논리는 생물학적인 것과 사회적인 것의 어떤 더 명백한 통합에 대한 믿음에 의존하지 않는다.

사회적으로 결정된 정신분열증

우리가 시도했던 것처럼, 정신분열증과 관련한 생물학적 결정론의 틀에 박힌 지혜가 갖는 이론적 빈곤과 경험적 빈곤을 폭로하는 일이 그다음으로 그 병의 생물학적 상태에 관해 이야기될 것과 관계된 아무것도 존재하지 않는다고 논의하지는 않으며, 더욱이 정신분열증이 존재한다는 것을 부정하지 않는다. 정신분열증의 병인을 이해하는 문제 그리고 그 병의 치료와 예방에 대한 합리적 탐구는 이상한 범위와 순진함을 갖는 진단 표준들에 의해 엄청나게 더욱 어렵게 되고, 아마도 심지어는 가망이 없을 정도로 뒤얽힌다. 확실히 소련의 법정신의학자에 의하든 젊은 흑인을 라스타파리아니즘(Rastafarianism)의 종교적 언어 사용에 기초하여 정신분열증 환자라고 진단하는 영국 정신의학자에 의하든 정신분열증 진단과 생물학적 상태의 관련성은 놀라운 것일 수 있다.[47]

의혹은 1973년 캘리포니아에서 로젠한(Rosenhan)과 그의 동료들이 했던 유명한 연구들을 상기할 때 경감된다.[48] 실험가들로 구성된 로젠한 그룹은 정신병원에서 이상한 소리를 듣게 된다고 이야기함으로써, 자신들 스스로를 개인적으로 진단받게 했다. 많은 이들이 입원되었다. 실험 전략에 따라 일단 병원 안에 있게 된 후, 그들은 자신들의 증후군이 끝났다고 공표했다.

그러나 그것이 방면을 쉽게 얻어 내게 하지는 않았음이 판명되었다. 정상이라는 실험가의 주장은 무시되었고, 대부분은 자기 자신은 다만 간호사와 의사들의 대상일 뿐이고 다만 상당한 시간이 지난 후에야 풀려난다는 것을 깨달았다. 예를 들면 한 병원에서 노트를 했던 한 의사 환자(pseudo-patient)는 간호사에 의해 '강박 집필 행동'을 보이는 것으로 묘사되었다.

훨씬 더 폭로적인 것은, 아마도, 로젠한이 의사들 사이에 그 첫 번째 실험 결과들을 유통시키고 의사들은 더 많은 의사 환자의 방문을 받을 것이라는 것을 지적한 후에 있었던 그 분야에서 정신분열증 입원 허가의 하락이었을 텐데, 실질적으로 아무도 보내지 않았음에도 불구하고 말이다.

그 논의 뒤에 놓여 있는 것은 이런 종류의 경험이다. 그 논의는 지난 20년간 미셸 푸코와 그의 학파에 의해 가장 극단적 형태로 발전되었는데, 심리 장애의 전체 범주를 역사적 발명, 특수한 가족들 내에서 표현되는 사회 안의 권력관계의 표현으로 보는 것이었다. 푸코의 난해한 논의를 간단화하면, 그는 모든 사회는 지배당할 수 있거나 희생 염소가 될 수 있는 사람의 범주를 필요로 하고 과학의 발흥 이래로 —특히 19세기 산업혁명 이래로— 수 세기를 지나면서 광인이 이 범주를 채우게 되었다고 주장한다. 그가 말하기를 중세에는 나병 환자를 위해 유폐가를 지었고 광기는 악마나 망령의 소유와 관련하여 종종 설명되었다는 것이다.[49] 푸코에 따르면 광인의 수용이라는 관념은 나병 수용가의 소개로 이 옛사람들을 대체할 새로운 희생 염소를 위한 공간을 남겨 놓은 이후인 18세기와 19세기 동안 발전했다.

이 견해 속에서 광증은 딱지 붙이기(labelling) 문제이다. 광증은 개인의 속성이 아니라 사회가 인구 가운데 어떤 비율에 대해 붙이기를 원하는 사회적 정의일 뿐이다. 유전자 속에서 광기의 상관 요소들을 찾는 것은 따라서 무의미한 작업이 되는데, 왜냐하면 그 상관 요소는 뇌나 유전자 안에 위치하고 있는 것이 아니기 때문이다. 권력을 가진 이들이 권력을 갖지 못한 이들에게 사회적 딱지를 붙이는 것으로 정신분열증 환자의 고난과 미친 행동을 추방하려는 것은 복잡한 사회적이고 의학적인 문제에 대한 아주 부적당한 반응으로 보인다. 푸코의 사료 편집과 1960년대와 1970년대 반정신의학 물결이 최고에 달했을 때, 영국과 프랑스에게 그것의 열광적 수용에도 불구하고 언제 그리고 어떻게 실성한 사람들을 위한 수용 시설이 생겨났는가에 대해 그가 했던 실제의 역사적 설명에 대해 질문이 제기되어 왔다.[50] 그리고 정신분열증 현상을 생물학으로부터 완전히 잘라내 버림으로써 그리고 그 현상을 딱지 붙이기라는 사회적 세계 안에 위치시킴으로써 푸코와 그의 추종자들은, 아주 다른 출발점으로부터, 시작하여 이원론적 데카르트 진영으로 되돌아와 다다르게 되었다. 그리고 이 데카르트 진영은 2장과 3장에서 보았던 것처럼 19세기의 만발한 유물론에 앞서 나갔다. 그리하여 푸코는 '정신적' 병과 아주 떨어진 '육체적' 병이, 정신병을 분명히 나타내 주게 하는 사회적 맥락을 제외하고서도 존재하는가의 여부에 관해서 모호한 입장을 취하는 것으로 보이는 자신의 논의 속 일정한 입장으로부터 아주 많이 후퇴했던 것이다.

랭(R. D. Laing)이 발전시킨 정신분열증에 대한 사회적 이론과 가족적 이론은 푸코의 거대한 이론화보다는 더욱 온건하지만 그럼에도 불구하고 문화 결정론적이다.[51] 왜냐하면 랭-적어도 1960년대 그리고 1970년대 초기의 랭-에게 정신분열증은 본질적으로 가족병, 즉 한 사람의 아픈 개인의 산물이 아니라 병든 가족 성원의 상호작용의 산물이었기 때문이다. 이 가족 안에 현 사회의 핵가족 생활양식에 의해 함께 묶인 한 특수한 아이는 항상 결함 있는 이로 뽑히게 되고 결코 부모의 요구나 기대에 미치는 생활을 할 수가 없다. 따라서 그 아이는 랭이 (그레고리 베이트슨(Gregory Bateson)으로부터 유도한 용어로) 이중 맹인(double blind)으로 부른 데 속한다. 그 아이가 하는 것은 무엇이든 잘못된 것이다. 그러한 상황에서 개인적 환상의 세계로의 퇴각은 견딜 수 없는 존재적 압박들에 대한 유일한 논리적 반응이 된다. 정신분열증은 따라서 개인들의 그들의 삶의 구속 요소들에 대한 합리적인, 적응력 있는 반응인 것이다. 입원이나 약물에 의한 정신분열증 환자의 치료는 따라서 그 병으로부터의 해방으로 보이지 않으며, 개인에 대한 억압의 일부로 보인다.

가족 맥락은 정신분열증과 같은 정신병의 발전에 결정적일 수가 있지만, 더 큰 사회적 맥락이 개입된다는 것도 명백하다. 그 진단은 가장 흔히 노동계급, 도심 빈민가 거주자, 가장 적게는 중간계급과 상류계급의 근교 거주자들에 대해 내려진 것이다.[52] 사회 이론가에게 그 진단을 결정하는 사회적 맥락에 대한 논의는 명백하다. 정신병 진단의 계급 본성에 대한 한 사례로 주로 런던 노동자들의 거주지이고 약간의 중간계급이 스며들어 살고 있는 캠버웰에서 1978년 브라운(Brown)과 해리스(Harris)가 했던 우울증에 대한 연구들로부터 나온 것이 있다.[53] 그들은 캠버웰에서 아이와 함께 살고 있는 노동계급 여자들의 약 4분의 1은 주로 브라운과 해리스가 확정된 신경증으로 진단했던 심각한 우울증을 겪고 있었고, 반면 비교되는 중간계급 여자들 사이의 발생 범위는 단지 6% 정도에 지나지 않았다. 정신병 진료소에 갔더라면 병으로 진단받고 의학 치료를 받거나 입원했을 이들 우울증에 걸린 사람의 상당 비율이 지나간 해에 남편을 잃거나 경제적 불안정과 같은 심각하게 위협적인 사건들을 생활 속에서 겪었던 것이다. 그러한 여자 집단 속에서 약물들—주로 진정제들—의 사용은 명백히 아주 높았다.

생물학적 결정론은 예를 들면 정신분열증의 소인을 갖는 유전자를 지니고 있는 사람들은 그들의 유전형에 가장 부합하는 적소(適所)를 발견할 때까지 직업과 생활 조정에서 아래쪽으로 떠내려갈 것이라는 논의들로 그러한 사회적 근거들과 맞섰다. 그러나 캠버웰의 우울증에 걸린 가정주부들 사례에서 결함이 있는 것은 유전자였다고 논의하기를 원하는 것은 용감한 생물학적 결정론자일 것이다.*

정신분열증에 대한 적절한 이론은 몇몇 범주의 사람을 정신분열증 증후군을 나타내는 방향으로 밀어붙이는 사회적 환경과 문화적 환경에 관한 것이 무엇인가를 파악해야 한다. 그 이론은 그러한 문화적 환경과 사회적 환경 자체가 관련된 개인들의 생물학적 특성에 심오한 영향을 미칠 것이고 이들 생물학적 변화의 몇몇은, 만일 우리가 그것들을 측정할 수 있다면, 그 정신분열증 뇌에 대한 반영물 또는 대응물일 것이라는 점을 파악해야 한다. 우리의 현 사회에서 일정한 유전형을 가진 사람들은 다른 사람들보다 정신분열증을 겪을 가능성이 더 많을 수도 있을 텐데—현재로는 어떤 이를 그러한 결론에 도달하는 것을 허용하기에는 그 근거가 전적으로 부적절함에도 불구하고 말이다. 이는 상이한 유형의 사회 속 '정신분열증'의 미래에 관해 아무것도 이야기해 주지 않거나, 현재 우리가 정신분열증에 대한 어떤 이론을 세우는 것을 돕지 않는다. 생물학적 결정론이든 문화 결정론이든 혹은 몇몇 종류의 이원론적 불가지론이든 그러한 이론을 발전시키는 과업에는 적당치가 않다. 그렇게 하기 위해서 우리는 생물학적인 것과 사회적인 것 사이의 관계에 대한 더욱 변증법적인 이해에 기대를 걸어야 한다.

---

* 용감하지만 불가능하다. 1979년 리드(B. L. Reid)와 그의 동료들은 ≪오스트레일리아 의학 회지(Australian Medical Journal)≫에 노동계급 여자들 사이에서 자궁암의 더 높은 발생 빈도는 노동계급 남성 배우자의 정자 속에서 운반되는 어떤 요소에 기인하는 것이라는 그리고 그 똑같은 노동계급의 정자는 중산계급의 정자보다 DNA 구조가 더 단순하고, 더욱 반복적인 구조를 갖고 있다고 주장하는 논문을 출판했다. 이 논문은 노동계급 사람들은 중간계급에게 쓸모가 있는 복잡성과 달리 단순하고 반복적 사고를 할 수 있을 뿐이라고 설명했다.[54] 그러한 전성설적 사고에서는 명백히 어떤 종류의 생물학적 결정론도 불가능할 수가 없다.

9장

사회생물학: 총체적 종합

1975년 봄 학문적 출판에서 주목할 만한 하나의 사건이 발생했다. 하버드 대학교 출판부는 섭외 장치―≪뉴욕타임스(New York Times)≫의 전면 광고, 저자-출판사 칵테일 파티, 출판 이전 비평, 텔레비전·라디오·대중잡지 인터뷰 등을 포함하는[1]―라는 완전한 갑옷과 투구를 이용해 개미 전문가가 쓴 진화에 관한 한 책을 공표했다. 다윈의 『종의 기원(Origins of Species)』 이후 진화 이론의 116년을 커다란 대중적 흥분을 담보하기에 충분하다고 볼 수는 좀처럼 없었고 동물학 교수들을 가정 잡지의 인터뷰 주제가 되는 경우도 빈번하지 않던 차에, 『사회생물학: 새로운 종합』[2]과 이 책의 저자 E. O. 윌슨은 곧 상당한 명성을 얻게 되었다. 의심할 바 없이 출판인들은 대중성을 기대했고 광고 선전으로 이를 촉진시켰는데, 여기에 홍보 활동 및 동물사회에 대한 독창적 그림들을 커다랗게 낭비적으로 도해한, 커피 테이블에 놓고 보는 책 자체가 갖는 호화로운 판형 둘 다를 이용했다. 그러나 그렇다 하더라도 독자들이 쓸 수 있는 다방면에 걸친 사전을 필요로 하는 수리집단유전학, 신경생물학, 영장류 분류학 등과 같은 주제로 채워진 600쪽으로 이루어진 책이 ≪주택과 정원(House and Garden)≫, ≪리더스 다이제스트(Read-ers Digest)≫, ≪사람들(People)≫의 면을 자주 장식하는 것은 아니다.[3] 25 달러로 10만 부 이상으로 빈번히 팔리지도 않는다. 생물학 밖에서 『사회생물학』에 어마어마한 관심을 가져다준 것은 그 책의 주장이 갖는 이상한 넓이였다. 윌슨은 「유전자의 도덕성」이라는 제목을 단 서론에서 사회생물학을 "모든 사회적 행동의 생물학적 기초에 대한 체계적 연구"로 정의한다. 이어 다음과 같이 쓰고 있다. "그것은 현재 동물사회에 초점을 두고 있다. … 그러나 그 학문 분과는 또한 초기 인간의 사회적 행동과 더 원시적인 인간 사회에서 조직화의 적응적 특징과 관련한다." 전체적으로 이 책은 사회생물학을 고대와 현대, 문자 이전 시대와 후기 산업사회 등 모든 인간 사회를 포괄하는 "진화생물학의 갈래 분야로 조직화하려" 의도된 것이다. 생략된 것은 아무것도 없는데, 왜냐하면 "인문학은 물론 사회생물학과 여타 사회과학은 현대적 종합(Modern Synthesis)에 포함되기를 기다리는 생물학의 최후 갈래 분야들이기 때문이다. 그렇다면 사회생물학의 기능 가운데 하나는 이 주제들을 현대적 종합 안으로 끌어당기는 방식으로 사회과학의 기초를 재구성하는 것이다"(4쪽).

이 책에서 다음으로 저자는 종교, 윤리, 부족주의, 전쟁, 대량 학살, 협동, 경쟁, 기업가 정신, 순응, 교화, 악의(이 목록은 불완전한 것이다) 등과 같은 인간의 문화적 표현에 대해 생물학적 설명을 제공한다. 하지만 윌슨은 세계를 단지 설명하는 데 만족하지 않는다. 핵심은 그것을 바꾸는 것이다. 그는 사회의 모든 것을 이해하려는 프로그램으로부터 시작하여 신경생물학자와 사회생물학자를 계획된 사회에서 윤리적인 그리고 정치적인 결정들에 대해 필수적 지식을 제공하게 될 가까운 미래의 테크노크래트로 보는 시각을 갖는 것으로 끝낸다.

생태적 안정 상태에 대한 요구에 맞도록 문화를 틀에 부어 만들려는 결정을 취하면 몇몇 행동은 정서적 손상이나 창조성의 상실 없이 실험적으로 변화될 수 있다. 다른 행동은 바꿀 수 없다. 그 일 속에 있는 불확실성은 행복을 위해 사전 고안된 문화라는 스키너의 꿈은 확실히 새로운 신경생물학을 기다려야 한다는 것을 의미한다. 유전적으로 정확한 따라서 완전히 공정한 윤리의 암호에 대해서도 역시 기다려야 한다.(575쪽)**

우리는 사회생물학자가 올바른 사회조직화에 대한 과학적 도구들을 제공하는 것을 기다려야 한다. 왜냐하면

> 우리는 가장 가치 있는 성질의 얼마나 많은 수가 유전적으로 더 쓸모없고, 파괴적인 성질과 연결되어 있는지를 모르기 때문이다. 집단 동료에 대한 협동성은 이방인에 대한 공격성, 소유하고 지배하려는 욕구와 함께하는 창의성, 폭력적 반응 경향에 대한 강건한 열의 등등과 결합될 수 있다. …계획된 사회가 —다가올 세기에 피할 수 없는 것으로 보이는 창조— 그 사회의 성원으로 하여금 과거에 파괴적 표현형에게 그들의 다윈적 가장자리를 준 압박과 충돌을 의도적으로 비켜 지나가도록 하는 것이라면, 다른 표현형은 그들과 함께 줄어들 것이다. 이러한 궁극적인 유전적 의미에서 사회적 통제는 사람으로부터 인간성을 강탈하는 것이다.(575쪽)

홉스의 『레비아탄(Leviathan)』 이후로는 몇 가지 기본적 원리로 시작하여 전체적 인간의 상태를 설명하고 처방하려는 야심적 프로그램이 존재하지

---

* 행동주의 심리학자 B. F. 스키너는 인간은 사전 결정된 방식으로 초기 조건 지우기에 의해 프로그램될 수 있다고 믿는다. 어떤 유토피아 사회에 대해 인간을 조건 지우는 가능성 등이 여기에 포함된다. 예를 들면 그의 『자유와 존엄을 넘어(Beyond Freedom and Dignity)』와 『월든 II(Walden II)』를 볼 것. (또한 이 책 6장을 볼 것.)

않았다. 그러나 홉스와 달리 윌슨은 어린이를 가르치는 유일한 권위라고는 자신의 논의의 무게밖에 없는 가정교사가 아니다. 그는 과학 가운데 가장 명성이 있는 현대 생물학의 목소리로 이야기한다. 전문 생물학자와 인류학자는 사회생물학을 대중적 출판만큼 빠르게 파악했다. 윌슨의 책의 출판에 이어 사회생물학의 주제에 동조하는, 이를 수정하는, 이를 확장하는 저작의 흐름이 급속히 나타났고,4 윌슨 자신도 인간 사회생물학에 대한 문제를 전적으로 다루는 나중 저작『인간의 본성에 대하여(On Human Nature)』에 몰두했다.5 적어도 처음으로 생물학자들은 실질적으로 만장일치로 칭찬을 하게 되었고, 이들은 재빨리 사회생물학을 진화생물학과 인류학의 공식적 아학문 분과로 인식하게 되었다.6 1975년 사회생물학에 바쳐진 적어도 세 가지의 새로운 학술지가 발행되기 시작한 이래 사회생물학에 대한 논문을 편집한 논문 모음집 출판은 통례가 되었고,7 미국과 영국의 대학에서 재정을 줄이던 시기에 다수의 교육직 및 연구직이 사회생물학을 위해 만들어졌다. 사회생물학적 설명이 경제학과 정치학 문헌에서 나타나기 시작했고,8 ≪주간 비즈니스(Business Week)≫는「자유시장의 유전적 방어」를 실었다.9

인간의 상태에 관한 모든 것을 설명하려는 사회생물학의 주장은 인간의 상태에 대한 초기 관심을 설명해 주지만, 대중매체에서 환영해 온 사회생물학에 대한 공감이나 학문 이론 속 패러다임으로서 사회생물학의 계속된 인기를 설명할 수는 없다. 그러한 엄청난 호소력을 갖고 있었던 것은 설명 자체가 갖는 본성이다. 사회생물학의 중심적 단언은 인간의 문화와 행동의 모든 측면은 모든 동물의 행동처럼 유전자 안에 부호화되고 자연선택에 의해 만들어졌다는 것이다. 사회생물학자들은 사회적 행동과 개인적 행동의 모든 세부 사항의 직접적인 유전적 결정이라는 문제에 때로 울타리를 치고 있지만, 우리가 보게 될 것처럼 궁극적인 유전적 통제에 대한 주장은 다른 경우라면 살아남을 수 없는 설명 체계의 심장에 놓여 있다. 사회생물학자들은 그들이 유전학자들로부터 도전받을 때, 유전자는 인간 행동의 가능한 범위를 결정한다는 것만을 주장하는 입장으로 이따금씩 후퇴함에도 불구하고, 사회생물학은 인간 사회가 인간의 생물학적 상태로 이루어진 본성을 갖는다는 강력한 그러나 단순치 않은 주장이다. 인간 문화의 모든 표현은 살아 있는 존재의 활동 결과이다. 따라서 우리 종이 개인적으로 혹은 집단적으로 이제껏 해 온 모든 것은 생물학적으로 가능한 것이라야 한다. 그러나 이는 실질적으로 발생된 것은 가능성의 영역에 들어 있었던 것이라야만 한다는 것을 제외하고는 아무것도 이야기하지 않는다. 그것이 무엇이든 간에, 사회생물학은 단순한 동어반복은 아니다.

사회생물학은 인간의 존재에 대한 환원론적·생물학적 결정론적 설명이다. 사회생물학의 신봉자들은 첫째, 현재와 과거의 사회적 배치의 세부 내용은 유전자의 특수한 작용의 불가피한 표현이라고 주장한다. 둘째, 그들은 인간 사회의 토대에 놓여 있는 특수한 유전자는, 그 유전자가 결정하는 특성이 그 유전자를 운반하는 개인의 더 높은 생식적 적합성을 결정하기 때문에 진화 과정 속에서 선택되어 왔다고 논의한다. 사회생물학의 학문적 그리고 대중적 매력은 그것의 단순한 환원론적 프로그램과 우리가 알고 있는 인간 사회는 불가피한 것이고 적응 과정의 결과라는 그것의 주장으로부터 직접 우러나온다.

사회생물학의 일반적 매력은 현 상태를 정당화하는 데 있다. 만일 현재의 사회적 배치들이 인간 유전형의 피할 수 없는 결과라면, 어떠한 의의를 갖는 어떤 것도 변화될 수 없다. 따라서 윌슨은 다음과 같이 예측한다.

> 유전적 편향은 심지어 가장 자유롭고 가장 평등한 미래 사회에서도 실질적 노동 분화를 일으키기에 충분할 정도로 강력하다. …심지어 동일한 교육과 모든 직업에 대한 평등한 접근 기회가 있음에도 불구하고, 사람들은 정치적 생활, 사업, 과학에서 불균등한 역할을 계속해서 수행할 가능성이 있다.[10]

항상 인식되지만은 않는 것은 만일 어떤 이가 생물학적 결정을 받아들인다면, 아무것도 변화될 필요가 없다는 것이다. 왜냐하면 필연성의 영역으로 떨어지는 것은 정의(正義) 영역 밖으로 떨어지기 때문이다. 정의의 문제는 선택이 존재하는 데서만 발생한다. 사회생물학자들은 이 점에서 일관성을 보이고 있지 않다. 『사회생물학』에서 윌슨은 "유전적으로 정확한 따라서 완전히 공정한 윤리의 부호"라는 자연주의적 오류를 범했으나, 직후의 『인간의 체면은 동물적인 것이다(Human Decency Is Animal)』에서는 '사실'로부터 '당위'를 유도하는 데 반대하여 주의를 주었다. 그러나 효과적인 정치적 진리는 '사실'이 '당위'를 폐지시킨다는 것이다. 우리가 실천으로 번역될 수 있는 윤리적 결정을 하는 데서 자유로운 한, 생물학은 무관한다. 우리가 우리의 생물학에 제한받는 한에서, 윤리적 판단들은 무관하다. 왜냐하면 그것은 바로 생물학적 결정론은 그 자체가 그러한 광범한 호소를 갖고 있다고 해명하기 때문이다. 만일 남자가 여자를 지배하면, 그것은 그들은 그렇게 해야 하기 때문이다. 고용주가 고용인을 착취한다면, 그것은 진화가 우리에게 기업가적 활동을 하도록 유전자를 수립시켰기 때문이다. 만일 우리가 전쟁에서 서로 죽인다면, 그것은 세력권제, 외국인 공포증, 부족주의, 공격성 등을 주는 유전자들의 힘 때문이다. 그러한 이론은 전투 준비를 갖춘 사회 조직을 '자유 시장의 유전적 방어'로 보호하는 이데올로그의 손 안에서 더 강력한 무기가 될 수 있다. 또한 그 이론은 개인 수준에서 개인의 억압 행위들을 설명하는 것에 그리고 억압당하는 이들의 요구들로부터 억압하는 이들을 보호하는 데에 봉사한다. 그것은 「왜 우리는 우리가 하는 것을 하는가(Why we do what we do)」[11]와 「왜 우리는 때로 혈거인처럼 행동하는가(Why we sometimes behave like cavemen)」[12]이다.

유전적으로 결정된 사회조직은 자연선택의 산물이라는 주장은 사회는 어떤 의미에서 최적(最適: optimality)이거나 적응한 것이라고 제안하는 더 나아간 결과를 갖고 있다. 유전적 고정성 자체는 현 상태를 지지하는 데 논리적으로 아주 충분하지만, 현재의 사회적 배치 또한 최적이라는 주장은 그들을 더욱 입맛 좋게 만든다. 어떤 것이 그렇게 되어야 함은 또한 최선이라는 것은 오히려 삶의 편리한 특징이다. 볼테르의 『캉디드(Candide)』에서 철학자 팡글로스(Pangloss) 박사는 이는 "모든 가능한 세계들 가운데 최선"이라고 주장했다. 사회생물학은 찰스 다윈이라는 작인을 통해 과학화된 팡글로스이다. 이러한 가능과 최적의 수렴은 자본주의를 옹호하는 특징적 논의가 되어 왔다. 그러한 견해를 추진하는 이들은 자본주의는 희소 자원과 탐욕스러운 인간으로 이루어진 세계 안에서 유일하게 가능한 경제적 조직 양식이라고 주장하고, 때로 자본주의는 생산과 분배의 가장 효율적 조직이라고 논의한다. 최적과 적응이라는 문제에서 사회생물학 안에 깊은 모순이 존재한다. 한편으로 사회생물학의 기술적 논의는 진화의 추동력으로서 개인, 집단, 종에 이점을 주는 것을 거부하고 유전형들의 차별적 재생산의 기계적 결과에 전적으로 의존한다. 실제로 행동 진화를 설명하려는 오래된 기도들과 현대 사회생물학을 구별해 주는 것은 전체 집단의 선택(selection)에 대한 명백한 거부와 자연선택 단위로서 유전자에 관한 집중이다. 심지어 개인은 효험이 없고, 유전자만이 효험이 있다. 사회생물학의 가장 통속화된 형태에서 그것은 "우리는 생존 기계들―유전자라고 알려진 이기적 분자들을 보존하기 위해 프로그램된 로봇 매개체들―이다"라는 '이기적 유전자'에 대한 은유이다.13 다른 한편으로 사회생물학자들은 최적 논의들을 그들의 설명과 예측을 끌어내는 데 이용한다. 그 논의들의 많은 수는 경제 이론으로부터 유도된 것이고, 개인이나 집단의 시간이나 에너지의 최적 사용과 관계되어 있다. 유기체는 환경적 문제들에 대한 최적의 해결 전략들을 선택하는 문제 풀이자로 여겨진다. 원리적으로 유전자의 재생산율로 그러한 논의들의 전체적 틀을 잡을 수 있겠지만, 실질적으로 최적 논의들은 유전자 재생산의 엄격한 기계적 연산에 대한 대체물인 것이다. 사실상 최적 논의는 사회생물학적 방법의 심장에 위치하고 있다.

계급제도적·기업가적·경쟁적 사회를 정당화하는 사회생물학의 정치적 호소에 더하여, 사회생물학은 그것의 극단적 환원론 때문에 부르주아 지식 인에게 강력한 매력을 주고 있다. 인류학자, 사회학자, 경제학자, 정치학자 는 어떠한 동의된 이론의 몸체를 갖고 있지 않다. 이와 반대로 똑같은 현상 에 대해 경쟁하는 설명 양식들이 존재하고 있다. 경제학과 정치학의 실제 세계에서 성공적 예측과 조작의 기록은 비참하다. 동시에 사회현상을 연구 하는 이들의 많은 수가 자신들을 '사회과학자'라고 부르면서 그리고 통계학 과 수학 등과 같은 자연과학 장비를 이용하면서 더욱 정확해지기 위해 자신 들을 자연과학 세계에 동화시키려 시도해 오고 있었다. 사회 연구의 가망성 있는 생물학화는 정확히 사회학자, 인류학자, 경제학자가 과학자가 되려는 욕구의 실현이었다. 게다가 유전적 이점에 대한 단순한 계산은 누구라도 할 수 있는 공론적 놀이이다. 사회학적 논쟁이라는 불모의 사막 속으로 생물학 적 설명이라는 비옥하게 하는 물길이 흘러 들어갔고, 수백 가지 꽃들이 피 어났다. 자본주의적 생산과 분배의 완전한 체계로부터[14] 켄트 주립대 학 살,[16] 소련의 군사 의향,[17] 단정된 중상계급의 쿠닐링구스(cunnilingus)와 펠 라티오(fellatio)에 대한 선호[18]를 거쳐 윤리와 교화에[15] 이르기까지 모든 것 은 선택된 유전자의 산물로 설명된다. 표현하고자 하는 새로운 무언가에 굶 주린 정신 상태는 그들에게 의지가 되는 것을 찾는다. 동시에 환원론자와 비환원론자 사이에서 오래된 충돌들은 강화되어 왔고, 그리하여 사회생물 학에 대한 가장 예리한 그리고 호되게 상처를 주는 비판들 가운데 몇몇이 인류학자들과 사회철학자들로부터 나오게 되었다.[19] 모든 다른 지적 영역 을 위협하여 심연 속으로 빠져 버리게 하는 새로운 학문 분과의 지적 제국 주의는 자연과학자들의 오만에 대한 사회를 연구하는 학생들의 오래 잠자 던 분개를 급작스럽게 자극하지 않을 수 없었다. 그렇게 함으로써 그것은 부르주아 사상의 환원론적 경향과 사회 연구의 방법론적 프로그램으로서 환원론의 명백한 실패 사이에 존재하는 모순을 강화시킨다.

사회생물학의 기원

1975년 윌슨 선언의 출현은 사회생물학 발전의 단지 한 단계일 뿐이다. 사회생물학의 가장 직접적 선배들은 스티븐 굴드가 '통속 행동학'이라고 적절하게 특징지었던 인간의 본성에 대한 일군의 저작들이었다. 로버트 아드리(Robert Ardrey)의 『세력권적 명령(The Territorial Imperative)』(1966), 콘라트 로렌츠(Konrad Lorenz)의 『공격성에 대하여(On Aggression)』(1966), 데즈먼드 모리스(Desmond Morris)의 『털 없는 원숭이(The Naked Apes)』(1967), 타이거(Tiger)와 폭스(Fox)의 『권세를 휘두르는 동물(The Imperial Animal)』(1970) 등이 그것이다. 이 책들은 인간은 천성적으로 세력권적이고 공격적이라는 견해를 취하고 있다. 그들에게 있어서 인간의 상태는 홉스의 만인에 대한 만인의 투쟁이고, 이 상태는 그들이 인간 고생물학과 동물 행동의 파편적이고 논쟁의 여지가 있는 근거로부터 유도하는 것이다. 예를 들면 아드리는 그의 논의를 **호모 사피엔스**(*Homo sapiens*)는 불결한 육식성 사람인 **아우스트랄로피테쿠스 아프리카누스**(*Australopithecus Africanus*)를 이었고, **아우스트랄로피테쿠스 아프리카누스**는 더 크고 조용한 식물성 친척인 **아우스트랄로피테쿠스 로부스투스**(*Australopithecus Robustus*)를 뒤쫓았고 절멸시켰다는 가정에 토대를 두었다. 그러나 그 논의는 오류를 갖고 있다. **아프리카누스**가 육식성이라는 주장은 이 종의 상대적으로 더 큰 송곳니에 대한 아드리의 오해에 기초하고 있다. 영장류 진화에서 치아는 몸 크기에 비해 더욱 느리게 컸고, 따라서 더 작은 원숭이들은 먹는 것과 관계없이 항상 상대적으로 더 큰 이를 갖고 있다. 사실상 **아프리카누스**와 **로부스투스**는 그들과 같은 크기의 영장류가 갖는 정확히 바로 그 비율로 이를 갖고 있다.[20] **아프리카누스**가 **호모 사피엔스**의 선조였다는 근거는 이미 존재했던 인간 도구 생산자 **호모 하빌리스**(*Homo habilis*)가 호모 사피엔스와 동시대였다는 발견과 함께 증발해 버렸다. 아이러니하게도 인간의 타고난 불결함에 대한 주장은 아드리의 주장의 역이다. 그는 포식자의 날카로운 치아 및 다른 자연적 무기를 결여하고 있는, 또한 서로를 죽이는 것으로부터 포식자들을 보호하는 치명적 전투에 대한 고유한 행동적 회피를 결여한 식물성 선조들로부터 우리가 나왔다고 이야기한다. 어느 경우든 그 근거는 천성적으로 공격적인, 세력권적인, 기업가적인, 남성 지배적인 종을 지지하기 위해 걸러지고 선택되어 왔다. 정치적 함의들은 명료하고 숨김이 없다. 꽤 좋은 예가 애국심과 사유재산은 자연적인 것이라는 아드리의 단언이다.

> 만일 우리가 우리 영토에 대한 권리와 우리 조국의 주권을 방어한다면, 우리는 더 하등한 동물과 차이가 없는, 아주 자연적인, 아주 뿌리 깊은 이유 때문에 그렇게 하는 것이다. 개가 당신을 보고 개 주인의 담장 뒤에서 짖는 것은 그 담장이 세워졌을 때의 주인의 동기와 구별할 수 없는 동기를 대행하는 것이다.[21]

『사회생물학』에서 윌슨은 통속 행동학을 "옹호에 대한 연구들"[22]이라고 부르면서 그것으로부터 자신을 멀어지게 하려고 추구했지만, 아드리의 단순한 일반화와 인간의 본성을 "사람은 알기보다는 오히려 믿을 것이다"[23] 또는 『사회생물학』 안에 많이 있는 "인간은 어리석어서 가르치기가 쉽다－그들은 그것을 추구한다"[24]라고 보는 통찰 사이에 선택의 여지가 많다고 보이지는 않는다.

사회생물학과 통속 행동학은 몇몇 측면에서 모든 정치철학을 특징짓는 인간의 본성 이론의 형태들이다. 사회에 대한 모든 이론은 인간임이 무엇이냐에 관한 이론이다. 모든 사회 이론가는 인간의 본유적 본성에 대한 어떤 선험적 고려로부터 사회의 본성을 명백히 연역하는 똑같은 허구를 수행하는데, 이는 사실상 도달하게 될 목표로부터 필요한 가정들을 유도하는 것이다. 기업가적 부르주아 사회를 실체화하는 데서, 사회생물학은 1651년 토머스 홉스의 『레비아탄』의 직접적 지적 후예이다.[25] 홉스는 그의 논의를 갈릴레오의 한 계의 환원과 재구성 방법에서 명백히 본떴다. 그는 사회를 사회의 원소들인 개별 인간들로 환원시켰고 더 나아가 그 인간들을 움직이는 개별 원소들로 환원시켰다. 인간은 자동화된 기계였고 이 기계의 작동은 필연적으로 일정한 사회적 현상들로 인도되는 것이었다. 홉스에게 있어 사회에서 인간의 경쟁적 행동은 일차적인 천성적 특징이 아니라 유한 자원을 갖는 세계에서 자신들을 유지하기를 기도하는 기계-유기체의 **사회적** 행동의 결과였다. 이러한 의미에서 홉스는 사회생물학자들보다 더 환원론적이었고 훨씬 더 정교했다. 그는 그 밖의 모든 것이 유도되는 인간의 본성 속 많은 더 작은 기본적인 본능적 원소들을 가정했고, 그렇게 함으로써 그는 사회적 상호작용이 경쟁의 출현에 대한 필요조건임을 인식하게 되었다. 만인에 대한 만인의 투쟁은 인간기계가 사회 안에 있을 때 그 기계의 합리적이고 신중한 행동이었다. 맥퍼슨이 명백히 보여 주었듯이,[26] 그 논의의 논리는 홉스가 개인들의 노동력이 모든 다른 형태의 재산과 함께 그들 자신의 재산이고 이 노동력의 양도가 가능한 부르주아 사회를 염두에 두었다는 것을 필요로 했다. 따라서 홉스의 정치 이론은 우리가 3장에서 기술한 것처럼 새로운 부르주아 과학의 극단적 환원론을 개체론 및 부르주아 생산관계라는 속성의 양도 가능성과 결합시킨 17세기 사상의 고전이다.

사회생물학에 대한 홉스 사상의 영향은 직접적인 것은 아니었고 다윈주의와 사회다윈주의를 매개로 했다. 생존을 위한 투쟁에 대한 강조 때문에 다윈주의를 '홉스적인' 것으로 특징짓는 것은 일반적이지만, 그 유사성은 보다 심오하고 더욱 모호하다. 홉스에서처럼 다윈에게 있어 경쟁은 유기체의 어떤 근본적 속성은 아니었고 유한 자원 세계 안에서 기계 유기체의 자동적 자기 재생산의 결과였다. 이것은 다윈이 생존을 위한 투쟁을 유기체와 환경 사이의 특수한 상호작용에 의존한다는 넓은 의미로 이해하도록 해 주었다. 따라서 그는 생존을 위한 투쟁에 대해 다음과 같이 쓰고 있다.

나는 그 용어를 한 존재의 다른 존재에 대한 의존을 포함하는, (더 중요하게는) 그 개체의 생명뿐만 아니라 자손을 남기는 데서의 성공도 포함하는 광범한 그리고 은유적 의미에서 사용한다는 것을 전제한다. 두 개과 동물은 먹을 것이 없을 때 먹이를 얻고 살기 위해 서로 싸운다고 진정으로 이야기할 수 있다. 그러나 사막 가장자리에 있는 한 식물은 한발에 대항하여 생명을 위한 투쟁을 한다고 이야기된다.[27]

크로폿킨이 협동을 강조하는 데서 자신을 다윈주의자라고 파악하게 해준 것은 한 존재의 다른 존재에 대한 의존에 대한 다윈의 언급 그리고 『인간의 하강(The Descent of Man)』에서의 몇몇 사례에 대한 다윈의 논의였다.[28] 하지만 크로폿킨이 우울하게 관측했던 것처럼, 다윈 자신과 대부분의 그의 추종자들이 유기체 사이의 경쟁적 투쟁을 강조했다는 것은 의심의 여지가 없다. 이것이 우리를 놀라게 해서는 안 된다. 홉스적 요소가 다윈의 사상을 지배한다는 것은 『종의 기원』의 맬서스적 기원과 우리 사회 안에서의 경쟁적 관계의 충만함 모두에 대한 근거이다. 다윈은 경쟁의 관념을 사회로부터 생물학으로 옮겨 놓았다. 스펜서(Spencer)는 1862년 『사회 정역학(Social Statics)』에서 이미 '적자생존'이라는 용어를 새로이 만들어 냈고, 19세기 후반의 사회다윈주의는 오히려 '스펜서주의'로 불렸다.[29] 다윈 이론에 기초한 자유방임 자본주의에 대한 정당화는 다만 역사적 순환을 이행했을 뿐이다.[30]

따라서 다윈주의는, 사회가 경쟁적 투쟁에서 적자생존에 의해 진보되었다는 홉스-맬서스-스펜서적 견해를 이차적 도출에 의해 강화하기 위해 19세기 후반과 20세기 초기 선체에 걸쳐 이용되었다. 기업 활동, 한 집단의 다른 집단에의 종속, '더 열등한 종족들'의 종속은 모두 인간의 본성의 일부로 그리고 동시에 보편적 생존 법칙의 일부로 보였다. 앤드루 카네기(Andrew Carnegie)는 ≪북미 평론(North American Review)≫의 독자에게 "그것은 여기 있다. 우리는 그것을 침범할 수 없다. 그것에 대한 대체물은 발견되지 않았다. 그 법칙은 개인에게 가혹하겠지만 그것은 경쟁에 대해 최선의 것인데, 왜냐하면 그것은 모든 분과에서 적자생존을 확실하게 해 주기 때문이다."[31] 이 분과에는 추정컨대 제강 분과 등이 포함될 것이다. 투쟁과 경쟁 역시 자연의 법칙이었다.

모든 투쟁의 옹호자들 가운데 최대의 권위자는 다윈이다. 진화론이 공표된 이래 그들은 그들의 자연적 야만성을 다윈의 이름으로 덮어 버릴 수 있고 마음속 가장 깊은 곳에 있는 피에 굶주린 본능을 과학이라는 마지막 단어로 공언할 수 있다.[32]

한 직접적 노선이 이 전통을 "가장 뚜렷한 인간의 성질들"은 "부족 간 전쟁", "대량 학살", "제노솝션(genosorption)"[33](정복자에게 정복당한 이들이 갖는 유전자의 출현)을 통해 발생하는 사회적 진화의 "자체 촉매적" 위상 동안에 출현한다는 윌슨의 단언과 연결시킨다.

다윈주의 원리들은 사회에 대한 모든 것을 포괄하는 어떤 이론을 만드는 데 이용될 수 있었다. 주요한 사회다윈주의인 윌리엄 그레이엄 섬너(William Graham Sumner)는 1872년 생존을 위한 투쟁은 "역사학과 사회과학의 관계에서 오래된 난점을 해결했고, 별난 생각들이 지배하는 데서 사회과학을 구출했으며, 확실한 그리고 화려한 연구 분야를 제공했다. 그리고 이것으로부터 사회문제의 해결책에 대한 일정한 결과들을 최종적으로 유도할 수 있으리라고 희망할 수 있을 것이다"[34]라는 데 도달했다. 새로운 종합은 결국 그다지 새로운 것이 아니다. 1970년대 다윈주의 사회생물학으로부터 1870년대 사회다윈주의 프로그램이나 특수한 주장들을 분리시키는 어떤 것도 진정으로 존재하지 않는다.

사회생물학의 지적 선조 안에서 치욕적 낭패는 사회생물학적 양식으로 연구하는 많은 생물학자로 하여금 그들 작업이 갖는 특수한 인간적 함의를 부인하게 했다. 그들에게 있어, 사회생물학은 단순히 문화와 추상적 사고라는 달갑지 않은 복잡함을 갖지 않는 모든 종류 동물의 사회적 행동의 진화에 대한 연구이다. 실제로 『사회생물학』이 진화 이론으로 위장하여 인간 사회에 대한 정치적 결론들을 나타내는 데 대해 처음으로 공격받았을 때,[35] 많은 생물학자는 그 책 속에 있는 인간에 대한 논거들은 다른 경우라면 육중한 학술 서적이었을 그 책에 대한 관심을 부가시키기 위한 뒷궁리로 부가된 것이라는 자비로운 견해를 취했다. 하지만 1975년 이래로 윌슨의 『인간의 본성에 대하여』를 포함하는 사회생물학 문헌의 발전은 인간의 본성 문제가 사회생물학적 관심사의 중앙에 있다는 데 대한 의혹을 거의 남겨 놓지 않았다. 동물 행동의 진화와 관련 있는 사회생물학 분야가 실제로 존재할 수 있는데, 그럼에도 불구하고 이것을 진화생물학과 일반적으로 구별해 주며 특히 진화행동학과 구별해 주는 무엇이 존재하는지는 확실치 않다. 명백해 보이는 것은 사회생물학자들은 그 사회생물학 분야를 두 가지 방식 모두에서 갖고자 한다는 것이다. 그들은 사회생물학이 그에 앞서 있던 침체한 지적 경제 분과에 가져다준 번영 때문에 '사회생물학'이라는 이름으로 연상되는 평판을 바라곤 하지만, 한편 그들은 그들의 부의 원천을 (항상 조용히) 거부한다. "개와 함께 누워 있는 그는 벼룩에 옮게 된다."

사회생물학의 논변

인간 사회에 대한 이론으로서 사회생물학은 세 부분으로 구성되어 있다. 첫째, 설명하고자 하는 현상에 대한 기술, 즉 인간의 본성에 대한 진술이 존재한다. 이 기술은 인간 사회 안에서 보편자들로 여겨지는 광범한 특징의 목록으로 구성되어 있다. 이 다양한 현상 속에는 운동경기, 춤추기, 요리하기,

종교, 세력권제, 기업가 정신, 외국인 공포증, 전쟁, 여성 오르가즘 등이 포함된다.

둘째, 인간의 본성을 기술하면서 사회생물학자들은 보편적 특징들은 인간의 유전형 안에서 부호화된다고 주장한다. 우리가 보게 되겠지만 사회생물학자들이 유전적 통제와 본유성으로 뜻하는 바에는 상당히 많은 혼동, 부정확, 내적 모순이 존재하고, 따라서 유전자와 문화 사이의 관계에 관한 대부분의 어떠한 진술은 적절한 인용문들로 지지될 수가 있다. 때로 특수한 보편자들에 대한 직접적 유전적 통제를 기획할 수가 있는데, 예를 들면 가설화된 순응 유전자(postulated conformer genes)[36]나 상호 이타성 유전자[37] 등이 그것이다. 어떤 때는 "유전자는 문화를 [아주 긴] 가죽끈으로 묶어 둔다"[38]고만 이야기되었다. 최소한 사회생물학자들은 보편적인 것으로 가정되는 인간 사회조직의 특수한 내용은 그것 자체가 유전자의 작용 결과라고 논의한다. 복잡한 인간의 중앙 신경계가 사람들이 신을 상상하는 것을 허가하는 것은 아니지만 인간의 게놈은 사람들이 그렇게 하는 것을 **요구한다**.

사회생물학 논의의 셋째 단계는 유전적인 것에 기초한 인간의 사회적 보편자들은 인간의 생물학적 진화 과정 동안에 자연선택에 의해 수립되어 왔다는 것을 확립하려는 기도이다. 그 방법은 본질적으로 그 특성에 대해 숙고하는 것으로, 이어 그 특성을 적응성 있게 해 줄, 혹은 그 특성을 나타나게 할 가설적 유전자의 소유자들이 더 많은 자식을 남기게 해 줄 인간사에 대한 상상적 재구성을 만들어 내는 것으로 이루어진다.

앞으로 우리는 사회생물학의 이 세 가지 요소들―인간 본성에 대한 기술, 인간 본성의 본유성에 대한 주장, 인간 본성의 적응적 기원에 대한 논의―을 더욱 면밀히 검토한다.

인간의 본성에 대한 그림

많은 사람에 의해 혁명적인 것으로 환영된 새로운 과학을 구성하고 있다고 스스로를 이해하는 사람들이, 그들의 기술 방법론 연구에 관해 탐색함으로써 시작하는 것은 합리적으로 보일 뿐이다. 특히 이것은 자료가 역사적이고, 사회학적이고, 인류학적일 때 참이다. 우리가 사소한 것을 넘어서는 인간의 사회조직에 대한 어떠한 '객관적' 혹은 '과학적' 기술이 존재하지 않는다고 그리고 사회학으로부터 이념을 추방하려는 목표는 망상이라고 주장할 때, 우리는 인간 사회를 연구하는 학생들은 적어도 그 문제를 인식하리라고 기대할 수 있다. 전통적 사회과학은 오랫동안 그렇게 해 왔고 때로 자민족 중심성(ethnocentricity), 성, 정치 이념의 더욱 명백한 편향들에 대처하려 시도해 왔다. 하지만 '인간의 본성'을 기술하고자 하는 어떤 이가 맞닥뜨리는 더 깊은 인식론적 문제들은 사회생물학 이론가들에 의해 설명되어 오지 않았던 것으로 보인다. 과거와 현재 속 인간의 사회적 삶의 이상한 풍부함에 직면하여, 그들은 유럽 부르주아 사회의 변형으로서 인류 전체를 기술하려는 19세기 통로를 선택했던 것이다. 인간 정치경제학에 대한 윌슨의 기술의 한 예를 들면 다음과 같다.

> 인간 사회의 성원들은 때때로 벌레 같은 양식으로 밀접하게 협동하지만 그들의 역할 부분에 할당된, 제한된 자원을 놓고 더욱 빈번히 경쟁한다. 최선의 역할 행위자와 가장 기업가적인 역할 행위자는 보통 불균등한 보상 몫을 얻게 되고, 가장 적게 성공한 사람들은 다른 사람과 교체되어 덜 바람직한 위치로 가게 된다.[39]

소유 개인주의 기업가적 사회(possesive individualist entrepreneurial society)에 대한 이 기술이 11세기 프랑스 농업경제 혹은 동유럽의 농노 또는 마야와 아즈텍 농민에 적용되리라는 것은 명백한 잘못으로 보인다. 그리고 이들

이상한 벌레 같은 무리의 협력자는 누구일까? 아마도 그들은 "집단적 자기 권력 확대(collective self-aggrandizement)라는 목표에 의해 에너지를 얻는"[40] 모택동주의 중국인들일 것이다.

어떤 이가 인간의 본성으로 이야기되는 사회현상의 전체 집합을 제시하는 일은 어려울 것이다. 실제로 심지어 한 적절한 목록에 대한 사회생물학자들 사이의 의견에서도 불일치가 존재한다. 대략 말해서 인간은 자기 권력 확대적인 이기적 동물로 보이며, 이 동물의 사회조직은 심지어 그 조직의 협동적 측면 속에서도 생식적 적응도를 극대화하는 특성의 자연선택 결과라는 것이다. 특히 인간은 세력권제, 부족주의, 교화 가능성, 맹목적 믿음, 외국인 혐오증, 다양한 공격성의 표현 등과 같은 특징을 띤다. 이타적 행동은 실제로 개인이 반대급부에 대한 기대에 의해 동기 부여 당하는 이기심의 한 형태이다. 자기 혼자 옳은 척함(self-rightiousness), 감사, 동정이 그 예들이고, 공격적으로 도덕적인 행동은 사기꾼을 횡대로 정렬시키는 방식이다. "가장 우뚝 선 영웅주의적 삶은 커다란 보상에 대한 기대에서 나온 것이다." "연민은… 자아, 가족, 순간의 동맹자에 대한 최선의 이익과 들어맞는다." "유지되어 온 어떤 형태의 인간의 이타성도 명백하게 그리고 전적으로 자기 파괴적인 것은 없다."[41]

역사를 통하여 그리고 문화를 초월하여 사회의 특징들을 보편화하는 일은 어렵지 않다. 민족지 기록의 광장한 풍부함과 그 해석의 유연성은 한 현상이나 다른 현상을 나타낸다고 이야기되는 아주 많은 수의 부족이 일화 사례들로 선택될 수 있음을 보장해 준다. 지지해 주는 일화의 축적은 옹호 작업에서 표준적 방법이다. 그러나 보편성에 대한 주장을 모순되게 하는 것으로 보이는 사례들이 존재하고 이 사례들 또한 표준적 기법들로 다룰 수 있다. 하나는 포괄적 정의(inclusive definition)의 사용이다.

인류학자들은 종종 세력권제 행동을 일반적 인간 속성으로 깎아내린다. 이 행동은 그 현상에 대한 가장 협소한 개념을 동물학으로부터 빌려 올 때 발생한다. …
그 종은 자신의 특수한 행동 척도에 의해 특징된다. 극단적 사례 속에서 그 척도
는 공개적 적대성으로부터… 불명확한 광고 형태나 전혀 세력권제 행동을 보이
지 않는 데까지 변할 수 있다. 어떤 이는 그 종의 행동 척도의 특징화 그리고 개
별 동물을 그 척도 위와 아래로 움직이게 하는 매개변수들의 판명을 추구한다.
만일 이들 자격 부여가 승인된다면, 세력권제를 수렵-채집 사회의 일반적 특징으
로 결론 내리는 것은 합리적인 일이 될 것이다.[42]

두 번째는 보편적 특성을 나타내는 데서의 실패를 잠정적 상궤 이탈이라고
주장하는 것이다. 대량 살육 전쟁은 인간 문화의 가정된 보편자임에도 불구
하고, "몇몇 격리된 문화는 한때에 몇 대에 걸친 과정으로부터 벗어날 것이
고, 결과적으로 민속학자들이 평화 상태로 분류하는 것으로 잠정적으로 돌
아가게 된다."[43]

  사회생물학에 대한 우리의 비판 속에서 우리는 민족지 기록에 대한 특수
한 해석들을 옹호하는 논의를 기도하지는 않을 것이다. 우리는 사회생물학
자들의 작업을 특징짓는 똑같은 선택적 옹호와 재해석에 참여할 수 있을 뿐
이다. 민족지 문헌에 관한 사회생물학자들의 해석에 대한 자세한 논박은 인
류학자들이 해 왔지만,[44] 사회생물학자들은 자신들을 동정하는 인류학자
친구들을 갖고 있다.[45] 논점은 사모아인이 진정으로 평화적이냐 공격적이
냐의 여부를 결정하는 것이 아니라, 어떻게 하여 사회생물학적 기술은 그
논의의 필요에 부합하도록 만들어 낼 수 있는 인간 사회조직에 관한 기록에
대해 임의적 해석을 허용하는가를 이해하는 데 있다.

  어디서도 맞서 내지 못한 그 문제는 엄청난 개인적 변화와 문화적 변화에
직면해서, 인간의 본성이 갖는 보편적 특성을 어떻게 선택하느냐 하는 것이
다. 만일 공격성과 애국심이 보편적 인간의 특성이라면, 애국적 전쟁에 훼
방을 놓았다고 여러 해를 감옥에서 보냈던 머스티(A. J. Mustie)는 인간이 아

닌 다른 것이었을까? 다른 한편으로 만일 애국적 공격성이 단순히 인간 레퍼토리의 변화 가능한 일부라면, 그것은 쓸데없는 것은 제외한 어떤 의미에서 호분증(好糞症: coprophilia) 이상으로 인간의 본성의 일부인 것인가? 실제로 독자는 어떤 때에 몇몇 숫자의 사람에 의해 표현되어 오지 않은 어떤 행동에 -그것이 아무리 별난 것일지라도- 대해 생각을 하기가 어려울 것이다.

사회생물학 문헌에 나타나는 인간의 본성에 대한 상투적 기술은 사회생물학자들이 행동의 기술이라는 근본적 문제에 대처하는 데 실패했음을 의미한다. 그들은 노예제도, 기업가 정신, 지배, 공격성, 부족주의, 세력권제와 같은 범주들을 역사적으로 이념적으로 조건화된 구성물로 인식하기보다는 마치 어떤 구체적 실재성을 갖는 자연의 대상인 양 취급한다. 말하자면 기업가 정신의 진화에 대한 어떤 이론은 그 개념이 현대의 역사가들과 정치경제학자들의 머리 밖에서 어떤 실재성을 갖는 것이냐의 여부에 정밀하게 의존하는 것이다. 사회생물학자들이 인간 사회를 조명하기 위해 갖고 있는 어떠한 주장의 기초를 위태롭게 하는 사회생물학자들이 만든 기술의 오류에는 특정한 네 가지 종류가 있다.

첫째, 사회생물학은 임의적 덩어리(arbitrary agglomeration)를 사용한다. 사회생물학만이 아니라 진화론에서 기술이 갖는 어려운 문제들 가운데 하나는 어떻게 한 유기체가 그 유기체의 진화를 이해하는 데서 부분들로 분할될지를 결정하는 것이다. 올바른 기술의 위상학은 무엇이고, 개인의 표현형이 진화론의 목적에 맞도록 분리되는 자연의 봉합선은 무엇인가? 예를 들어 손의 진화에 대해 이야기하는 것은 계몽적인가? 손은 지나치게 작은 단위이고 전체 앞발의 변화만이 의미를 갖거나, 대안적으로, 분리된 손가락들이나 심지어 관절들이 기술의 적절한 수준일 수 있다. 실제로 고생물학자들은 종종 다른 손가락과 맞댈 수 있는 엄지손가락의 진화가 인간사에서 압도적 중요성을 갖는다고 이야기한다. 기술의 적절한 수준이나 수준들을 결정하는 선험적 방식은 존재하지 않는다. 답은 손의 성장에 영향을 주는 유전자들이 발생의 다른 측면에 영향을 주는 방식에 부분적으로 의존한다. 그러나 또한 손의 변화는 그 유기체와 외부 세계와의 관계를 바꾼다. 그리고 그 변화는 다시 그 유기체의 다른 측면에 대한 자연선택의 압력에 영향을 준다. 즉, 손은 진화 속에서 내적 관계 그리고 외적 관계에 의해 몸의 다른 부분과 묶이게 된다. 이들이 이해되기까지는 손이 표현형적 기술의 적절한 단위라는 것은 결코 확실치 않은 것이다.

발생 관계에 대한 이해가 갖는 정확한 중요성을 보여 주는 한 예가 턱의 진화이다. 인간의 해부학적 진화는 유형성숙(幼形成熟)으로 기술될 수 있는데, 이는 인간은 해부학적으로 미성숙한 채로 태어난 원숭이와 같다는 것을 의미한다. 인간의 태아와 원숭이 태아는 성체들이 닮은 것보다 훨씬 더 닮고, 인간 성체는 성체 원숭이가 태아 원숭이를 닮는 것보다 더 많이 태아 원숭이를 닮는다. 이 유형성숙 패턴에서 유일한 예외가 인간의 턱이다. 인간의 턱은 인간에서는 태아보다 성체에서 더 발달되어 있고, 원숭이에서는 덜 발달되어 있다. 왜 턱이 인간 형태의 일반적 진화에서 예외가 되어야 하는가에 대한 적응적 설명들을 정교하게 만들 수 있다.[46] 그러나 그 수수께끼에 대한 답은 턱은 실제로는 진화 단위로 존재하지 않는 것으로 나타난다. 아래턱에 두 성장 영역이 존재한다. 턱뼈 자체를 구성하는 치골(齒骨: dentary)과 치아를 유지시켜 주는 치조(齒槽: alveolar)가 그것이다. 이들 양자는 인간 계열에서 보통의 유형성숙 진화를 겪어 왔지만, 치조는 치골보다 더욱 급격히 짧아져 왔고 그 결과로 우리가 턱(chin)이라고 하는 모양이 진화되어 온 것이다.

만일 진화적 설명에 대해 한 유기체의 해부적 구조를 어떻게 분할할 것인가를 결정하는 것이 어렵다면, 얼마나 훨씬 더 낳은 유의를 특히 사회적 유기체의 행동에 이용해야 하는가? 기억의 위상학이 뇌의 위상학과 똑같지는 않다는 것은 이미 알려져 있다. 특수한 기억이 대뇌피질의 특수한 부위 속에 저장되어 있지는 않으며 공간적으로 다소 분산되어 있다. 집적된 인지 기능은 뇌 조직에서 불가사의로 남아 있음에도, 사회생물학자들은 모든 인간 문화를 진화하는 뚜렷한 단위로 분리해 내는 데서 아무런 문제를 발견하지 못하고 있다.[47]

기술의 둘째 오류는 구체적 대상들과 형이상학적 범주들의 혼동―물상화의 오류―이다. 우리가 앞서 이 책에서 논의했던 것처럼 어떤 이름을 부여할 수 있는 어떤 행동이나 제도가 물질적 자연의 법칙에 복속된 실제적인 것이라고 가정할 수 없다. 사회생물학자들이 진화의 바탕에 놓여 있는 단위들이라고 이야기하는 많은 정신적 대상은 특수한 문화와 시대의 추상적 창조물이다. '종교'에 대해 아무런 할 말을 갖고 있지 않았고 그들에게 종교는 분리된 개념으로 존재하지 않았던 고전적 희랍인에게 종교는 무엇을 뜻했을까? '폭력'은 실제적인 것이거나 육체적 행위들과 일대일 대응을 갖고 있지 않는 구조물일까? 예를 들어 '언어 폭력' 또는 '폭력적 예외'로 우리는 무엇을 의미하는 것일까? 현대 법률에서 정의된 것으로서 부동산 소유는 13세기 유럽에 알려져 있지 않았고, 그때 그 관계는 개인과 양도할 수 있는 재산 사이의 관계라기보다는 사람들 사이의 관계였다. 사실상 우리가 '소유권'이라고 부르는 개인과 재산 사이의 관계는 사람들 사이의 사회적 관계에 가면을 씌우는 유럽에서 단지 수백 년밖에 안 된 법률적 허구인 것이다.

사회생물학자들은 인간이 사회적 경험을 질서화하고, 이해하고, 이야기하려는 한 방식으로 창조된 개념들을 취함으로써 그리고 세계에 작용할 수 있고 세계에 의해 작용받을 수 있는 그들 자신의 생명을 그 개념들에 부여함으로써, 고전적인 물상화의 오류를 범하고 있다. 희랍인이 상상물의 일부분이었던 신들을 생식할 수 있고 전투에서 서로를 정복할 수 있다고 생각했던 것처럼, 사회생물학자들은 마찬가지로 종교도 생존을 위한 투쟁에서 자연선택에 의해 유전될 수 있고 빈도에서 증가될 수 있다고 생각한다.

셋째, 은유들이 종종 실제의 정체성(real identity)으로 취해지고, 은유들의 원천은 잊혀진다. 인간의 사회제도들은 은유적으로 동물들 위에 놓인 것이라는, 그다음으로 인간의 행동은 마치 그 행동이 다른 종에서 독립적으로 발견되어 왔던 일반적 현상의 특수 사례인 것처럼 동물들부터 재유도된다는 사회생물학 이론 속의 후퇴적 어원 추정 과정이 존재한다. 사회생물학보다 앞서지만 그것과 합병되어 있는 한 사례가 곤충에서의 카스트(caste)이다. 카스트는 인간 현상으로, 원래는 특수한 형태의 노동 및 사회적 위치와 연합된 종족이나 혈통 그리고 후에는 유전 집단이었다. 이 관념을 곤충들에게 응용함으로써, 사회생물학자들은 인간 카스트는 단순히 더욱 일반적인 현상의 한 예라는 개념에 정당성을 부여한다. 그러나 곤충들이 생명 활동에서 차이가 나는 개체들을 가지고 있다고 하더라도 곤충들은 카스트를 가지고 있지 않다. 인도 카스트는 아리아인 침입의 결과였고 드라비다 원주민에 대한 정복 결과였다. 높은 카스트 계급의 힌두인들은 사회적 그리고 정치적 권력에서 독점권을 가졌고, 인도 불촉 천민은 생존의 변두리에서 살았다. 이 모든 것이 개미와 무슨 관계를 가질까? 전적으로 자체 소비적이고, 권력을 지닌, 알을 배태하는 기계인 여왕개미(성이 인식되기 전까지는 한때 왕으로 불렸다)는 엘리자베스 1세나 예카테리나 대제 혹은 심지어 정치적으로는 힘이 없지만 엄청나게 부유한 엘리자베스 2세와는 어떤 닮은 점을 갖는 것일까?

이 은유들이 갖는 위험에 대한 한 실례가 개미의 '노예제' 현상 안에 존재한다. 어떠한 현대 사회생물학자도 인간 노예제를 개미 노예제로부터 생물학적으로 유도하지는 않으며, 월슨이 지적한 것처럼[48] 한 종의 다른 종의 포획과 관계된 개미 노예제는 그 곤충의 진화에서 적어도 여섯 번은 독립적으로 일어난다. 그러나 언어는 그것의 마법적 절차를 주조해 낸다. 월슨은 다음과 같이 쓰고 있다.

커다란 억압 아래서 노예들은 노예 개미, 긴팔원숭이, 맨드릴(mandrill) 혹은 어떤 다른 종 대신에 인간처럼 행동하기를 고집한다는 사실은 내가 역사의 궤도는 미리, 적어도 대략적으로 구성될 수 있다고 믿는 이유들 가운데 하나이다. 생물

학적 구성 요소들은 가망성 없는 혹은 금지된 참가라는 그러한 일정한 지대에 존재한다.[49]

이 견해에 따르면, 인간의 생물학적 본성이 인간으로 하여금 비인간 동물들이 투쟁 없이 겪고 있는 똑같은 제도에 저항하도록 하는 원인을 부여하기 때문에, 노예 상태는 결국 인간에서 실패하게 된다. 그 제도는 일반적이며, 그것에 대한 반작용은 특수한 것이다. 이 제도는 '노예제도'가 개미에서는 존재하지 않는다는 점을 놓치고 있다. 노예제도는 경제적 잉여의 한 생산 형태이고 노예들은 자본의 한 형태이다. 개미는 상품이나 자본 투자 혹은 이자율 또는 자유 노동시장에서 산업자본의 상대적 유리에 대해 아무것도 모른다.

사회생물학자들은 19세기 곤충학으로부터 개미의 왕위와 노예제도를 계승하면서, 거짓된 은유를 그들 자신의 장치로 삼았다. 공격성, 투쟁, 협동, 혈족 관계, 충성, 수줍음, 강간, 사기, 문화는 모두 비인간 동물에 응용된다. 그렇다면 인간의 표현들은 특수한 더욱 발전된 사례들로 보이게 된다. 돈은 "상호 이타성의 정량화"[50]이고 "세력권제에 대한 생물학적 공식은 현대 재산 소유관계의 의식들로 쉽게 번역된다."[51]

은유의 사용과 밀접히 관련된 기술의 마지막 문제는 똑같은 항목 아래서 상이한 현상들을 융합시키는 것이다. 사회생물학자들과 그들의 선조들을 몰두시켰던 고전은 공격성이다. 원래는 한 사람의 다른 사람에 대한 자극되지 않은(그러나 필연적으로 비합리적인 것만은 아닌) 공격을 의미했던 공격성은 또한 한 국가의 다른 국가에 대한 공격, 궁극적으로 전쟁으로 구체화된 정치적 의미를 갖게 되었다. 조직화된 정치적 공격성은 소위 초만원과 **생활권**(*Lebensraum*)에 대한 압력 때문에 혹은 짝에 대한 희구 때문에 존재하게 된다고 이야기되는 개인의 개인에 대한 공격적 느낌의 집단적 표현이다. "폭력적인 집단 간 경쟁은 생식적 성공에 영향을 주는 어떤 희소 자원―토지, 동물, 금속 등등—에 대해 발생할 수 있지만 종종 여자에 대해 일어날 수 있고, 심지어는 여자가 직접적으로 문제가 되지 않더라도 전투원들은 간접적으로 여자가 걸려 있다고 인식할 수가 있다."[52]

하지만 국가 조직화된 사회 사이의 전쟁은 보다 앞서 있는 개인의 공격 느낌과 관계가 없다. 전쟁은 정치적 그리고 경제적 이익에 대해 한 사회 안에서 권력을 쥐고 있는 이들의 명령으로 착수되는 계산된 정치적 현상이다. '전쟁 행위'는 선전 기관에 의해 고의적으로 창조된 것을 제외하고는 개인 사이의 최소한의 적대성 없이 시작된다. 사람들은 온갖 종류의 이유 때문에 전쟁에서 서로를 죽이는데, 그들이 국가의 정치권력에 의해 그렇게 하지 않을 수 없다는 것은 그 이유들 가운데 최소한의 것은 아니다. 1917년 러시아 국가의 정치권력이 붕괴되었을 때, 러시아 군인은 독일 군인을 죽이는 일을 멈추었다. 트리버스(R. Trivers)가 주장한,[53] 약간의 군악 연주만이 필요할 뿐이고 남자는 그들의 성적 본능에 의해 추진되어 전쟁 속으로 행진해 나가리라는 것은 단순히 거짓이다. 음악에 앞서 훈련 과정이 있고 만일 그 밖의 모든 것이 실패하면 투옥이나 국외 추방의 위협이 있게 된다. 융합은 단순히 무분별한 사회생물학 이론가들의 즉자적 오류가 아니다. 그것은 환원론 프로그램의 본질적 단계이다.

행동의 본유성

사회생물학의 중심적 단언은 인간의 사회적 행동은 어떤 의미에서 유전자 안에 부호화되어 있다는 것이다. 그러나 우리가 IQ와 관련하여 명확히 했듯이, 현 시기에 이르기까지 아무도 인간 행동의 어떤 측면을 어떤 특수한 유전자나 유전자 집합과 관련시킬 수 없었고, 아무도 그렇게 하는 데 대한 실험 계획을 제안하지 못했다. 따라서 인간의 사회적 특성들의 유전적 기초에 대한 모든 언명은 그 언명이 아무리 실증적으로 보일지라도 필연적으로 순수히 사변적인 것이다.

사회생물학자들이 공격성과 같은 명백한 특성들과 유전자 혹은 염색체에 대한 기술(記述)들 사이의 관계에 대해 단언하는 바는 무엇인가? 주어진 하나의 행동에 대한 단독 유전자 부호화가 때로 가설로 만들어진다. 종종 그 유전자에 대한 가설적 본성이 진술되나, 그다음으로 그 가설적 모형을 실제적인 것으로 다루는 더 나아간 논의에서 '만일'이 떨어져 나간다. 그 과정에서 단순한 가설적 유전자는 더 많은 특기하지 않은 숫자의 유전자가 될 수 있다. 유전자와 특성 사이의 관계는 직접적이고 결정적이다. 그 유전자 중 하나의 형태를 갖는 사람들은 그 특성을 갖는 것이다. 다른 유전자를 갖는 이들은 그 특성을 결여하거나 더 적은 정도로 그 특성을 갖게 된다. 그러므로 윌슨은 "순응 유전자의 더 높은 빈도를 포함하는 사회들"[54]과 "유전적으로 프로그램된 성적 충돌과 부모-자식 충돌"[55]에 대해 쓰는 것이다. 그 기법에 대한 가장 계몽적 사례들 가운데 하나는 지위에 대한 '달버그 유전자들(Darlberg genes)'의 출현이다. 『사회생물학』에서 우리는 "달버그(1947)는 만일 지위에서 성공과 상향 이동을 지배하는 한 단일 유전자가 나타난다면, 그것은 최고의 사회경제적 계급들에 신속하게 집중될 수 있다"는 것을 보여주었음을 알게 된다. 두 문단 뒤에서 우리는 "많은 달버그 유전자가 존재하고, 가장 단순한 모형 속 논의를 위한 하나의 가정된 유전자만이 존재하는 것은 아니다"[56]라는 이야기를 듣게 된다. '만일'이 '존재한다'가 되어 버렸다. 훨씬 뒤에 사회생물학 이론의 발달 속에서 '달버그 유전자'는 '방법'과 '주요 결과'[57]로 완결된 인간의 문화적 진화에 대한 한 모형의 지위로 승진된다. 유명한 인간유전학자 달버그에 대한 인용은 조심성 없는 독자로 하여금 한 심각한 가설이 연구되고 있었고, 출판 가능한 결과가 입증되고 있었다고 가정하게 할 수도 있다. 사실상 그 언급은 한 교재의 한 장의 끝에서 연습 수치 문제에 대한 것이고,[58] 이는 유전학의 대수를 조작하는 학생들의 능력을 검사하는 것을 돕기 위해 고안된 게임이다.

유전자 통제에 대한 단순한 결정론적 모형이 갖는 골칫거리는 한 유기체의 명백한 특성인 그것의 표현형은 일반적으로 고립된 유전자에 의해 결정되는 것이 아니고, 성장 속에서 유전자와 환경의 상호작용 결과라는 것이다. 사회생물학자들은 이 사실을 알고 있고, 따라서 때로 그들은 울타리를 친다. "만일 [동성연애] 유전자들이 실제로 존재한다면, 그 유전자들은 침투도에서 거의 확실히 불완전할 것이고 표현도에서 변화가 있을 것이라고 여전히 이야기될 것이다"[59] 골칫거리는 만일 유전자들을 갖고 있는 사람들의 단지 몇몇 특기되지 않은 비율에만 영향을 미치는 인간의 행동 유전자들이 존재한다면(불완전한 침투도) 그리고 그 효과의 본성에서 특기되지 않은 변화를 갖는(변화하는 표현도) 행동 유전자가 존재한다면, 어떤 유전학자도 그들의 존재를 확증할 수 없을 것이다. 문제는 환경에 대한 완전한 통제가 존재하는 곳에서 그리고 실험적 짝짓기가 존재할 수 있는 곳에서 실험 유기체들을 파악하기에는 엄청난 어려움이 존재한다. 인간에서 분석의 문제들을 이겨 내기 어렵다. 인간유전학자들이 멘델의 업적이 알려진 이후의 원시적 단계에 있었을 때, 어떤 특성의 유전이 완전히 침투할 수 없는 불가사의였던 그 특성은 불완전한 침투도와 다양한 표현도를 갖는 지배적 유전자로 통과되었다.

때로 사회생물학자들은, 명백한 특성은 그 자체가 유전자에 의해 부호화되는 것이 아니라 어떤 잠재가 부호화되고 그 특성은 단지 적절한 환경적 단서가 주어졌을 때 생겨난다고 이야기한다. 그래서 시먼스(Symons)는 "'아무런 공격적 추진력'이나 이행되어야 할 공격적 에너지의 축적은 존재하지 않는다. …자연선택은 이익이 전형적으로 생식적 성공에 요구되는 통화(通貨)에서의 비용을 초과할 때만 기꺼이 싸우려는 마음을 선호하고, 그러한 환경의 결여 속에서는 심지어 전형적으로 공격적인 종의 한 성원도 평화롭게 그것의 생활 주기를 살 수 있다"[60]고 쓴다. 환경에의 의존이라는 자연선택의 피상적 외형에도 불구하고, 그 모형은 완전히 유전적으로 결정적인 것이며 환경과 독립되어 있다. 유전자의 작용은 고유한 신호에 대해 고정된 그리고 판에 박힌 반응을 제공하게 될 초기 컴퓨터 프로그램을 창조하는 것처럼 보인다. 물론 만일 그 신호가 결코 주어질 수 없다면, 유전적으로 결정된 중앙 신경 회로의 그 부분은 결코 활성화되지 않을 것이다.

때로 사회생물학자들은 두 가지 메시지 모두를 동시에 주려 한다. "인간은 본유적으로 공격적인가? 답은 그렇다다. 역사 전체를 통하여, 전쟁 행위는… 모든 사회형태에서 풍토병이었다."[61] 그러나 계속 읽어 내려가다 보면 인간의 공격성은 "유전자와 환경 사이의 구조화된, 예측 가능한 상호작용 형태"[62]라는 것이 판명된다. 그러나 여기서 우리는 사회생물학의 위험한 토대 위에 있는 것이다. 만일 공격성이 오직 **몇몇** 환경 속에서만 유일하게 명백한 것이라면, 어떤 중요한 의미에서 공격성은 본유적이며 왜 우리는 그 잘못된 환경을 단순히 피하지 않는 것일까? 이 점에서 유전학과는 성질이 다른 관념이 나타나기 시작한다.

인간은 외적 위협에 대해 불필요한 증오로 반응하도록 강력하게 **사전에 경향을** 부여받는다. …우리 뇌는 다음과 같은 정도로 프로그램된 것으로 보인다. 우리는 다른 사람을 친구와 외부인으로 나누는 **경향을 갖는다.** …우리에게는 이방인의 행위를 깊이 두려워하는 **경향이 있다.** …폭력적 공격에 대한 학습 규칙들은 주로 쓸모없게 되었다. …그러나 그 규칙들의 쓸모없음을 인정하는 것이 그 규칙들을 추방하는 것은 아니다. 우리는 단지 그 규칙들 주위에서 우리 식으로 작업할 수 있을 뿐이다. 그 규칙들을 잠복하게 하고 소환되지 않게 하기 위해, 우리는 폭력을 배우려는 심오한 인간의 **성벽**에 대한 숙달과 환원으로 이끄는 심리학적 발전에서 어렵고 좀처럼 가기 어려운 통로를 의식적으로 떠맡아야 한다.[전체를 통해 강조표시를 했다][63]

우리가 여기를 뚫고 나가려면 어떤 덤불숲을 헤치고 길을 만들어야 하는가!

상황에 부수하는 행동에 대한 직접적 관념으로부터, 우리는 특수한 환경에 의존하지 않는 어떤 행동에 대한 '경향', '소인', '기호'와 접하게 된다. 우리 뇌는 사람을 친구와 이방인으로 나누도록 **프로그램되어 있고**, 그렇게 하면 이방인에게 공포를 느끼게 되고 그러한 자기 창조된 위협이 나타나면 폭력적으로 반응하게 된다. 유전자와 환경 사이의 상호작용에 대한 이야기에도 불구하고, 이 이야기는 유전자들이 사회적 교제에서 공격적 행동에 대해 구술해 주지만 공공연한 공격성은 의지나 정치 구조에 의해 진압될 수 있다는 단순한 이론이다.

사회생물학에 스며들어 있는 유전자 작용의 개념은 사회조직의 대안적 형태들은 유전자에 의해 용인되지만, 그것은 마치 무릎으로 걷는 것이 육체적으로는 가능하지만 인간 신체의 해부학적 구속 요소들에 의해 매우 지치게 되고 고통스럽게 되는 것과 같은 커다란 노력과 심적 고통이라는 대가를 치러야만 용인된다는 것이다. 사회의 일정한 상태들은 더 '자연스럽고' 따라서 더욱 편하고 더욱 안정적이다. 다른 상태들은 그 상태들을 유지하기 위한 일정한 에너지 입력을 요구한다. 행복은 자연적으로 우러나오는 것을 하고 있는 것이다. 이는 "몇몇 행동은 정서적 손상이나 창조성의 손실 없이도 경험적으로 변화될 수 있다"는 단언이 갖는 의미이다. "다른 행동은 그렇게 될 수 없다."[64] 추정컨대 성 평등의 대가는 영원한 불면증이다. 그러나 심적 그리고 정신적 상태들에 대한 유전적이고 생리학적인 것의 연결이라는 그러한 관념을 지탱하기 위해서는 단순한 단언 훨씬 이상의 것이 요구된다. 그 단언 뒤에 숨겨진 것은 아무런 근거도 절대로 존재하지 않는 중앙 신경계의 구조에 대한 완전한 그러나 설명되지 않은 이론이다. 사회생물학은 신경계에 대한 어떤 쓸모 있는 지식으로부터 심적 안이(安易)에 관한 이론을 유도하기보다는 선 다윈 생물학의 특성이었던 정상 상태(normalcy)에 대한 유형학적 관념과 선호된 자연 상태로부터 나온 관념을 명백히 계승했던 것이다.

사회생물학자들은 때로 환경은 유전자보다 훨씬 중요하다고 명백히 진술함으로써 그들이 순진한 유전 결정론자라는 비난으로부터 탈출하려 기도한다. 유전자들은 "그것들의 대부분의 주권을 주어 버렸다"[65]거나 "문화를 가죽끈으로 묶어 놓았다"[66]는 관념은 단순히 어떠한 정확한 기술적 의미를 갖는 방식으로 유전학의 언어 안에서 틀 잡힐 수 없다.

최종적으로 호된 압력을 받을 때, 사회생물학자들은 때로 "사회적 행동에서 융통성을 촉진하는 유전자들은 강력하게 선택된다"[67]고 이야기할 것이다. 이것이 진정으로 참인 한, 이는 사회생물학으로부터 모든 내용을 박탈한다. 그 이론은 인간은 매우 복잡한 신경계를 갖는 적응 기계라고 단순히 이야기하는 것보다 더 잘해야 하는 것이다.

유전적 결정의 근거

사회생물학은 사회구조의 유전적 통제의 존재에 대한 몇 가지 미약한 논의들을 제공한다. 첫째, 한 특성의 추정적 보편성이 그 특성의 유전적 통제에 대한 근거로 취해진다. "수렵-채집 사회에서 남자는 사냥하고 여자는 집에 남아 있는다. 이 강력한 편향은 농업 사회 그리고 산업사회에 나타나며, 그러한 하나의 토대만으로도 그 편향은 어떤 유전적 기원을 갖는 것으로 보인다."[68] 이 논의는 관찰과 설명을 혼동하고 있다. 만일 그것의 순환성이 분명하지 않다면, 핀족의 99%가 루터교도이기 때문에 그들은 그러한 사실에 대한 유전자를 가져야 한다는 주장을 생각하면 될 것이다.

관련된 그러나 더욱 심각한 한 논의는 인간의 사회적 행동과 여타 영장류의 사회적 행동 사이의 가정된 유사성 위에 근거하고 있다. 진화 생물학자들은 공통 조상들로부터 유전된 **상동**(相同) 구조들과 아주 다른 진화적 근원들부터 나왔지만 기능에서 아주 유사한 **상사**(相似) 구조들을 구별한다. 따라서 새의 날개와 박쥐의 날개는 척추동물의 앞발로부터 형성되었기 때문에 상동이고, 새와 곤충의 날개는 상사일 뿐이다. 만일 몇 가지 밀접한 혈연관계가 있는 형태들이 모두 똑같은 특성을 갖는다면, 그 형태들이 최근의 공통 조상으로부터 그 특성을 유전받았다고 가정하는 것은 합리적이다. 그러나 인간은 살아 있는 아주 가까운 아무런 친척도 갖고 있지 않다. 다른 어떤 종도 똑같은 속(屬)(Homo) 혹은 과(科)(Hominidae) 또는 상과(上科)(Hominoidea)로 분류될 수 없는데, 그 동물들을 분류하는 것은 **호모**(Homo)이고 호모 사피엔스(Homo sapiens)와 대형 원인류(great apes)의 가장 최근의 공통 조상은 적어도 200만 년 전에 존재했다는 사실을 이것이 단순히 반영할 수 있음에도 불구하고 말이다.* 더욱이 인간의 뇌는 그 시기 동안 부피가 네 곱절이나 증가했다. 인간과 원숭이 사이에서 상동으로 **보이는** 특성들이 실제로 그렇다고 이야기하는 것이 단순히 불가능하지는 않다. 원숭이에서 유전적으로 판에 박히게 된 행동은 초기 인간에서 알 수도 있다. 조류에서 노래의 발전은 한 종에서 유전적으로 판에 박히게 된다는 것은 잘 알려져 있지만 한편 다른, 혈연관계가 있는 형태들 안에서 노래를 배워야만 한다. 푸른되새(chaffinch)는 고립되어 길러진다 하더라도 특징적 종 노래를 할 것인데, 푸른되새가 성체의 노래를 듣지 못한다면 불완전하게 노래할지라도 말이다. 한편 멋장이류(bullfinch)는 엄청나게 다양한 노래 흉내 내기를 배울 것이고, 그 새의 아버지로부터 배운 노래를 그 노래가 무엇이든 간에 부를 것이다. 그 밖에 많은 것에서처럼, 사회생물학자들은 그들의 요점을 만들어 내려 모순된 주장들을 이용한다. 그러므로 유사한 종들 사이의 보존적 특성들은 유전적 통제의 근거라고 이야기되지만, 불안정한 특성들은 인간 집단 사이에서 유전적으로 다를 가능성이 가장 큰 것들이라는 점 또한 단언된다.

---

* 200만 년이라는 평가치는 인간과 대형원인류 사이의 면역학적 유사성에 기초한 최소치이다. 화석증거는 연대를 훨씬 더 거슬러 올라가 5백만 년 전까지 잡게 해준다.

최종적으로 유사성으로부터 나온 근거를 사용하려는 모든 희망은 우리가 불안정한 특성들은 인간과 침팬지 사이의 상동이 될 수 없느냐의 여부를 확신할 수 없음을 인정하는 것으로 혹은 그 역을 인정하는 것으로 타협된다.[69] 사실상 유사성으로부터 나온 근거는 어떠한 논의를 임의적으로 지지하는 데 이용될 수 없다.

인간의 사회적 행동의 유전적 통제를 지지하는 데 제공된 다른 근거는 많은 인간의 특성은 ―내향성-외향성, 스포츠 활동, 개인적 템포, 신경질, 지배, 정신분열증과 같은― 적당하게 유전 가능한 것으로 주장되어 왔다는 단언이다. 그 논의는 두 가지 방식에서 잘못되었다. 첫째, 인간의 인격 특성의 유전 가능성에 대한 연구들은 단순히 존재하지 않는다. 우리가 5장에서 논의했던 것처럼, 유전 가능성과 가족 유사성을 혼동하지 않는 것이 중요하다. 합리적 표본 크기를 갖는 대조 표준 입양 연구의 부재 속에서, 친족의 유사성의 원인이 무엇이라고 이야기하는 것은 불가능하다. 미국에서 어떠한 사회적 특성에 대한 부모와 자식 사이의 최고의 상관관계는 종교 분파와 정당에 대한 것이었다. 가장 저열한 유전론자만이 감독제주의(Episcopalianism)와 공화당 정책은 유전자에 직접적으로 부호화된 것이라고 제안할 것이다. 어떤 것도 인간의 정신 사회적 특성들의 근거에 대한 그들의 거만한 취급보다 사회생물학 저작들의 옹호 본성을 더 잘 폭로해 주지 못한다. 어떤 이들은 아무런 비판적 조사 없이 유전 가능성 평가치에 대한 2차 자료와 3차 자료를 인용하고,[70] 다른 이들은 파리, 오리, 생쥐에 대한 실험만을 인용하면서 인간의 그러한 특성은 진정으로 유전 가능하다는 것을 우리에게 보증한다.[71]

둘째, 한 특성의 유전 가능성은 그 개체군 내에서 유전변이에 대한 근거이지, 유전적 균질성에 대한 근거가 아니다. 우리가 5장에서 지적했듯이, 모든 개체에 대해 유전적으로 동일한 한 특성은 영(零)의 유전 가능성을 갖게 될 것인데, 왜냐하면 유전 가능성은 한 개체군 안의 유전적 차이에서 일어나는 변화율에 대한 척도이기 때문이다. 인간유전학은 유전자들이 모든 이에게 동일하다면 행동 특성을 통제하는 유전자의 존재를 탐지하는 어떤 방법을 갖고 있지 않다. 이것은 사회생물학자들이 인간은 '인간의 본성' 유전자에 대해 유전적으로 일정하다고 믿는지의 여부에 대해 질문을 제기한다. 만일 믿는다면, 이 유전자들은 유전 가능성 연구에 의해 탐지되지 않았을 것이다. 만일 믿지 않는다면, 유전적으로 통제된 인간의 본성은 무엇으로 존재하는 것인가? 만일 몇몇 사람만이 공격성에 대한 유전자를 갖고 있다면, 공격성과 비공격성 양자 모두가 인간의 본성의 일부이다.

장벽과 모순에도 불구하고, 유전 결정론(genetic determinism)은 사회생물학 이론의 핵심을 차지하고 있다. 이 이론이 작동하게 하기 위해서는 유전자가 각 사례에 맞는 정확히 희망된 생리학적 그리고 발생적 속성을 갖기를 기원하는 것이 필요하다. 오윈 글렌다우어(Owen Glendower)가 "나는 광대한 바다로부터 영혼들을 불러올 수 있다"고 뽐냈을 때, 헨리 퍼시(Henry Percy)는 "왜 나도 그렇게 할 수 있고 혹은 어떤 사람도 그렇게 할 수는 있지만, /당신이 그들을 부를 때 그들이 올까?"라고 적절하게 답해 주었다. 그러나 우리가 유기체의 발생과 유전자의 본성에 관해 알고 있는 모든 것은 종 내에서 일어날 수 있는 가능한 종류의 유전변이에 몇몇 제한이 존재한다는 점을 우리에게 이야기해 준다. 하나는 이론의 편의를 위한 임의적이고 복잡한 속성을 갖는 유전자들을 발명해 내는 일은 확실히 자유롭지 않다는 점이다. 어떤 척추동물도 잉여의 손발 쌍을 나오게 하지는 않았고, 손과 발은 물론 날개를 갖는 것이 좋을 수도 있겠지만, 척추동물 유전형의 집합은 그 가능성을 포함하지 않는다. *

생물학적 인간의 본성 이론에는 더 근본적인 문제가 있다. 발생생물학이

---

* J. B. S. 홀데인은 한때 우리는 날개와 도덕적 완벽함에 대한 유전변이를 결여하고 있기 때문에 우리는 결코 천사라는 종족이 될 수는 없다고 진술한 적이 있다.

특수한 인간 유전형의 환경에 대한 발생 반응이 행동에 대해 뚜렷하게 지정될 수 있는 점에 도달하게 되었다고 가정해 보라. 그러한 상황에서 한 개인의 특성은 예측될 수 있고, 환경에 의해 주어질 수 있다. 그러나 그 환경은 사회적 환경이다. 사회적 환경을 결정하는 것은 무엇인가? 여하튼 개인의 특성은 그것들이 결정력이 있는 것이 아닐지라도 관련이 있다. 따라서 개인과 사회 사이에 변증법적 관계가 존재하고, 각각은 다른 것의 발생과 결정의 조건이 된다. 개인들이 사회를 만들기도 하고 사회에 의해 만들어지기도 하는 이러한 변증법적 관계에 대한 이론은 생물학 이론이 아니고 사회 이론이다. 개인 유전형과 개인 표현형의 관계에 대한 법칙은 그것 자체로 사회 발전 법칙을 제공하지 못한다. 게다가 개인적 본성들의 모음과 집단의 본성을 관련시키는 법칙이 존재해야 한다. 사회 이론이 갖는 이 문제는 환원론적 세계관 속에서는 사라져 버리는데, 왜냐하면 환원론자에게 사회는 아무런 인과 작용의 역경로 없이 개인들에 의해 결정되는 것이기 때문이다.

적응 이야기

사회생물학 논의에서 마지막 요소는 인간의 사회적 특성에 대한 그럴듯한 이야기를 자연선택으로 재구성하는 것이다. 일반적 개요는 그 종이 진화해 과거에 한 특수한 특성에 대한 유전변이가 존재했고, 한 특수한 행동 형태를 결정하는 유전형들이 여하튼 더 많은 자식을 남긴다고 가정하는 것이다. 결과적으로 이 유전형들은 그 종 안에서 증가했고 결국 그것을 특징짓기에 이르렀다. 한 예를 들면 과거 진화 속 한때 몇몇 남성은 유전적으로 더욱 개인적이었고 다른 남성보다 집단 가치에 대해 교화가 덜 되는 경향을 가졌다고 가정된다. 그러한 교화 불가능한 남성들은 그 집단에서 배척되고 어려울 때 그들을 보호할 수 없게 되고, 집단의 자원을 나누어 가질 수 없게 되며, 아마도 심지어는 그들의 동료들에 의해 죽임을 당할 수도 있었을 것이다.

결과적으로 교화 불가능한 유전형들은 잘 생존하지 못하고 더 적은 수의 자식을 남기게 될 것이고, 그리하여 유전적으로 통제된 교화 가능성은 그 종의 특성이 될 것이다. 이와 유사하게 상상의 이야기들이 윤리, 종교, 남성 지배, 공격성, 예술적 능력 등등에 대해 이야기되어 왔다. 한 사람이 해야 할 필요가 있는 모든 것은 과거 속에서 유전적으로 결정된 대조를 예측하고 그다음으로 키플링(Kipling)의 『바로 그런 이야기(Just So Stories)』의 한 다원적 변형에서 몇몇 상상력을 이용하는 것이다. 키플링이 지닌 유일한 문제는 획득형질의 유전을 믿은 것이었다.

우스운 그러나 비전형적이지는 않은 예가 중등학교 학생들에게 사회생물학적 추론 원리들을 가르치기 위해 세 명의 저명한 사회생물학적 인류학자들이 고안한 교육실습이다.[72] 그들은 "왜 아이들은 나이 먹은 이들은 보통 좋아하는 시금치를 그렇게도 자주 싫어하는 것일까?"라고 묻는다. 우선 학생들은 아이의 부모와 친구에게 그것이 참인가의 여부를 물음으로써 인간의 본성이 갖는 이 일부의 보편성을 수립하는 법에 대한 이야기를 듣게 된다. 그다음으로 그들에게 적응 이야기가 주어진다. 시금치는 옥살산(oxalic acid)을 포함하고 있는데, 이 산은 칼슘 흡수를 막는다. 아이들은 성장하는 뼈를 갖고 있고 칼슘을 필요로 한다. 성인의 뼈는 더 이상 성장하지 않으며, 따라서 칼슘의 결여는 중요하지 않다. 그러므로 어린이들로 하여금 시금치를 싫어하게 만드는 그러나 어른들은 그것을 좋아하게 만드는 효과를 가진 어떤 유전자가 선호될 것이다. 독자는 그 사례의 어리석음에 방해받아서는 안 된다. 그것은 모든 필요 요소를 갖고 있다. 그것은 (1) 보편성의 근거로서 일상적 자민족 중심적 경험에의 호소, (2) 유전자는 그 이론이 필요로 하는 어떠한 임의로 뒤얽힌 작용을 일으킬 수 있다는 설명되지 않은 가정, (3) 시금치를 먹는 것이 정말로 생식률에 효과를 미치는지의 여부에 대한 어떠한 정량적 점검 없는 적응 이야기의 발명이다.

자연선택에 대한 사회생물학 논의 속에서 중심적 역할은 성 선택(性選擇:

sexual selection)에 대한 다윈의 이론에 의해 수행되었다. 이 이론에 따르면 수컷은 암컷을 놓고 경쟁하고, 암컷은 다시 경쟁자 가운데 다수의 건강한 가족을 보장할 가능성이 가장 큰 것으로 보이는 속성을 가진 수컷을 선택한다. 사랑하는 사람의 발밑에 무릎을 꿇고 그의 모든 재화를 그녀의 처분에 맡기는 빅토리아 시대 시골 젊은이 이미지를 떠올리게 된다. 성 사이 경쟁의 비대칭성은 자식 생산에서 그들의 투자(용어 사용에 주목하라)의 비대칭으로부터 발생한다고 생각된다. (또한 6장을 볼 것.) 암컷은 어린 것을 배 속에 품거나 둥지에서 알로 품으며, 상당량의 생활 에너지를 어린 것을 먹이고 키우는 데 바친다. 극미의 정자로 기여한 수컷은 구속되지 않으며 떠나 버리고 다른 암컷을 유혹하는 데 자유롭다. 결과적으로 자연선택은 건강하고 원기 왕성한 자식을 낳기 위한 건강하고 원기 왕성한 수컷의 선택에 가장 유의하는 암컷을 선호한다. 한편 수컷은 착색, 노래, 혹은 다른 꾸미기에서 암컷에게 특수하게 매력을 주거나 혹은 그 밖에 더 공격적으로 되어 다른 구혼자들을 정복하거나, 더 큰 갈래 뿔을 갖게 되는 등등이 되도록 선택된다.

성 선택 이론은 특수하게 유연성 있고 강력한 적응 논의 형태이고 사회생물학자들은 이 이론을 아주 정교하게 휘둘러 왔는데, 배러시(Barash)가 이상할 정도로 솔직하게 '가장합시다(Let's Pretend)'[73] 놀이라고 불렀던 것 안에서 말이다. 사회생물학 이론이 어떤 것을 어떻게 설명할 수 있는가에 대한 한 예로, 그것이 아무리 모순적인 것일지라도, 약간의 정신 체조로 인간 종에서 암컷의 꾸미기와 수컷의 단조로움의 역설에 대해 생각해 보자. 성 선택 이론은 일반적으로 수컷은 더욱 근사한 색을 가져야 하고 많이 꾸며야 하며, 한편 암컷은 실제로 대부분의 조류종의 사례에서처럼 우중충해야 한다고 예측한다. 하지만 적어도 서양 문화 속에서는 그 역이 참인 것으로 보인다. 이것은 성 선택 이론을 반증하는 것인가? 전혀 그렇지가 않다. 시먼스(Symons)의 『인간의 성별 진화(The Evolution of Human Sexuality)』에 따르면 그것은 바로 누구나 기대할 수 있는 것이다. 여성의 가능한 생식적 성공은 그들의 표면적 외형(큰 가슴, 넓은 엉덩이)으로 공시되고, 여자는 그 외형을 강조할 것이다. 다른 한편으로 남성의 단조로움은 남성은 보수적이고 따라서 경제적으로 호사스러운 생활을 하게 해 줄 사람이 될 가능성이 있음을 증명한다. 더욱이 자신을 꾸미는 남성은 성관계가 난잡하고 가족을 버릴 수도 있다. 결국 여자는 남자를 통제하는 수단으로 성적으로 매력이 있어야 하는 데로 선택될 가능성이 있다. "모든 인간 사회에서처럼 서양에서 성교는 보통 여성의 서비스이거나 여성의 호의이다."[74] (사회생물학을 읽을 경우 어떤 이는 자기가 엿보는 사람이 되는 느낌을 계속 받을 것이고, 사회생물학 대표자들의 자서전적 비망록을 훔쳐보는 듯한 느낌을 갖게 된다.) "사람 암컷은 육체적 힘 그리고 정치권력에서 성인 수컷에 의해 지배당하는 환경 속에서 진화해 왔기"[75] 때문에 "여자는 그들의 자산을 그들 자신의 이익에 맞게 쓰도록 진화해 왔다."[76]

결국 이 논의들의 어떤 것도 설득력 있는 것이 아니라면, 우리는 서양의 환경은 인위적인 것이고 따라서 아마도 인간의 성적 행동은 잠정적으로 비적응적인 것이고, 그 문제는 사라져 버린다고 생각하게 된다.

때로 한 공통 특성이 그 특성 소지자의 생식 적응도를 올리기보다는 내려가게 해야 한다는 것은 명백해 보인다. 특히 행위자의 지출로 다른 이에게 이익을 주는 이타적 행위는 역방향으로 선택되어야 하지만, 이타성은 존재한다. 이타성을 설명하기 위해 사회생물학자들은 친족 선택(kin selection)에 대한 이야기들을 이용한다. 그 이야기들은 사회적 행동을 설명하기 위해 해밀턴(W. D. Hamilton)이 도입한 확장된 적응도의 보다 넓은 개념의 일부이다.[77] 한 개인의 친족은 그 개인의 것과 똑같은 유전자를 소지할 가능성을 갖고 있고, 그 가능성은 관계의 가까움이 증가할수록 증가한다. 형제자매는 유전자의 절반을 공유하고, 사촌은 단지 8분의 1만을 공유한다. 만일 한 개인 유전자 보유자가 자신의 생식 적응도는 저하시키지만 동시에 이를 벌충하는 것 훨씬 이상의 충분히 커다란 양으로 한 친족의 적응도를 증가시킨다면, 특수한 특성에 대한 유전자는 한 개체군 안에서 증가할 수 있다. 그러므로 이러한 직접 경로로 세 형제자매를 위해 자신을 희생하는 한 개인은 자신의 유전자의 복제를 증가시킨다. 다양한 특성은 친족 선택의 결과인 것으로 설명되고, 이때 직접 선택(direct selection)은 실패하는 것으로 보인다. 고전적 예가 동성연애에 대한 설명이다.[78] 이야기되기로 동성연애자들은 '필연적으로' 이성 연애자들보다 더 적은 수의 자식을 남기기 때문에, 그 특성은 사라진다. 그러나 인간이 진화하는 동안에 부양할 가족을 갖지 않는 동성연애자들은 그들의 형제자매의 아이들을 기르는 것을 돕는 데 에너지를 바쳤고, 이는 동성연애자들 자신의 생식 퍼텐셜의 손실을 보상했으며 그 종에서 그들의 유전자를 유지시켰다. 이 이야기는 전형적으로 피상적인 것이다. 첫째, 동성연애자들이 더 적은 수의 자식을 남긴다는 것이 결코 확실한 것은 아니다. 배타적으로 동성연애를 하는 사람은 필연적으로 비생식적이겠지만, 많은 사람은 동성연애 행동 그리고 이성 연애 행동 모두에 참여한다. 우리는 그들의 생식률에 대해 아무것도 모른다. 만일 어떤 이가 비현실화된 이야기들을 하는 일에 종사하고 있다면, 양성 연애자는 일반적으로 성적으로 더욱 적극적이라고 이야기하기는 쉬울 것이다. 둘째, 동성연애가 어떠한 유전적 기초를 갖는다는 데 대한 수용 가능한 근거가 존재하지 않는다. 셋째, 동성연애자들이 실제로 그들의 자매나 형제의 생식률을 증가시킨다는 (혹은 인간의 진화적 과거에서 그랬다는) 어떠한 근거도 실질적으로 제공되지 않는다. 그리고 마지막으로 그 전체 무용담은, 동성연애는 당대의 사회적 그리고 문화적 풍습을 심오하게 반영하는 성적 표현의 한 측면이라기보다는 한 개인의 물상화된 속성이라는 가정 위에 입지하고 있다. 그 이야기는 날조되어 온 것이다. 사실상 친족 사이의 수많은 협동 사례가 다양한 동물에서 알려졌음에도 불구하고, 이 동물들의 어떤 것에서도 그러한 협동이 협동 행위자의 적응도의 손실을 벌충해 준다고 보여 주지는 못 했던 것이다.

개인의 비적응 특성들을 설명하는 방식으로서 적응 이야기를 하는 것이 갖는 용이함의 엄청난 증가는 이방인에 대한 이타성 사례들을 다루는 데 불충분하다. 이 사례들에 주의하기 위해, 트리버스는 상호 이타성 이론을 만들어 냈다.[79] 만일 이방인에 대한 이타적 행위들을 유도하는 유전자들이 존재한다면, 그리고 만일 그 이방인들이 그 행위를 기억하고 미래에 보답한다면, 그리하여 그 가능성들이 옳다고 가정된다면, 두 이타인은 적응도를 얻게 된다. 그러므로 만일 A가 50%의 사망 가능성을 갖는 B를 위해 5%의 죽을 기회를 취한다면 B는 미래에 A에게 똑같이 할 것이고, 양자는 이익을 얻을 것이다. 그다음으로 상호 이타성에 대한 그들이 지닌 유전자들은 증가할 것이다. 어떠한 실질적 사례도 제공된 적은 없었고, 따라서 그 이론은 정교한 정신적 놀이로 남아 있다.

직접 선택, 친족 선택, 상호 이타성의 조합은 사회생물학자에게 모든 관찰에 대한 설명을 보장해 주는 공론적 가능성들이라는 배터리(battery)를 제공한다. 그 체계는 그것이 사실에 의해 모순임이 밝혀질 어떠한 가능성으로부터 절연되어 있기 때문에 두들겨 맞을 가능성은 없다. 만일 어떤 이가 표현형에 임의로 복잡한 효과를 주는 유전자를 발명하는 것이 허락된다면 그리고 그다음으로 인간사의 회복 불가능한 과거에 관한 적응 이야기들을 발명하는 것을 허락받는다면, 실제와 상상의 모든 현상은 설명될 수 있다. 심지어 사회생물학자들 가운데 가장 심한 환원론자도 적응 이야기를 하는 것은 자연과학이라기보다 놀이 영역에 더 많이 속할 가능성이 있다는 데 대해 의식하게 된다. 도킨스는 "상호 이타성의 관념이 우리가 그 관념을 우리 종에 적용할 때 발생시키는 매력적 공론에는 끝이 없다. 그것은 유혹적인 것이지만, 나는 그다음 사람보다 그러한 공론에서 너 나을 것이 없고, 나는 독자들이 스스로를 즐겁게 하게 내버려 둔다."[80]

적응 이야기들이 사회생물학 설명 속에서 갖는 중심 입장은 사회생물학 방법의 과학적 신기로움에 대한 기초적 주장이 갖는 모순들을 드러내는 데 있다. 사회생물학에 따르면, 사회적 행동의 진화에 대한 과거 이론은 자연선택에 대해 지나치게 협소한 견해를 가졌기 때문에 무너져 버렸다. 과거 이론은 한 특성의 소유가 그것을 소유하는 개체의 생식 적응도를 증가시켰는지 혹은 감소시켰는지 여부에 대해 항상 물어 왔다. 이것은 점차로 감소되어야만 하는 이타적 특성들의 진화라는 역설로 인도되었는데, 이 역설은 개체군들 사이의 선택을 가정함으로써 더 오래된 이론 속에서 해결되었던 것이다. 그러나 사회생물학자들은 문제가 되는 것은 그 **유전자들**이 그 종에서 빈도가 증가하고 따라서 예를 들어 친족 선택과 같은 간접 선택(indirect selection)은 그 특성의 소유자가 어떤 의미에서 더 잘 적응되지 않았더라도 그 특성의 증가를 일으킬 수 있다고 아주 정확하게 지적한다. 아이러니한 것은 새로운 것과는 아주 거리가 먼 유일한 진화의 기동력으로서 직접 적응에 대한 거부가 거의 반세기 동안이나 진화유전학에서 주요한 긴장이었다는 점이다. 더욱이 사회생물학은 현대 진화유전학에서 흔한 비적응 설명 조류들을 완전히 무시하고 그것 자체를 19세기의 조악한 다윈주의자들의 특징이었던 적응 논의들로 정확하게, 때로 간접적으로, 그리고 억지로 꼬아서 제안했다.

비적응적인 실제의 몇 가지 진화 사건에 대한 올바른 설명이 될 수 있는 많은 진화적 힘이 확실히 존재한다. 첫째, 단일 유전자 이상으로 더 많은 것이 한 특성에 영향을 미칠 때 다중적 선택 결과가 존재한다. 다중적 선택 상태의 존재는 고정된 자연선택 영역에 대해 선택적 진화 경로가 존재한다는 것을 의미한다. 한 개체군에 의해 어느 것이 취해질지는 우연 사건들에 의존하고, 따라서 똑같은 선택 과정의 두 가지 상이한 결과를 놓고 두 개체군 사이의 차이에 대한 적응 설명을 요구하는 것은 의미 없다. 예를 들면 아프리카의 두 개의 뿔이 난 코뿔소와 인도의 한 뿔을 가진 코뿔소의 존재에 대해 요구되는 적응 설명은 존재하지 않는다. 왜 서양에서는 두 뿔이 더 많고 동양에는 한 뿔이 많은가에 대한 정교한 설명을 발명해 내야 하는 것은 아니다. 오히려 그들은 똑같은 일반적 선택 과정의 선택적 결과들인 것이다. 일반적으로 비선형 다차원 동적 과정들(nonlinear multidimensional dynamic processes)은 가능한 단일한 안정 상태 이상의 것을 갖는다.[81]

둘째, 실제 개체군들의 유한한 크기가 유전자 빈도의 임의적 변화들을 결과하고 따라서 일정한 확률을 갖는 더 낮은 생식 적응도를 갖는 혹은 아무런 차별 적응도를 전혀 갖지 않는 유전 조합들이 한 개체군 안에 고정될 것이다.[82] 만일 유전형 사이의 적응도 차이들이 작다면, 유리한 유전자의 대단히 높은 상실 가능성이 존재한다. 이것은 특히 개체군 크기가 제한되는 시기 동안 참이며, 이는 정확히 환경이 나타날 가능성이 가장 큰 새로운 유전형들에 대해 변화하고 있는 선택 과정일 때이다. 심지어 한 무한 개체군에서 멘델 유전학의 본성 때문에 s라는 생식 이점을 갖는 새로운 유리 유전자는 그 개체군에 합병될 단지 $2s$의 가능성만을 가질 뿐이다.

셋째, 특성들의 많은 변화는 다중 표현형 효과(혹은 다면발현(多面發現: pleiotropy))의 결과이다. 피는 원래 붉음이 유기체에 유리하기 때문에 붉은 것이라고 논의하는 일은 어리석을 것이다. 오히려 산소를 나르는 헤모글로빈의 특성이 이점을 갖는 것이고, 헤모글로빈은 우연히 붉은 것이다. 다면발현에 대한 특수한 그러나 중요한 사례는 상이한 신체 부위의 상대 생장(allometric growth)이다. 사슴과 동물(cervine deer)에서 갈래 뿔의 크기는 사슴이 자라나면서 몸 크기에 대한 비율 이상으로 증가하고, 따라서 더 큰 사슴이 비율보다 큰 갈래 뿔을 갖는 것이다.[83] 그렇다면 큰 사슴의 갈래 뿔의 엄청난 크기에 대해 특정한 적응적 이유들을 제공하는 것은 불필요하다.

마지막으로, 발생과 생리에는 어떤 중요한 임의의 잡음 요소가 존재한다. 표현형은 유전형에 의해 주어지는 것이 아니고 환경만에 의해 주어지는 것도 아니며, 분자와 세포 수준에서 임의 잡음 과정에 종속된다. 몇몇 사례—예를 들면 과실파리(fruit fly)에서 털의 성장—에서 성장 잡음으로부터의 변이는 유전적이고 환경적인 변이만큼 클 수가 있다.[84] 특히 인간의 사회적 행동 속에서, 모든 변화가 결정론적으로 설명되는 것이 아니며 특수한 적응 이야기를 요구하는 것으로 취할 수도 없다.

사회생물학적 설명은 그것의 주장이 멘델주의와 다윈주의의 결과들에서 나온 기계적 성과임에도 불구하고, 이들 선택적 설명 양식의 어떤 것도 결코 사용하지 않는다. 인간 행동의 몇몇 측면이 단순히 다른 해부학적 그리고 신경학적 변화들의 우발적 효과들이라거나 혹은 더 나쁘게는 유전자의 임의적 고정 결과라고 제안하는 일은 사회생물학에 전적으로 이질적일 것이다. 사회생물학자들은 그 특성으로 시작하여 그 특성 자체가 진화의 효율적 원인이라고 가정하는 그 특성에 대한 기원을 발명한다. 진화적 변화의 어느 부분이 특수한 형질들에 대한 자연선택의 결과인가에 대해 진화유전학자들이 심각하게 의혹하고 있는 사회생물학 이론에는 아무런 암시가 존재하지 않는다.[85]

실제 문제로서 논의의 적응적 양식에 대한 사회생물학의 모순적 헌신인 다윈주의적 기계론과 멘델적 기계론의 확장으로 제시된 사회생물학의 명백한 주장들은 어떤 독립된 이념적 기초에서 흘러나오는 것으로 이해할 수 있을 뿐이다. 인간 행동의 레퍼토리의 각 측면은 특수하게 적응적이거나 적어도 과거에는 그랬다고 논의함으로써, 사회생물학은 존재하고 있는 것들의 정당화를 위한 발판을 맞추어 놓는다. 우리는 자연선택의 영겁(永劫)의 산물이다. 우리는, 교만하게, 자연이 지혜롭게 우리에게 세워 놓은 사회적 배치에 대한 저항을 감히 시도할 수 있을까? 왜 우리가 기업가적이고, 외국인 공포증적이고, 세력권제적인가에는 이유가 있다. 이 성질들은 맹목적 우연의 귀결이 아니라, 아마도 바로 그 시초부터 잘못 적응된 귀결일 것이다. 이러한 생물학적 팡글로스주의(Panglossianism)는 불가피성에 대한 생물학적 결정론 논의에 대한 논리적 필요물은 아닐지라도 정당화에서 중요한 역할을 수행해 왔다. 더욱이 심지어 이타성도 생식적 이기성에 대한 선택 결과라고 주장함으로써 행동에서 개인적 이기성의 일반적 타당성이 지지되었다. E.

O. 윌슨은 자기 자신을 미국 신보수 자유의지주의(neoconservative libertarianism)로 파악했는데,[86] 이는 다른 사람에게 극단적 해를 주는 경우만을 제한하고, 자기 봉사적 방식으로 행위하는 각 개인에 의해 사회는 가장 봉사받을 수 있다고 주장한다. 하지만 사회생물학은 애덤 스미스(Adam Smith) 아래서 자연과학적 기초를 놓으려는 또 다른 기도이다. 그것은 현 상태에 복무하여 조악한 멘델주의, 조악한 다윈주의, 조악한 환원론을 결합시킨다.

10장

새로운 생물학 대 낡은 이념

유전자, 유기체, 사회

생물학적 결정론에 대한 비판가들은 막 일어난 큰 화재를 꺼 달라고 한밤중
에 계속 호출당하는 소방대원과 같아서, 즉각적 긴급사태에 항상 대응하지
만, 진정으로 화재에 견딜 수 있는 건물을 세울 계획을 작성할 여가는 결코
없다. 이제 그 큰 화제는 IQ와 인종이고, 범죄적 유전자이고, 여성의 생물
학적 열등성이고, 인간 본성의 유전적 고정성이다. 전체의 지적 이웃이 불
길에 휩싸이기 전에, 이 모든 결정론적 화재에 이성의 찬물을 뒤집어씌울
필요가 있다. 따라서 결정론에 대한 비판가들은 계속 반대해야 할 운명에
처해 있는 것으로 보이고, 한편 독자, 청중, 학생은 부단히 부정하면서 참지
못하고 반응한다. 그들은 "당신들은 결정론자의 오류와 그릇된 이야기에 관
해 계속 이야기하지만, 당신들은 인간의 생활을 이해하는 데 대한 어떠한
적극적 프로그램을 결코 갖고 있지 못하다"라고 이야기한다. 자신들의 책
『유전자, 정신, 문화(Gene, Mind and Culture)』[1]를 극단적인 결정론적 환원

론으로 고발하는 이들에 반대하여 그 책을 옹호하는 럼스든(Lumsden)과 윌슨의 말에 따르면, 비판가들은 "낚시를 하거나 미끼를 잘라 버리거나"2 해야만 한다.

우리는 심각하게 불리한 상황에 처해 있다. 인간 존재의 기초와 형태에 대한 단순한, 심지어 지나치게 간소화한 견해들을 갖고 있는 생물학적 결정론자들과는 달리, 우리는 모든 인간 사회에 대한 올바른 기술이 무엇인가에 대해 아는 척하지 않으며, 혹은 모든 범죄행위, 전쟁, 가족 조직, 소유 관계를 하나의 단순한 기제로 설명할 수 없다. 오히려, 우리의 견해는 유전자, 환경, 유기체, 사회 사이의 관계는 단순한 환원론적 논의가 포함하지 못하는 어떤 의미에서 복잡하다는 것이다. 그러나 우리는 단순히 손을 놓아 버림으로써 그리고 그것 모두는 분석하기에 너무나 복잡하다고 말함으로써 분석을 중단하지는 않는다. 그 대신에 우리는 선택적 세계관의 제안을 원한다. 그 세계관은 관계들의 체계 안에 내재하는 상호작용의 완전한 풍부함을 갈라 내지 않고 유지시키는 복잡한 체계들을 분석하는 틀을 제공한다. 하지만, 우리는 그러한 구성작업을 하기에 앞서, 우리의 낡은 소극성으로 잠시 돌아가야만 하고 우리가 제안하지 않는 것이 무엇인가를 다시 명확히 해야만 한다.

생물학적 결정론자들의 주장은 그들에 대한 비판가들이 극단적 문화 결정론자라는 것이다. 그들이 말하는 문화 결정론이란 개인들은 날 때부터 그들에게 영향을 주는 문화적 힘을 비춰 주는 단순한 거울이라는 견해를 의미한다. 문화 결정론은 스키너 행동주의를 포함하는 것으로 파악할 수 있는데, 이는 개인의 인격을 감각 입력, 반응, 보상, 성장하고 있는 인류에게 출생 시부터 주어지는 처벌의 연쇄에 의해 직접적으로 귀결된 결과로 본다. 또한 문화 결정론자들은 출생 시 유기체는 **백지상태**, 즉 부모, 친족, 선생님, 친구, 일반적으로 사회가 무엇이든 쓸 수 있는 빈 종이라고 믿는다고 이야기된다. 따라서, 자기 자신은 사회생물학자가 아닌 철학자 미즐리(Midgley)

는 문화 결정론을, 그녀의 아이들은 날 때부터 명백히 다르고, 따라서 **백지 상태**가 아니라는 대부분의 반사회생물학적 문헌에 대한 자명한 논박으로 취한다.3 극단적 문화 결정론의 결과는 개인들은 그들 자신의 행동 안에 그들의 가족 환경과 그들의 사회적 계급을 정확히 반영해야 한다는 것이다. 우리는 개인들의 사회사로부터 그들의 행위를 예측할 수 있어야 한다. 우리는 적어도 많은 사례에서, 명백히 그러한 예측을 할 수 없기 때문에, 소박한 문화 결정론은 명백히 잘못된 것이다. 따라서 우리는 유전자에 관한 몇몇 인과적 역할, 혹은 자유의지에 대한 그 밖의 신비적·비유물론적 믿음으로 돌아가게 될 것이라고 단언된다.4 극단적 문화 결정론에 대한 심각한 지지자들은 —예를 들면 스키너 행동주의자들— 그 관찰들은 너무나 조잡하다고 말함으로써 이 딜레마로부터 탈출할 수 있다. 부모, 선생님, 친구로부터 받는 개별적 영향은 복잡하지만 정해져 있는 길 안에서 상호 작용하여 예외적 행동이 되어 표면적으로 나타나는 것을 만들어 내지만, 그 영향은 궁극적으로 행동주의 프로그램으로 분석될 것이다. 혹은 그러한 결정론자들은 갓난아이가 **백지상태**라고 주장하지는 않을 것인데, 왜냐하면 거기에는 어린 시절 동안에 강화에 의해 통제되는 원시적 능력이나 성질에 대한 몇몇 기초가 존재해야 하기 때문이다.

생물학적 결정론과 문화 결정론의 대비는 19세기 초 이래 생물학, 심리학, 사회학을 괴롭혀 왔던 천성-환경요인 논쟁의 명시이다. 천성이 인간 사이의 유사성과 차이를 내는 데서 결정적 역할을 하든 혹은 그렇지 않든, 어느 경우든 다만 환경요인 외에 무엇이 남는 것인가? 우리는 이러한 이분법을 거부한다. 우리는 사회적 조건화에 의해 수정되거나 형성될 수 없는 방식으로 우리 유전자 안에 세워지는 어떤 중요한 인간의 사회적 행위를 생각할 수 없다고 확언한다. 심지어 먹는 것, 자는 것, 성과 같은 생물학적 특징은 사회적 통제나 사회적 조건화에 의해 크게 수정된다. 특히 성 충동은 생활사의 사건에 의해 폐지되거나, 변형되거나, 혹은 상승될 수 있다. 하지만 동시에 우리는 인류가 **백지상태**로 태어난다는 것을 거부하고, 이는 명백하게 그렇지 않으며, 개별 인간이 사회 환경의 단순한 거울이라는 것도 거부한다. 만일 그런 경우였다면, 사회적 진화가 있을 수 없다.

사람들은 상황과 양육의 산물이며 따라서 변화된 사람은 다른 상황 및 변화된 양육의 산물이라는 유물론적 교의는 상황을 변화시키는 것은 사람이며 교사도 자신이 자신을 교육시키는 것을 필요로 한다는 점을 잊고 있다.[5]

더욱이 인간의 사회생활이 인간의 생물학적 상태와 관련된다는 것은 완전히 명백하다. 우리가 지적했듯이 인류의 키가 단지 6인치였다면, 우리가 알고 있는 어떤 인간 문화도 없었을 것이다. 극단적 문화 결정론은 그것의 생물학적 동료만큼이나 어리석다. 물론, 생물학적 결정론자 또는 문화 결정론자는 상대방의 의의를 **전적으로** 배제하기를 원하지는 않는다. 윌슨, 배러시, 도킨스, 그 밖의 다른 이들은, 만일 우리가 원한다면, (생물학적으로 특화되지 않는 기계론으로) 우리는 우리의 유전적 제한을 초월할 수 있는(더욱 평등주의적인) 상이한 유형의 사회를 창조할 수 있다고 인정하는데—비록 우리가 위험을 각오하고 그렇게 할지라도 말이다. 문화 결정론자는 유아 또는 나이 든 개인의 생물학적 특성이 십 대 후반의 청소년의 방식과는 다른 방식으로 그들의 사회적 및 문화적 존재 방식에 영향을 준다는 점을 전적으로 부정하지는 않는다. 그러나 양쪽 모두는 어떤 유기체의 생활 속에서 일어나는 사건의 원인이 생물학적 부분과 문화적 부분으로 구획될 수 있고, 따라서 생물학적 특성과 문화는 합쳐서 100%가 된다고 논의하는 산술적 오류의 한 유형을 공유하는 것으로 보인다. 이 믿음은 유전 가능성 연구에 대한 가짜 의미 부여의 실행은 물론 개인의 정신 상태의 기원과 취급에 대한 진단의 실행을 관통한다. 예를 들어 우울증은 이 모형 속에서 내인성—개인 안의 생물학적 사건들에 의해 일으켜지는—으로 혹은 외인성—개인의 외적 환경 속의 사건들에 의해 촉진되는—으로 보인다. 그러한 이것 아니면 저것이라는 이 분법은 만일 어떤 이가 결정론적 사고—그리고 이 사고는 낱낱이 쪼개진, 분리된, 상호 침투하지 않는 현상의 본성을 주장한다—에 제한된다면, 논리적 필연이 되고 만다.

생물학적 결정론에 대한 두 번째의 좀 더 다원적인 응답이 상호작용론 (interactionism)이다. 이 견해에 따르면 유기체를 결정하는 것은 유전자나 환경이 아니고 그들 사이의 독특한 상호작용이다. 상호작용론은 지혜의 시작이다. 유기체는 그들의 특성들을 유전시키는 것이 아니라 그들의 유전자, 수정된 난자에 나타나는 DNA 분자만을 유전시킨다. 수정의 순간으로부터 죽음의 순간까지, 유기체는 역사적 발생 과정을 겪는다. 각 순간에 유기체가 어떤 상태에 있게 되는 것은 세포 속에서 운반되는 유전자와 발생이 일어나는 환경 양자에 의존한다. 상이한 환경 속에서 동일한 유전형은 상이한 발생사를 갖게 될 것인데, 마치 똑같은 환경 안에 있는 상이한 유전형이 상이하게 발생하는 것처럼 말이다. 상이한 유전형이 상이한 환경 속에서 상이하게 발생하는 방식에서 일관적으로 유지되는 일반성은 없다. 그것 모두는 때와 경우에 따라 다르다.

유전자, 환경, 유기체 사이의 관계를 이해하는 데 대한 근본적 개념이 반응 표준(norm of reaction)이다. 유전형의 반응 표준은 유전형이 상이한 선택적 환경 안에서 발생할 때 결과될 표현형의 목록이다. 반응 표준은 유기체의 형질이 그 유기체의 환경적 경험의 함수로 어떻게 변하는가를 보여 주는 그래프로 표현할 수 있다. 각각의 상이한 유전형은 그것 자체의 반응 표준에 의해 특징지어지고, 이 표준 사이의 단순한 관계는 없다. 예를 들어, 한 유전형은 낮은 온도에서 다른 것보다 더 잘 자랄 수 있지만, 높은 온도에서는 훨씬 못 자랄 수가 있다. 잘 문서화된 예는 잡종 옥수수 변종의 상대적 성취이다. 모든 옥수수 잡종은 질소, 물, 햇빛이 증가함으로써 그들의 산출을 개선하지만, 몇몇은 다른 것 이상으로 반응한다. 환경적 개선에 대한 반응에서 이들 호기심을 불러일으키는 상이한 반응 표준의 결과는 현대의 옥수수 잡종이 약간 더 빈약한 환경 속에서 촘촘히 심어진 경우에 측정되었을 때 50년 전의 것보다 우월하지만, 한편 듬성듬성하게 심어지고 좋은 조건에서는 더 오래된 잡종이 우월하다는 것이다. 식물 기르기는 당시에 '더 나은' 잡종을 위해 선택된 것이 아니었고 압박조건에서 더 오래된 변종보다 더 잘 산출하나 양자에 우월한 성장 조건이 주어질 때는 더 빈약하게 산출하는 잡종을 위해 선택되었다. 이렇게 유전형과 환경은 유전형 혹은 환경을 분리하여 취할 때의 효과에 대한 몇몇 평균값에 관한 지식으로는 예측 불가능한 유기체를 만드는 방식으로 상호 작용한다. 우리가 발생 과정을 충분히 잘 이해한다면 그리고 어떤 유기체의 표현형에 관한 자세한 양의 정보를 충분히 받는다면, 우리는 어떤 주어진 환경에 대한 표현형을 예측할 수 있다는 점을 의심할 수 없다. 그러나 우리는 그러한 지식을 갖고 있지 않고, 그 근처의 어떤 곳에도 있지 않으며, 따라서 예지 가능한 미래에 대해 경험적 관찰만이 반응 표준이 어떠할지를 드러내 보일 수 있다.

아무도 어떠한 인간 유전형에 대한 반응 표준을 측정하지 못했다. 왜냐하면, 그렇게 하는 것은 많은 수정된 난자에 있는 그 유전형의 복제와 그다음으로 유전적으로 모두 동등한, 발생하는 유아를 의도적으로 선택한 다양한 환경 안에 위치시키는 것을 요구하기 때문이다. 그럼에도 불구하고, 실험 식물과 실험동물의 반응 표준에 대해 알려진 것에 의한 판단에 따르면, 인간의 반응 표준은 몇몇 환경 범위에 대해 일정하고 다른 범위에 대해서는 그들의 상대적 위치를 바꾸는 압도적 경향이 존재한다. 상온에서 완전히 옷을 입고 있을 때, 모든 건강한 인간은 실질적으로 똑같은 37℃의 체온을 갖는다. 하지만 만일 그들이 벗겨지고, 차가운 기후로 보내지면, 야윈 사람은 뚱뚱한 이들보다 훨씬 더 빨리 체온 상실을 겪게 될 것이다. 이와 대조적으로, 만일 그들이 해 아래서 중노동을 할 것을 요구받게 되면, 뚱뚱한 사람은 여윈 이에 앞서 위험한 온도 상승을 경험하게 될 것이다. 몸의 순응은 약간의 유전성을 갖는다고 알려져 있으나, 몸의 순응의 유전적 차이가 열 조절의 차이, 그리고 그 차이의 방향성을 만들어 내는가의 여부는 환경에 달려 있다.

첫눈에 상호작용론은, 유기체를 결정하는 데서 유전자와 환경의 독특한 상호작용에 대한 인식과 더불어, 생물학적 결정론 또는 문화 결정론에 대한 적절한 대안으로 보일 것이다. 이는 원인과 결과의 결정론 심지어 환원론에 대한 기초적 위임을 희생시키지 않고, 발생하는 유전형에 대한 환경적 영향의 기제를 밝혀 내는 경험적 문제를 재진술하는 중간적 방식이라는 매력적 호소력을 갖는다. 어떻게 질소가 세포 조절이 특수한 유전자들의 영향에 놓여 있는 어떤 식물의 단백질 합성률에 영향을 줄까? 인간의 체온 예에서, 실제로 우리는 온도의 압박에 대한 뚱뚱한 그리고 여윈 이의 차이 나는 반응을 설명해 주는 생리학적 모형을 갖고 있다. 하지만 상호작용론은 한편으로는 올바른 방향으로 한 걸음 옮기고 있지만, 인간의 사회적 삶에 대한 설명양식으로서는 결함을 갖고 있다. 상호작용론은, 더 저열한 결정론자와 공유하는 그리고 사회문제를 푸는 것을 방해하는 두 가지 기본적 가정을 지니고 있다. 첫째, 상호작용론은 유기체와 환경의 유리를 가정하고, 그들 사이에 깨끗한 선을 그으며, 환경이 유기체를 만든다고 가정하면서, 한편 유기체가 환경을 만든다는 것을 잊어버린다. 둘째, 상호작용론은 집단성보다 개별자에 대한 존재론적 우선성을 받아들이고 따라서 개체발생에 대한 설명의 사회조직의 설명에 대한 인식론적 충분성을 승인한다. 상호작용론은 만일 우리가 모든 살아 있는 인간 유전형들의 반응 표준과 그 유전형들이 자신들을 발견하는 환경을 알 수 있다면, 우리는 사회를 이해하게 된다고 함축한다. 그러나 사실상 우리는 이해하지 못한다.

응답자로서의 유기체

생물학 이론과 사회 이론을 특징짓는 두 가지의 강력한 은유가 존재해 왔다. 첫째의 오래된 은유는 펼치기(unfolding), 또는 펴기(unrolling)라는 은유인데, 이는 영어 단어 '발생(development)'*에 어원학적으로 감추어져 있고 스페인어 **발전**(*desarollo*)에서 훨씬 명료하다. 유기체, 사회, 문화는 그것들의 가장 초기 형태 안에 내재할 모든 것을 포함하며, 발전적으로 펼치는 그들의 현재적 경로를 향하여 출발시키는 최초의 격발만을 요구하는 것으로 보인다. 종종 이 펼쳐짐은 고정된 질서 속에서 서로를 계승하는 단계로 기술되는데, 그 단계들이 희랍인이 보았던 황금시대, 은시대, 청동시대, 철기시대이든, 프로이트의 구강적·항문기적·생식기적 전진이든, 혹은 피아제(Piaget)의 감각 운동적·선 개념적·조작적·형식적 단계이든 말이다.

그러한 모형들과 함께 억지된 발생(arrested development)의 의미가 나타나는데, 따라서 개인은 말하자면, 그들의 항문기적 단계에 '고정되어' 있고 결코 그것을 넘어서지 못한다는 것이다. 예를 들면, 유형성숙(幼形成熟: neoteny) 이론은 어떤 종이 성장 과정에서 다른 것보다 더 먼저 성체 상태에 도달하고 따라서 다른 종들의 어린 단계를 닮는다고 가정한다. 인간은 형태에서 다 큰 원숭이보다 태아 원숭이와 훨씬 더 유사하다. 말하자면 우리는 곧 태어나게 될 원숭이인 셈이다. 펼침 이론들(theories of unfolding)은 발전의 내적 요소에 최우선성을 주며, 한 단계 또는 또 다른 단계로 나아가는 진보의 과정이나 그것을 막는 과정을 촉발하는 역할만으로 환경을 마련해 둔다. 이는 따라서 그 자체로 생물학적 결정론적 모형인 것이다.

---

* 그리고 '진화(evolution)'라는 단어도 마찬가지인데, 이는 원래 내재적인 것을 펼치는 것을 의미했다.

19세기에 최초로 도입된 더 새로운 은유는 다윈의 독특한 지적 기여이다. 그것은 시행착오, 도전과 응전, 문제와 해답의 은유이다. 이 모형에서, 유기체, 사회, 종은 그들 자신의 존재와 독립된 외적 자연에 의해 마련된 문제에 직면하고, 그들은 꼭 맞는 답 하나가 발견될 때까지 다양한 답을 시도하는 것으로 응답한다. 그 원형은 다윈적 진화론의 변이 모형이다. 외적 세계는 생존과 생식 문제를 제기한다. 종은 임의의 변종인 '시도들'을 단념함으로써 적응하는데, 어떤 시도들은 생식적으로 성공하여 종을 통해 확장하고, 외적 도전에 대해 적응적 응전을 하는 종들을 공급한다. 똑같은 은유가 문화 진화 이론 속에 나타난다. 문화는 환경에 대처하는 방식에서 서로 다르다. 어떤 문화는 우리처럼 올바른 추측을 했지만, 한편 다른 것은 푸에고 제도 사람들처럼 문화적으로 더 빈약하게 적응했고 소멸해 버렸다. 혹은 그 밖에, 특수한 문화 형태나 관념－도킨스의 '밈(memes)'[6]－은 우월한 재생산력을 갖는다. 기독교는 마음에 더 호소하는 바가 있었고 생활의 요구를 더 잘 충족시켜 주었기 때문에 이교도 신앙을 패배시키는 것이다.

시행착오는 또한 심리적 발달과 학습의 수많은 이론, 포퍼, 로렌츠, 캠블, 피아제와 같은 진화론적 인식론에 대한 은유가 되었다.[7] 아이들은 성장 속에서(실제로 포퍼에 따르면 물론 과학적 지식도) 외적 세계에 의해 제기되는 문제를 만나게 된다. 그들은 이 문제들에 대해 추측적 답을 만드는데, 이 답은 자연에 대해 시험되고, 경험에 의해 논박되고, 다른 추측으로 대체된다. 궁극적으로 자연에 대한 참된 인지를 가장 가깝게 평가하는 지식 체계는 시행착오에 의해 수립되는 것이다. 개별 유기체에 대한 다중적 발달 경로가 존재한다. 유전자와 같은 내적 요소는 추측만을 생산해 낼 뿐이다. 유기체는 환경에 대한 이들 추측을 끊임없이 참고함으로써 정신적으로 발달하는데, 추측들은 받아들일 것을 결정한다. 이렇게 되면, 이것은 하나의 상호작용론 모형이다.

펼침과 시행착오의 은유 양자가 공유하는 특징은 유기체와 환경 사이의 비대칭적 관계이다. 유기체는 환경으로부터 유리되어 있다. 외적 실재인 환경이 존재하고, 환경은 그 자신의 형성 법칙 및 진화 법칙을 가지며 유기체는 환경에 적응하거나 자기 자신을 변화시키거나 혹은 그러한 것이 실패하면 죽는다. 유기체는 주체이고 환경은 지식의 대상이다. 유기체와 환경에 대한 이 견해는 심리학, 발생생물학, 진화 이론, 생태학에 온통 퍼져 있다. 고유의 자율적 변화 법칙을 가지며 유기체와 상호 작용하여 그들의 직접적 변화를 나타나게 하는 자체의 자율적 법칙을 갖는 환경이라는 배경에 반하여, 살아 있는 동안 그리고 세대를 통한 유기체의 변화는 나타난다고 이해된다. 하지만, 유기체와 환경에 관한 이 견해의 근 보편성에도 불구하고, 그것은 다만 틀렸을 뿐이고, 모든 생물학자는 그것을 알고 있다.

유기체와 환경의 상호 침투

자율적 환경을 기술하려는 시도와 함께하는 문제는 환경을 만들기 위해 세계의 작은 조각과 부분을 끼워 맞출 수 있는 무한한 방법이 존재한다는 것이다. 우리는 구조화되지 않은 물리적 힘이라는 외적 세계와 유기체의 환경(문자 그대로, 둘러싸고 있는 것(surroundings))을 명백히 구분해야 하는데, 환경은 유기체 자체에 의해 정의된다. 실제의 유기체가 없다면, 우리는 어떻게 어떠한 요소의 결합이 환경이고 어느 것은 환경이 아닌지를 알 수 있을까? 환경을 결정하는 데서 유기체의 중요성을 보여 주는 실제적 예가 화성에서 생명을 탐지하려 의도된 화성 착륙선의 고안이다. 착륙선은 영양 수프와 화성의 생명에 의해 그 수프에서 대사 작용이 일어날 때 생겨날 이산화탄소의 생산을 탐지하기 위한 도구 세트로 구성된 환경을 운반했다. 그러나 수프 속에 빨려 들어갈 수 있고 그 수프를 분해해서 이산화탄소를 만들어 내는 어떤 것으로 그러한 도구는 생명을 정의한다. 전혀 예견되지 않았던 놀라운 아이러니는 수프가 분해되었고 그것으로부터 기체가 방출되었으나, 그러한 현상이 시간이 지나면서 나타난 형태는 지구에서 보았던 어떤 것과는 다른 형태 속에서였다는 점이다. 일 년에 걸친 생명 탐색 논쟁 후에, 생물학자들은 그것은 전적으로 생명이 아니고 그 기계에 빨아들여진 점토 입자 속에서 일어난, 전에는 알려지지 않았던 무기 반응 형태라고 마침내 결론 내렸다. 착륙선 고안자들은 지구의 유기체에 대한 지식에 기초해서 화성의 환경을 구성했던 것이고, 따라서 결국은 유기체에 의한 환경 정의가 받아들여졌다.

유기체는 이미 존재해 있는, 자율적 환경에 단지 적응하기만 하는 것이 아니다. 그들은 환경을 만드는 그들 자신의 생명 활동으로 외부 세계의 측면을 창조하고, 파괴하고, 수정하고, 내적으로 변형시킨다. 환경 없는 유기체가 없는 것처럼, 유기체 없는 환경도 없다.* 유기체나 환경은 닫힌 체계가 아니다. 각각은 서로에 대해 열려 있다. 유기체가 자신의 환경의 결정자가 되는 데는 다양한 길이 존재한다.

첫째, 유기체는 세계의 조각과 부분으로 그들의 환경을 구성한다. 정원에

---

* 도킨스가 그의 가장 최근의 책 『확장된 표현형(The Extended Phenotype)』[8]에서, 환경을 파악하려 노력한 것은 흥미롭다. 도킨스는 그의 환원론적 원리들에 충실하게, 우리가 여기서 '능동적 환경'이라고 부르는 것을 유기체의 표현형의 한 측면으로 정의함으로써 유기체가 그 유기체의 환경에 작용한다는 사실을 다루지 않을 수 없었다. 따라서 비버(beaver)가 구성한 댐은 비버의 표현형의 일부가 된다. 호수는 비버의 유전자에 의해 '결정'된다. 심지어 유기체는 다른 유기체의 표현형의 일부가 된다. 따라서 바이러스는 다른 숙주를 감염시키는 기회를 증가시키기 위해 우리를 재채기하게 만드는 것이다. 공기의 운행은 유기체 자신을 확장시키기 위해 병을 만드는 그 유기체의 표현형적 조작이 된다. 전체적 논의는 파열되어 풍자만화(caricature)가 되어 버린다. 모든 것은 DNA 뱀의 목구멍 안으로 사라지고, 그 뱀은 자기 자신을 뒤집어서 천천히 잡아당기고 마침내는 놀라운 세계에 드러나게 되는데, 이는 바로 도킨스가 마술로 사라지도록 시도했던 유기체와 그것의 상호 침투이다.

있는 짚은 동부산적딱새류(phoebe)가 보금자리를 만들기 위해 그 짚을 모으기 때문에 동부산적딱새류의 실제 환경의 일부인 것이다. 정원의 돌은 비록 그것들이 물리적으로는 짚과 직접적으로 가까이 있음에도 불구하고 동부산적딱새류의 능동적 환경의 일부는 아니나, 지빠귀류(thrush)의 능동적 환경의 일부인데, 지빠귀류는 달팽이를 깨뜨리는 데 그 돌들을 사용한다. 짚이나 돌은 돌이나 짚 위쪽에 있는 죽은 너도밤나무에 사는 딱따구리의 능동적 환경의 일부가 아니다. 세계의 어느 부분이 관련되며 이들 관련된 조각이 유기체의 삶 속에서 어떻게 서로 관계되는가는 그것의 생애 동안 혹은 진화의 시간 속에서 유기체 자체가 발생하면서 변화한다. 모든 살아 있는 식물과 동물은 그들의 대사 작용으로 창조되는 따뜻한 공기의 얇은 막으로 덮혀 있다. 동물의 피부에 사는 어떤 작은 기생충, 말하자면 벼룩은 그 동물의 환경의 일부를 구성하는 따뜻한 바깥층에 숨겨져 있다. 그러나 벼룩이 더 커지면 그것은 그 공기막으로부터 동물의 피부로부터 수 밀리미터 떨어져 있는 차가운 층(stratosphere)으로 들어갈 것이다. 인간이 의지대로 환경을 구성할 수 있다는 것은 상식적이지만, 환경 구성이 모든 생명의 보편적 특징이라는 점이 항상 이해되는 것만은 아니다.

둘째, 유기체는 그들의 환경을 변형시킨다. 인간뿐만 아니라 모든 살아 있는 존재들은 그들 자신의 계속되는 삶을 위해 자원을 파괴하거나 창조한다. 식물이 성장하면서, 그들의 뿌리는 토양을 화학적으로 그리고 물리적으로 바꾼다. 백송의 발생은 씨를 뿌린 소나무의 새로운 세대의 성장을 불가능하게 하는 환경을 창조하는데, 따라서 활엽수가 소나무를 대체한다. 동물은 유용한 먹이를 소모하고 배설물로 땅과 물을 더럽힌다. 그러나 어떤 식물은 질소를 고정해서, 자신의 자원을 공급한다. 사람은 경작하고, 그리고 비버는 자신의 거주지를 만들기 위해 댐을 세운다. 실제로, 뉴잉글랜드 자연사의 중요한 일부는 비버가 수표(water table)를 높이고 내리는 행위의 결과이다.

셋째, 유기체는 환경적 입력의 물리적 본성을 변환시킨다. 외부 온도의 변화는 어떤 것의 신체 기관에서 열로서가 아니라 어떠한 호르몬과 핏속의 당분 농도의 변화로서 느껴진다. 어떤 이가 방울뱀을 보고 들을 때, 그 이의 눈과 귀를 흥분시키는 광자 및 분자 에너지는 아드레날린 농도의 변화로서 그 이의 내부 기관에 의해 감지된다. 추측건대 인간에 대해서보다는 다른 뱀에 대해서 똑같은 시각과 소리의 효과가 매우 다를 것이다.

넷째, 유기체는 환경 변화의 통계적 패턴을 바꾼다. 먹이 공급의 변동은 저장 장치에 의해 무뎌지게 된다. 감자 괴경(塊莖: tuber)은 인간이 자신의 목적을 위해 포획하는 그 식물에 습기를 주는 장치이다. 그러나 조그만 차이는 또한 확대될 수가 있는데, 이는 마치 우리의 주의가 어떤 신호에 소환되기 때문에, 우리의 중앙 신경계가 배경 잡음(noise)으로부터 그 신호를 뽑아내는 것과 같다. 유기체는 다만 전체를 기록하기 위해서 변동을 집적하는데, 예를 들면 어떤 임계온도를 넘어서는 누적된 기온편차일 이후에만 꽃피는 식물이 겪는 것처럼 말이다.

유기체와 그 환경 사이의 상호작용의 본성에 대한 이러한 개관이 갖는 핵심은 모든 유기체―그러나 특히 인간―는 자신의 환경의 단순한 결과가 아니라 원인이라는 것이다. 발생, 그리고 확실하게 인간의 정신적 발생은 유기체와 그 환경의 공발생(codevelopment)으로 여겨야만 하는데, 왜냐하면 정신 상태는 인간의 의식적 행위를 통해 외적 세계에 영향을 주기 때문이다. 한편 어떤 순간에 그 환경이 그 유기체에 문제를 제기하거나 도전할 수도 있는데, 그 도전에 대한 응답 과정에서 유기체는 외부 세계에 대한 그것의 관련됨을 변화시키고, 그 세계의 관련된 측면을 재창조한다. 유기체와 환경의 관계가 단순히 내적 요소와 외적 요소 사이의 상호작용의 하나인 것만은 아니며, 서로 반응하는 유기체와 환경의 변증법적 발전에 관한 것이다.

유기체와 환경 사이의 변증법적 관계의 일반성을 비판하는 이들은 때로 자연의 중요한 측면이 변화하는 것이 쉽지 않다고 주장한다. 결국 우리는 중력 법칙을 벗어나지 않았다. 우리는 자연의 보편적 사실로서의 중력 법칙과 들러붙어 있는 것이다. 그러나 중력 작용은 유기체의 본성이 '자연의 보편적 사실'과의 관련을 어떻게 결정하는가에 대한 정확한 예가 된다. 물속의 아주 많은 미생물과 토양 박테리아는 그들의 작은 크기가 중력과 관계되는 한 그들의 무게를 무관하게 만들어 버리기 때문에 중력 '밖에서' 산다. 하지만 이들 유기체는 우리가 우리의 상대적으로 엄청난 크기에서는 전적으로 느낄 수 없고 영향을 받을 수 없는 물 분자를 둘러싸고 있는 '보편적 물리력'인 브라운 운동에 의해 심하게 부대낀다. 어떤 유기체에 대한 효과가, 혹은 심지어 그 유기체에 대한 관련이 부분적으로 유기체 자체의 본성의 결과가 아닌 자연의 보편적인 물리적 사실이란 존재하지 않는다.

유기체에 대해 일반적으로 참인 것 모두는 인간의 정신적 발생에서 더욱 강조된다. 모든 순간 과거의 경험과 내적인 생물학적 조건의 이어짐의 결과로 발생하는 정신은 그 정신이 상호 작용하는 세계의 재창조와 관계한다. 정신세계, 지각의 세계가 있으며, 거기에 정신이 반응하고, 그것은 동시에 정신에 의해 창조되는 세계이다. 우리의 행동이 실재에 대한 우리 자신의 해석과 반응하고 있다는 것은 우리 모두에게 명백한데, 그 실재가 무엇이 될 수 있든 말이다. 우리는 다른 이들을 적대적이다, 우호적이다, 지적이다, 어리석다, 관용적이다, 혹은 평범하다고 지각하는데, 그들의 객관적 행위나 그들 자신의 자기 지각과 거의 독립적으로 그렇게 할 수 있다.

우리의 행위는 게다가 스스로 만들어진 정신세계에 반응하여 우리를 둘러싸고 있는 객관적 세계를 재창조한다. 만일 우리가 다른 이들을 우리에게 적대적이라고 계속적으로 지각하고 마치 그들이 적대적인 양 그들에 대해 행동한다면, 그들은 정말로 그렇게 될 것이고, 그 지각은 실재가 되어 버린다. 한 아이가 발달함에 따라, 그 아이의 정신적 환경은 부분적으로 그 아이 자신의 행동 결과로서의 존재가 된다. 그리고 모든 성공한 과학자는 그들이 점점 더 성공하게 되고 점점 더 인정을 받게 되면서, 그들이 만드는 어떤 어리석은 또는 일천한 언명도 점점 더 믿음을 부여받게 되고 심지어 그들이 갖고 있지 않는 깊이를 부여받게 되는 경향이 있음을 알고 있다. 그 결과는 과학자들의 자존과 그들의 대중적 명성의 증가이다. 이것이 정신적 환경이 어떤 자율성을 갖는다는 것을 물론 부정하는 것은 아니다. 솔 벨로(Saul Bellow)의 한 인물이 "내가 편집증 환자라는 바로 그 이유가 사람들이 나를 박해하지 않음을 의미하지는 않는다"라고 관찰했던 것처럼 말이다. 그럼에도 불구하고, 정신적 그리고 사회적 환경에 대한 주목할 만한 기여는 우리 자신의 활동에 대한 반응에 의해 그리고 그 반응 안에서 이루어진다. 따라서 정신적 발생에 관한 이론은 주어진 생물학적 개체가 주어진 환경의 이어짐 속에서 어떻게 정신적으로 발생하는가에 대한 명세(明細)뿐만 아니라, 거꾸로 발생하는 개체가 그 자체의 환경을 재창조하기 위해 객관적 그리고 주관적 세계와 어떻게 상호 침투하는가를 포함해야 한다.

생물학 이론 및 사회 이론 안에서, 유기체와 환경의 유리는 그 명백한 허위성에도 불구하고, 우리가 앞서 토의했던 이념적 발전의 이중적 결과이다. 주체와 객체는 환원론적 형이상학의 일부로 분리되었는데, 한편 세계 안 모든 상호작용은 판명 가능한 주체와 객체 사이에서 비대칭적인 것으로 보인다. 유기체와 환경의 상호 침투에 대한 우리의 견해와 상호작용론을 구별시키는 것이 이 피드백이다. 상호작용론은 자율적 유전형과 자율적 물리 세계를 그 출발점으로 삼고 그러고 나서 유기체를 유전형과 환경의 조합으로 발생한다고 기술한다. 그러나 그 과정에서, 발생하는 유기체에 의해 그것의 관련된 측면 안에서 외적 세계가 재조직되고 재정의된다는 점은 어디서도 인식되지 않는다.

인간 사회조직의 위계적 본성은 우리가 물리 세계를 관조할 때 주체-객체 이분법을 유일하게 자연스러운 것으로 보이게 만든다. 그러나 그러한 유리는 또한 직접적인 정치적 관련성이다. 유리된 유기체는 삶이라는 사실에 스스로를 순응시켜야 한다. 즉, '그것이 삶이고, 따라서 당신은 그렇게 사는 것을 배우는 것이 낫다'는 것이다. 정치적 목표로서의 순응은 유기체와 완전히 그 유기체의 통제 밖에 있는 환경 사이의 구체적·필연적 관계로 실체화된다. 따라서, 정신적 성숙은 세계에 관한 소망을 그 세계의 실질적 본성에 대한 승인으로 대체하는 것을 학습하는 일로 보인다. 피아제의 말을 빌리면

청년기의 자기 중심주의는 반성의 전지전능에 대한 믿음으로 표현되는데, 마치 세계가 실재의 체계보다는 관념론적 구도에 자기 자신을 굴복시켜야 하는 것처럼 말이다.…

평형은 반성의 기능은 모순화하는 것이 아니라 경험을 예측하고 해석하는 것이라는 점을 청년들이 이해할 때 얻어진다.[9]

우리는 여기에 포이에르바흐에 관한 마르크스의 유명한 열한 번째 테제를 병치시켜 놓을 수 있을 뿐이다. "철학자들은 세계를 다양한 방식으로 해석하기만 했다. 그러나 핵심은 세계를 바꾸는 것이다."

조직 수준과 설명 수준

상호작용론의 두 번째 실패는, 문화 결정론과 생물학적 결정론의 실패처럼, 물질적 우주는 많은 상이한 수준에서 분석을 할 수 있는 구조들로 조직화된다는 사실을 파악하는 것이 불가능하다는 점이다. 살아 있는 하나의 유기체—말하자면, 한 인간—는 원자 구성 입자의 집합, 원자의 집합체, 분자의 집합체, 조직과 기관의 집합체이다. 그러나 그 유기체는 첫 번째로 원자 집합, 그리고 나서 분자, 그다음에 세포의 집합인 것은 아니다. 그것은 동시에 이들 모두인 것이다. 이것은 원자 등등이 그들이 구성하는 더 큰 전체들보다

존재론적으로 우선한다고 말함으로써 의미하는 바가 아니다.

전통적 과학 언어들은 그 언어들이 수준 안에서 전적으로 기술(記述)과 이론으로 국한될 때는 꽤 성공적이다. 원자의 성질을 물리학 언어로, 분자의 성질을 화학 언어로, 세포의 성질을 생물학 언어로 기술하는 일은 비교적 쉽다. 그리 쉽지 않은 것은 한 언어로부터 다른 언어로 이동하는 번역 규칙을 제공하는 것이다. 이는 어떤 이가 수준을 높여 감에 따라 각각의 더 큰 전체의 성질이 단지 그 전체를 구성하는 단위들에 의해 주어지는 것이 아니라 그 단위들 사이의 조직하는 관계에 의해 주어지기 때문이다. 한 세포의 분자적 구성을 이야기하는 일은, 그들 분자의 시공적 분포, 그리고 그들 사이에 발생하는 분자 간 힘 또한 명세화될 수 없다면 그 세포의 성질을 정의하거나 예측하는 것을 시작조차 못 한다. 그러나 이들 조직하는 관계는 한 수준에서 관련된 물질의 성질이 다른 수준에서는 단지 적용 불가능함을 의미한다. 유전자는 이기적으로 혹은 화가 나게 또는 악의 있게 또는 동성애적으로 될 수 없는데, 이것들은 유전자보다 훨씬 더 복잡한 전체인 인간 유기체의 속성이기 때문이다. 이와 유사하게 인간 유기체가 염기쌍 혹은 반데르 발스(Van der Waals)의 힘을 보인다고 이야기하는 것은 물론 의미가 없는데, 이것들은 인간을 만들고 있는 분자와 원자의 속성이다. 하지만 수준과 성질에 대한 그것들에게 고유한 이 혼동은 결정론이 계속적으로 연루되는 혼동이다.

비교적 똑바로 이어진 생물학적 사건인, 개구리 다리 근육수축에 대해 제공할 수 있는 설명 유형을 생각해 보자. 생리학 언어 안에서 완전히 표현되는 설명을 근육 경련의 원인으로서 제공할 수 있다. 근육은 자극의 적절한 집합이 근육 신경을 자극하는 동력 신경으로 전달되기 때문에 경련을 일으키며, 동력 신경은 수축에 대한 지시를 신호로 준다. 여기서 나타난 현상은 앞선 사건에 의해 즉각적으로 발생된다. 먼저 신경섬유가 자극되면 다음으로 근육 경련이 일어난다ㅡ그리고 개구리의 뇌 그리고/또는 개구리의 감각

그림 10.1

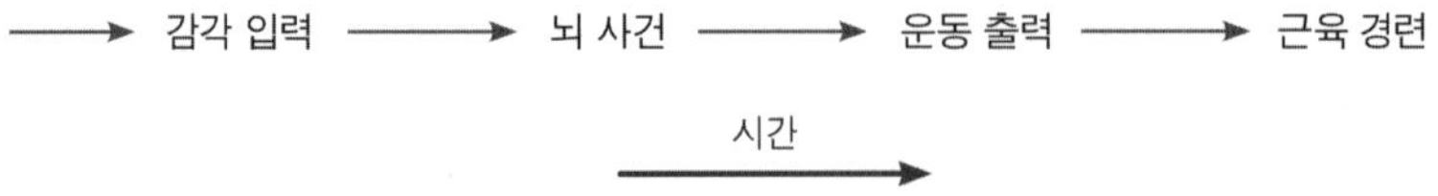

──────▶ 감각 입력 ──────▶ 뇌 사건 ──────▶ 운동 출력 ──────▶ 근육 경련

시간
──────────▶

입력으로부터 유도된, 개구리의 운동뉴런에 대한 몇몇 더 앞선 고유한 입력 집합의 결과로 자극된 그 신경을 계속 설명할 수 있다. 따라서 우리는 시간 속에서 서로 잇따르는 추이적이고 비가역적인 길로 연결된 사건의 순차적 연쇄를 갖는다. 먼저, 사건 A가 일어난다. 그 결과로 사건 B. 그 결과로 사건 C 등등. 이는 똑바로 이어진 인과적 사슬이며, 그림 10.1과 같다. 한 방향으로 향한 화살표들은 이어짐의 뒤쪽으로 달려갈 수 없다. 말하자면 근육 경련은 운동신경 안에서 사건이 일어나도록 하는 원인이 될 수 없다.

그러나 이것이 근육 경련을 설명하는 유일한 길은 아니다. 전체 유기체의 활동을 생각할 수 있고 그러면 그 개구리가 포식자로부터 도망하려고 펄쩍 뛰기 때문에 근육은 경련을 일으킨다고 진술할 수 있다. 여기서 복잡한 체계의 일부의 활동에 대한 설명은 전체로서 그 체계의 통합된 기능 작용으로 주어진다. 체계는 그 활동을 유기체의 목표로 정의함으로써 단일-수준 접근(single-level approach)으로부터 유도되거나 이해될 수 없는 활동에 의미를 부여하는 것으로 보이도록 접근한다.

그러한 전일론적 설명은 많은 혼동의 원천이다. 실제로 파울 바이스(Paul Weiss), 루트비히 폰 베르탈란피(Ludwig von Bertalanffy), 혹은 아서 쾨스틀러(Arthur Koestler)와 같은 '일반 체계 이론가'는 거의 신화적인 중요성을 그 설녕 낫으로 돌렸나.[10] 신경생리학자 로서 스페리(Roger Sperry)는 환원론적 또는 이원론적 덫을 피하기 위한 노력에서, 예를 들면 그 전일론적 설명은 그 설명에 의해 그 체계-그 유기체-의 성질이 부분의 행동을 구속하거나 결정하는 '하향 인과 작용(downward causation)'의 형식을 나타낸다고 주장한다.[11] 그 체계는 따라서 그 체계를 구성하는 부분보다 더 중요하게 된다. 만일 실험자가 개구리 다리 근육의 운동신경을 절단한다면 혹은 화학적 독으로 근육을 마비시킨다면, 개구리는 여전히 근육의 상이한 집합의 이용 혹은 상이한 탈출 전략에 의해 포식자로부터 탈출하려 시도할 것인데—그리고 아마도 성공할 것이다.

목적 지향된 유기체에게는 주어진 목적에 이르는 다중적 경로가 존재한다. 어떤 이는 심지어 개입된 정확한 기제에 관해 고민하는 것은 무엇이 일어나는가에 대한 주요한 이해를 성취해 내는 것과 무관하다고 논의한다. 종종 제공되는 예로, 자동차를 운전하거나 휴대용 계산기를 사용하기 위해 내연기관의 기제 또는 실리콘 칩이 어떻게 작동하는가를 알아야만 하는 것은 아니다. 그럼에도 불구하고 명백한 것은 개구리 다리 근육이 몸의 나머지와 관계되는 사지(limb)를 움직이는 체계의 일부라는 사실을 무시하는 그 세포 구조에 대한 어떤 설명은 부적절할 뿐이라는 것이다. 자동차를 구성하는 모든 부분과 그 부분의 상호작용을 목록화하는 것은 그 자동차의 기능에 관한 어떤 내용도 독자에게 이야기해 주지 않는데, 운전하는 일은 어떤 것이라든가, 혹은 운송 체계에서의 그 자동차의 역할은 무엇인가에 대해서 말이다.

전일론적 설명은 환원론에 대한 거울에 비친 상과 같은 관계의 한 종류를 낳는다. 다시 개구리 근육으로 돌아가 보기로 하자. 개구리 근육은 자체가 개별 근육 섬유로 구성된다. 이 근육 섬유 자체는 주로 섬유질 단백질로 구성된다. 특히 특징적 대열로 근육 소섬유(fibrils) 내에서 배열되는, 두 단백질 분자인 액틴과 미오신(actin and myosin)이 있다. 근육 소섬유가 수축될 때, 액틴과 미오신 사슬은 서로 미끄러진다. 이는 에너지 지출에 개입하는 일련의 분자구조적 변화이다. 환원론에 대해 말하면, 근육 경련은 서로 미끄러지는 단백질에 의해 **야기되고**, 환원론은 그들 단백질의 분자적 그리고 원자적 구성물의 성질로 단백질 운동을 계속 설명하려 추구하곤 한다.

그러나 마치 두 가지의 계승적 현상—**먼저** 개구리가 펄쩍 뛰고, **다음으로** 근육 경련—이 존재하지 않는 것처럼, **먼저** 단백질 분자의 미끄러짐이 있고 **다음으로** 경련이 있는 것이 아니다. 미끄러지는 분자는, 분석의 생리학적 수준에서보다는 생화학적 수준에서 경련을 **구성한다.** 수준 안에서 인과적 설명은 사건의 잠정적 이어짐을 기술하지만, 이런 의미에서 환원론적 혹은 전일론적 설명은 똑같이 전혀 인과적이지 않다. 그들은 단일한 현상의 상이한 기술들이다. 그 현상에 대한 완전한 그리고 일관성 있는 설명은 모두 세 가지 기술 유형을 요구하는데, 어느 하나에 우선성을 부여함 없이 말이다.

실질적으로 완전함을 위해서는 다른 기술 유형이 또한 요구된다. 근육의 성질은 난자로부터 성체까지의 개별 개구리의 발생이라는 맥락을 제외하고는 이해할 수 없는데, 이 맥락은 하나의 유기체인 개구리를 구성하는 부분들의 관계를 정의한다. 그리고 개구리의 생존 속에서 경련하는 근육에 의해 움직여지는 부분과 그 부분의 성질의 전파는 일반적으로 개구리의 진화(혹은 계통발생)에 대한 참고 없이 이해될 수가 없다.[12] 개구리 근육 경련에 관

그림 10.2 / 생물학에서 인과적 설명의 유형들

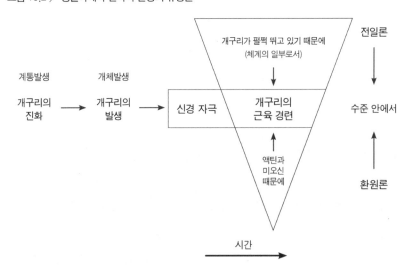

한 설명에서 이들 기술의 집합의 관계는 그림 10.2에 제시했다.

상호작용론으로 오해하는 것이 이 통합이며, 이 통합은 설명 수준의 인식론적 복수성을 실제 세계 속에는 정말로 많은 상이하고 양립할 수 없는 원인의 유형이 있다는 존재론적 가정과 혼동한다. 그러한 가정은 공허한 신비주의로 인도하거나 역설을 발생시킨다. 위에서 언급했던, '하향 인과 작용'에 대한 스페리의 논의를 생각해 보자. 만일 그가 이야기하고 있는 모든 것이, 복잡한 전체 안에서, 구성하는 부분에 유용한 자유도가 만약에 그 부분들이 격리된 단자들이었을 때보다 상이하게 결정된다는 것이라면, 그는 명백히 옳다. 그는 어느 체계의 부분의 행동을 결정하는 본질적으로 측정 불가능한 두 가지 유형의 원인이 있음을 의도하고 있다. 어떤 것은 근육 단백질의 깍지 끼기(interdigitation)가 근육을 수축하게 하는 '원인이 될' 때처럼 '위로' 달린다. 다른 것들은 '펄쩍 뛰기' 명령이 수축을 일으킬 때처럼 '아래로' 달린다. 아마도 원인들은 마치 평행한 에스컬레이터 위에서 각각 위와 아래로 가는 컴퓨터처럼, 그들이 수준들을 교차할 때 서로 지나칠 것이다. 이 이미지는 그러한 이원론의 중심에 항상 나타나는 역설을 가져오는데, 존재론적으로 상이한 인과 작용의 유형이 결과의 동일한 집합을 어떻게 산출해 낼 수 있는 것일까? 아마도 스페리형 전일론이 참된 방법론적 도전에 직면하게 되었을 때 스페리형 전일론이 완고한 환원론으로 그렇게 쉽게 붕괴해 버리는 것은 이 이유 때문일 것이다.

이와 대조적으로, 그 개구리의 경련하는 근육의 '원인들'을 x%는 사회적인(혹은 전일론적) 것이고 y%는 생물학적인(혹은 환원론적) 것으로 구획하는 것이 불가능한 물질세계의 통일적인 존재론적 본성을 우리는 주장하고자 한다. 생물학적인 것과 사회적인 것은 분리 가능한 것도, 정반대의 것도, 선택적인 것도 아닌 상보적인 것이다. 우리가 용어 **원인**을 제한해야 하는 잠정적 의미에서, 유기체 행동의 모든 원인은 동시에 사회적이고 생물학적인데, 왜냐하면 그 원인들은 많은 수준에서의 분석에 대해 모두 수정 가능하기 때문이다. 모든 인간 현상은 동시에 사회적이고 생물학적인데, 마치 그 현상이 동시에 화학적이고 물리적인 것처럼 말이다. 현상에 대한 전일론적 설명과 환원론적 해명은 그들 현상의 '원인들'이 아니고, 단지 특수한 과학 언어 안의 특수한 수준에서 그 현상에 대한 단순한 '기술들'일 뿐이다. 어느 때에 이용될 언어는 기술의 목적에 의존한다. 근육생리학은 생태학자 또는 진화생물학자 또는 생화학자로부터 나온 개구리-근육 경련에 관한 문제의 상이한 국면에 관심이 있다. 그들의 목적 차이는 이용할 기술 언어를 정의해야 한다.

정신과 뇌

분석의 수준과 실재의 수준 사이의 혼동은 정신과 뇌의 관계에 대한 논의에서 가장 뚜렷하다. 환원론자에게 뇌는 그것의 성질이 우리가 관찰하는 행동 및 우리가 그 행동으로부터 추론하는 사고나 의도의 상태를 생산하는 명확한 생물학적 대상이다. 서양철학의 지배적 입장인, 소위 중심-상태 유물론(central-state materialism)으로 일컬어지는 것에 따르면, 정신은 뇌로 단순히 환원될 수 있다. 정신 사건(사고, 정서 등등)은 뇌 사건에 의해 일으켜지고, 또는 단순히 그 뇌 사건에 관해 이야기하는 보다 불만족스럽고 비과학적인 방식으로 여겨질 수가 있다.

그러한 입장은 윌슨과 도킨스가 제공하는 사회생물학의 원리와 완전히 일치하거나, 일치해야 한다. 그러나 그 입장을 채택하는 것은 그들을 먼저, 자유로운 인간인, 그들이 명확하게 매력 없는 것(악의, 교화 등등)임을 발견하게 되는 많은 인간 행동의 본유성을 논의하게 하고 다음으로, 만일 범죄 행위가 모든 다른 행위처럼 생물학적으로 결정된다면, 범죄행위의 책임에 관한 자유주의적인 윤리적 관련과 얽히게 하는 딜레마에 빠지게 할 것이다.

이 문제를 피하기 위해 윌슨과 도킨스는 우리가 그렇게 원한다면 우리 유전자의 명령에 반해서 갈 수 있게 하는 자유의지에 호소했다. 따라서 윌슨은 남성 지배를 요구하는 유전적 명령에도 불구하고, 우리는 덜 성차별적인 사회를 창조할 수 있다는 ─효율성의 약간의 상실이라는 대가로서[13]─ 그리고 계속해서 문화 진화에 대해 생각할 수 있다는 점을 인정한다.[14] 도킨스는 독립적으로 진화하는 문화적 단위, 혹은 밈(memes)을 제공한다.[15]

이것은 본질적으로 태연한 데카르트주의, 이원론적 **궁여지책**(*deus ex machina*)으로의 귀향이다. 부수적으로 그것은 또한 끊임없이 환원론적이었던 평생의 연구 기법을 취해 왔던 수많은 신경과학자가 뇌에 관해 귀향하는 입장이다. 신경생리학자 존 에클스 경(Sir John Eccles)은 견고하게 유선(有線)화된 좌반구에 있으며 거기서 발견될 결정적 뇌 영역─아직 그의 전극에 의해 도달되지 않은─인 연락 뇌(連絡腦: liason brain)라고 하는 것에 대해 논의하는데, 이 연락 뇌는 뇌 기구에 대해 의지를 작용할 수 있는, 육체로부터 분리된 정신과 직접적으로 통신하게 되어 있다.[16] 신경외과의 와일더 펜필드(Wilder Penfield)는, 여러 해에 걸친 간질병 환자의 뇌에 대한 전기적 자극에 관한, 그리고 움직임, 감각, 기억의 발생에 관한 연구 후에, 정신의 유사한 소재를 요구했다.[17]

이러한 이원론은 자신들을 결정론적으로 생생하게 묘사한 궁지로부터 어떻게 자신을 이탈시켜야 할지를 모르는 이들을 위해 기도된 탈출이다. 신경과학자의 경우에 이원론은 가짜 국재화─극미인(極微人: homunculus)과 같은 의식이 거주하고 있는 소재가 뇌 안에 있어야 한다는─의 오류로부터 온다. 이 논의에 대해 우리는 정신이 되는 ─'정신 작용'의─ 속성은 전체로서의 뇌 활동으로 보아야 한다고 응답한다. 즉, 외적 세계와 뇌의 세포적 과정의 상호작용 산물이라는 것이다. 이와 달리 생각하는 것은 망막에 상의 그림이 맺히게 하는 카메라가, 그 그림을 조사할 수 있고 해석할 수 있는 미세한 관찰자와 함께 우리 뇌의 시각 피질 속에 위치해 있다고 믿어 버리는 오해와 유사하다. 이와 반대로, 뇌 시각 체계 세포의 활동 전체는 우리가 보는 것을 보고 해석하는 행위이다.

사회생물학자의 경우에 이원론은 그러한 다른 환원론적 오류—원인의 부적절한 구획—로부터 생긴다. "만일 내가 나의 팔을 머리 위로 올린다면, 그것은 자유의지이거나 그것은 생물학적으로 결정된 것이다." 그러나 '자유의지'는 정신적 과정의 집합에 주어진 이름이다. 팔을 들어 올리는 것과 같은, 그러한 과정은 또한 생리학 언어로 기술될 수 있다. 자유의지에 관한 혼동은 인과 작용의 수준과 분석의 수준을 전적으로 잘못 파악하는 것으로부터 생긴다. 우리의 행위는, 우리 신체 혹은 뇌가 천성과 환경요인 사이에서 구획될 수 없는 것처럼, 자유의지와 결정론 사이에서 구획되는 것이 아니다. 우리는 동시적으로 정신과 뇌를 갖는다고 이야기하는바, 그리고 우리는 동시에 사회적이며 생물학적이라고 이야기하는 바는 이들 거짓된 이분법을 초월하려는 것이고 의식적이고 생물학적인 우리 자아들 사이의 관계에 대한 통합된 이해로 향하는 길을 지적하려는 것이다.

개체에서 사회로

따라서 상호작용론은 첫째, 비대칭적으로 주체와 객체를 분리하고, 둘째 주체와 객체의 관계에 대한 분석 수준들을 혼동한다. 환원론에 대한 응답으로서의 상호작용론의 셋째의 실패는 개인적 반응 표준의 모음과 사회조직을 혼동한다는 것이다.

우리가 모든 유전형이 인간 개체군 안에 나타난다고, 그리고 더 나아가 우리가 각 사람의 반응 표준을 알며 그리하여 어떤 주어진 가족과 사회 환경 속에서 모든 개인의 정신적 발생을 명세화할 수 있다고 가정하자. 어떻게 우리는 이들 예측된 개인의 정신적 발생을 수집하게 되고 이것들을 사회에 대한 예측으로 변환시키는가? 그렇게 하기 위해서는, 우리는 행위의 표준에 대한 완벽한 생물학적 이론 이상의 것을 필요로 할 것이다. 거기에 더하여, 우리는 개인들의 모임을 조직화된 사회로 바꿔 주는 순수한 사회 이론을 필요로 한다.

생물학적 결정론과 상호작용론 양자는 그러한 이론을 내재적으로 소유하고 있다. 그것은 사회적 성질은 개인의 성질의 모음의 직접적 구성 결과라는 가정—우리가 위에서 언급했던 분석적 혼동의 연장인—이다. 우리는 우리가 공격적인 사람들의 모임이기 때문에 전쟁을 하게 되고, 따라서 우리 각각을 평화적으로 만듦으로써만, 적어도 그렇게 할 수 있다면, 전쟁은 방지된다. 우리는 우리 각자가 종교적 충동을 갖고 있기 때문에 조직된 종교를 갖고 있는 것이다. 우리는 우리 가운데 어떤 이는 능력을 가지고 있고 다른 이는 능력을 가지고 있지 못하기 때문에 많이 가지거나 못 가지는 것이다. 때로는 이런 구성적 이론의 정교한 변형이 제기된다. 아마도 주어진 형질들을 갖는 사람들로 이루어진 비판적인 소규모 집단만이 전체 사회가 이들 지도자의 재산을 취하기 전에 필요할 것이다. 그러한 이론에서는 단지 약간의 영향력 있는 혹은 공격적인 사람만으로도 전체로서 그 사회를 바꾸는 데 충분할 것이다.[18] 하지만 그러한 구성적 이론들이 옳을 수 없음을 보이는 것은 어렵지 않다.

첫째, 할당되어 있으며 그 집단의 구성을 변화시킴으로써 바꿀 수 없는 사회조직의 많은 성질이 있다. 따라서 이는 상이한 직업, 거래, 숙련, 봉사, 노동과정 속에서 개인의 몫은 유용한 숙련 몫의 결과인 그러한 경우가 아니다. 내과 의사의 숫자는 의학 교육기관 속 유용 가능한 자리에 의해 결정되는데, 숫자는 능력 있는 사람의 수효에 대한 어떤 연구에 의해서가 아니라 직업의 경제학에 의해 조정된다. 우리가 앞서 지적했듯이, 만일 유일하게 은행가만이 아이를 갖고 있다면, 모든 사람은 은행가일 것이라고 가정하는 것은 어리석을 것이다. 상이한 성질을 갖고 있는 사람들이 차별적으로 할당된다 할지라도, 이들 할당적 성질이 적용된다는 점을 깨닫는 것이 중요하다. 가장 큰 사람만이 프로 농구 팀에 들어갈 수 있을지라도, 그 집단의 평균 키의 증가가 팀의 숫자를 증가시키지는 않을 것이고, 다만 선수들의 평균 키만을 증가시킬 것이다. 생물학적 결정론자들은 가끔 사회적 위치와 숙련으로의 할당은 자연적 유용 가능성(natural availability)에 의해 제한된다고 주장하는데,[19] 대학원 공학자, 영문학, 철학, 역사학에서 박사 학위자 등등 사이의 높은 실업은 이것이 난센스임을 보여 준다.

둘째, 사회구조의 역사적 변화는 그 집단 속 상이한 유전형 비율의 어떤 변화도 그것들을 아마도 설명할 수 없을 그러한 신속함과 함께 일어났다. 가난하고 퇴보하는 목가적인 국지적 상인 사회로부터 시가, 수학, 과학, 정치권력의 탁월성을 보여 주었던 지중해 이슬람의 거대한 문명으로의 혜지라(Hegira)를 이은 수백 년 내의 아라비아인과 마그레브(Maghreb)인의 발흥은 유전자 빈도의 변화에 의해 좀처럼 설명될 수 없다. *

셋째, 개별 인간이 갖는 구속 요소들은 사회조직 수준에서 나타나지 않는다. 사회생물학의 주요한 주장들 가운데 하나는, 사회는 사회에 대한 금지로 번역되는 개인의 성질에 의해 구속된다는 것이다. 하지만 사회적 삶의 가장 현저한 특징은 그것이 아주 종종 개인적 한계의 부정이라는 점이다. 실제로 그 부정은 사회들을 함께 유지시키는 힘이다. 사람들은 그들이 분리되어 할 수 없는 일을 일제히 할 수 있다. 또는 이 성질은 단순히 개인적 힘들의 합의 결과인 것은 아닌데, 마치 열 사람이 한 개인이 혼자서 들 수 없는 무게를 들 수 있을 때처럼 말이다. 반대로, 총체적으로 새로운 성질들은 사회적 상호작용으로부터 생긴다. 우리 가운데 아무도 우리의 팔을 혼자서

---

* 생물학적 결정론자들이 시도를 하지 않았던 것은 아니다. 이를 기도한 어리석음, 특별히 주문된 모형에 대해서는, 럼스든과 윌슨의 『유전자, 정신, 문화』를 볼 것.

또는 군중 안에서 퍼덕거림으로써 날 수는 없다. 하지만 우리는 기술, 비행기, 비행사, 항로, 지상 종사원의 결과로서 날게 되는 것인데, 모두가 우리의 개별적 성질들과는 질적으로 다른 사회적 활동의 **새로운**(*de novo*) 성질들이다. 더욱이 나는 것은 사회이지 개인들이 아니다. 개인들의 기억은 제한되며, 만일 세계의 모든 역사가가 그 과업을 맡게 되었다면, 그들은 기계적 방식으로는 그들이 직업 속에서 사용하는 사실적 재료(예를 들면 센서스 숫자)의 아주 작은 부분조차 배울 수 없었을 것이다. 하지만 그들은, 개인으로서, 질적으로 새로운 사회적 활동의 산물인 도서관에 가는 것 그리고 독서로 이들 사실을 상기할 수 있다. 다시 한번 개인들은 사회로부터 새로운 성질들을 습득하는 것이다.

동시에, 사회는 명백히 개인들로 구성된다. 사회는 수 세기를 통해 형성된 다양한 형태 속에 유지되어 왔던 은유 안에 있는 것이 아니고, 그 자체가 유기체인 것이다. 그것은 개별 사람들을 넘어서는 그리고 그 사람들 바깥의 독립적 존재를 갖는 플라톤적 형상(Platonic form)은 아니다. 사회는 그들의 창조물이다. 그것은 마르크스가 말한 "환경을 바꾸는 것은 사람이다"라는 것과 같다. 뉴턴 역학은 비록 아이작 뉴턴이 요람에서 죽었을지라도 나타났을 것이지만, 실제로 그것은 개인적 사고의 산물이었다. 사회는 생각하지 않는다. 단지 개인들만이 생각한다. 따라서 개인과 사회 사이의 관계는 유기체와 환경 사이의 관계처럼 변증법적인 것이다. 사회는 개인의 환경인 것만은 아니고 따라서 사회는 개인을 교란시키며, 개인에 의해 교란당한다. 사회는 또한 개인들과 위계적으로 관계되어 있다. 개인적 삶의 모임으로서, 사회는 몇몇 구조적 성질을 갖고 있는데, 마치 모든 모임이 그 모임을 구성하는 개인들의 성질이 아닌 성질을 갖고, 한편 동시에 그 개인들이 갖는 어떤 성질을 결핍하는 것처럼 말이다. 개인만이 생각할 수 있고, 사회만이 계급 구조를 가질 수 있다. 동시에, 사회와 개인 사이의 관계를 변증법적으로 만드는 것은 개인들은 그들에 의해 산출되는 사회로부터 그들이 분리되어서는 가질 수가 없는, 비행과 같은 개별적 속성들을 습득한다는 것이다. 그것은 전체가 반드시 그것의 부분의 합 이상이라는 것은 아니다. 부분은 그전체의 부분이 됨으로써 질적으로 새롭게 된다는 점이다.

결정과 자유

변증법적 결정은 여전히 결정이며 따라서, 생물학적 결정론자들처럼, 우리는 자유의 문제와 직면해야만 한다. 만일 모든 결과가 원인(적어도 양자역학의 수준을 넘어서는)을 갖는다면, 물질적·인과적 세계 속 자유에 대해 우리가 무엇을 의미할 수 있을까? 만일 어떤 사람이 내건 어떠한 선택이 선택 순간의 그 사람의 정신 상태의 결과라면, 그리고 만일 정신 상태가 선행 조건들로부터 나오는 자연스러운 인과 작용의 사슬의 일부라면 어떤 이는 진정으로 자유로운 것인가?

행동주의적 결정론자에게는 물론 생물학적 결정론자에게 답은 아니오이다. 우리는 자유에 대해 환영(幻影)을 가질 수도 있지만, 그들은 실제로 우리의 선택이 우리 유전자 또는 우리의 유아적 훈련에 의해 프로그램된다고 주장한다. 도킨스의 문구 속에서 우리는, "우리를, 몸과 정신을 통제하는" 유전자를 포함하는 "꼴사나운 로보트"[20]이다. 심지어 자유에 대한 환영은 환영이 적응적인 것이기 때문에 진화에 의해 우리 안으로 프로그램되어 온 것이다. "사람들은 알기보다는 오히려 믿고 싶어 한다"[21]고 『사회생물학』의 저자는 권위적으로 단언한다.

대부분의 도덕철학자에게 답은 그렇다였으나, 자유와 인과작용에 대한 믿음을 화해시키려는 문제는 골칫거리가 되어 왔다. 칸트에게 해답은, 만일 답으로 불릴 수 있다면, 인간 존재의 화합할 수 없는 이중적 본성을 받아들이는 것이었다. 물질적 존재처럼, 우리는 전적으로 원인을 받게 되고, 따라서 전적으로 결정되는 것이다. 그러나 사회적 그리고 도덕적 존재로서, 우리는 선택하는 데서 자유로우며 우리의 행위에 대한 책임을 가지고 있어야 한다. 흄(Hume)의 해답은 그 문제를 더욱 정치적이고 실천적인 영역으로 옮기는 것이었다. 그가 주장했듯이, 우리는 우리의 욕구와 희망에 따라 행위할 때 자유롭다. 죄수는, 비록 그가 자유롭기를 희망한다 하더라도, 그는 물리적으로 외부로부터의 힘들에 의해 제한되어 있기 때문에 자유롭지 않은 것이다. 미친 사람은 그가 병리학적 강요에 의해 구속되기 때문에 자유롭지 않다. 욕구와 희망 그 자체가 자연적 원인의 선행 사슬의 결과인지 아닌지의 여부는 자유에 대한 이 견해와 관계가 없다. 그러나 흄의 해답은 어떻든 불만스럽게 하고 있다. 자유는 이행성이라는 속성을 가져야만 한다. 만일 우리가 우리의 희망과 욕구에 따라 행위한다면, 그러나 그 희망과 욕구는 우리 유전자 및 과거의 경험에 의해 어떤 방식으로 프로그램된다면, 우리의 행위는 간접적으로 그렇게 프로그램된 것이다.

하나의 수준에서 우리는 스스로 흄과 동맹하지 않을 수 없다. 집에서 떠나 시내로 내려가는 어떤 이의 자유와 그렇게 할 수 없는 죄수의 무능력 사이를, 혹은 카리브해로 휴가를 갈 부유한 이의 자유와 집에서 머물고 떨어야 하는 가난한 이의 필연 사이를 구별할 수 없는 자유에 관한 어떠한 이론은 어리석은 그리고 정치적인 혼란이다. 빅 브라더(Big Brother)가 어떻게 이야기할 수 있든 간에, 노예의 신분은 자유롭지 않다. 그러나 보다 깊은 수준에서 우리는 인과 작용에 대한 모순으로서보다는 오히려, 인과 작용의 결과로서 선택의 자유를 이해하려 시도해야 한다.

만일 우리가 물리계를 본다면, 모순 상태에 존재하는 것과는 거리가 먼, 임의성과 결정은 조직의 수준들이 서로 엇갈려 있기 때문에 다른 것으로부터 하나가 생겨난다는 점을 알 수 있다. 방사성 핵의 붕괴는 방사성 방출의 실질적 순간까지 붕괴할 또는 붕괴하지 않을 핵 사이에 상태 차이가 존재하지 않는다는 의미에서 참으로 원인이 없으며 임의적이다. 그러나 100만 분의 1초까지 잴 수 있을 만큼 정확한 가장 훌륭한 시계는 초당 임의적 방사성 방출 숫자를 방사성 방출 계수기로 이용하는 것이다. 역으로, 기체 속 현미경적 입자의 운동은 우리가 그 단어로 뜻할 수 있는 어떠한 실질적 의미에서 임의적이지만, 그것은 아주 많은 결정론적 충돌의 결과이고 그 사건에 의해 완전히 명세화된다.

핵붕괴의 임의성과 분자운동의 임의성은 별개의 것이며, 첫 번째 것은 실제로 존재론적 임의성을 띠며, 두 번째 것은 선행 조건들에 대한 우리의 제한된 지식 때문에 임의성의 외형만을 갖는다고 보통 이야기된다. 만일 우리가 충격을 가하는 모든 입자를 볼 수 있고 그들의 경로를 계산할 수만 있다면, 우리는 입자의 진로를 정확히 예측할 수 있다. 그러나 이러한 인식적 임의성에 대한 주장은 튀어나오는 분자와, 말하자면, 열차 궤도 위의 열차 사이의 생생한 물리적 차이를 희미하게 한다. 그 분자의 운동은 인과적 사슬의 엄청난 다수의 연합의 결과이고, 각각은 다른 것으로부터 독립해 있고, 그것들 모두는 입자의 역사를 만들어 내기 위해 교차되어 있다. 결과는 그 입자의 진로는 그 자체가 인과 작용의 교차되어 있는 사슬 가운데 어떤 하나와 단지 무한히 상호 관련되어 있다는 것이다. 그 진로는 원인의 앙상블에 의해 전적으로 결정되는데, 그것은 본질적으로 그들 가운데 어떤 하나와 독립되어 있다. 열차는 그렇지가 않은데, 열차의 진로는 전적으로 궤도에 의해 완전히 구속된다. 그러나 열차는 그것이 통과하는 읍 사람들의 움직임에 대해서는 임의적으로 움직이고 있는데, 그들 사이에 무한한 중력이 존재함에도 불구하고 말이다. 즉, 우리가 임의성을 이야기할 때, 우리는 어떤 현상에 대한 것인지를 규정해야 한다. 임의성으로 우리가 뜻하는 바는 사실상 다른 것으로부터 하나의 삭용의 독립이다.

인간의 발생과 행위를 특징 짓는 것은 이들은 상호 작용하고 교차되어 있는 원인들의 거대한 진용의 결과라는 점이다. 우리의 행위는 교차하는 체계로서 그 행위의 원인의 총체성에 대해 임의적이거나 독립되어 있는 것이 아닌데, 왜냐하면 우리는 인과적 세계 속의 물질적 존재이기 때문이다. 그러나 우리가 자유로운 정도에서, 우리의 행위는 인과 작용의 그러한 다중적 진로의 어느 하나 혹은 심지어 그 진로들의 작은 부분집합과 독립적이다. 그것이 인과적 세계에서 자유의 정확한 의미이다. 반대로, 우리의 행위가 단 하나의 원인에 의해 우세하게 구속될 때, 궤도 위의 열차, 감방의 죄수, 빈곤 속의 가난한 사람처럼, 우리는 더 이상 자유롭지 않다. 생물학적 결정론자에 대해 이야기하면, 우리는 우리의 삶이 내적 원인, 특수한 행동을 지배하는 또는 이들 행동의 경향을 지배하는 유전자의 비교적 적은 숫자에 의해 강력하게 구속되기 때문에 우리는 자유롭지 않다. 그러나 이것은 인간생물학과 다른 유기체에 관한 생물학 사이의 차이의 정수를 놓치고 있다. 우리의 뇌, 손, 혀는 외적 세계의 많은 단일한 주요 면모와 우리를 독립되게 한다. 우리의 생물학적 상태는 우리를 우리의 정신적 환경과 물질적 환경을 계속적으로 재창조하는 생명체가 되게 해 왔고, 우리의 개인적 삶은 교차되어 있는 인과적 경로의 특별한 다중성의 결과물이다. 따라서 우리를 자유롭게 하는 것은 우리의 생물학적 상태이다.

주

1장 신우익과 낡은 결정론

1. 신우익 이념에 대한 논의로는 다음과 같은 것이 있다. 미국의 경우에 대해서는 P. Green, *The Pursuit of Inequality* (New York: Pantheon Books, 1981), P. Steinfels, *The Neo-Conservatives* (New York: Simon & Schuster, 1979) 그리고 영국과 대처주의(Thatcherism)에 대해서는 M. Barker, *The New Racism* (London: Junction Books, 1981)과 *Marxism Today*: M. Jacques, October 1979, pp. 6-14; S. Hall, February 1980, pp. 26-28; I. Gough, July 1980, pp. 7-12와 같은 논문 시리즈를 볼 것.

2. K. Marx and F. Engels, *The German Ideology* (1846), chap. I, pt. 3, art. 30 (New York: International Publishers, 1974).

3. R. Nisbet, *op. cit.* Jacques에서 인용.

4. A. Ryan, "The Nature of Human Nature in Hobbes and Rousseau," in *The Limits of Human Nature*, ed. J. Benthall (London: Allen Lane, 1973), pp. 3-20.

5. 생물학과 심리학에서 환원론을 강력히 옹호하는 논의에 대해서는 다음의 글을 볼 것. M. Bunge, *The Mind Body Problem* (Oxford: Pergamon, 1981); M. Boden, *Purposive Explanation in Psychology* (Cambridge, Mass.: Harvard Univ. Press, 1972); E. Wilson, *The Mental as Physical* (London: Routledge & Kegan Paul, 1979); F. Crick, *Life Itself* (London: Macdonald, 1982); J. Monod, *Chance and Necessity* (London: Cape, 1972); S. Luria, *Life: The Unfinished Experiment* (London: Souvenir Press, 1976).

6. *The Guardian* (London), 14 July 1981.

7. 이는 국민전선의 이론가 베롤의 두 논문 R. Verral in *The New Nation*, nos. 1 and 2 (summer and autumn 1980)에서 주장되었다.

8. 도킨스는 *Nature* 289 (1981): 528에서 인종주의 이념과 파시즘 이념의 원조자라는 혐의에 반대하여 자신과 사회생물학을 옹호하고 있다.

9. R. Dawkins, *The Selfish Gene* (Oxford: Oxford Univ. Press, 1976), p. 126.

10. 이러한 논란이 많은 주제에 대해서는 예를 들어 H. Rose and S. Rose, eds., *The Political Economy of Science* (London: Macmillan, 1976)와 *The Radicalisation of Science* (London: Macmillan, 1976) 같은 논의를 참조할 것.

11. Science for the People, *Biology as a Social Weapon* (Minneapolis, Minn.: Burgess, 1977).

12. E. O. Wilson, *Sociobiology: The New Synthesis* (Cambridge, Mass.: Harvard Univ. Press, 1975).

13. 예를 들어 '반정신의학자들'의 다음 논의를 참조할 것. T. Szasz in *The Manu-facture of Madness* (London: Routledge & Kegan Paul, 1971); D. Ingleby, *Critical Psychiatry: The Politics of Mental Health* (Harmondsworth, Middlesex, England: Penguin, 1981); M. Foucault, *Madness and Civilization* (London: Tavistock, 1971); 그리고 J. Donzelot, *The Policing of Families: Welfare versus the State* (London: Hutchinson, 1980)와 같은 푸코를 이은 논의들.

14. 심지어 도킨스 같은 모범적 생물학적 결정론자들도 곧 환경을 파악해야 한다는 것은 흥미롭다. 그의 가장 최근 책 *The Extended Phenotype* (London: Freeman, 1981)은 심지어 한 유기체의 환경조차 그 유기체의 '이기적 유전자'의 산물로 환원하려는 기나긴 투쟁을 보여 준다.

2장 생물학적 결정론의 정치학

1. A. R. Jensen, "How Much Can We Boost IQ and Scholastic Achievement?" *Harvard Educational Review* 39 (1969): 1-123.

2. R. J. Herrnstein, *IQ in the Meritocracy* (Boston: Little, Brown, 1971).

3. H. J. Eysenck, *Race, Intelligence and Education* (London: Temple Smith, 1971)와 *The Inequality of Man* (London: Temple Smith, 1973). 이 책들에 이어 이들로부터 작성해낸 것이 명백한 *How to Combat Red Teachers* (London: 1979)와 같은 국민전선의 소책자들이 발행되었다.

4. E. O. Wilson, "Human Decency Is Animal," *New York Times Magazine*, 12 October 1975, pp. 38-50.

5. V. H. Mark and F. R. Ervin, *Violence and the Brain* (New York: Harper & Row 1970).

6. T. Powledge, "Can Genetic Screening Prevent Occupational Disease?" *New Scientist*, 2 September 1976, p. 486; D. J. Kilian, P. J. Picciano, and C. B. Jacobson in "Industrial Monitoring, a Cytogenetic Approach," *Annals of the New York Academy of Sciences* 269 (1975); J. Beckwith, "Recombinant DNA: Does the Fault Lie Within Our Genes?" *Science for the People* 9 (1977): 14-17 을 볼 것.

7. H. Rose "Up Against the Welfare State: The Claimant Unions," in *Socialist Register*, ed. R. Miliband and J. Saville (London: Merlin Press, 1973), pp. 179-204.

8. W. Ryan, *Blaming the Victim* (New York: Pantheon Books, 1971).

9. E. Zola, *La Fortune des Rougon*, Librairie Internationale, A. Lacrois (Paris: Verboeckhoven, 1871)에 대한 서문.

10. 예를 들어 H. F. Garrett, *General Psychology* (New York: American Book, 1955).

11. C. Lombroso, *L'homme criminal* (Paris: Alcan, 1887).

12. P. A. Jacobs, M. Brunton, M. M. Melville, R. P. Brittan and W. F. McClamont, "Aggressive Behaviour, Mental Subnormality and the XYY," *Nature* 208 (1970): 1351-52. XXY와 공격성에 대한 문헌을 개관한 것으로는 R. Pyeritz, H. Schrier, C. Madansky, L. Miller, and J. Beckwith "The XYY Male: The Making of a Myth," in *Biology as a Social Weapon* (Minneapolis: Burgess, 1977)를 볼 것. 이러한 진행에 대한 논의로는 S. Chorover From *Genesis to Genocide* (Cambridge, Mass.: MIT Press, 1979)를 볼 것.

13. 유전학, 우생학, 통계학 사이의 관계에 대한 역사로는 D. A. MacKenzie, *Statistics in Britain, 1865-1930* (Edinburgh: Edinburgh University Press, 1981)를 볼 것.

14. R. Hofstadter, *Social Darwinism in American Thought* (New York: Braziller, 1959)에서 호프슈타터가 인용한 것.

15. 미국 IQ 검사운동의 역사에 대해서는 예를 들어 L. Kamin, *The Science and*

Politics of IQ (Potomac, Md.: Erlbaum, 1974); A. Chase, *The Legacy of Malthus* (Urbana: University of Illinois Press, 1980); D. P. *Pickens, Eugenics and the Progressives* (Nashville: Vanderbilt Univ. Press, 1968); J. M. Blum, *Pseudoscience and Mental Ability* (New York: Monthly Reivew Press, 1978); D. L. Eckberg, *Intelligence and Race* (New York: Praeger, 1979); K. M. Ludmerer, *Genetics and American Society* (Baltimore: Johns Hopkins Univ. Press, 1972)이 있고, 영국의 경우에 대해서는 N. Stepan, *The Idea of Race in Science* (London: Macmillan, 1982); B. Evans and B. Waites, *IQ and Mental Testing* (London: Macmillan, 1981); 또한 애슐리 몬터규(Ashley Montagu)가 주요 저자였던 유명한 UNESCO *Statement on Race* (Montagu, 1950)를 참조할 것.

16. See R. Verrall, New Nation, Summer 1980을 볼 것. 프랑스에 대해서는 J. Brunn, *La Nouvelle Droite* (Paris: Oswald, 1978); "J. P. Hebert"(필명), *Race et intelligence* (Paris: Copernic, 1977)를 볼 것.

17. L. Agassiz, "The Diversity of Origin of the Human Races," *Christian Examiner* 49 (1850): 110-45.

18. B. Davis, "Social Determinism and Behavioural Genetics," *Science* 189 (1975): 1049.

19. W. R. Stanton, *The Leopard's Spots: Scientific Attitudes Towards Race in America* (Chicago: Univ. of Chicago Press, 1960), p. 106에서 인용한 L. 아가시의 말.

20. Wilson, *Sociobiology*, p.575. 생물학으로부터 우생학을 유도하려는 다른 기도에 대해서는 예를 들어 V. R. Potter, Bioethics (Englewood Cliffs, N. J.: Prentice-Hall, 1972); G. E. Pugh, *The Biological Origin of Human Values* (New York: Basic Books, 1977)를 볼 것.

21. K. Lorenz, "Durch Domestikation verursachte Stölunchen arteigenen verhaltens," *Zeit für Angewandte Psychologie und Characterkunde* 59 (1940): 2-81.

22. F. Galton, *Inquiries into Human Faculty and Its Development*, 2nd ed. (New York: Dutton, 1883).

23. 과학이론의 지위에 관한 논쟁에 대해서는 예를 들어 I. Lakatos and A. Musgrave, eds., *Criticism and the Growth of Knowledge* (Cambridge: Cambridge Univ. Press, 1970), L. Laudan, *Progress and Its Problems* (Berkeley: Univ. of California Press, 1977); R. Bhaskar, *A Realist Theory of Knowledge* (Hassocks, Sussex, England: Harvester, 1978)를 볼 것.

24. 과학과 과학지식의 사회적 맥락에 관한 논의에 대해서는 예를 들어 H. Rose and S. Rose, *The Political Economy of Science* (London: Macmillan, 1976). 또한 H. Rose and S. Rose, "Radical Science and its Enemies," in *The Socialist Register*, ed. R. Miliband and J. Saville (1979): pp. 317-35를 볼 것.

3장 부르주아 이념과 결정론의 기원

1. C. B. Macpherson, *The Political Theory of Possessive Individualism* (New York: Oxford University Press, 1962).

2. 이러한 대응은 *Science at the Crossroads*, ed. N. Bukharin et al. (Moscow: Kniga, 1931)에서 보리스 게슨(Borris Hessen)이 쓴 과학에 대한 앞으로 이어질 역사기술 형태를 바꾸려던 한 논문에서 최초로 지적되었다.

3. 예를 들면 J. R. Ravetz, *Scientific Knowledge and Its Social Problems* (London: Allen Lane, 1972). 또한 H. Rose and S. Rose, *Science and Society* (Harmondsworth, Middlesex, England: Penguin, 1969)를 볼 것.

4. A. Sohn-Rethel, *Mental and Manual Labour* (London: Macmillan, 1978).

5. C. Dickens, *Hard Times* (Penguin Edition, 1969), pp. 48, 126.

6. 자연의 지배라는 주제로는 W. Leiss, *The Domination of Nature* (Boston: Beacon, 1974), 또한 A. Schmidt, *The Concept of Nature in Marx* (London: New Left Books, 1973)를 볼 것.

7. A. Pope, *Moral Essays*, Epistle I to Lord Cobham.

8. H. Driesch, *The History and Theory of Vitalism* (London: Macmillan, 1914): 또한 J. S. Fruton, *Molecules and Life* (New York: John Wiley, 1972)를 볼 것.

9. R. Virchow, *The Mechanistic Concept of Life* (1850). 이 책은 번역되어 J. K. Lelland, *Disease, Life and Man* (Stanford, Calif.: Stanford Univ. Press, 1958)에

실려 있다. 또한 J. Loeb, *The Mechanistic Concept of Life*, reprinted with and introduction by D. Fleming (Cambridege, Mass.: Harvard Univ. Press, 1964)를 볼 것.

10. K. Marx, "Theses on Feuerbach," (1845) in K. Marx and F. Engels, *Selected Works* vol. 1 (Moscow: Progress Publishers, 1969).

11. 1979년 캔사스시에서 열렸던 '학습 무능'에 대한 한 회의에서 생화학자 번(W. L. Byrue)이 한 말.

12. F. Jacob, *The Logic of Living Systems* (London: Allen Lane, 1974).

13. 예를 들어 R. M. Young, *Mind, Brain and Adaptation in the Nineteenth Century* (New York: Oxford Univ. Press, 1970)를 볼 것.

14. S. J. Gould, *The Mismeasure of Man* (New York: Norton, 1981).

15. B. L. Priestly and J. Lorber, "Ventricular Size and Intelligence in Achondroplasia," *Zeitschrift für Kinderchirurgie* 34 (1981): 320-26.

16. C. Lombroso, S. Chorover, *From Genesis to Genocide* (Cambridge, Mass.: MIT Press, 1979), pp. 179-80에서 인용.

17. Chorover, *Form Genesis to Genocide*, p. 180.

18. A. Christie, *The Secret Adversary* (New York: Dodd, Mead, 1922), p. 49.

19. 예를 들면 A. T. Scull, *Museums of Madness: The Social Organisation of Insanity in 19th Century England* (London: Allen Lane, 1979).

20. C. Darwin, *The Expression of the Emotions in Man and Animals* (London: John Murray, 1872).

21. F. Galton, *Hereditary Genius* (London: Macmillan, 1969).

22. 예를 들면 Gould, *Mismeasure of Man* 이 있다. 또한 A. Chase, *The Legacy of Malthus* (Urbana: Univ. of Illinois Press, 1980); Chorover, *Form Genesis to Genocide*; B. Evans and B. Waites, *IQ and Mental Testing* (London: Macmillan, 1981)를 볼 것.

23. '중심 교조'에 대해서는 F. H. C. Crick, *Symposium of the Society for Experimental Biology* 12 (1957): 138-63; *Perspectives in Biology and Medicine* 17 (1973): 67-70; *Nature* 227 (1970): 561-63를 볼 것.

24. 모노, H. Judson, *The Eighth Day of Creation* (London: Cape, 1979), p. 212에서 인용.

25. H. Rose and S. Rose, "The Myth of the Neutrality of Science," in *The Social Impact of Modern Biology*, ed. W. Fuller.(London: Routledge & Kegan Paul, 1971), pp. 283-94.

26. 예를 들면 J. Hirschleifer, "Economics from a Biological Viewpoint," *Journal of Law and Economics* 20, 1 (1977): 1-52.

27. 모노, Judson, *The Eighth Day of Creation*, p. 212에서 인용.

4장 불평등의 정당화

1. M. Luther, *On Marriage* (1530).

2. C. Jencks, *Inequality* (New York: Basic Books, 1972), chap. 7을 볼 것. 또한 Townsend, *Poverty* (Harmondsworth, Middlesex, England: Penguin, 1980)를 볼 것.

3. G. M. Trevelyan, *English Social History* (New York: Longmans, Green, 1942), p. 277의 표에 있는 수치.

4. P. Deane and W. A. Cole, *British Economic Growth, 1688-1959* (Cambridge: Cambridge Univ. Press, 1969)를 볼 것.

5. U. S. Bureau of the Census, *Historical Statistics of the United States: Colonial Times to 1970* (Washington, D. C.: Department of Commerce, 1975).

6. L. Doyal, *The Political Economy of Health* (London: Pluto, 1979); *The Black Report: Inequalities in Health* (DHSS London, 1980), publ. and ed. P. Townsend and N. Davidson, (Harmondsworth, Middlesex, England: Penguin, 1982).

7. L. F. Ward, *Pure Sociology* (London: Macmillan, 1903).

8. M. Young, *The Rise of the Meritocracy* (Harmondsworth, Middlesex, England: Penguin, 1961).

9. A. R. Jensen, "How Much Can We Boost IQ and Scholastic Achievement?" *Harvard Educational Review* 39 (1969): 15.

10. R. Herrnstein, *IQ and the Meritocracy* (Boston: Little, Brown, 1973), p. 221.

11. L. F. Ward, *Pure Sociology*.

12. P. Blau and O. D. Duncan, *The American Occupational Structure* (New York: John Wiley, 1967).

13. 예를 들면, H. J. Muller, *Out of the Night* (New York: Vanguard Press, 1935).

14. T. Dobzhansky, *Genetic Diversity and Human Equality* (New York: Basic Books, 1973).

15. E. O. Wilson, *Sociobiology: The New Synthesis* (Cambridge, Mass.: Harvard Univ. Press, 1975), p. 554.

16. Ibid., p. 575.

17. Ibid.

18. 예를 들면 *Late Capitalism* (London: Verson, New Left Books, 1978)에서 만델의 논의, 또는 정통 소련 입장에 대해서는 *The Scientific and Technological Revolution: Social Effects and Prospects* (Moscow: Progress Publishers, 1972)에서 M. Millionschikov의 논의를 볼 것. 이러한 결정론적 입장은 묘한 방식으로 1970 년대 급진 과학운동을 하던 대부분의 해방론자의 몇몇 문헌에 반영된다. 예를 들어 R. M. Young, "Science is Social Relations," *Radical Science Journal* 9 (1977): 61-131; The RSJ Collective, "Science, Technology, Medicine and the Socialist Movement," *Radical Science Journal* 11 (1981): 1-70을 볼 것. 이에 대한 비판으로는 H. Rose and S. Rose, "Radical Science and Its Enemies," *Socialist Register*, ed. R. Miliband and J. Saville (London: Merlin, 1979), pp. 317-34를 볼 것.

19. G. Lukacs, *History and Class Consciousness* (London: Merlin Press, 1971).

20. A. Heller, *The Theory of Need in Marx* (London: Allison & Busby, 1977).

21. Mao Tse-tung, "On Practice," *Selected Works* (Peking: Foreign Language Press, 1962), p. 375.

22. 예를 들면, B. Barnes and S. Shapin, *Natural Order* (London: Sage, 1979).

23. 이 입장에 대한 한 비판으로는 P. Sedgwick, *Psychopolitics* (London: Pluto, 1982)이 있다.

24. R. Rosenthal and L. Jacobson, *Pygmalion in the Classroom* (New York: Holt,

Rinehart & Winston, 1968).

25. B. F. Skinner, *Beyond Freedom and Dignity* (London: Cape, 1972).

5장 IQ: 세계의 등급 질서화

1. S. Bowles and V. Nelson, "The Inheritance of IQ and the Intergenerational Transmission of Economic Inequality," *Review of Economics and Statistics* 54, no. 1 (1974).

2. M. Schiff, M. Duyme, A. Dumaret, and S. Tomkiewicz, "'How Much Could We Boost Scholastic Achievement and IQ Scores?' Direct Answer from a French Adoption Study," *Cognition* 12 (1982): 165-96.

3. A. Binet, *Les Idées modernes sur les enfants* (Paris: Flammarion, 1913), pp. 140-41.

4. L. M. Terman, "Feeble-minded Children in the Public Schools of California," *School and Society* 5 (1917): 165.

5. L. M. Terman, *The Measurement of Intelligence* (Boston: Houghton Mifflin, 1916), pp. 91-92.

6. H. H. Goddard, *Human Effciency and Levels of Intelligence* (Princeton, N. J.: Princeton Univ. Press, 1920), pp. 99-103.

7. C. Burt, "Experimental Tests of General Intelligence," *British Journal of Psychology* 3 (1909): 94-177.

8. C. Burt, *Mental and Scholastic Tests*, 2nd ed. (London: Staples, 1947); 그리고 *The Backward Child*, 5th ed. (London: Univ. of London Press, 1961).

9. L. Kamin, *The Science and Politics of IQ* (Potomac, Md.: Erlbaum, 1974); K. Ludmerer, *Genetics and American Society* (Baltimore: Johns Hopkins Univ. Press, 1972); M. Haller, *Eugenics: Hereditarian Attitudes in American Thought* (New Brunswick, N. J.: Rutgers Univ. Press, 1963); C. Karier, *The Making of the American Educational State* (Urbana.: Univ. of Illinois Press, 1973), N. Stepan, *The Idea of Race in Science* (London: Macmillan, 1982).

10. E. G. Boring, "Intelligence as the Tests Test It," *New Republic* 34 (1923):

35-36.

11. S. Bowles and V. Nelson, "The Inheritance of IQ and the Intergenera- tional Reproduction of Economic Inequality," *Review of Economics and Statistics* 56 (1974): 39-51.

12. E. L. Thorndike, *Educational Psychology* (New York: Columbia Univ. Teachers College, 1903), p. 140.

13. A. R. Jensen, "Sir Cyril Burt" (obituary), *Psychometrika* 37 (1972): 115-17.

14. H. J. Eysenck, *The Inequality of Man* (London: Temple Smith, 1973).

15. C. Burt, "Ability and Income," *British Journal of Educational Psychology* 13 (1943): 83-98.

16. C. Burt, "The Evidence for the Concept of Intelligence," *British Journal of Educational Psychology* 25 (1955): 167-68.

17. H. J. Eysenck, "H. J. Eysenck in rebuttal," *Change* 6, no. 2 (1974).

18. L. Kamin, "Heredity, Intelligence, Politics and Psychology," unpublished pre- sidential address to meeting of the Eastern Psychological Association (1972).

19. Kamin, *Science and Politics of IQ*.

20. A. R. Jensen, "Kinship correlations reported by Sir Cyril Burt," *Behavior Genetics* 4 (1974): 24-25.

21. A. R. Jensen, "How Much Can We Boost IQ and Scholastic Achievement?" *Howard Educational Review* 39 (1969): 1-123.

22. O. Gillie, *Sunday Times* (London), 24 October 1976.

23. A. R. Jensen, "Heredity and Intelligence: Sir Cyril Burt's Findings," letters to the Times (London), 9 December 1976, p. 11.

24. H. J. Eysenck, "The Case of Sir Cyril Burt," *Encounter* 48 (1977): 19-24.

25. H. J. Eysenck, "Sir Cyril Burt and the Inheritance of the IQ," *New Zealand Psychologist* (1978).

26. L. S. Hearnshaw, *Cyril Burt: Psychologist* (London: Hodder & Stoughton, 1979).

27. N. J. Mackintosh, Book review of *Cyril Burt: Psychologist* by J. S. Hearnshaw,

British Journal of Psychology 71 (1980): 174-75.

28. 시릴 버트에 대한 대차대조표, *Supplement to the Bulletin of the British Psychological Society* 33 (1980): i.

29. J. Shields, *Monozygotic Twins Brought up Apart and Brought up Together* (London: Oxford Univ. Press, 1962).

30. H. H. Newman, F. N. Freeman, and K. J. Holzinger, *Twins: A Study of Heredity and Environment* (Chicago: Univ. of Chicago Press, 1973).

31. N. Juel-Nielsen, "Individual and Environment: A Psychiatric and Psychological Investigation of Monozygous Twins Raised Apart," *Acta Psychiatrica et Neurologica Scandanavica*, Supplement 183 (1965).

32. Kamin, *Science and Politics of IQ*.

33. B. S. Burks, "The Relative Influence of Nature and Nurture upon Mental Development: A Comparative Study of Foster Parent-Foster Child Resemblance and True Parent-True Child Resemblance," *Yearbook of the National Society for the Study of Education* 27 (1928): 219-316.

34. A. M. Leahy, "Nature-nurture and Intelligence," *Genetic Psychology Monographs* 17 (1935): 235-308.

35. Kamin, *Science and Politics of IQ*.

36. S. Scarr and R. A. Weinberg, "Attitudes, Interests, and IQ," *Human nature* 1 (1978): 29-36.

37. J. M. Horn, J. L. Loehlin, and L. Willerman, "Intellectual Resemblance Among Adoptive and Biological Relatives: The Texas Adoption Project," *Behavior Genetics* 9 (1979): 177-207.

38. R. T. Smith, "A Comparison of Socio-environmental Factors in Monozygotic and Dizygotic Twins: Testing an Assumption," in *Methods and Goals in Human Behavior Genetics*, ed. S. G. Vandenberg (New York: Academic Press, 1965).

39. M. Skodak and H. M. Skeels, "A Final Follow-up Study of One Hundred Adopted Children," *Journal of Genetic Psychology* 75 (1949): 83-125.

40. B. Tizard, "IQ and Race," *Nature* 247 (1974): 316.

41. Ibid.

42. S. Scarr-Salapatek and R. A. Weinberg, "IQ Test Performance of Black Children Adopted by White Families," *American Psychologist* 31 (1976): 726-39.

43. J. Loehlin, G. Lindzey, and J. Spuhler, *Race Differences in Intelligence* (San Francisco: Freeman, 1975).

44. Schiff et al., "How Much *Could* We Boost Scholastic Achievement" (pp. 165-96).

6장 결정된 가부장제

1. 이 장을 쓰면서 우리는 우리가 널리 끌어다 쓴 여성주의 장학금에 특히 많은 빚을 졌고, 특히 린다 버크(Linda Birke), 루스 허버드, 힐러리 로즈가 초고에 비판적 논평을 해 준 데 대해 감사하고 싶다.

2. Z. R. Eisenstein, ed., *Capitalist Patriarchy and the Case for Socialist Feminism* (New York: Monthly Review Press, 1979); C. Delphy, *The Main Enemy: a Materialist Analysis of Women's Oppression*, WRRC Publication no. 3 (London, 1977); M. Barrett and M. McIntosh, "The Family Wage," in *The Changing Experience of Women*, ed. E. Whitelegg et al. (Oxford: Martin Robertson, 1982); H. Hartmann, *The Unhappy Marriage of Marxism and Feminism* (London: Pluto, 1981); A. Oakley, *Sex, Gender and Society* (New York: Harper & Row, 1972).

3. "Women Learn to Sing the Blues," *Psychology Today*, September 1973에서 페이지(K. Paige)가 인용한 것, ≪알로아 광고(*Alloa* [Scotland] *Advertiser*)≫에 따르면 1982년 포클랜드/말비나스 전쟁 때, 하원의원 탐 돌엘(Tam Dalyell)은 마거릿 대처는 "여자이고 모든 여자처럼 월경주기에 영향을 받았기 때문에, 전쟁과 평화 사이에서의 결정과 같은 극히 중대한 결정을 하는 것은 완전히 불가능하다"고 주장했다.

4. *Wall Street Journal*, 20 July 1981.

5. 예를 들어 *Morning Star* (London)에 있는 서신, 특히 M. McIntosh (24 November 1982)와 B. MacDermott(27 November 1982)의 서신을 볼 것.

6. H. Land, "The Myth of the Male Breadwinner," *New Society*, 9 October 1975; H. Rose and S. Rose, "Moving Right Out of Welfare-and the Way Back," *Critical Social Policy* 2, no. 1 (1982): 7-18.

7. *The Sun* (London), 18 February 1981에 인용된 것.

8. J. Morgall, "Typing Our Way to Freedom: Is it True That New Office Technology Can Liberate Women?" in *Changing Experience of Women*, pp. 136-46.

9. S. Witelson, *Psyhology Today*, November 1978, p. 51에서 인용.

10. J. Money and A. A. Ehrhardt, *Man and Woman, Boy and Girl* (Baltimore: Johns Hopkins Univ. Press, 1972). 그들의 표준 목록은 또한 집 밖 놀이와 유희, 실리주의와 로맨스에 대한 환상, 치기 어린 성적 유희에서의 에너지 지출을 포함하고 있다.

11. J. Herman, *Father-Daughter Incest* (Cambridge, Mass.: Harvard Univ. Press, 1981); L. Armstrong, "Kiss Daddy Goodnight," in *Speakout on Incest* (New York: Hawthorn, 1978).

12. P. L. van den Berghe, "Human Inbreeding Avoidance: Culture in Nature," *Behavioral and Brain Sciences* 6 (1983): 125-68; 또한 P. P. G. Bateson, "Rules for Changing the Rules," in *Evolution From Molecules to Men*, ed. D. S. Bendall, (Cambridge: Cambridge Univ. Press, 1983)를 볼 것.

13. K. F. Dyer, "The Trend of the Male and Female Performance Differential in Athletics, Swimming and Cycling, 1958-1976," *Journal of Biosocial Science* 9 (1977): 325-39; 또한 K. F. Dyer, *Challenging the Men: Women in Sport* (St. Lucia, Australia: Univ. of Queensland Press, 1982)도 볼 것.

14. R. Hubbard, "Have Only Men Evolved?" in *Women Look at Biology Looking at Women*, ed. R. Hubbard, M. S. Henifin, and B. Fried (Cambridge, Mass.: Schenkman, 1979), pp. 7-36; R. Hubbard and M. Lowe, Introduction to R. Hubbard and M. Lowe, eds., *Genes and Gender II* (New York: Gordian

Press, 1979): pp. 9-34; L. Birke, "Cleaving the Mind: Speculations on Conceptual Dichotomies," in *Against Biological Determinism*, ed. S. Rose(London: Allison & Busby, 1982): pp. 60-78; L. Rogers, "The Ideology of Medicine," in *Against Biological Determinism*, pp. 79-93.

15. H. Fairweather, "Sex Differences in Cognition," *Cognition* 4 (1976): 31-280.

16. E. E. Maccoby and C. N. Jacklin, *The Psychology of Sex Differences* (Stanford, Calif.: Stanfford Univ. Press, 1974).

17. Witelson, *Psychology Today*, November 1973, pp. 48-59에서 인용.

18. C. P. Benbow and J. C. Stanley, *Science* 210 (1980): 1262-64.

19. 이러한 예외에 대한 이야기가 종종 이야기된다. 예를 들어 C. St. John Brooks, "Are Girls Really Good at Maths?" *New Society*, 5 March 1981, pp. 411-12, A. Kelly, ed, *The Missing Half: Girls and Science Education* (Manchester: Manchester Univ. Press, 1979); N. Weisstein, "Adventures of a Woman in Science," in *Women Look at Biology Looking at Women*, pp. 187-206; M. Couture-Cherki, "Women in Physics," in *The Radicalization of Science*, ed. H. Rose and S. Rose (London: Macmillan, 1976), pp. 65-75를 볼 것.

20. 예를 들어, E. Fee, "Science and the Woman Problem: Historical Perspectives," in *Sex Differences: Social and Biological Perspectives*, ed. M. S. Teitelbaum (New York: Anchor Doubleday, 1976): pp. 173-221; J. Sayers, *Biological Politics: Feminist and Anti-Feminist Perspective* (London: Tavistock, 1982); M. R. Walsh, "The Quirks of a Woman's Brain" in *Women Look at Bioloy Looking at Women*, pp. 103-26; S. S. Mosdale, "Science Corrupted: Victorian Biologists Consider the Woman Question," *Journal of the History of Biology* 11 (1978): 1-55; S. A. Shields, "Functionalism, Darwinism, and the Psychology of Women: A Study in Social Myth," *American Psychologist*, July 1975, pp. 739-54를 볼 것.

21. 예를 들면, C. Hutt, *Males and Females* (Harmondsworth, Middlesex, England: Penguin, 1972).

22. Fairweather, "Sex differences in Cognition."

23. Ibid.

24. L. McKie and M. O'Brien, eds., *The Father Figure* (London: Tavistock, 1982).

25. S. Rose, *The Conscious brain* (Harmondsworth, Middlesex, England: Penguin, 1976).

26. E. Fee, "Nineteenth-Century Craniology: The Study of the Female Skull," *Bulletin of the History of Medicine* 53 (1979): 415-33.

27. Mosdale, "Science Corrupted."

28. Fee, "Nineteenth-Century Craniology," 또한 D. A. MacKenzie, *Statistics in Britain, 1865-1930* (Edinburgh: Edinburgh Univ. Press, 1981)를 볼 것.

29. Darwin, *Descent of Man*, p. 569. Mosdale이 "Science Corrupted"에서 인용한 것.

30. F. Pruner, in *Transactions of the Ethnological Society* 4 (1866): 13-33: Fee, "Nineteenth-Century Craniology"에 인용된 것.

31. A. R. Jensen, "A Theoretical Note on Sex Linkage and Race Differences in Spatial Visualization Ability." *Behavior Genetics* 8 (1978): 213-17.

32. N. Geschwind and P. Behan, "Left Handedness: Association with Immune Diseases, Migraine and Developmental Learning Disorder," *Proceedings of the National Academy of Sciences* 79 (1982): 5097-5100.

33. F. Nottebohm and A. V. Arnold, "Sexual Dimorphism in Vocal Control Areas of the Songbird Brain," *Science* 194 (1976): 211-13.

34. P. D. Maclean. "The Triune Brain, Emotion and Scientific Bias," in *The Neurosciences: Second Study Program*, ed. F. O. Schmitt (New York: M.I.T. Press, 1970): pp. 336-49.

35. 예를 들면, A. Koestler, *The Ghost in the Machine* (London: Hutchinson, 1967).

36. J. Jaynes, *The Origin of Consciousness in the Breakdown of the Bicameral Mind* (Boston: Houghton Mifflin, 1976); R. F. Ornstein, *Psychology of Consciousness* (New York: Harcourt Brace, 1977).

37. 위텔슨, *Psychology Today*, November 1978, p. 51에서 인용.

38. 지나, S. L. Star, "The Politics of Right and Left: Sex Differences in Hemispheric

Brain Asymmetry," in *Women Look at Biology Looking at Women*, pp. 61-76
에서 인용.

39. S. Goldberg, *The Inevitabiligy of Patriarchy*, 2nd ed. (New York: Morrow,
1974).

40. Science for the People, ed., *Biology as a Social Weapon* (Minneapolis:
Burgess, 1977)를 볼 것.

41. A. M. Briscoe in E. Tobach and B. Rosoff, eds., *Genes and Gender* (New
York: Gordian Press, 1979), vol. 1, p. 41에서 인용된 것.

42. L. I. A. Birke, "Is Homosexuality Hormonally Determined?" *Journal of Homo-
sexuality* 6 (1981): 35-49.

43. P. C. B. Mackinnon, "Male Sexual Differentiation of the Brain," *Trends in
Neurosciences*, November 1978; K. D. Dohler, "Is Female Sexual Differenti-
ation Hormone Mediated?" *Trends in Neurosciences*, November 1978.

44. E. Pizzey and J. Shapiro, *Prone to Violence* (London: Hamlyn, 1982).

45. M. Cerullo, J. Stacey, and W. Breines, "Alice Rossi's sociobiology and
Antifeminist Backlash," *Feminist Studies* 4, no. 1 (February 1978); N.
Chodorow, *The Reproduction of Mothering: Psychoanalysis and the Sociology
of Gender* (Berkeley: Univ. of California Press, 1979).

46. L. Tiger and R. Fox, *The Imperial Animal* (London: Secker & Warburg, 1977);
L. Tiger, *Men in Groups* (London: Secker & Warburg, 1969).

47. F. Engels, *The Origin of the Family, Private Property and the State* (New
York: International Publishers, 1972).

48. G. Bleaney, *Triumph of the Nomads: A History of the Aborigines* (Melbourne:
Overlook Press, 1982); N. M. Tanner, *On Becoming Human* (Cambridge,
England: Cambridge Univ. Press, 1981).

49. N. M. Tanner, *On Becoming Human.*

50. 이 은유는 『인간의 본성에 대하여(On Human Nature)』에서 E. O. 윌슨이 사회적
행동에 대한 유전자와 명백한 사회적 관계들 사이의 연관에 관한 그의 견해의 개요
를 만들기 위해 이용되었다.

51. T. R. Halliday, "The Libidinous Newt: An Analysis of Variations in the Sexual Behaviour of the Male Smooth Newt, *Triturus Vulgaris*," *Animal Behavior* 24 (1976): 398-414.

52. M. K. McClintock and N. T. Adler, "The Role of the Female during Copulation in Wild and Domestic Norway Rats (rattus Norvegicus)," *Behaviour* 68 (1978): 67-96.

53. S. Zuckerman, *The Social Life of Apes* (London: Kegan Paul, 1932); C. Russell and W. M. S. Russell, *Violence, Monkeys and Man* (London: Macmillan, 1968).

54. L. Liebowitz, *Females, Males, Families: A Biosocial Approach* (North Scituate, Mass.: Duxbury Press, 1978).

55. S. Firestone, *The Dialectic of Sex*; H. Rose and J. Hanmer, "Women's Liberation: Reproduction and the Technological Fix," in *The Political Economy of Science*, ed. H. Rose and S. Rose (London: Macmillan, 1974), pp. 142-60을 볼 것.

56. 예를 들면, S. B. Hrdy, *The Woman That Never Evolved* (Cambridge, Mass.: Harvard Univ. Press, 1981); E. Morgan, *The Descent of Woman* (New York: Stein & Day, 1972)을 볼 것.

57. 예를 들어 J. Mitchell, *Sexual Politics* (London: Abacus, 1971)를 볼 것.

58. H. Rose, "Making Science Feminist," in *The Changing Experience of Women*, pp. 352-72.

59. 위의 주 19의 참고문헌과 또한 R. Arditti, "Women in Science: Women Drink Water While Men Drink Wine," *Science for the People* 8 (1976): 24; E. F. Keller "Feminism and Science," *Signs* 7 (1982): 589-602; A. Y. Leevin and L. Duchan, "Women in Academia," *Science* 173 (1971): 892-95; L. Curran, "Science Education; Did She Drop Out or Was She Pushed?" in *Alice Through the Microscope*, ed. Brighton Women in Science Group (London: Virago, 1980), pp. 22-41; R. Wallsgrove, "The Masculine Face of Science," in *Alice Through the Microscope*, pp. 228-40을 볼 것.

60. H. Rose, "Hand, Heart and Brain: Towards a Feminist Epistemology of the Natural Sciences," *Signs* (Fall 1983).

61. 심지어 마르크스주의 사상과 급진사상에서 자연의 지배에 관한 이러한 강조에 대한 논의로는 예를 들면 A. Schmidt, *The Concept of Nature in Marx* (London: New Left Books, 1971); W. Leiss, *The Domination of Nature* (New York: Braziller, 1972)이 있다.

62. 예를 들어 C. Merchant, *The Death of Nature: Women, Ecology and the Scientific Revolution* (London: Wildwood House, 1980); Boston Women's Health Book Collective, *Our Bodies, Ourselves* (New York: Simon & Schuster, 1976)를 볼 것.

7장 정신 조정에 의한 사회 조정

1. S. Block and P. Reddaway, *Russia's Political Hospitals: Abuse of Psychiatry in the Soviet Union* (London: Gollancz, 1977).

2. Z. A. Medvedev and R. A. Medvedev, *A Question of Madness* (London: Macmillan, 1971).

3. World Psychiatric Association, Declaration of Hawaii, *British Medical Journal* 2/6096 (1977): 1204-5.

4. J. K. Wing, "Social and Familial Factors in the Causation and Treatment of Schizophrenia," in *Biochemistry and Mental Disorder*, ed. L. L. Iversen and S. Rose (London: Biochemical Society, 1973).

5. L. Gostin, "Racial Minorities and the Mental Health Act," *Mind Out*, May 1981; The Guardian (London), 23 March 1981.

6. P. Bean, *Compulsory Admissions to Mental Hospitals* (London: John Wiley, 1980).

7. *New Statesmman*, 3 June 1980.

8. V. H. Mark, W. H. Sweet, and F. R. Ervin, "Role of Brain Disease in Riots and Urban Violence," *Journal of the American Medical Association* 201 (1967): 895.

9. V. H. Mark and F. R. Ervin. *Violence and the Brain* (New York: Harper & Row, 1970). 인용은 7쪽에서 했다.

10. 옵튼(E. M. Opton), 1973년 콜로라도주 베일에서 있었던 동계 뇌 연구 회의에서 배포된 서신, A. W. Schesfhin and E. M. Opton, *The Mind Manipulators* (London: Paddington Press, 1978)에서 논의가 발전되었고, S. Rose, *The Conscious Brain* (Harmondsworth, Middlesex, England: Penguin, 1976)에 인용되어 있다.

11. *The Mind Stealers: Psychosurgery and Mind Control* (Boston: Houghton Mifflin, 1978)에서 쇼프킨(S. Chavkin)이 인용한 것.

12. "'Rioters may be taking to the streets because of the high level of lead in their bodies,' a professor claimed yesterday," "This England," *New Statesman*, 24 July 1981. 또한 O. David, "The Relationship Between Lead and Hyperactivity," and H. C. Needleman, "Studies of the Neurobehavioural Costs of Low-Level Lead Exposure," presented at the Conference on Low-Level Lead Exposure and Its Effects on Human Beings (CLEAR), London 1982를 볼 것.

13. J. M. R. Delgado, *Physical Control of the Mind: Towards a Psychocivilized Society* (New York: Harper & Row, 1971).

14. J. M. R. Delgado, "Two-way Transdermal Communication with the Brain," *American Psychologist* 30 (1975): 265-73.

15. J. A. Meyer, "Crime Deterrent Transponder System," *IEEE Transactions: Acrospace and Electronic Systems* 7, no. 1 (1942): 2-22.

16. D. N. Michael, "Speculations on the Relation of the Computer to Individual Freedom—the Right to Privacy," in U.S., Congress, House, Committee on Government Operations, Special Subcommittee on Invasion of Privacy, *The Computer and the Invasion of Privacy: Hearings*, 89th Cong., 1st sess., 26-28 July 1966, pp. 184-93.

17. Schefflin and Opton, *The Mind Manipulators*.

18. J. Owen, *The Abolitionist* 7 (1981): 3-6.

19. Chavkin, *The Mind Stealers*, p. 73.

20. 보건사회부(영국) 통계, 1980.

21. B. F. Skinner, *Beyond Freedom and Dignity* (London: Cape, 1972).

22. Chavkin, *The Mind Stealers*, p. 73.

23. Ibid., p. 79.

24. Ibid., p. 72.

25. M. Fitzgerald and J. Sim, *British Prisons*, 2nd ed.(Oxford: Blackwell, 1981).

26. B. Coard, *How the West Indian Child is Made ESN in the British School System* (Boston: New Beacon Press, 1974); S. Tomlinson, "West Indian Children and ESN Schooling," *New Community* 6, no. 3 (1978); Camden Committee for Community Relations: evidence of the CCCR to the Rampton Committee, London, 1980.

27. S. D. Clements, *Minimal Brain Dysfunction in Children: Terminology and Identification*, U.S. Public Health Service Publication no. 1415 (Washington, D.C., 1966).

28. P. H. Wender, *Minimal Brain Dysfunction in Children* (New York: John Wiley, 1971).

29. J. S. Werry, K. Minde, A. Guzman, G. Weiss, K. Dogan, and E. Hoy, "Studies on the Hyperactive Child. (VII) Neurological Status Compared with Neurotic and Normal Children," *American Journal of Orthopsychiatry* 42 (1972): 441-51.

30. G. Weiss, L. Hechtman, and T. Perlman, "Hyperactives as Young Adults: School, Employer, and Self-rating Scales Obtained During Ten-year Follow-up Evaluation," *American Journal of Orthopsychiatry* 48 (1978): 438-45; G. Weiss, E. Kruger, V. Danielson, and M. Elmann, "Effect of Long-term Treatment of Hyperactive Children with Methylphenidate," *Canadian Medical Association Journal* 112 (1975): 159-65.

31. R. Freeman, in *The Hyperactive Child and Stimulant Drugs*, ed. J. J. Bosco and S. S. Robin (Chicago: Univ. of Chicago Press, 1976), p. 5.

32. P. Schrag and D. Divoky, *The Myth of the Hyperactive Child and Other*

Means of Child Control (New York: Pantheon, 1975).

33. G. S. Omenn, "Genetic Issues in the Syndrome of Minimal Brain Dysfunction," *Seminars in Psychiatry* 5 (1973): 5-17.

34. Bosco and Robin, *The Hyperactive Child*; 또한 L. A. Sroufe, "Drug Treatment of Children with Behavior Problems," in *Review of Child Development Research*, vol. 4, ed. F. D. Horowitz (Chicago: Univ. of Chicago Press, 1975); G. Weiss and L. Hechtman, "The Hyperactive Child Syndrome," *Science* 205 (1979): 1348-54를 볼 것.

35. J. L. Rapaport, M. S. Buchsbaum, T. P. Zahn, M. Weingartner, C. Ludlow, and E. J. Mikkelsen, "Dextroamphetamine: Cognitive and Behavioral Effects in Normal Prepubertal Boys," *Science* 199 (1978): 560-63.

36. Weiss et al., "Effect of Long-term Treatment."

37. D. P. Cantwell, "Drugs and Medical Intervention," in *Handbook of Minimal Brain Dysfunctions*, ed. H. E. Rie and E. D. Rie (New York: John Wiley, 1980), pp. 596-97.

38. J. R. Morrison and M. A. Stewart, "A Family Study of the Hyperative Child Syndrome," *Biological Psychiartry* 3 (1971): 189-95.

39. J. R. Morrison and M. A. Stewart, "Evidence for Polygenic Inheritance in the Hyperactive Child Syndrome," *American Journal of Psychiatry* 130 (1973): 791-92.

40. M. A. Stewart, F. N. Pitts, A. G. Craig, and W. Dieruf, "The Hyperactive Child Syndrome," *American Journal of Orthopsychiatry* 36 (1966): 861-67.

41. D. P. Cantwell, "Psychiatric Illness in the Families of Hyperactive Children," *Archives of General Psychiatry* 27 (1972): 414-17.

42. J. R. Morrison and M. A. Stewart, "The Psychiatric Status of the Legal Families of Adopted Hyperactive Children," *Archives of General Psychiatry* 28 (1973): 888-91.

43. D. P. Cantwell, "Genetic Studies of Hyperactive Children: Psychiatric Illness in Biologic and Adopting Parents," in *Genetic Research in Psychiatry*, ed. R.

R. Fieve, D. Rosenthal, and H. Brill (Baltimore: Johns Hopkins Univ. Press, 1975).

44. E. J. Mash and J. T. Dalby, "Behavioral Interventions for Hyperactivity," in *Hyperactivity in Children*, ed. R. L. Trites (Baltimore: University Park Press, 1979).

45. S. B. Campbell, M. Schleifer, G. Weiss, and T. Perlman, "A Two-year Follow-up of Hyperactive Preschoolers," *American Journal of Orthopsychiatry* 47 (1977): 149-62; 또한 S. B. Campbell, M. W. Endman, and G. Bernfeld, "A Three-Year Follow-up of Hyperactive Preschoolers into Elementary School," *Journal of Child Psychology and Psychiatry* 18 (1977): 239-49를 볼 것.

46. M. M. Helper, "Follow-up of Children with Minimal Brain Dysfunctions: Outcomes and Predictors," in *Handbook of Minimal Brain Dysfunctions*, ed. H. E. Rie and E. D. Rie (New York: John Willey, 1980).

47. M. Schleifer, G. Weiss, N. Cohen, M. Elman, H. Cvejic, and E. Druger, "Hyperactivity in Preschoolers and the Effect of Methylphenidate," *American Journal of Orthopsychiatry* 45 (1975): 38-50.

48. T. McKeown, *The Role of Medicine* (Oxford: Blackwell, 1979); 또한 B. Inglis, *The Disease of Civilization* (London: Hodder & Stoughton, 1981); B. Dixon, *Beyond the Magic Bullet* (London: Allen & Unwin, 1978)을 볼 것.

49. E. S. Valenstein, *Brain Control: A Critical Examination of Brain Stimulation and Psychosurgery* (New York: John Wiley, 1974).

50. 미국 전두엽 절제술 고참자들이 한 수술에 대한 솔직한 묘사에 대해서는 W. Freeman, *Lobotomy: Resort to the Knife* (New York: Van Nostrand Reinhold, 1982) 1930년대, 1940년대 부분을 볼 것. 개인에 미치는 정신외과술의 효과에 대해서는 영국에서 마거릿 채프먼(Margaret Chapman) 사례의 적용 범위 — 예를 들면 "Operation Heartbreak" in *Womans Own*, 15 March 1980. —를 볼 것.

51. Valenstein, *Brain Control; S. Chorover, From Genesis to Genocide* (Cambridge, Mass.: MIT Press, 1979); 또한 P. R. Breggin, "The Return of Lobotomy and Psychosurgery," *Congressional Record*, (92nd Cong., 2nd

sess.), 1972, pt. 5: 5567-77; E. S. Valenstein, ed., *The Psychosurgery Debate: A Model for Policy Makers in the Mental Health Area* (San Francisco: Freeman, 1980)를 볼 것.

52. R. L. Sprague and E. K. Sleator, "Methylphenidate in Hyperkinetic Children: Differences in Dose Effects on Learning and Social Behaviour," *Science* 198 (1977): 1274-76; 또한 G. B. Kolata, "Childhood Hyperactivity: a New Look at Treatments and causes," *Science* 199 (1978): 515-17.

53. O. W. Sacks, *Awakenings* (London: Duckworth, 1973).

54. A. W. McCoy, *The Politics of Heroin in Southeast Asia* (New York: Harper & Row, 1973); 또한 Chorover, *From Genesis to Genocide*를 볼 것.

8장 정신분열증: 결정론들의 충돌

1. 보건사회부(영국) 통계, 1981.

2. A. T. Scull, *Museums of Madness: The Social Organisation of Insanity in 19th Century England* (London: Allen Lane, 1979); 또한 B. Clarke, *Mental Disorder in Earlier Britain* (Cardiff, England, 1975). M. Foucault, *Madness and Civilization* (New York: Vintage, 1973). D. J. Rothman, *The Discovery of the Asylum: Social Order and Disorder in the New Republic* (Boston, Mass.: Little, Brown, 1971).

3. T. Szasz, *The Manufacture of Madness* (London: Routledge & Kegan Paul, 1971).

4. *Schizophrenia: Report of an International Pilot Study* (Geneva: WHO, 1973).

5. G. Bignami, "Disease models and reductionist thinking in the biomedical sciences," in *Against Biological Determinism*, ed. S. Rose (London: Allison & Busby, 1982), pp. 94-110.

6. B. Dixon, *Beyond the Magic Bullet* (London: Allen & Unwin, 1978).

7. H. L. Klawans, C. G. Goetz and S. Pertik, "Tardive Dyskinesia: Review and Update," *American Journal of Psychiatry* 137 (1980): 900-908; 또한 J. Ananth, "Drug-Induced Dyskinesia: A Critical Review," *International Pharmacopsy-*

chiatry 45 (1979): 291-305를 볼 것.

8. 정신분열증에 대한 생화학적 모형에 관한 비평과 토의에 대해서는 V. Andreoli, *La Terza via della Psichiatria* (Milan: Mondadori, 1980)를 볼 것. 이 묵직한 문헌 안에서 단지 하나의 예(D. Horrobin, "A Singular Solution for Schizophrenia," New Scientist 28, no. 2 (1980): 642-45)만으로도 최근의 분자 질병 모형에 충분할 것이다.

9. P. H. Venables, "Longitudinal Study of Schizophrenia," Paper 146 of Annual Meeting, British Association of Advanced Science (September 1981).

10. J. M. Neal and T. F. Oltmanns, *Schizophrenia* (New York: John Wiley, 1980), p. 202.

11. H. Harmsen and F. Lohse, *Bevölkerungsfragen* (Munich: J. F. Lehmanns, 1936).

12. Informal discussion in F. R. Moulton and P. O. Komore, eds., *Mental Health*, Publication no. 9 (1939) American Association for the Advancement of Science, p. 145.

13. F. J. Kallmann, *The Genetics of Schizophrenia* (Locust Valley, N. Y.: J. J. Augustin, 1938), pp. 99, 131과 pp. 267-268.

14. F. J. Kallmann, "Heredity, Reproduction and Eugenic Procedure in the Field of Schizophrenia," *Eugenical News* 23 (1938): pp. 105-13.

15. F. J. Kallmann, "The Genetic Theory of Schizophrenia: An Analysis of 691 Schizophrenic Twin Index Families," *American Journal of Psychiatry* 103 (1946): 309-22.

16. F. J. Kallman, *Heredity in Health and Mental Disorder* (New York: Norton, 1953).

17. F. J. Kallmann, "Eugenic Birth Control in Schizophrenic Families," *Journal of Contraception* 3 (1938): 195-99.

18. D. Rosenthal, "The Offspring of Schizophrenic Couples," *Journal of Psychiatric Research* 4 (1966): 167-88.

19. F. J. Kallman, "The Heredo-constitutional Mechanisms of Predisposition and

Resistance to Schizophrenia," *American Journal of Psychiatry* 98 (1942): 544-51.

20. J. Shields, I. I. Gottesman, and E. Slater, "Kallmann's 1946 Schizophrenic Twin Study in the Light of New Information," *Acta Psychiatrica Scandinavica* 43 (1967): 385-96.

21. E. Zerbin-Rüdin, "Schizophrenien," in *Humangenetik*, vol. 2, ed. P. E. Becker (Stuttgart: Thieme, 1967).

22. E. Slater and V. Cowie, *The Genetics of Mental Disorders* (London: Oxford Univ. Press, 1971).

23. D. Rosenthal, *Genetic Theory and Abnormal Behavior* (New York: McGraw-Hill, 1970).

24. I. I. Gottesman and J. Shields, *Schizophrenia and Genetics: A Twin Study Vantage Point* (New York: Academic Press, 1972).

25. H. M. Pollock and B. Malzberg, "Hereditary and Environmental Factors in the Causation of Manic-depressive Psychoses and Dementia Praecox," *American Journal of Psychiatry* 96 (1940): 1227-47. 또한 G. Winokur, J. Morrison, J. Clancy, and R. Crowe, "The Iowa 500: II. A Blind Family History Comparison of Mania, Depression and Schizophrenia," *Archives of General Psychiatry* 27 (1972): 462-64.

26. E. Slater, *Psychotic and Neurotic Illnesses in Twins*, Medical Research Council Special Report Series no. 278 (London: Her Majesty's Stationery Office, 1953).

27. A. J. Rosanoff, L. M. Handy, I. R. Plesset, and S. Brush, "The Etiology of So-called Schizophrenic Psychoses with Special Reference to Their Occurrence in Twins," *American Journal of Psychiatry* 91 (1934): 247-86.

28. I. I. Gottesman and J. Shields, "Schizophrenia in Twins: 16 years' Consecutive Admissions to a Psychiatric Clinic," *British Journal of Psychiatry* 112 (1966): 809-18.

29. E. Kringlen, "An Epidemiological-clinical Twin Study on Schizophrenia," in *The Transmission of Schizophrenia*, eds. D. Rosenthal and S. S. Kety (Oxford:

Pergamon, 1968).

30. M. G. Allen, S. Cohen, and W. Pollin, "Schizophrenia in Veteran Twins. A Diagnostic Review," *Archives of General Psychiatry* 128 (1972): 939-45.

31. M. Fischer, "Genetic and Environmental Factors in Schizophrenia: A Study of Schizophrenic Twins and Their Families," *Acta Psychiatrica Scandinavica*, Suppl. 238 (1973).

32. H. Luxenburger, "Untersuchungen an schizophrenen Zwillingen und ihren Geschwistern Zur Prüfung der Realität von Manifestationsschwankungen," *Zeitschrift für die Gesamte Neurologie und Psychiatrie* 154 (1935): 351-94.

33. E. Inouye, "Similarity and Dissimilarity of Schizophrenia Twins," *Proceedings of the Third World Congress of Psychiatry, Montreal* (Toronto: Univ. of Toronto Press, 1961): 1: 524-30.

34. B. Harvald and M. Hauge, "Hereditary Factors Elucidated by Twin Studies," in *Genetics and the Epidemiology of Chronic Disease*, ed. J. V. Neel, M. W. Shaw, and W. J. Schull (Washington, D. C.: Department of Health, Education, and Welfare, 1965).

35. A. Hoffer and W. Pollin, "Schizophrenia in the NAS-NRC Panel of 15,909 Veteran Twin Pairs," *Archives of General Psychiatry* 23 (1970): 469-77.

36. S. Snyder, *Medical World News*, 17 May 1976, p. 24.

37. P. Wender, *Medical World News*, 17 May 1976, p. 23.

38. S. S. Kety, D. Rosenthal, P. H. Wender, and F. Schulsinger, "The Types and Prevalence of Mental Illness in the Biological and Adoptive families of Adopted Schizophrenics," in *The Transmission of Schizophrenia*, ed. D. Rosenthal and S. S. Kety (Oxford: Pergamon, 1968).

39. S. S. Kety, D. Rosenthal, P. H. Wender, F. Schulsinger, and B. Jacobsen, "Mental Illness in the Biological and Adoptive Families of Adopted Individuals Who Have Become Schizophrenic," in *Genetic Research in Psychiatry*, ed. R. R. Fieve, D. Rosenthal, and H. Brill (Baltimore: Johns Hopkins Univ. Press, 1975).

40. D. Rosenthal, P. H. Wender, S. S. Kety, F. Schulsinger, J. Welner, and L. Ostergaard, "Schizophrenics' Offspring Reared in Adoptive Homes," in *The Transmission of Schizophrenia*, ed. D. Rosenthal and S. S. Kety (Oxford: Pergamon, 1968), p. 388.

41. D. Rosenthal, P. H. Wender, S. S. Kety, J. Welner, and F. Schulsinger, "The Adopted-away Offspring of Schizophrenics," *American Journal of Psychiatry* 128 (1971): 307-11.

42. R. J. Haier, D. Rosenthal, and P. Wender, "MMPI Assessment of Psychopathology in the Adopted-away Offspring of Schizophrenics," *Archives of General Psychiatry* 35 (1978): 171-75.

43. P. H. Wender, D. Rosenthal, S. S. Kety, F. Schulsinger, and J. Welner, "Cross-fostering: A Research Strategy for Clarifying the Role of Genetic and Experiential Factors in the Etiology of Schizophrenia," *Archives of Generaal Psychiatry* 30 (1974): 121-28.

44. H. Paikin, B. Jacobsen, F. Schulsinger, K. Gottfredsen, D. Rosenthal, P. Wender, and S. S. Kety, "Characteristics of People Who Refused to Participate in a Social and Psychopathological Study," in *Genetics, environment and psychopathology*, ed. S. Mednick., F. Schulsinger, J. Higgins, and B. Bell (Amsterdam: North-Holland, 1974).

45. B. Cassou, M. Schiff, and J. Stewart, "Génétique et schizophrénie: ré-évaluation d'un consensus," *Psychiatrie de l'Enfant* 23 (1980): 87-201. 또한 T. Lidz and S. Blatt, "Critique of the Danish-American Studies of the Biological and Adoptive Relatives of Adoptees Who Became Schizophrenic," *American Journal of Psychiatry* 140 (1983): 426-31을 볼 것.

46. P. M. Wender and D. R. Klein, "The Promise of Biological Psychiatry," *Psychology Today*, February 1981, pp. 25-41.

47. "Rampton Prisoner Victim of Bungle," *The Guardian* (London), 23 March 1981. 또한 R. Littlewood and M. Lipsedge, *Aliens and Alienists: Ethnic Minorities and Psychiatry* (Harmondsworth, Middlesex, England: Penguin, 1982)를

볼 것.

48. D. L. Rosenhan, "On Being Sane in Insane Places," *Science* 179 (1973): 250-58.

49. Foucault, *Madness and Civilization*.

50. P. Sedgwick. *Psychopolitics* (London: Pluto, 1982).

51. R. D. Laing, *The Divided Self* (London: Tavistock, 1960). 또한 R. D. Laing, *The Politics of Experience and The Bird of Paradise* (Harmondsworth, Middlesex, England: Penguin, 1969); R. D. Laing and A. Esterson, *Sanity, Madness and the Family* (Harmondsworth, Middlesex, England: Penguin, 1970); D. Cooper, *The Death of the Family* (Harmondsworth, Middlesex, England: Penguin, 1972); R. Boyers and R. Orrill (eds.), *R. D. Laing and Anti-Psychiatry* (Harmondsworth, Middlesex, England: Penguin, 1972)를 볼 것.

52. A. B. Hollingshead and F. C. Redlich, *Social Class and Mental Illness* (New York: John Wiley, 1958), 또한 J. K. Wing, *Reasoning About Madness* (New York: Oxford Univ. Press, 1978)를 볼 것.

53. G. W. Brown and T. Harris, *Social Origins of Depression: Study of Psychiatric Disorder in Women* (London: Tavistock, 1978).

54. B. L. Reid, B. E. Hagan, and M. Coppleson, "Homogeneous Hetero Sapiens," *Medical Journal of Australia*, 5 May 1979, pp. 377-80.

9장 사회생물학: 총체적 종합

1. 이들 중, 널리 읽히는 ≪대서양(Atlantic)≫에 실린 프레드 햅구드(Fred Hapgood) 가 쓴 유망한 비평이 있는데, 이 글로부터의 발췌 내용은 후에 출판사 광고에 이용 되었다. 당시에 햅구드 씨는 하버드 대학교 섭외 사무소에 글을 내던 이였다.

2. E. O. Wilson, *Sociobiology: The New Synthesis* (Cambridge, Mass.: Harvard Univ. Press, 1975).

3. "Getting Back to Nature-Our Hope for the Future," *House and Garden*, February 1976, pp. 65-66; "Why We Do What We Do: Sociobiology," *Readers Digest*, December 1977, pp. 183-84; "Sociobiology Is a New Science with

New Ideas on Why We Sometimes Behave Like Cavemen," *People* magazine, November 1975, p. 7을 볼 것. 사회생물학에 관한 대중적 저술과 과학적 저술에 관한 아주 광범한 문헌목록에 대해서는 A. V. Miller, *The Genetic Imperative: Fact and Fantasy in Sociobiology* (Toronto: Pink Triangle Press, 1979)를 볼 것.

4. 가장 널리 비평되고 토의된 것들로는 D. P. Barash, *Sociobiology and Behaviour* (Amsterdam: Elsevier, 1977); R. Dawkins, *The Selfish Gene* (Oxford, England: Oxford Univ. Press, 1976)와 *The Extended Phenotype* (San Francisco: Freeman, 1981); D. Symons, *The Evolution of Human Sexuality* (Oxford, England: Oxford Univ. Press, 1979); L. Tiger, *Optimism: The Biology of Hope* (New York: Simon & Schuster, 1978)이 있다.

5. E. O. Wilson, *On Human Nature* (Cambridge, Mass.: Harvard Univ. Press, 1978).

6. 예를 들면, J. T. Bonner, "A New Synthesis of the Principles That Underlie All Animal Societies," *Scientific American* 233. no. 4 (October 1975); 129-30, 132; G. E. Hutchinson, "Man Talking or Thinking," *American Naturalist* 64, no. 1 (1976); 22-27 (American Naturalist는 통상적으로 서평을 싣지 않는다)을 볼 것.

7. 아주 최근까지 셈하면 14개였다. 몇 가지 예로는 *Biosocial Anthropology*, ed. R. Fox (London: Malaby Press, 1975); T. H. Clutton-Brock and P. Harvey, eds., *Readings in Sociobiology* (San Francisco: Freeman, 1978); I. De Vore, *Sociobiology and the Social Sciences* (Chicago: Aldine Atherton, 1979).

8. 예를 들면, G. S. Becker, "Altruism, Egoism and Genetic Fitness: Economics and Sociobiology," *Journal of Economic Literature* 15, no. 2 (1977): 506; H. Beck, "The Ocean Hill, Brownsville and Cambodian-Kent State Crises: A Biobehavioural Approach to Human Sociobiology," *Behavioural Science* 24, no. 1 (1979): 25-36.

9. *Business Week*, 10 April 1978, pp. 100, 104.

10. E. O. Wilson, "Human Decency Is Animal," *New York Times Magazine*, 12 October 1975.

11. *Readers Digest*, "Why We Do What We Do."

12. *People*, "Sociobiology Is a New Science."

13. R. Dawkins, *The Selfish Gene* (Oxford: Oxford Univ. Press, 1976).

14. J. Hirschleifer, "Economics from a Biological Viewpoint," *Journal of Law and Economics* 20, no.1 (1977): 1-52.

15. D. T. Campbell, "Comments on the Sociobiology of Ethics and Moralizing," *Behavioral Science* 24, no. 1 (1979): 37-45.

16. Beck, "The Ocean Hill, Brownsville and Cambodian-Kent Crises."

17. O. Aldes, "A Sociobiological Analysis of the Arms Race and Soviet Military Intentions," Unpublished manuscript, 1979.

18. J. D. Weinrich, "Human Sociobiology: Pair-bonding and Resource Predictability (Effects of Social Class and Race)," *Behavioral Ecology and Sociobiology* 2, no. 2 (1977): 91-118.

19. 사회생물학의 인식론과 사회생물학의 민족지 기록의 이용에 대해 최초로 완전하게 세밀히 공격한 논의는 M. Sahlins, *The Use and Abuse of Biology: An Anthropological Critique of Sociobiology* (Ann Arbor: Univ. of Michigan Press, 1976) 였다. 더 짧은 논의들로는 S. Washburn, "Animal Behaviour and Social Anthropology," *Society* 15, no. 6 (1978): 35-41; C. Geertz, "Sociosexology," *New York Review of Books*, 24 January 1980, pp. 3-4가 있다. 사회생물학의 환원론적 오류에 대한 철학자의 해설은 S. Hampshire, "Illusion of Sociobiology," *New York Review of Books*, 12 October 1978, pp. 64-69에 실려 있다.

20. 치아 크기의 상대 생장 효과에 대한 한 설명에 대해서는 S. J. Gould, *Ontogeny and Phylogeny* (Cambridge, Mass.: Harvard Univ. Press, 1977)를 볼 것.

21. R. Ardrey, *The Territorial Imperative* (London: Collins, 1967), p. 5.

22. 살린스의 *Use and Abuse of Biology*는 통속 행동학을 윌슨의 '과학적' 사회생물학과 반대되는 '천박한' 것으로 구분한다.

23. Wilson, *Sociogiology*, p. 120.

24. Ibid., p. 562.

25. 1장을 볼 것. 또한 M. Barker, *The New Racism* (London: Junction Books, 1981)을 볼 것.

26. C. B. Macpherson, *The Political Theory of Possessive Individualism* (New York: Oxford Univ. Press, 1962).

27. C. Darwin, *The Origin of Species* (1859), chap. 3.

28. P. Kropotkin, *Mutual Aid* (1902), chap. 1.

29. G. Jones, *Social Darwinism and English Thought* (Hassocks, Sussex, England: Harvester Press, 1980).

30. 『종의 기원』을 유기체 진화에 대한 증명이라고 생각했던 프레더릭 엥엘스 (Frederick Engles)는 그럼에도 불구하고 다음과 같이 진술했다. "생존을 위한 투쟁에 대한 전체적인 다윈적 가르침은, 단순히 사회로부터 살아 있는 자연으로의 홉스의 만인에 대한 만인의 투쟁 교의 및 맬서스의 인구론과 함께하는 경쟁이라는 부르주아 경제 교의의 전이일 뿐이다. 이러한 억측자의 책략이 수행되었을 때… 똑같은 이론들이 유기적 자연으로부터 역사 속으로 다시 거꾸로 전이되고 이제는 인간 사회의 영원한 법칙으로서 그들의 타당성은 입증되었다고 주장된다. 이 절차의 유치함은 아주 명백하고 거기에 대해서는 한마디로 이야기할 필요가 없다." Letter to P. L. Lavrov, 12-17 November 1875. (그러한 순환 전이 과정이 참이라면 좋으련만!).

31. R. Hofstadter, *Social Darwinism in American Thought,* revised edition(New York: George Brazillier, 1959), p. 45에서 인용.

32. *North American Review* (1889)에서 막스 노든(Max Norden)이 쓴 것. Hofstadter, *Social Darwinism in American Thought* 에 인용.

33. Wilson, *Sociobiology*, pp. 572, 575.

34. Hofstadter, *Social Darwinism in American Thought.*

35. 좌파의 한 견해로는 Sociobiology Study Group (E. Allen et al.), "Against Sociobiology," *New York Review of Books*, 13 November 1975, pp. 33-34를 볼 것. 정확히 똑같은 견해가 Paul Samuelson, "Sociobiology, a New Social Darwinism," *Newsweek*, 7 July 1975에서 다른 입장으로부터 취해졌다.

36. Wilson, *Sociobiology*, p. 562.

37. R. Trivers, "The Evolution of Reciprocal Altruism," *Quarterly Review of Biology* 46 (1971): 35-37.

38. Wilson, *On Human Nature*, p. 172.

39. Wilson, *Sociobiology*, p. 554.

40. Wilson, *On Human Nature*, p. 3.

41. Ibid., pp. 154-55.

42. Wilson, *Sociobiology*, pp. 564-65.

43. Ibid., p. 574.

44. 위축시키는 공격으로는 Sahlins, *Use and Abuse of Biology*를 볼 것. 또한 "Sociobiology, a New Biological Determinism," in Science for the People Collective, *Biology as a Social Weapon* (Minneapolis: Burgess, 1977)을 볼 것.

45. Derek Freeman, *Margaret Mead and Samoa* (Cambridge, Mass.: Harvard Univ. Press, 1983).

46. 그러한 한 기도에 대해서는 E. L. De Bruyl and H. Sicher, *The Adaptive Chin* (Springfield, Ill.: C. C. Thomas. 1953)를 볼 것.

47. 예를 들면 도킨스의 *The Selfish Gene*에 나오는 '밈(meme)' 개념.

48. Wilson, *Sociobiology*, p. 36.

49. Wilson, *On Human Nature*, p. 81.

50. Wilson, *Sociobiology*, p. 553.

51. Wilson, *On Human Nature*, p. 109.

52. Symons, *Evolution of Human Sexuality*, p. 149.

53. R. Trivers, in *Doing What Comes Naturally*, a film produced by Hobel-Leiterman, distributed by Documents Associates, New York.

54. Wilson, *Sociobiology*, p. 562.

55. Ibid., p. 563.

56. Ibid., pp. 554-55.

57. W. Lumsden and E. O. Wilson, *Genes, Mind and Culture* (Cambridge, Mass.: Harvard Univ. Press, 1981).

58. G. Dahlberg, *Mathematical Models for Population Genetics* (New York: S. Karger, 1947).

59. Wilson, *Sociobiology*, p. 553.

60. Symons, *Evolution of Human Sexuality*, p. 145.

61. Wilson, *On Human Nature*, p. 99. 전쟁과 공격성을 융합시킨 데 주목할 것.

62. Ibid., p. 105.

63. Ibid., p. 119.

64. Wilson, *Sociobiology*, p. 575.

65. Ibid., p. 550.

66. Wilson, *On Human Nature*, p. 172.

67. Wilson, *Sociobiology*, p. 549.

68. E. O. Wilson, "Human Decency Is Animal," *New York Times Magazine*, 12 October 1975, pp. 38-50.

69. Wilson, *Sociobiology*, p. 551.

70. 보통의 유전 가능성을 갖는다고 이야기되는 특성들에 대해서는 예를 들어 Wilson, *Sociobiology*, p. 550을 볼 것.

71. Barash, *Sociobiology and Behaviour*, chap. 3.

72. *Exploring Human Nature* (Cambridge, Mass.: Education Development Center, 1973).

73. Barash, *Sociobiology and Behavior*, p. 277.

74. Symons, *Evolution of Human Sexuality*, p. 202.

75. Ibid., p. 203.

76. Ibid., p. 204.

77. W. D. Hamilton, "The Genetical Theory of Social Behaviour," *Journal of Theoretical Biology* 7 (1964): 1-52.

78. M. Ruse, "Are There Gay Genes?" *Journal of Homosexuality* 6 (1981): 5-34.

79. Trivers, "Evolution of Reciprocal Altruism."

80. Dawkins, *The Selfish Gene*, p. 202.

81. 이제는 집단유전학에 대한 어떤 교과서에서도 일부로 포함되어 있는 그 원리에 대한 독창적 진술에 대해서는 S. Wright "Evolution in Mendelian Populations," *Genetics* 16 (1931): 97-159를 볼 것.

82. Ibid.

83. S. J. Gould, "Positive Allometry of Antlers in the Irish Elk, *Megaloceros giganteus*," *Nature* 244 (1973): 375-76.

84. 실험 자료와 분석에 대해서는 D. S. Falconer, *Introduction to Quantitative Genetics* (New York: Ronald Press, 1960), pp. 140-49를 볼 것.

85. 중립론-선택론 논쟁의 확장적 논의에 대해서는 M. Kimura and T. Ohta, *Theoretical Aspects of Population Genetics* (Princeton, N. J.: Princeton Univ. Press, 1971), and R. C. Lewontin, *The Genetic Basis of Evolutionary Change* (New York: Columbia Univ. Press, 1974)를 볼 것. 한 문장으로 이 문제를 대강 처리하려는 그리고 형질들의 직접 선택을 '대부분의 견해는 선호한다'는 것처럼 위장하려는 배러시의 기도에도 불구하고(Sociobiology and Behavior, p. 53), 이는 20년간 진화유전학에 대한 기술적 그리고 비평 문헌에서 가장 손꼽히는 문제였다.

86. 피슐러(C. Fischler)의 윌슨과의 인터뷰, *Le Monde*, 24 February 1980, p. 15.

10장 새로운 생물학 대 낡은 이념

1. C. J. Lumsden and E. O. Wilson, *Genes, Mind and Culture* (Cambridge, Mass.: Harvard Univ. Press, 1981).

2. C. J. Lumsden and E. O. Wilson, "Spectrum," *The Sciences* 21, no. 8 (1981).

3. M. Midgley, *Beast and Man: The Roots of Human Nature* (Hassocks, Sussex, England: Harvester Press, 1979).

4. 생물학적 결정론자들이 그들 자신의 덫으로부터 벗어나려 할 때, 그들은 진정으로 이러하다. 예를 들면 R. Dawkin, *The Selfish Gene* (New York: Oxford Univ. Press, 1976)의 마지막 장 또는 E. O. Wilson, *On Human Nature* (Cambridge, Mass.: Harvard Univ. Press, 1978) 또는 D. P. *Barash, Sociobiology and Behaviour* (Amsterdam: Elsevier, 1977)를 볼 것.

5. K. Marx. *Theses on Feuerbach* (1845). and K. Marx and F. Engels, *Selected Works* (Moscow: Progress Publishers, 1969), vol. 1.

6. R. Dawkins, *The Selfish Gene* (Oxford: Oxford Univ. Press, 1976).

7. 이들 인식론과 그에 대한 비판의 모음에 대해서는 H. Plotkin, *Evolutionary Epistemology* (New York: John Wiley, 1982)를 볼 것.

8. R. Dawkins, *The Extended Phenotype: The Gene as the Unit of Selection* (San Francisco: Freeman, 1981).

9. J. Piaget, *Six Psychological Studies* (New York: Random House, 1967), pp. 63-64.

10. 예를 들면 *Beyond Reductionism*, edited by A. Koestler and J. R. Smythies (London: Hutchinson, 1969)를 볼 것.

11. R. W. Sperry, "Mental Phenomena as Causal Determinants in Brain Function," in *Consciousness and the Brain*, ed. G. Globus, G. Maxwell, and I. Savodnik (New York: Plenum, 1976), pp. 247-56.

12. 예를 들어 S. J. Gould, *Ontogeny and Phylogeny* (Cambridge, Mass.: Harvard Univ. Press, 1977)를 볼 것.

13. Wilson, *On Human Nature*.

14. Lumsden and Wilson, *Genes, Mind and Culture*.

15. Dawkins, *The Selfish Gene*.

16. K. R. Popper and J. C. Eccles, *The Self and Its Brain* (London: Springer, 1977).

17. W. Penfield, *The Mystery of Mind* (Princeton, N. J.: Princeton Univ. Press, 1975).

18. Lumsden and Wilson, *Genes*, Mind and Culture.

19. 예를 들어 R. Herrnstein, *IQ and the Meritocracy* (Boston: Little, Brown, 1971)를 볼 것.

20. Dawkins, *The Selfish Gene*, p. 21.

21. E. O. Wilson, *Sociobiology: The New Synthesis* (Cambridge, Mass.: Harvard Univ. Press, 1975), p. 561.

찾아보기

지은이

리처드 C. 르원틴(Richard C. Lewontin)
1929년에 태어났다. 하버드 대학교에서 생물학 전공으로 학부를 다녔고 컬럼비아 대학교에서 통계학과 유전학으로 대학원 과정을 마쳤는데 여기서 1954년에 박사 학위를 받았다. 그는 노스캐롤라이나 주립대학교, 로체스터 대학교, 시카고 대학교와 하버드 대학교를 포함한 여러 대학에서 가르쳤으며 연구에 참여했다. 하버드 대학교 알렉산더 아가시 동물학 교수였고 생물학 교수였으며 하버드 공중보건학교 개체군 과학 교수였다. 그의 전문경력은 집단유전학과 진화에 바쳐졌는데, 특히 인간유전학과 기타 유기체들의 유전학에 대한 이론적 그리고 실험적 연구 모두에 관계되는 것이었다. 이러한 주제에 관한 그의 주요 책으로『진화적 변화의 유전적 기초(The Genetic Basis of Evolutionary Change)』와『인간의 다양성(Human Diversity)』이 있으며 또한 이와 관계된 120여 편의 논문을 발표했다. 르원틴 교수는 국립과학아카데미 회원으로 뽑혔으나 과학아카데미의 명성을 극비전쟁연구를 지원하는 데 이용하는 것과 관련된 정치적 원칙에 대해 문제를 제기하면서 사임했다. 2021년에 사망했다.

스티븐 로즈(Steven Rose)
1969년 이래로 영국의 개방대학교 생물학 교수로 재직해 왔다. 그는 케임브리지 대학교에서 생화학을 배웠고 옥스퍼드 대학교와 런던 대학교에서 연구했다. 그의 연구는 경험이, 특히 초기 성장 과정에서 뇌세포의 성질에 어떻게 영향을 주는가에 관한 것이었고, 또한 과학의 결과들과 사회적 틀에 관한 주제에 대해 광범한 연구와 노력을 바쳤다. 저서로는『생명 화학(The Chemistry of Life)』,『의식하는 뇌 (The Conscious Brain)』(두 권 모두 영국의 펭귄사에서 출간), 편집 논문집인『생물학적 결정론에 반대하여(Against Biological Determinism)』,『해방적 생물학을 향하여 (Towards a Liberatory Biology)』(1982)가 있다. 사회학자 힐러리 로즈(Hilary Rose)와 함께『과학과 사회(Science and Society)』(펭귄사),『과학의 급진화(The Radicalization of Science)』와『과학의 정치경제학(The Political Economy of Science)』을 썼다. 현재 개방대학교와 런던의 그레섬 콜리지 생물학 및 신경생물학 명예교수이다.

리언 J. 카민(Leon J. Kamin)
1927년 미국 매사추세츠 주 톤튼에서 태어났다. 그는 학사와 박사 학위 모두를 하버드 대학교에서 받았다. 1954년부터 1968년까지 캐나다에 있는 머길 대학교, 퀸스 유니버시티, 먹마스터 대학교에서 잇달아 심리학 교수로 있었다. 1968년 이후로 그는 프린스턴 대학교에서 도먼 T. 워른 심리학 교수로 재직해 왔다. 1972년까지 그의 연구와 출판의 다수는 동물의 조건 지우기와 학습의 영역 내에 있었다. 그는『I.Q.과학 및 I.Q.정치학(The Science and Politics of I.Q.)』(1974),『지능 논쟁: H. F. 아이젠크 대 리언 카민(The Intelligence Controversy: H. F. Eysenck vs Leon Kamin)』(1981, 영국에서는『지능: 정신에 관한 투쟁(Intelligence: The Battle for the Mind)』으로 출판됨)을 냈다. 2017년에 사망했다.

옮긴이

이상원

연세대학교 인문한국 교수, 명지대학교 교수로 근무했다. 현재 서울시립대학교 도시인문학 연구소 미래철학연구센터 연구교수로 있다. 논문으로 "Interpretive Praxis and Theory-Networks", *Pacific Philosophical Quarterly 87* (2006): 213-230 등이 있고, 저서로 『객관성과 진리』, 『현상과 도구』 등이 있으며, 역서로 『과학의 여러 얼굴』 등이 있다. 한국과학철학회 논문상을 받았다.

한울아카데미 2416

우리 유전자 안에 없다 (2판)

생물학·이념·인간의 본성

지은이 ǀ R. C. 르원틴, 스티븐 로즈, 리언 J. 카민
옮긴이 ǀ 이상원
펴낸이 ǀ 김종수
펴낸곳 ǀ 한울엠플러스(주)
편집 ǀ 배소영

초판 1쇄 발행 ǀ 1993년 7월 15일
2판 1쇄 발행 ǀ 2023년 3월 15일

주소 ǀ 10881 경기도 파주시 광인사길 153 한울시소빌딩 3층
전화 ǀ 031-955-0655
팩스 ǀ 031-955-0656
홈페이지 ǀ www.hanulmplus.kr
등록 ǀ 제406-2015-000143호

Printed in Korea.
ISBN 978-89-460-7417-0 93470 (양장)
      978-89-460-8233-5 93470 (무선)

이 번역서는 2020년 대한민국 교육부와 한국연구재단의 지원을 받아 수행된 연구임
(NRF-2020S1A5B5A16082038)

양자역학을 어떻게 이해할까

양자역학이 불러온 존재론적 혁명

- 장회익 지음
- 2022년 10월 25일 발행 | 신국판 | 320면

인류 지성사의 놀라운 사건 양자역학

양자역학에 대한 존재론적 해석을 시도

양자역학은 우리의 직관에 맞는 방식으로 이해되지 않는다. 그러면서도 보이지 않는 원자세계를 너무도 잘 설명해준다. 그렇다면 우리의 직관에 무언가 잘못이 있는 것이 아닌가 반문할 수밖에 없는 것이다. 고전역학에도 그 안에 암묵적으로 전제한 존재론적 가정이 숨어 있었지만 이를 직관적으로 이해 가능하다고 넘겨왔다. 그렇기에 지금까지 우리의 직관이 바탕에 두고 있었던 원초적 존재론을 문제 삼게 된다.

이는 곧 고전역학이 숨기고 있던 존재론적 가정을 명시적으로 드러내고 그 대안적 존재론의 가능성을 검토하자는 것이다. 그리하여 양자역학을 수용하기에 적절한 대안적 존재론이 마련된다면, 이것이 바로 우리가 받아들일 새로운 직관에 해당하리라는 것이다. 인간의 사고는 근본적으로 관념의 틀 위에서 형성되는 것이기에 이러한 과도기를 넘어 언젠가는 새 관념의 틀을 형성해야 하며, 이것이 바로 새 존재론이 요구되는 이유이기도 하다.

과학의 여러 얼굴

과학자, 가치, 사회 입문

• 레슬리 스티븐슨·헨리 바이얼리 지음 | 이상원 옮김
• 2021년 8월 30일 발행 | 신국판 | 416면

철학자의 눈으로 바라본 과학!
과학은 인류에게 좋았는가, 그리고 계속 좋을까?

이 책은 영국의 철학자이자 윤리학자인 레슬리 스티븐슨과 미국의 철학자이자 과학철학자인 헨리 바이얼리의 공저 *The Many Faces of Science* (2nd edition, 2000)의 완역본이다. 초판(1995)의 일부를 수정하고 증보했다.

과학철학, 과학사, 과학윤리학, 과학사회학 등의 내용을 포함해 과학의 내·외부적 성격을 균형 있게 논의한 과학학(science studies) 책이며, 과학의 객관성은 물론, 돈, 평판, 명성, 정치, 이데올로기, 전쟁, 환경-생태운동, 과학의 가치중립성 문제 등 과학과 관련한 결코 가벼울 수 없는 여러 이슈를 철학자의 시선으로 통찰했다는 점이 주목할 만하다.

실험실 생활
과학적 사실의 구성

- 브루노 라투르·스티브 울거 지음 ㅣ 이상원 옮김
- 2019년 1월 7일 발행 ㅣ 신국판 ㅣ 384면

**과학철학, 과학사, 과학인류학, 과학사회학을
아우르는 과학학의 현대 고전**

이 책은 미국의 한 생물학 연구소에서 TRF(H) 호르몬의 발견이라는 과학적 사실이 언제, 어떤 방법으로 이루어졌는지를 2년간 현지조사한 결과물이다. '과학적 사실이란 무엇인가'를 묻는 과학철학적 주제를 현지조사라는 인류학적 방법론으로 풀어냈다.

이 책은 과학철학, 과학사, 과학인류학, 과학사회학을 아우르는 과학학의 현대 고전으로 손꼽힌다. 이 책을 통해 현대 과학철학계는 과학이란 인간인 과학자와 물질인 실험 도구 간에 벌어지는 활동이라는 인식을 얻게 되었다. 라투르의 첫 번째 저작이자 대표작이며 그의 사상의 출발점에 해당한다.

이기적 유전자와 사회생물학

- 이상원 지음
- 2007년 1월 10일 발행 | 국판 | 112면

인간은 과연 냉혹한 유전자 기계인가?
『이기적 유전자』를 둘러싼 과학 내·외적인 함의들을 해부한다

이 책에서는 사회생물학의 핵심 논제로서 도킨스의 주요 주장과 그 주장에 대한 비판의 일부를 검토하고자 한다. 지은이는 책을 쓰면서 전문가보다는 일반 독자를 좀 더 염두에 두었다. 책의 구성상 도킨스의 주장에 대한 비판에 역점을 두기보다는 그의 주장 내용 자체와 그 함의를 일단 드러내는 데 주의를 기울였다. 비판은 책의 뒤쪽에서 나온다.

『이기적 유전자』의 출간 이래로 도킨스의 주장에 관해서 과학 내적인 측면에서, 그리고 과학적 주장이 지닐 수 있는 사회적·정치적 함축과 연관하여 많은 논란과 비판이 제기되어 왔다. 그의 주장에 대해서 그동안 제기되었던 논란과 비판의 어떤 부분은 현재에도 여전히 쟁점이 되고 있다. 여러분은 이 책에서 도킨스의 주장의 긍정적 측면과 부정적 측면을 함께 발견하게 될 것이다.